全国高职高专教育"十二五"规划教材

动物遗传育种技术

【畜牧兽医及相关专业使用】

● 苏玉虹
● 耿明杰　主编

中国农业科学技术出版社

图书在版编目（CIP）数据

动物遗传育种技术/苏玉虹，耿明杰主编．—北京：中国农业科学技术出版社，2012.8
（2025.1重印）
ISBN 978-7-5116-0987-8

Ⅰ.①动…　Ⅱ.①苏…②耿…　Ⅲ.①动物－遗传育种－高等职业教育－教材
Ⅳ.①Q953

中国版本图书馆 CIP 数据核字（2012）第 158023 号

责任编辑	闫庆健　李冠桥
责任校对	贾晓红

出版发行	中国农业科学技术出版社
	北京市中关村南大街 12 号　邮编：100081
电　话	（010）82106632（编辑室）　（010）82109704（发行部）
	（010）82109709（读者服务部）
传　真	（010）82106632
网　址	http://www.castp.cn
经销者	各地新华书店
印刷者	北京虎彩文化传播有限公司
开　本	787mm×1092mm　1/16
印　张	19
字　数	471 千字
版　次	2012 年 8 月第 1 版　2025 年 1 月第 2 次印刷
定　价	30.00 元

内容提要

    本教材是全国高职高专规划教材，主要阐述了生物遗传的物质基础；生物性状的遗传和变异的现象、类型、规律和产生的原因；数量性状的遗传特点、机制和遗传参数；群体中基因频率和基因型频率的变化规律及其影响因素；基因的基本操作技术；家畜选种、选配的基本理论和技术；本品种选育提高和地方品种保种的技术方法；品系繁育及其杂交育种和杂交优势利用的基本技术；家畜育种规划的制定及实施。每章设有复习思考题，书后附有实训指导，便于理论知识的学习和实践技能的训练。

    本教材在重视基本理论的基础上加强实践技能的培养，增加了国内动物遗传育种的最新应用技术及研究成果，尤其是增加了两部分全新的内容——基因操作技术与家畜育种软件的应用，充实了适应动物遗传育种未来发展方向的新内容，注意将动物遗传育种的相关知识和技能融于一体，重点突出学生的职业技能培养，充分体现了高等职业技术教育的应用性、实用性、综合性和先进性原则，是一本能够实施能力教育体系的专用教材。可供高职高专畜牧兽医类相关专业使用，也可作为畜牧兽医技术人员培训教材或参考书。

《动物遗传育种技术》编委会

前　言

本教材是根据《教育部关于加强高职高专教育人才培养工作意见》和《关于加强高职高专教育教材建设的若干意见》的精神，结合畜牧兽医类专业高职高专人才培养方向而编写的。

《动物遗传育种技术》是高等农业职业院校畜牧兽医类专业的主要专业基础课程，是在学习《畜禽解剖生理》、《动物生物化学》、《生物统计学》等专业基础课的基础上，必须要掌握的一门理论性和应用性较强的课程。在编写时，编者力求以家畜育种环节为主线，以理论知识够用、实践技能过硬为原则，以职业性内容为主，以学术性内容为辅，充分体现了实用性、针对性、新颖性和操作性。教材中融入本学科发展的最新技术，如基因操作技术和动物育种软件应用这两部分内容，是历来动物遗传教材没有涉及的内容。相信通过本教材的教与学，能使学生牢固掌握动物遗传育种所必需的基本理论知识和基本操作技能，并具备解决动物育种技术问题的能力。

编写中，虚心参考了许多优秀的动物遗传育种教材和专著，查阅了国内外大量资料，吸收了一些适合中国国情，可以引导中国未来动物育种发展方向，能尽快提高中国动物育种水平的新技术，体现了本教材的科学性和先进性。

本教材的编写分工：苏玉虹绪论、第10章、第11章、第12章；耿明杰第3章；王星第6章；林长水第1章；张书汁第4章；王洪才第7章、第8章；陈腾山第5章；付云超第2章的分离定律及发展和自由组合定律；姜明明第2章的连锁交换定律和性别决定与伴性遗传；滑志民实训指导；唐雪峰第9章、第10章。

本书承蒙诸位教授的指导与审定，很负责任地为本书把关定向，提出了很好的修改意见，保证了教材的质量，对他们付出的心血，我们深表谢意。

本教材编写过程中参阅了许多专家的著作，得到了许多专家的指导，在此特致诚挚的谢意。由于编者的水平所限，书中缺点和错误难免，恳请有关专家和师生批评指正。

编　者
2012 年 6 月

目　　录

绪　论

近年来，畜牧业取得了飞速的发展，畜产品无论在数量上还是在质量上都有了明显的提高，这些成绩的取得依赖动物遗传育种学理论和技术的的发展与应用。例如，BLUP 育种值估计法在家畜育种中的广泛应用，使得选种效率明显提高，加快了动物育种的步伐。新的育种技术的应用对家畜育种工作起到了推波助澜的作用，如 DNA 分子遗传辅助标记技术、转基因技术和克隆技术的应用对家畜性状的改良方面已初见成效。由此推测，生物技术、计算机技术等高新技术的发展与应用，对 21 世纪动物育种将产生划时代的影响，使动物育种模式和生产模式产生根本性的变化。

一、动物遗传育种学研究的内容

动物遗传育种学是研究动物遗传变异现象和规律及动物育种的理论和方法的科学。是既有理论又有实践的一门综合性学科。动物遗传育种学是动物科学的一个重要分支，动物遗传育种学是用遗传学理论和相关学科的知识从遗传上改良动物，使其向人类所需的方向发展的科学，是研究合理开发、利用和保护动物资源的理论和方法的学科。内容包括遗传的基本原理、育种原理和方法两大部分。遗传原理部分主要研究遗传的物质基础、遗传的基本规律、质量性状和数量性状的遗传、群体遗传学和数量遗传学基础及分子遗传学基础等；家畜育种的原理和方法主要研究畜禽选择原理和选择技术、家畜选配的技术方法、培育新品种、品系的理论和方法、杂种优势机理和利用、保证育种工作有效进行的规划，育种组织、措施和必要法规等。

二、研究动物遗传育种学对发展畜牧业的意义

动物生产是一种与经济直接相关的产业，因此，动物育种的优势不仅要从遗传方面考虑，而且要用经济观点和发展的观点来衡量。动物育种的基本目标是提高动物生产的效率，并通过遗传上的改良增加产品的数量，提高质量和降低成本。研究动物育种学对发展畜牧业的意义主要表现在以下几个方面。

（一）通过育种可以改良现有家畜，提高家畜的生产性能

种畜是畜牧业的生产资料，没有良种就不可能大幅度的提高畜产品的数量和质量。畜牧业的生产实践证明，奶牛经选育可以达到群体平均产奶量 9 000kg 以上，据报道，最高产的母牛在 365 天泌乳期中，每日两次挤奶，可产奶 25 000kg，如果在自然状态下，未经人工选择和培育，不会有这种高产乳牛的。20 世纪 40 年代，肉鸡饲养到上市需 12 周，体重 1.6kg，而现今仅需 6 周，上市体重达 2kg 以上。饲料转化率由 3.5∶1 下降到 1.7∶1。畜禽生产性能的改进除营养和管理因素外，遗传育种因素也是不可忽视的。据世界范围的

考证，遗传育种对动物生产的总贡献率超过 40%。

（二）培育出满足人们生活需要的畜禽品种

各地的自然条件和经济条件不同，人们的生活方式和习惯不同，对畜禽和畜禽产品类型的需求有很大的差异，通过对动物遗传育种的研究，畜牧工作者可以结合当地的具体条件培育出适合人们需要的畜禽品种，并能大幅度的提高畜禽的生产力。例如，畜牧工作者可以按照人们的意愿把役用牛改变成乳用牛或肉用牛，把粗毛羊改变成细毛羊，也可以培育出适合杂交优势利用的各种各样的杂交亲本。

（三）预防和诊断畜禽的遗传性疾病

随着各学科的发展和对疾病认识的不断加深，人们发现畜禽遗传性疾病的发生有逐年增加的趋势。1958 年报道的家畜遗传病仅有 64 种（牛 34 种，马 6 种，猪 13 种，绵羊 11 种），而据 1980 年报道就有 346 种（牛 110 种，猪 148 种，羊 88 种），2006 年初报道有 400 余种。如：牛的脐疝、阴茎和包皮的缺陷、脑积水、腱挛缩；猪的腹股沟疝、隐睾、脐疝、肛门和直肠闭锁；犬的眼和唇缺陷、髌骨脱位、隐睾等。在遗传性疾病中，有的属于基因病，有的属于染色体病。研究动物遗传育种学不仅可以诊断畜禽的遗传性疾病，而且能够预防和避免遗传性疾病的发生。

（四）培育杂交亲本品种或品系，开展杂交优势利用

目前，畜禽杂交优势已经广泛应用在畜牧业生产中，国内外都培育出很多优良的杂交品系，进行配套系生产，可使产生的杂优畜禽的生产大幅度的提高。例如在养猪业中，利用杂交优势，猪的育肥期增重可提高 10% ~ 20%，饲料利用率可以提高 5% 以上。

（五）通过育种可以培育出适合工厂生产的畜禽品种，发展商品生产

在工厂化生产过程中，要求畜禽的生长速度一致，饲料利用经济，以适应工厂化的生产工艺流程。目前，畜牧业发达的国家都培育出适合工厂生产的猪和鸡的配套品系，满足人们对畜产品的需求，取得了显著的成绩。

三、遗传育种理论研究和应用技术的发展现状及趋势

目前，遗传学的前沿已从对原核生物的研究转向高等真核生物，从相对性状传递规律的研究深入到基因的表达及其调控的研究。1990 年，美国正式开始实施的"人类基因组作图及测序"计划，测定和分析人体基因组全部核酸排列次序，揭示携带的全部遗传信息，阐明遗传信息表达规律及其最终生物学效应。它使生物学和医学产生革命性变革，是生物学中的最重大事件和遗传学领域中一个跨世纪宏伟计划。在 2000 年 6 月 26 日已完成绘制人类基因组的"工作草图"（历时 10 年），2003 年 4 月 14 日，美、英、日、法、德、中六国科学家宣布完成人类基因组的测序工作。中国负责研究的第 3 号染色体，共计 3 000 万个碱基对，约占人类基因组全部序列 1%。

美国、英国国际植物基因研究中心等的研究对象，已从模式植物拟南芥菜基因组的完整图谱逐渐扩大到玉米、小麦等主要农作物。欧洲八国科学家正在英国爱丁堡动物生理和遗传学研究所进行中国梅山猪基因图谱的工作。美国农业部肉类动物研究中心在进行家畜基因图谱工作。

中国在 2001 年 10 月完成了水稻基因组"工作框架图"及数据库建设，标志着我国已经成为继美国之后世界上第二个具有独立完成大规模全基因组测序和组装分析能

力的国家。2005年2月中国科学家绘制完成水稻全基因组"精细图"并进行了相关研究。

近10年来，生物技术发展迅猛，全球生物技术作物的市场价值成倍增长，1995年仅为7 500万美元，1996年增加了3倍达到2.35亿美元，以后几年持续增长，2002年达到42.5亿美元。2005年，这一数字达到52.5亿美元。2008年，生物技术作物产生了75亿美元的全球产值。

我国的转基因生物的的研究始于20世纪80年代初期，目前，我国正在研究和开发的各种生物物种已超过100种，涉及动物、植物、微生物基因达200多个，若干作物品种已具备了产业化条件。已获得生长激素转基因猪，其遗传转化率达2.98%，略高于国际同类研究水平，也已获得乳腺特异表达外源基因羊等其他转基因家畜。我国是世界上继美国之后第二个拥有转基因抗虫棉自主知识产权的国家。在产业化推进方面，我们也取得了显著的业绩。2004年，我国的生物技术棉花种植面积已达到370万公顷。我国的彩棉产量已占到世界彩棉生产总量的1/3，成为全球最大的彩棉生产国；我国的彩棉生产从种植到加工均实现了零污染，是名副其实的绿色产业。目前，我国已成功开发出转基因水稻并通过测试，仅此一项可将每公顷的粮食收获和净收入提高一百美元，全国共有约4.4亿人有望受益于此。虽然从整体水平看，我们的研究进展与国际基本同步，在发展中国家居领先地位，但与国际先进水平相比仍有很大差距，主要表现在拥有自主知识产权的基因较少。

2008年，中国生物技术作物种植面积达380万公顷，在全球生物技术作物种植面积超过100万公顷的国家中排名第六，前三位分别是美国（6 250万公顷）、阿根廷（2 100万公顷）、巴西（1 580万公顷）。中国种植的生物技术作物包括棉花、番茄、杨树、牵牛花、抗病毒木瓜和甜椒。

精液冷冻技术和人工授精技术相结合，打破了地域对优质种公畜的配种限制，实现了远距离的良种繁育推广。在冷冻精子技术的基础上发展起来的胚胎冷冻技术进一步克服了胚胎移植中母畜性周期的时间限制，同时也解决了远距离的运输问题。现今已有鼠、兔、牛、羊等十多种动物胚胎冷冻成功，其中有些种类的冷冻技术已经程序化，并出现了商品化的试剂盒。目前，胚胎移植技术已经成功地应用于奶牛和肉牛，鲜胚的移植成功率已经达到70%。我国动物胚胎工程技术发展很快，新鲜胚胎已在牛、羊、猪等家畜上移植成功。冷冻胚胎移植技术用于牛、绵羊、山羊和家兔等，已开始实现产业化经营。体外生产胚胎的技术已经开始走上商品化，可用于胚胎移植和细胞核移植，将体外生产的牛胚用于胚胎分割和冷冻也已经获得成功。我国在胚胎分割技术上，已获得半胚牛、半胚羊和四胚牛后代。体内胚胎和体外胚胎核移植均已成功，牛冷冻胚胎核移植也已成功，但成功率有待进一步提高。

随着分子遗传学理论和技术的发展及其在动物育种中的迅速渗透，动物育种学家从操纵数量性状表现型逐步过渡到操纵数量性状基因型，进行数量性状的分子育种，即基因组育种和转基因动物育种，这使动物育种产生了革命性的变革：一方面通过基因组育种，能消除环境的影响，大幅度地提高畜产品的产量，优化产品品质，育成牛、猪、羊、鸡、鱼等动物的许多新品种或类型。目前，我国建立了转基因体细胞克隆牛生产的技术平台，总体效率完全达到国际前沿水平。利用双标记筛选外源转基因的成功率达到100%；转基因克隆胚胎的移植受体牛妊娠率达到 33.3%；转基因克隆胚的移植受体牛产犊率达到 37.5%。因此，我国转基因体细胞克隆牛生产的总体效率达到了 10%。另一方面，利用非常规性育种，培育出了带有人类基因或抗病基因的牛、羊、猪、鸡等动物，使它们能够生产各种珍贵的药用蛋白，把"药厂"建在了动物身上，畜牧业生产成为工业生产，畜牧产品成为工业产品。

第一章　遗传的物质基础

第一节　染色体

一、染色体的概念

1848 年，W. Hofmeister 进行染色体细胞学研究时，在真核生物紫鸭跖草的有丝分裂中期细胞中发现了很容易被碱性染料所着色的物质，即称为染色体。这是染色体的狭义概念。经过一个多世纪的研究，人们对遗传物质的载体——染色体和染色质已经有了比较深入的认识。染色质是真核细胞的遗传物质在细胞分裂间期的存在形式，存在于细胞核内，容易被碱性物质染色；染色体是真核细胞在有丝分裂或减数分裂过程中，由染色质聚缩而成的棒状或粒状结构。因此，现代广义的染色体概念应该是由特异的核酸遗传信息的线性序列组成的连续结构。

二、染色体形态

原核生物的染色体简单，由一条 DNA 或 RNA 的单链或双链组成，没有与蛋白质组成复合体。真核生物的染色体在大小、形态、结构和组成成分上都比原核生物复杂得多，而且因不同物种、不同细胞、细胞内外环境变化、细胞活动状态、发育和分化程度以及制片技术等条件不同而千差万别。不过，在细胞分裂过程中，染色体的形态和结构会发生一系列规律变化，其中以中期染色体形态表现最为明显和典型，染色体形态大体也是一定的。

（一）间期染色体形态

间期是细胞停止分裂或准备分裂的时期，染色体呈解螺旋高度伸展的细丝状，称为染色体纤丝。例如，伸展开的人体细胞核中的染色体，其总长度是 1.74m 左右，果蝇是 16cm，猪是 70cm。如果细胞继续分裂，染色体需要全部复制一套，以便将遗传信息均等地传递给两个子细胞。

（二）分裂期染色体形态

细胞进入分裂期，细长的染色丝要不断地螺旋化缩短。到了细胞分裂中期，细胞核染色体长度缩短至原长度的万分之一左右，即分裂中期染色体长度一般为 $0.5 \sim 30 \mu m$。这个时期，不同物种、同一物种不同的体细胞染色体的大小差别很大。一般植物染色体比动物染色体大。而动物中蝗虫、蟾蜍的染色体较大，而鸡和刺蟹的染色体较小。总之，细胞中染色体长度和形态的改变是生物进化、细胞繁殖、遗传信息精确传递的一种适应和必要条件。人们对染色体形态的认识主要是观察分析细胞分裂中期的染色体，因为，这个时期染色体缩成最短，形态也最典型，它是由两条相同的姐妹染色单体组成，其中一条染色单体是在间期复制而来的；另一条是复制母本，彼此以着丝粒相连。

染色体各部的主要结构包括（图 1 - 1）：

1. 着丝粒 着丝粒是染色体的最显著特征，碱性染料染色着色浅，且表现缢缩，所以也叫主缢痕。绝大多数染色体上只有一个着丝粒，即称单着丝粒染色体，也有少数物种染色体是双着丝粒或多着丝粒的。着丝粒连接两个染色单体，并将染色单体分为两臂，较长的称为长臂，较短的为短臂。

2. 次缢痕 染色体上有较狭窄的区域称为缢痕，主缢痕位于着丝粒处，次缢痕是染色体除着丝粒（主缢痕）以外的狭窄区段，只在个别染色体上出现，次缢痕小并且范围恒定。其数目、位置和大小是染色体重要的形态特征，可作为鉴定染色体的标记。

3. 随体 是染色体末端的球形染色体节段，通过次缢痕区与染色体主体部分相连接。随体的有无和大小等也是染色体的重要形态特征，有随体的染色体又称 Sat 染色体。

4. 端粒 是位于染色体末端大的染色粒，电镜下观察是由无规则折叠的染色丝构成。染色体末端有端粒的染色体一般不能同其他染色体或染色体片段发生融合。

5. 核仁组织区 位于染色体的次缢痕部位。染色体核仁组织区是 rRNA 基因所在部位，与间期细胞的核仁形成有关。

（三）多线染色体

多线染色体是 1881 年意大利细胞学家 E. G. Balbiani 在双翅目昆虫唾液腺细胞中发现的。这种特异的多线染色体也存在于原生动物幼虫和成体细胞以及一些癌细胞中。多线染色体是高度特异的染色体：

第一，有性繁殖二倍体生物的体细胞中含有两套两两成对的染色体，一套来自父方，一套来自母方。成对的两条染色体在大小、形态和结构上是相同的，称为一对同源染色体。一般体细胞中同源染色体是分散独立存在的。而多线染色体的体细胞在有丝分裂期两条同源染色体在全长上紧密靠拢并精确配对，形成联会复合体，永不分开。

第二，多线染色体是在一种特殊的核内有丝分裂条件下形成的，即体细胞及其细胞核不进行分裂，而核内的染色体却复制、分裂的一种染色体多倍化方式，或者可以说有丝分裂是在核内进行的，其染色单体往往在全长上紧密联会，而不分开。多线染色体在分化的组织细胞中较为多见。

三、染色体类型及数量

（一）染色体类型

体细胞有丝分裂中期的染色体，根据其着丝粒的位置不同，可将染色体区分为如下四种类型：中央着丝粒染色体，两臂长度相等或大致相等，细胞分裂后期移动时呈 V 型；亚（近）中央着丝粒染色体，细胞分裂后期移动时呈 L 型；近端着丝粒染色体，具有微小短臂，细胞分裂后期移动时呈棒形；端着丝粒染色体，着丝粒位于染色体一端（图 1 - 1）。

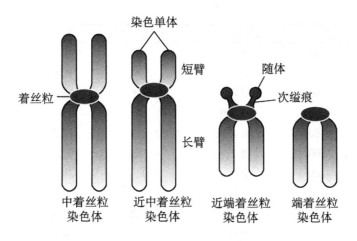

图 1-1　根据着丝粒位置进行的染色体分类图示

（引自：李宁主编　动物遗传学（第二版）中国农业出版社　2003）

（二）染色体数量

从生物进化的角度看，高等动物的细胞染色体 DNA 量要比大肠杆菌高 1 000 倍以上，不过，从表 1-1 可见，DNA 量与进化程度并非呈现完全正比的关系。

不同生物种染色体的形态和数量是有差别的。有性繁殖的动物种群体细胞中一般都含有两套染色体或两个染色体组，以 2n 表示，故称二倍体生物。精、卵细胞则由一个染色体组构成，以 n 表示。同一生物种一般不论体细胞还是性细胞染色体数目都是相对恒定的，具有种属性特征。从整个生物界来看，染色体数 2n 值变化范围很大（表 1-2），根据现在人们的发现，2n 值最小的物种是马蛔虫，2n=2；2n 值最大的物种是古代的蕨类植物，真蕨纲瓶尔小草属染色体数 2n=1 020，n=510，而绝大多数物种染色体数 2n 在 8 ~ 100 之间。

表 1-1　几种生物 DNA 量的比较（ng）

生物名称含量	两个染色 DNA 含量	生物名称	两个染色体组 DNA 含量
两栖类	168.0	羊	5.7
肺鱼	100.0	小鼠	5.0
蝾螈	85.3	果蝇	0.2
绿蝾	72.0	大肠杆菌	0.004
食用蛙	16.8	h 噬菌体	0.000 055
牛	6.4	Φ×174 噬菌体	0.000 00
人	6.4		

表 1-2　常见动物的体细胞染色体数目

种 名	染色体数目	种 名	染色体数目	种 名	染色体数目
人	46	虎	38	金丝猴	44
黑猩猩	48	兔	44	大白鼠	42
猕猴	42	犬	78	小白鼠	40
貂	30	刺猬	48	湖羊	54
猪	38	赤狐	38	驯鹿	72

种 名	染色体数目	种 名	染色体数目	种 名	染色体数目
马	64	马鹿	68	松鼠	40
斑马	44	猫	38	蚯蚓	36
驴	62	双峰驼	36	蛲虫	2
骡、驴骡	63	马蛔虫	2	鹅	80
牛	60	血吸虫	14	梅花鹿	66
瘤牛	60	龟	52	青蛙	26
牦牛	60	家鸽	♀80, ♂79	鸡	78
野黄牛	58	林蛙	24	番鸭	78
沼泽水牛	48	中华大蟾蜍	22	大熊猫	42
河谷水牛	50	火鸡	82	果蝇	8
绵羊	54	珠鸡	74	鸵鸟	80
山羊	60	鸭	78	蜜蜂	♀32, ♂16

四、染色体结构

真核生物的染色体是由蛋白质和核酸组成的复合体，其核心骨架是 DNA。这一点早已得到证实和公认。至于染色体内部结构如何？染色体在细胞分裂周期中又是怎样演变的？直到 1974 年，R. D. Kornberg、A. L. Olins、D. E. Olins 提出并证实染色质的核小体结构单位以后，染色体结构理论假说才不断地涌现出来。Bak 等人提出的多级螺旋模型假说，虽然在螺旋稳定和维系作用以及其成分功能上尚需进一步探讨和阐明，其所论述的染色体四级结构模型还是具有重要理论价值的。多级螺旋模型的理论要点简介如下。

（一）单位丝结构

单位丝是染色体的一级结构，直径约为 10nm，其结构的基本单位是核小体。核小体是由四种组蛋白（H_2A，H_2B，H_3，H_4）各两个分子组成一个球状八聚体，DNA 双链绕球状八聚体 1 周，约含 140 个碱基对，再向下延伸约 50～60 个碱基对，成为两个球状八聚体的连接丝，即核小体共含碱基对约 200 个。单位丝是一条由众多核小体聚合而成的串珠状染色质线，是高度伸展的染色体。在单位丝的外面还结合有各种非组蛋白（约近数百种）。

（二）螺旋体结构

螺旋体是单位丝经过一次螺旋化所形成的空心管状结构。螺旋体每一周包含 6 个核小体，螺旋体的直径约为 30nm。

（三）超螺旋体结构

超螺旋体是在螺旋体基础上又经过一次螺旋所形成的空心管状结构，直径为 400nm。

（四）分裂中期染色体

超螺旋体再进一步盘旋和多次折叠就形成典型的分裂中期的染色体结构形态。总之，从细胞分裂间期高度伸展的 DNA 链到细胞分裂中期的大大缩短的染色体，大约压缩近 8 000～10 000 倍。染色体在细胞分裂期的这种行为，相当于对染色体进行了精致的包装，有利于遗传物质的保存和精确的传递，是生物进化中的最佳选择。

五、染色体组及染色体组型分析

（一）染色体组与染色体组型

染色体组是指在二倍体生物中，来自配子（精、卵细胞）的染色体组成（n），可以说染色体组是生物赖以生存的最基本的染色体数量和构成。染色体组型是指染色体组在有丝分裂中期的表型，包括染色体的数目、大小、形态特征等。每一个生物种的核型在染色体数量、形态和排列结构上都是特异的，代表着一个个体或一个生物种体细胞染色体特有的构成（图 1-2）。

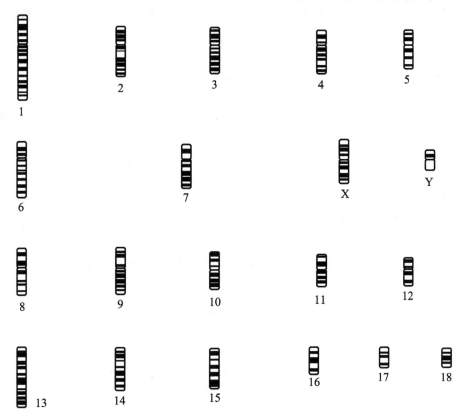

图 1-2 猪染色体组型

（引自：李宁主编 动物遗传学（第二版）中国农业出版社 2003）

（二）染色体组型分析

1. 染色体组型分析 染色体组型分析也叫核型分析，是指按照染色体的数目、大小和着丝粒位置、臂比、次缢痕、随体等形态特征，对生物核内的染色体进行配对、分组、归类、编号（性染色体编在最后）等分析的过程。如人分为 $A，B，C，D，E，F，G$ 共 7 组，猪分为 $A，B，C，D$ 共 4 组。通过对体细胞核中染色体数、形态及其组成结构等特征来认识一个细胞、一个个体或一个生物种的遗传、变异和进化，是既简便又很重要的方法。其分析方法主要有染色体照片的分析方法，显微镜下核型分析、自动核型分析等。

2. 核型分析的意义 尽管染色体的核型分析是一种初步的遗传分析方法，但它确实是以染色体为轴心的最基本的遗传分析方法，有着重要的理论和实践意义。

（1）染色体是遗传物质的载体，核型又以编号的形式为每条染色体命了名，因此对染色体遗传本质的揭示——染色体进化、染色体片段变异以及切割染色体微小片段进行深入的遗传研究，都离不开核型分析这个基本环节。

（2）对判定一个个体染色体组成是否正常有重要价值，是人类医学遗传学对早期人胚胎细胞和初生婴幼儿进行染色体病遗传诊断的病理基础和必不可少的手段。

（3）可以准确地检出嵌合体个体。许多生物种群都存在嵌合体。所谓嵌合体是指由不同遗传型的细胞所构成的生物体。例如，牛群中异性双生母犊的核型就是嵌合体型，母犊体内既有雌性核型的细胞，也有雄性核型的细胞。

（4）核型分析是在细胞水平上对个体进行性别判定的准确方法。因为体细胞核中有一对性染色体可以区别雌雄。

（5）核型分析对某些癌症的早期诊断有利。许多癌细胞皆出现明显的染色体异常。例如，人类的慢粒性白血病出现典型的 ph 染色体。

（三）几种动物的标准核型

人：A 群 3M，B 群 2Sm，C 群 7Sm 及 X 染色体，D 群 3St，E 群 lM 和 2Sm，F 群 2M，G 群 2St 和 Y 染色体。

猪：A 群 5Sm，B 群 2St，C 群 6M，D 群 6T，X 染色体和 Y 染色体皆归属于 C 群。

牛：除 X 染色体是较大的 Sm，Y 染色体为小型 Sm，其余 58 条 29 对染色体全是 T，按染色体大小依次排列。

绵羊：1～3 号染色体是 M 和 Sm。X 染色体为最大的 St，Y 染色体为最小的 M，其余的常染色体为大小不等的 T。

犬：除性染色体之外，都是 T。X 染色体为大的 M，Y 染色体为小的 M。

第二节　细胞分裂

生物的繁殖是以细胞为基础的，细胞的增殖是通过分裂得以实现的。细胞分裂是实现生物体的生长、繁殖和世代之间遗传物质连续传递的必不可少的途径。

细胞分裂有两种方式。一种是直接分裂，也叫无丝分裂，是细胞核和细胞质拉长过程中不伴有纺锤丝出现的一种分裂。原核生物和真核生物的愈伤组织、肿瘤以及衰退细胞存在这种分裂方式。另一种是间接分裂，也称有丝分裂，是一种有纺锤丝出现的细胞分裂方式。这种分裂方式在高等生物体细胞分裂中是广泛存在的。

一、细胞分裂周期

所谓细胞分裂周期，就是指细胞从上一次细胞分裂结束开始至下一次细胞分裂结束为止的一段历程，它包括细胞物质积累和细胞分裂两个不断循环的过程。细胞有丝分裂是一个复杂且十分精确的生命过程，它包括有丝分裂和减数分裂两种分裂方式。

细胞周期（图 1-3）可分为间期（也叫生长期）和分裂期（M 期）两个阶段。细胞群中多数细胞处于间期，少数细胞处于 M 期。一般间期的时间较长，而 M 期的时间较短（表 1-3）。在间期，细胞完成生长过程，主要为 DNA 的合成，即遗传物质 DNA 的复制。在 M 期，细胞所完成的主要是分裂，即遗传物质的分配。间期又分为 G_1、S、G_2 三个时期。

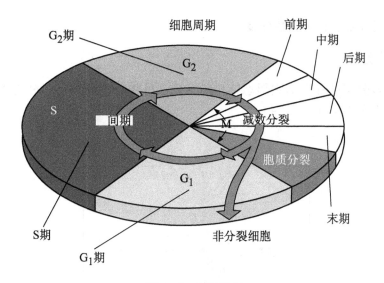

图 1－3 细胞周期

(引自:李宁主编 动物遗传学(第二版) 中国农业出版社 2003)

(一) 细胞分裂间期

1. G₁ 期 又称为 DNA 合成前期,是上一次细胞有丝分裂结束至 DNA 开始复制前的一段时间。这一时期主要为过渡至 S 期做物质的准备,即为下一步 DNA 复制和蛋白质合成做准备。主要进行蛋白质、酶类和 RNA 等大分子的合成,大量贮备物质,细胞生长较快,体积随细胞内物质增多而增大。这个时期所占时间相对较长,一般约占整个分裂周期的 1/2 时间。多数动物细胞的这一时期从几小时到几星期,多为 12~24 小时。

2. S 期 即 DNA 合成期,是 DNA 复制、染色体合成的时期。若 DNA 的复制发生失误,将引起变异而导致发生异常细胞。在 S 期的开始阶段,DNA 合成的强度较大,以后逐渐减少,至 S 期结束时 DNA 含量将加倍。多数动物细胞在这一时期为 6~9 小时,超过整个细胞分裂周期的 1/4 时间。

3. G₂ 期 DNA 合成后期,又称细胞分裂前期。本期细胞的 DNA 含量已加倍,DNA 的合成终止,另外合成一些核糖核酸、组蛋白、非组蛋白等,继续为细胞分裂做准备,所占时间相对短些,一般动物细胞为 3~5 小时。卵细胞的 G₂ 期很短,而白血病细胞相对长得多,达 10 天以上。

表 1－3 几种动物细胞分裂周期 (h)

分裂周期	G₁	S	G₂	M	合计
人正常骨髓细胞	25~30	12~15	3~4	—	40~45
人宫颈癌细胞	8	6	4.5	1.5	20
小鼠成纤维细胞	9.1	9.9	2.3	0.7	22.0
离体培养的人淋巴细胞	12~24	7	4~6	—	

(二) 分裂期

动物细胞繁殖一般都是以间接分裂即有丝分裂方式进行的。有丝分裂包括核分裂和胞质分裂两个协调进展的过程。动物细胞有体细胞、性细胞两类。体细胞的繁殖和性细胞形成过程中的细胞分裂都是有丝分裂,不过,性细胞形成中的有丝分裂与体细胞的有丝分不同，具有独特特点，称为减数分裂。

二、有丝分裂

根据细胞核分裂过程中细胞形态结构的变化，可将有丝分裂过程分为 4 个时期：前期、中期、后期和末期（图 1-4）。

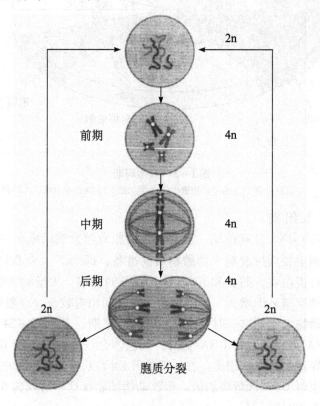

图 1-4 动物细胞有丝分裂模式图
（引自：李宁主编 动物遗传学（第二版）北京：中国农业出版社 2003）

1. 前期 前期是有丝分裂的起始阶段，细胞核染色质在前期经过不断的浓缩、螺旋化、折叠和包装，由原来漫长的弥漫样分布的线性染色质逐渐变粗变短，形成光镜下可辨认的染色体，并且在晚一些时候可见由着丝粒连接两条染色单体呈细线状态。同时细胞中心粒复制成两对，在其外周有放射状排列的微管呈芒状，叫星体，星体分别向两极移动，牵拉出纺锤丝，形成纺锤体，染色体进一步短缩变粗，核仁逐渐变小并消失，最后核膜逐渐溶解破裂。

2. 中期 中期的开始以核膜破裂消失为标志，此时，染色体进一步凝集浓缩、变短变粗，形成明显的 X 型染色体结构，且染色体逐渐向赤道方向移动。所有的染色体排列到赤道板上，纺锤体呈典型的纺锤样。染色体在赤道板平面的排列、同源染色体分布、一条染色体成对着丝粒的取向，都是很特异的，并且有利于后期染色体向两极移动。中期是研究染色体的形态特征和进行染色体计数的最佳时期。

3. 后期 每条染色体的着丝粒发生纵裂，两条染色单体彼此分离，形成形态和数目相等的子代染色体，并分别由纺锤丝牵引向两极运动。

4. 末期 两套染色体分别抵达两极。末期过程恰同前期相反，染色体在核膜内逐渐解旋伸展形成染色质，核膜、核仁也开始重新装配，形成两个子代细胞核，RNA 合成功能也逐渐恢复。

5. 胞质分裂 胞质分裂开始于细胞分裂后期，结束于细胞分裂末期。胞质分裂开始时，在赤道板周围细胞表面凹陷，形成一环形缢缩的分裂沟；接着肌动蛋白等物质聚集形成收缩环，分裂沟逐渐加深，细胞形状由原来的圆形逐渐变为椭圆形、哑铃形；最后在收缩环处细胞融合并形成两个子细胞。

分裂期一般较短，多数动物细胞在 1 小时内完成。

综上所述，有丝分裂的主要特点是：染色体复制一次，细胞分裂一次，遗传物质平均分配到两个子细胞中。每个子细胞的染色体在形态和数目上都与亲代细胞一致。细胞有丝分裂既维持了个体正常生长发育，又保证了物种的遗传稳定性。

三、减数分裂

减数分裂是一种特殊的更为复杂的有丝分裂方式，是性细胞形成的过程，成熟的性细胞不再进行分裂，所以，亦称成熟分裂。减数分裂的主要特征是细胞仅进行一次 DNA 复制，但细胞连续分裂两次，结果使得产生的配子中的染色体数目减半，只含有单倍数的染色体 （n）。减数分裂前的间期同有丝分裂间期相似，染色体复制也在 S 期。构成减数分裂过程的两次细胞分裂，分别称为减数分裂期Ⅰ和减少分裂期Ⅱ，它们又都可分为前期、中期、后期和末期，减数分裂期Ⅰ的 4 个时期分别称为前期Ⅰ、中期Ⅰ、后期Ⅰ和末期Ⅰ，减数分裂期Ⅱ的 4 个时期分别称为前期Ⅱ、中期Ⅱ、后期Ⅱ和末期Ⅱ （图 1−5）。

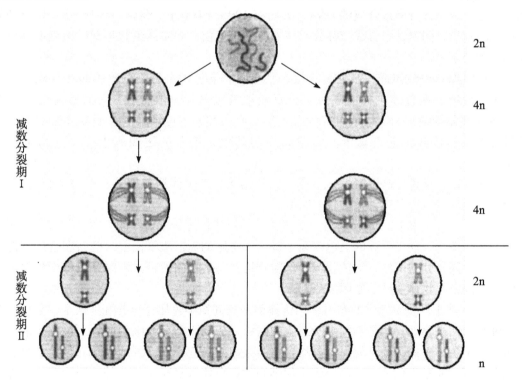

图 1−5 细胞减数分裂过程模式图

1. 减数第一次分裂（减数分裂Ⅰ）

（1）前期Ⅰ：是染色体变化较为复杂的时期，根据细胞形态变化又分为细线期、偶线期、粗线期、双线期和终变期五个时期。

①细线期：是前期的早期，染色体呈细线状，还分不清彼此，也看不清一条染色体已由两条染色单体构成的特征。

②偶线期：主要发生同源染色体配对现象，称为联会。此期染色体的变化较大，虽仍为细线状，但相对清晰可见。这一期的最重要特征是两两同源染色体进行联会，从两端至全长紧密配对形成联会复合体，也称二价体。一个二价体由两条同源染色体组成，包括4条染色单体，故又称四分体，但此时期四分体并不清晰。如果两条染色单体是同一条染色体上的，则互称姐妹染色单体；而非同源染色体上的两条染色单体则互称为非姐妹染色单体。此期持续时间较细线期长，染色体也较粗而短些。核内染色体虽然在组成上没有变化，但是，在显微镜下由于同源染色体紧密联会，则核染色体在数量上好象减少了一半，形态上由"2n"变为"n"了。而实际上是2n条染色体联会成了n个联会复合体，仍然具有2n条染色体。此外，偶线期还合成了一些在S期未合成的约0.3%的DNA，即偶线期DNA。

③粗线期：这一时期染色体相对地更短缩一些，其最明显特点是一条染色体的两条染色单体显微镜下可分清其双性特征，即四分体可见。而且可见非姐妹染色单体间有交叉现象，即发生了部分DNA片段的交换和重组，这种现象一直持续到终变期，不过随着时间的推移交换的量越来越少，这种DNA片段的交换和重组是生物体产生变异的原因之一。在本期也合成小部分尚未合成的DNA，大约有100～1 000bp，编码一些与DNA切点和修复有关的酶类；同时，还合成减数分裂期专有的组蛋白，并将体细胞类型的组蛋白部分或全部地置换下来。

④双线期：染色体进一步缩短变粗，联会同源染色体由于染色单体的互斥现象，出现分离，此时，四分体结构清晰可见。双线期持续时间一般较长，时间长短变化也较大。两栖类卵母细胞的双线期可持续近1年；而人类的卵母细胞双线期从胚胎期的第五个月开始，短者可持续十几年，到性成熟期结束，长者可达四五十年，直到生育期结束。

⑤终变期：染色体高度凝缩，形成短棒状结构，二价体均匀地分布在整个细胞核内，是减数分裂期进行染色体计数的较好时期。

（2）中期Ⅰ：核仁、核膜消失，纺锤体开始形成标志着中期Ⅰ的开始。与有丝分裂中期相似，纺锤丝牵动二价体的染色体渐渐排列于细胞的赤道板平面上，两条联会的同源染色体着丝粒随机朝向两极，纺锤丝与着丝粒相连并将其拉向两极。同源染色体着丝粒的这种随机朝向是生物体变异的原因之一。

（3）后期Ⅰ：受纺锤丝的牵引，二价体的两条同源染色体完全分开为两个二分体，分别向细胞的两极移动，并分别集中于细胞的两极，后期Ⅰ结束。细胞的每一极都只能得到一对同源染色体中的一条，但每一条均含有两条姐妹染色单体，因此经过此期的分离，每一极只获得了n条染色体，从而导致子代细胞的染色体数目减半。此外，因同源染色体移向两极是一个随机的过程，因而到达两极的染色体会出现许多的组合方式，加上粗线期发生的基因重组等因素，导致几乎不可能得到遗传上完全相同的后代。例如，人有23对染色体，理论上将会产生 2^{23} 种不同的组合方式，即使不发生基因重组，得到遗传上完全相同的配子的概率也只有 1/8 400 000。

（4）末期Ⅰ：其过程同有丝分裂末期相似，核膜、核仁逐渐出现，胞质分裂形成两个子细胞；同时，染色体也不断解旋伸展。也有些物种减数分裂末期Ⅰ染色体并不解旋，直接进入下一时期。

2. 分裂间期　是指减数分裂Ⅰ与减数分裂Ⅱ之间的时期。许多动物细胞减数分裂并不存在这个分裂间期，而是直接从末期Ⅰ进入减数分裂的前期Ⅱ。有些生物种减数分裂即使有分裂间期，时间也相当短，而且，在这一时期染色体并不进行复制。

3. 减数第二分裂（减数分裂Ⅱ）　此期过程与有丝分裂过程相似。需要强调的是经过减数第一次分裂形成的每个子细胞中只有 n 条染色体，但每条染色体由两条染色单体组成。经过第二次减少分裂，1 个初级性母细胞共形成 4 个子细胞，每个子细胞的染色体数目都为 n。

四、有丝分裂和减数分裂的特点和区别

归结起来，有丝分裂同减数分裂相比有如下主要特点和区别。

（一）有丝分裂发生在所有正在生长的组织中，从受精卵开始持续个体整个生活周期；减数分裂只发生在有性繁殖过程中性细胞的形成。

（二）有丝分裂中母细胞染色体仅经过一次复制，一次分裂，每个周期仅产生 2 个子代细胞；而减数分裂母细胞染色体经过一次复制，细胞经过两次分裂，每个周期产生 4 个子代细胞。

（三）有丝分裂是姐妹染色单体的均等分裂，子细胞的染色体数目与母细胞的染色体数目相同，均为 2n 组成；减数分裂Ⅰ是联会的同源染色体分离的均等分裂，减数分裂Ⅱ是一个染色体组中姐妹染色单体分离的均等分裂，因此减数分裂子细胞的染色体数目为 n组成，是母细胞染色体数目的一半。

（四）有丝分裂中子细胞的遗传成分与母细胞的相同；而减数分裂因具有同源染色体联会和同源非姐妹染色单体之间的交叉与互换使得遗传成分与母细胞的遗传成份不同。同源染色体联会是减数分裂染色体数目减半和生物体变异的基础，同源非姐妹染色单体发生片段互换可使染色体上的基因重新组合，配对的同源染色体又是随机移向细胞的两极，这样使生物体产生遗传变异。

五、有丝分裂和减数分裂的意义

（一）生物学意义

有丝分裂是细胞分裂的方式，是细胞繁殖的基础；减数分裂是产生性细胞的分裂方式，是生物个体有性繁殖的基础。

（二）遗传学意义

在有丝分裂中，子细胞的染色体在数目、形态、结构以及基因组成上与母细胞都一样，这就保持了同一个体体细胞遗传组成的一致性，进而保证了同一物种的稳定性，是生物遗传的基础。

在减数分裂中，子细胞的染色体数目是母细胞的一半，精卵结合后染色体数目又同母

细胞一致，这就保证了物种上下代染色体数目的恒定，为物种的延续提供了保证。另外，同源染色体的随机取向分离、交叉和互换又为变异提供了条件；染色体的行为也是遗传规律的基础；同源染色体的分离是分离规律的基础；二价体内成员在赤道板处的随机取向是自由组合规律的基础；同一染色体上的基因连在一起遗传以及同源非姐妹染色单体之间的交叉互换是连锁互换定律的基础。

第三节　遗传物质及遗传信息传递

遗传学家们早就认识到，遗传物质这种特殊的分子必须具备：能精确地复制，使子代细胞具有和亲代细胞相同的遗传信息，以确保物种的世代连续性；必须能稳定地含有关于生物体细胞结构、功能、发育和繁殖的各种信息，以保证物种的稳定性；必须具有强大的贮存遗传信息的能力，以适应物质复杂多样性的要求；必须能变异，以适应生物不断进化的需要。DNA（少数生物为 RNA）作为生物的遗传物质，它们的分子结构是什么样的，遗传信息又是如何传递的，核酸是否能够满足上述的条件呢？

一、DNA 和 RNA 的化学组成

核酸是一种高分子化合物，是由许多单核苷酸聚合而成的多核苷酸链。核苷酸是核酸的结构和功能的基本单位。核苷酸是由核苷和磷酸组成的。而核苷又是由碱基和戊糖组成的。

核酸中的戊糖有两类：D－核糖和 D－2－脱氧核糖。核酸的分类就是根据两种戊糖种类不同而分为 RNA 和 DNA 的。

碱基在 RNA 中主要有四种：腺嘌呤、鸟嘌呤、胞嘧啶、尿嘧啶，DNA 中也有四种碱基，与 RNA 不同的是胸腺嘧啶代替了尿嘧啶（表 1－4）。

表 1－4　两种核酸的基本化学组成

核酸的成分	DNA	RNA
嘌呤碱	腺嘌呤 鸟嘌呤	腺嘌呤 鸟嘌呤
嘧啶碱	胞嘧啶 胸腺嘧啶	胞嘧啶 尿嘧啶
戊糖	D－2－脱氧核糖	D－核糖
酸	磷酸	磷酸

多个单核苷酸通过磷酸二酯键按线性顺序连接形成一条多核苷酸（RNA）或脱氧多核苷酸（DNA），即 RNA 或 DNA 分子中 1 个磷酸分子一端的羟基与 1 个核苷中糖组分的 3′碳原子上的羟基形成 1 个酯键，另一端的羟基与相邻核苷的糖组分的 5′羟基形成另一个酯键。这样在核酸长链分子的一个末端核苷酸的第五位碳原子上就有一个游离磷酸基团，另一末端核苷酸的第三位碳原子上就有一个游离羟基，习惯上把 DNA 分子序列中含有游离

磷酸基团的末端称 5′端；另一端则称 3′端。

二、DNA 和 RNA 的结构

（一）脱氧核糖核酸（DNA）的分子结构

1. DNA 的一级结构　DNA 的一级结构是指四种脱氧核糖核苷酸的排列顺序和连接方式。由于 4 种核苷酸的核糖和磷酸组成是相同的，所以可以用碱基序列代表 DNA 分子的核苷酸序列。

2. DNA 的二级结构　DNA 的二级结构是指两条核苷酸链反向平行盘绕所生成的双螺旋结构。DNA 的双螺旋结构模型是 Watson 和 Crick 于 1953 年提出的。后人的许多工作证明这个模型基本上是正确的。它分为两大类：一类是右手螺旋，如 A - DNA，B - DNA，C - DNA 等；另一类是局部的左手螺旋，即 Z - DNA。这里我们将详细讨论 B - DNA。

（1）B - DNA 双螺旋结构模型的要点（图 1 - 6）：DNA 分子是由两条反向平行的多核苷酸链围绕同一中心轴构成右手螺旋结构。一条链的方向是 5′→3′，另一条链则是 3′→5′。螺旋直径为 2nm。双螺旋的两条链间有螺旋型的凹槽，其中一条较浅，叫小沟；另一条较深，叫大沟。

两条链的碱基在内侧，糖—磷酸主链在外侧，两条链之间的碱基按照互补配对原则通过氢键相连。A 和 T 间构成二个氢键，G 和 C 间构成三个氢键。

碱基对的平面约与螺旋轴垂直，相邻碱基对平面间的距离（碱基堆积距离）是 0.34nm。相邻核苷酸彼此相差 36°。双螺旋的每一转有 10 对核苷酸，每转高度为 3.4nm。

由于四种碱基对都适合此模型，每条链可以有任意的碱基顺序，但由于碱基成对的规律性，例如一条链的碱基顺序已确定，则另一条链必有相对应的碱基顺序。两条链的碱基组成和排列顺序并不一定相同。碱基互补原则具有极其重要的生物学意义。DNA 复制、转录、反转录等的分子基础都是碱基互补。

大多数天然 DNA 具有双链结构。某些小细菌病毒如 φX174 和 M13 的 DNA 是单链分子。

（2）双螺旋结构的稳定性：DNA 双螺旋结构在生理状态下是很稳定的。首先，维持这种稳定性的主要因素是碱基堆积力。嘌呤与嘧啶呈疏水性，分布于双螺旋结构内侧。大量碱基层层堆积使两相邻碱基的平面十分贴近，于是使双螺旋结构内部形成一个强大的疏水区，与介质中的水分子隔开。其次，大量存在于 DNA 分子中的其他弱键如：磷酸基团上的负电荷与介质中的阳离子之间的离子键；范德华引力等在维持双螺旋结构的稳定上也起一定作用。

3. DNA 的高级结构　DNA 的高级结构是指 DNA 双螺旋进一步扭曲所形成的特定空间结构。超螺旋结构是 DNA 高级结构的主要形式。双链 DNA 多数为线形，少数为环形。某些小病毒、线粒体、叶绿体以及某些细菌中的 DNA 为双链环形。在细胞内，这些环形 DNA 进一步扭曲成"超螺旋"的三级结构，如图 1 - 7 所示。

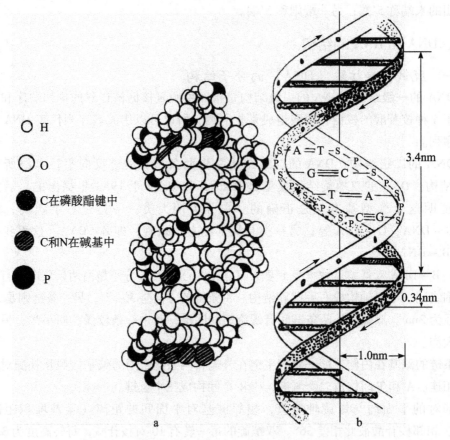

图 1-6 DNA 分子双螺旋结构模型（a）及其图解（b）

（引自：张洪渊主编 生物化学（第二版）化学工业出版社 2006）

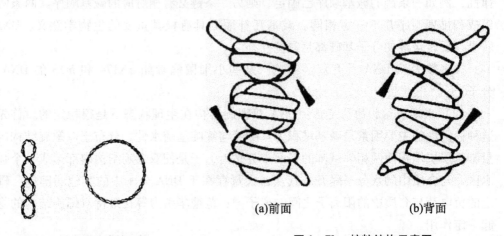

图 1-7a 多留病毒的环状
分子和超螺旋结构

图 1-7b 核粒结构示意图

（a）前面 （b）背面

圆球代表组蛋白，缠绕在组蛋白上的带子为 DNA 超螺旋

（引自：张洪渊主编 生物化学（第二版）化学工业出版社 2006）

真核细胞染色质和一些病毒的 DNA 是双螺旋线形分子。染色质 DNA 的结构极其复杂。双螺旋 DNA 先盘绕组蛋白形成核粒（超螺旋），许多核粒（或称核小体）由 DNA 链连在一起构成念珠状结构，念珠状结构进一步盘绕成更复杂更高层次的结构。据估算，人的 DNA 大分子在染色质中反复折叠盘绕，共压缩 8 000～10 000 倍。

（二）核糖核酸（RNA）的分子结构

RNA 也是无分支的线形多聚核糖核苷酸，主要由四种核糖核苷酸组成。这些核苷酸中的戊糖不是脱氧核糖，而是核糖。RNA 分子中还含有某些稀有碱基。

组成 RNA 的核苷酸也是以 3′，5′-磷酸二酯键彼此连接起来的。尽管 RNA 分子中核糖环 C2′上有一羟基，但并不形成 2′，5′-磷酸二酯键。

天然 RNA 是单链线形分子。只有局部区域为双螺旋结构。单链 RNA 分子通过自身回折使得互补的碱基对相遇形成氢键结合成双链，并进而形成双螺旋结构。不能配对的区域形成突环，被排斥在双螺旋结构之外。每一段双螺旋区至少需要有 4～6 对碱基配对才能保持稳定。一般说来，双螺旋区约占 RNA 分子的 50%。

动物、植物和微生物细胞内都含有三种主要 RNA，即核糖体 RNA（rRNA）、转运 RNA（tRNA）、信使 RNA（mRNA）。此外，真核细胞中还有少量核内小 RNA（snRNA）。

1. mRNA　是蛋白质结构基因转录的单链 RNA，作为蛋白质合成的模板，在蛋白质生物合成过程中起着传递信息的作用。

真核细胞 mRNA 的结构特点（图 1-8）：大多数真核 mRNA 的 5′末端均在转录后加上一个 7-甲基鸟苷酸，同时第一个核苷酸的 C′-2 也是甲基化，形成帽子结构：$m^7GpppNm-$；大多数真核 mRNA 的 3′末端有一个多聚腺苷酸（polyA）结构，称为多聚 A 尾。帽子结构和多聚 A 尾的功能主要有：mRNA 核内向胞质的转位；mRNA 的稳定性维系；翻译起始的调控等。

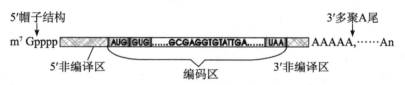

图 1-8　mRNA 的结构

2. tRNA　是一类小分子量的 RNA，细胞内 tRNA 的种类很多，每个细胞中至少有 50 种。tRNA 在翻译过程中起着转运各种氨基酸至核糖体，按照 mRNA 的密码顺序合成蛋白质的作用。每一种氨基酸都有其相应的一种或几种 tRNA。许多 tRNA 的一级结构早就被阐明，tRNA 的二级结构和三级结构也比较清楚。

（1）tRNA 的一级结构的特点：tRNA 相对分子质量在 2.5 万左右，由 70～90 个核苷酸组成，沉降系数在 4S 左右；碱基组成中有较多的稀有碱基；3′-末端都为…CCA-OH，用来接受活化的氨基酸，所以这个末端称为接受末端；5′末端大多为 G…；

（2）tRNA 的二级结构都呈三叶草形（图 1-9）：双螺旋区构成了叶柄，突环区好像是三叶草的三片小叶。双螺旋结构所占比例甚高，因此 tRNA 的二级结构十分稳定。三叶草形结构由氨基酸臂、二氢尿嘧啶环、反密码环、额外环和 Tψ 环五个部分组成。

氨基酸臂由 7 对碱基组成，富含鸟嘌呤，末端为一 CCA，接受活化的氨基酸；二氢尿嘧啶环由 8 ~ 12 个核苷酸组成，具有两个二氢尿嘧啶，故得名；反密码环由 7 个核苷酸组成，环中部为反密码子，由 3 个碱基组成，在蛋白质合成时识别 mRNA；额外环由 3 ~ 18 个核苷酸组成。不同的 tRNA 具有不同大小的额外环，所以是 tRNA 分类的重要指标。

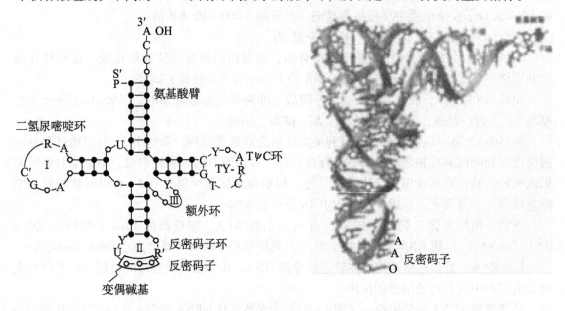

图 1-9　tRNA 的三叶草型二级结构和 L 型三级结构

(引自：张洪渊主编　生物化学（第二版）化学工业出版社　2006)

（3）tRNA 的三级结构：tRNA 三级结构的形状像一个倒写的字母 L（图 1-9）。Kim（1973）和 Robertus（1974）应用 X 光衍射分析法对 tRNA 晶体进行研究，并先后阐明了 tRNA 的三级结构。

3. rRNA　核糖体是合成蛋白质的场所，它由核糖体 rRNA 和蛋白质组成。rRNA 含量大，占细胞 RNA 总量的 80% 左右，是构成核糖体的骨架。大肠杆菌核糖体中有三类 rRNA，5SrRNA，16SrRNA，23SrRNA。动物细胞核糖体 rRNA 有四类：5Sr - RNA，58SrRNA，18SrRNA，28SrRNA。许多 rRNA 的一级结构及由一级结构推导出来的二级结构都已阐明，但是对许多 rRNA 的功能迄今仍不十分清楚。

三、遗传信息的传递

核酸是贮存和传递遗传信息的生物大分子。遗传信息是以密码的形式编码在 DNA 分子上，表现为特定的核苷酸排列顺序。在细胞分裂过程中通过 DNA 的复制把遗传信息由亲代传递给子代，在子代的个体发育过程中通过转录遗传信息由 DNA 传递到 RNA，最后翻译成特异的蛋白质，从而使子代表现出与亲代相似的遗传性状。在某些情况下 RNA 是遗传物质，如在 RNA 病毒中，RNA 具有自我复制的能力，并同时作为 mRNA，指导病毒蛋白质的生物合成。在致癌 RNA 病毒中，RNA 还以逆转录的方式将遗传信息传递给 DNA 分子。上述遗传信息的传递方向称为中心法则，它是由 F. Crick 在 1958 年最早提出的，其后又得到不断的补充和完善。

中心法则可简洁的用图 1-10 表示：

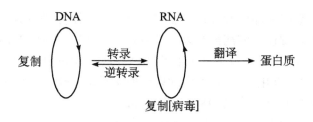

图 1-10 中心法则简图

（一）DNA 的生物合成

1. 半保留复制 在 DNA 复制时，亲代 DNA 的双螺旋先行解旋和分开，然后以每条链为模板，按照碱基互补配对原则，在这两条链上各形成一条互补链。这样，由 1 个亲代 DNA 的分子可以精确地复制出 2 个子代 DNA 分子。每个子代 DNA 分子中有一条链是来自亲代 DNA，另一条则是新形成的，叫做半保留复制。

2. 与 DNA 复制有关的酶和蛋白质 DNA 的合成是以四种三磷酸脱氧核糖核苷为底物的聚合反应，该过程除了酶的催化之外，还需要以适量的 DNA 为模板，以 RNA（或 DNA）为引物和镁离子的参与。催化 DNA 合成的酶有多种，除 DNA 聚合酶外，还有 RNA 引物合成酶，DNA 连接酶、拓扑异构酶、解螺旋酶及多种蛋白质因子参与。

（1）DNA 聚合酶：DNA 聚合酶在 DNA 复制过程中催化以 DNA 为模板，以 4 种脱氧核苷三磷酸为底物，按碱基配对原则，沿 $5' \rightarrow 3'$ 方向合成新互补链。现已经在原核生物、真核生物和某些病毒中都发现了 DNA 聚合酶。

①原核生物 DNA 聚合酶。目前已知的 DNA 聚合酶有多种，它们的性状和在 DNA 合成中的功能均不相同。在大肠杆菌中发现有 3 种 DNA 聚合酶，分别称为 DNA 聚合酶 I、聚合酶 II、聚合酶 III。DNA 聚合酶 I 最初是 1955 年由 Kornberg 在大肠杆菌内发现的。DNA 聚合酶 I 具有如下功能：$5' \rightarrow 3'$ 聚合酶活性；$5' \rightarrow 3'$ 外切酶活性，即在复制中主要起着校对功能；$3' \rightarrow 5'$ 外切酶的活性，它的主要功能是对 DNA 损伤的修复，以及在 DNA 复制时，填补 RNA 引物切除后留下的空隙。DNA 聚合酶 III 是细菌 DNA 复制的主要聚合酶，具有 $5' \rightarrow 3'$ 聚合酶活性和 $3' \rightarrow 5'$ 外切校正活性。

②真核细胞的 DNA 聚合酶。在真核细胞内已发现四种 DNA 聚合酶，分别用 α、β、γ 和 δ 表示。这四种聚合酶的特性见表 1-5。现在一般认为 DNA 聚合酶 α 和 δ 的作用是复制染色体 DNA。聚合酶 α 催化随后链的合成，而聚合酶 δ 催化领头链的合成，它还具有 $3' \rightarrow 5'$ 外切酶的活力。DNA 聚合酶 β 的功能主要是修复作用。DNA 聚合酶 γ 是从线粒体中分离得到的，主要用于线粒体 DNA 的复制。

表 1-5 真核生物的 DNA 聚合酶

	DNA 聚合酶 α	DNA 聚合酶 β	DNA 聚合酶 γ	DNA 聚合酶 δ
分子量	110 000 ~ 220 000	45 000	60 000	122 000
亚基数	4 ~ 8 个	1 个	1 个	1 个
细胞内分布	细胞核	细胞核	线粒体	细胞核
酶活力占总量的百分比	80%	10% ~ 15%	2% ~ 15%	10% ~ 25%
核酸外切酶活力	无	无	无	$3' \rightarrow 5'$

（2）引物合成酶：所有的 DNA 聚合酶都不能起始 DNA 的合成，只能催化脱氧核苷酸

添加在已有的 DNA 或 RNA 单链片段的 3′游离羟基上。因此，在 DNA 复制过程中就需要有一段 DNA 或 RNA 链提供 3′游离羟基以启动 DNA 的合成，这种 DNA 或 RNA 片段叫做引物。引物合成酶即以 DNA 为模板合成一小段 RNA，这段 RNA 作为合成 DNA 的引物。

（3）DNA 连接酶：催化双链 DNA 中的切口处相邻 5′-磷酸基与 3′-羟基之间形成磷酸酯键，但是它不能将两条游离的 DNA 单链连接起来。

（4）拓扑异构酶：生物体内 DNA 分子通常处于超螺旋状态，而 DNA 的许多生物功能需要解开双链才能进行。拓扑异构酶就是催化 DNA 的拓扑连环数发生变化的酶，它可分为拓扑异构酶Ⅰ和拓扑异构酶Ⅱ。Ⅰ型酶可使双链 DNA 分子中的一条链发生断裂和再连接。Ⅱ型酶能使 DNA 的两条链同时发生断裂和再连接，当它引入负超螺旋时需要由 ATP 提供能量。拓扑异构酶Ⅰ可减少负超螺旋；拓扑异构酶Ⅱ可引入负超螺旋，它们协同作用控制着 DNA 的拓扑结构。拓扑异构酶在重组、修复和 DNA 的其他转变方面起着重要的作用。

（5）解螺旋酶：这类酶能通过水解 ATP 将 DNA 的两条链打开以作为复制的模板。

（6）单链结合蛋白：它的功能是稳定已被解开的 DNA 单链，阻止复性和保护单链不被核酸酶降解。

3. DNA 的复制的一般过程 DNA 的复制按一定的程序进行，双螺旋的 DNA 是边解开边合成新链的。复制从特定位点开始，可以单向或双向进行，但是以双向复制为主。由于 DNA 双链的合成延伸均为 5′→3′的方向，因此复制是以半不连续的方式进行的，即其中一条链相对地连续合成，称之为前导链，另一条链的合成则是不连续的，称为随后链。在 DNA 复制叉上进行的基本活动包括双链的解开；RNA 引物的合成；DNA 链的延长；切除 RNA 引物，填补缺口，连接相邻的 DNA 片段，如图 1-11 所示。

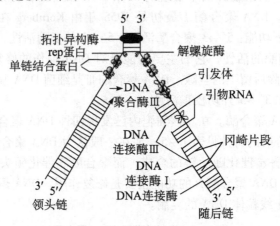

图 1-11　大肠杆菌的复制叉结构及复制过程示意图
（引自：周顺主编　动物生物化学 第 3 版　2008）

（1）复制的起始：原核生物和真核生物的复制都是从 DNA 分子的特定位置开始的，这一位置叫复制原点，常用 ori（或 o）表示。原核生物基因组一般只有一个复制原点。真核细胞可以在 DNA 链上的多个不同位点同时起始进行复制，所以原核细胞的复制速度尽管比真核细胞快，但由于真核细胞可以在多个位点同时进行，其总速度反而比原核细胞快。

复制开始时，多种启动蛋白以多拷贝的形式在复制起点形成一个大的蛋白质—DNA复合体。然后该复合体与解链酶相结合，解链酶打开 DNA 分子互补的两条链，形成复制泡，产生两个能向相反方向扩展的复制叉；紧接着复制叉与 DNA 引发酶相结合，形成引发体；引发酶催化合成 DNA 起始的 RNA 引物，随着引发体的前移，在 DNA 聚合酶的作用下，可使引物引发第一条 DNA 链的合成。最后，其余的复制蛋白因子和酶迅速形成第二个复制蛋白复合体，产生第二个复制叉，DNA 子链的合成从复制起点向两个相反方向延伸。

（2）复制的延伸：DNA 复制的延伸过程就是复制叉的前移过程，共分为 5 个阶段，依次是：双链 DNA 的不断解螺旋；前导链的合成；随后链上 RNA 引物的合成；冈崎片段的合成；最后是 RNA 引物去除和冈崎片段连接。

在复制叉前移过程中，首先由拓扑异构酶解螺旋，接着 DNA 解链酶在复制叉形成后，结合于单链上，沿单链分子不断前移，当碰到双链时切断氢键，打开双链。然后单链结合蛋白以多拷贝形式结合在两条单链上，以维持其单链状态，为其他蛋白因子和酶的结合提供必要的条件。

前导链的合成方向与复制叉的移动方向相同，它的延伸过程比较简单，DNA 聚合酶Ⅲ借助特异的 RNA 引物连续地合成一条与模板碱基配对的新链。随后链的合成比较复杂，在复制叉前移的同时引发体也前移，引发酶不断合成 RNA 引物，并间隔分布于随后链上，与模板单链互补，在 DNA 聚合酶Ⅲ的作用下按 5′→3′方向延伸至前一个 RNA 引物上，形成冈崎片段。然后由 DNA 聚合酶Ⅰ用 5′→3′外切酶活性切除引物，再催化冈崎片段的 3′端合成一小段 DNA，填补空缺，最后由连接酶封闭相邻冈崎片段之间的切口，形成一条完整的互补链。

以上 DNA 复制的延伸过程是按照大肠杆菌（原核生物）的复制机理加以阐述的，真核生物的复制与此有所不同。

（3）复制的终止：复制的延伸阶段结束后即进入终止阶段，在 DNA 复制中尚未发现特异的终止信号。环状 DNA 与线状 DNA，单向 DNA 与双向 DNA 复制终止情况不同，线状 DNA 和环状 DNA 双向复制的复制终点不固定；环状 DNA 单向复制终止于复制起点附近。在复制终止阶段还进行 RNA 引物切除，缺口补齐和冈崎片段的连接，以产生完整的DNA 链。另外，有些子代 DNA 分子还需拓扑结构酶的作用以形成超螺旋结构。

（二）DNA 的转录

在 DNA 指导下的 RNA 合成称为转录。在转录过程中，以 DNA 的一条链为模板，按照碱基配对原则，在 RNA 聚合酶的作用下合成一条与 DNA 链互补的 RNA 链。在由DNA—RNA—蛋白质这样一个遗传信息传递过程中，转录是个中心环节，对于大多数基因而言，转录是基因表达的第一步，一个基因的遗传信息能否表达关键是在转录阶段，所以阐明转录的分子机制是了解遗传信息表达极为重要的内容。

1. 转录的基本特征　　DNA 的转录与复制的化学反应极其相似，两者都是在酶的催化下，以 DNA 为模板，按碱基互补配对的原则，沿 5′→3′方向合成与 DNA 互补的新链。但两者也有区别：如复制是精确地拷贝 DNA 链，而转录是把 DNA 链上的遗传信息表达成RNA，两者的功能极为不同。

（1）转录只发生在基因组的一部分区域，因基因组中有许多区域并不表达成 RNA。

（2）转录时只以 DNA 的一条链为模板，人们将这条作为转录模板的 DNA 单链称为模板链或反义链，而另一条链称为有意义链或编码链，这条链具有与 mRNA 相同的序列。

（3）转录起始时，不需要引物的参与。

（4）转录的底物是四种核糖核苷三磷酸；RNA 与模板 DNA 的碱基相互配对关系为 G – C 和 A – U。

（5）RNA 的合成依赖于 RNA 聚合酶的催化作用。

（6）真核生物基因经转录生成的初级转录物一般都需要经过加工后才能成为具有生物功能和成熟的 RNA 分子。

2. RNA 聚合酶 已从大肠杆菌和其他细菌中高度提纯了 DNA 指导的 RNA 聚合酶。大肠杆菌的 RNA 聚合酶全酶相对分子质量约 50 万，由五个亚基（$\alpha_2\beta\beta'\sigma$）组成。没有 σ 亚基的酶（$\alpha_2\beta\beta'$）叫核心酶。核心酶只能使已开始合成的 RNA 链延长，但不具有起始合成 RNA 的能力，必须加入 σ 亚基才表现出全部聚合酶的活性。这就是说，在开始合成 RNA 链时必须有 σ 亚基参与作用，因此 σ 亚基为起始因子。各亚基的大小和功能列于表 1 – 6。

表 1 – 6　大肠杆菌 RNA 聚合酶各亚基的大小和功能

亚基	分子量	比例	功能
β'	165 000	1	和模板 DNA 结合
β	155 000	1	起始和催化作用
σ	95 000	1	起始作用
α	39 000	2	未知

真核细胞的 RNA 聚合酶有许多种，相对分子质量都在 50 万左右，通常由 4~6 种亚基组成，可分为三类：RNA 聚合酶 A（或 I）、RNA 聚合酶 B（或 II）和 RNA 聚合酶 C（或 III）。它们可以分别对不同种类的 RNA 进行转录（表 1 – 7）。

表 1 – 7　真核细胞 RNA 聚合酶的种类和性质

酶的种类	相对活性	分布	合成的 RNA 类型
RNA 聚合酶 I	50%~70%	核仁	rRNA
RNA 聚合酶 II	20%~40%	核质	mRNA，某些 snRNAs
RNA 聚合酶 III	约 10%	核质	tRNA、5SRNA、某些 snRNAs

3. RNA 的转录的一般过程 由 RNA 聚合酶催化的原核生物和真核生物的基因转录过程均可分为三个反应步骤：①转录的起始；②链的延长；③链的终止。所不同的是：原核生物仅有一种 RNA 聚合酶，合成所有的 RNA，而真核生物有 3 种 RNA 聚合酶，分别负责合成不同类型的 RNA；原核生物的 RNA 聚合酶具有全能性，转录的起始及延伸无需其他任何蛋白质因子参与，而真核生物在转录时还需许多蛋白质因子的介入。真核生物的转录起始和延伸虽比原核生物复杂，但整个基本过程和原核生物是相似的，下面以原核生物为模式介绍基因转录的一般过程，因原核生物的相关研究相对更加深入和透彻。

（1）转录的起始：起始阶段通常包括对双链 DNA 特定部位的识别、局部解开双链和在最初两个核苷酸之间形成磷酸二酯键。RNA 聚合酶与 DNA 双链的特定部位相结合，并局部解开双螺旋，以使模板链可与核糖核苷酸进行碱基配对。解链仅发生在与 RNA 聚合酶结合的 DNA 部位。这里所要求的全部特定 DNA 序列（或部位）称为启动子。即启动子是 DNA 片段中的特定核苷酸排列顺序，也可能是 DNA 片段局部的特异高级结构。一般地说，启动子部位常是 AT 含量高的区域，因为该区域的熔点（Tm）较低，双链容易打开。第一个核苷酸进入的位置称为转录起点，合成的第一个底物通常是 GTP 或 ATP。

（2）链的延长：σ 亚基仅与转录的起始有关，当 RNA 开始合成后它就被释放而离开核心酶。σ 亚基的存在与否对核心酶的亚基构象有较大影响：当 σ 亚基存在时，核心酶的 β′亚基和其他亚基表现为有利于专一结合在启动子的构象；而 σ 亚基释放后，核心酶失去识别和专一结合在启动子的能力，因而可在模板上移动并按模板序列选择核糖核苷酸。在模板链上合成的 RNA 链与 DNA 可暂时形成 RNA – DNA 杂交双链。在延长阶段，随着 RNA 聚合酶的向前移动，DNA 解链区也随之推进，使得 RNA 链不断延长。然后 DNA 的互补链取代 RNA – DNA 杂交双链中的 RNA 链，从而使 DNA 恢复原来的双螺旋结构。RNA 聚合酶沿着模板链 3′→5′方向移动，RNA 链的合成方向是 5′→3′。

（3）链的终止：DNA 分子上终止转录的核苷酸序列，称为终止子。在这些序列中，有些能被 RNA 聚合酶本身所识别，转录进行到该处即告终止，RNA 链和 RNA 聚合酶便会从 DNA 模板上脱离下来。另一些终止信号则被 ρ 因子所识别。ρ 因子是一种参与转录终止过程的蛋白质因子，它能辨别 DNA 上特殊的终止位点（ρ 位点），从而使 RNA 链从 DNA 上脱离，停止转录。在大肠杆菌中，由 RNA 聚合酶催化合成 RNA 的整个过程如图 1 – 12 所示。

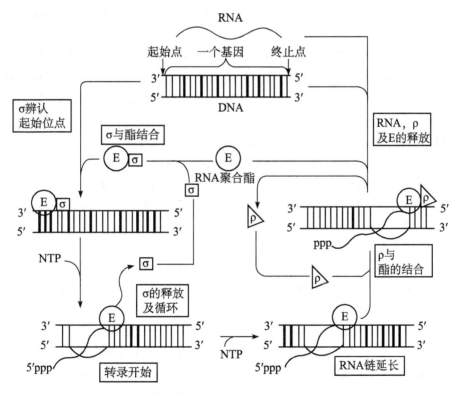

图 1 – 12　在大肠杆菌中由 RNA 聚合酶合成 RNA 的过程

（引自：鲁文胜主编　生物化学　东南大学出版社　2006）

4. RNA 的转录后加工　在细胞内，由 RNA 聚合酶合成的初级转录物往往需要经过一系列的变化，包括键的裂解、5′端与3′端的切除和特殊结构的形成、碱基的修饰和糖苷键的改变以及拼接等过程，才能转变为成熟的 RNA 分子。此过程总称为 RNA 的成熟或转录后加工。

原核生物的 mRNA 一经转录通常立即进行翻译，除少数外，一般不进行转录后加工。但稳定的 RNA（tRNA、rRNA）都要经过一系列加工才能成为有活性的分子。真核生物由于存在细胞核结构，转录和翻译在时间上和空间上都被分隔开来，其 mRNA 前体的加工需通过拼接使编码区成为连续序列。在真核生物中，还能通过不同的加工方式，表达出不同的信息。因此，对于真核生物来讲，RNA 的加工尤为重要，尤其是 mRNA 的加工。

mRNA 的初级转录物是相对分子质量极大的前体，即核内含不均 – RNA（缩写为 hnR-NA）。它们在核内迅速合成和降解，其半寿期很短，只有几分钟，比细胞质 mRNA 更不稳定。hnRNA 分子中含有大量内含子，将在转录后的加工过程中被降解掉。据估算，hnRNA 分子中大约只有25%的部分经加工转变成 mRNA。由 hnRNA 转变成 mRNA 的加工过程如下：①5′端形成特殊的帽子结构（m7GpppmNp）；②在链的3′端切断并加上多聚腺苷酸（PolyA）尾巴；③通过拼接除去由内含子转录来的序列；④链内部核苷被甲基化。

（三）蛋白质的生物合成

生物体内遗传信息的携带者是 DNA，但生物有机体的遗传特性仍然需要通过蛋白质来得到体现。在从 DNA 到蛋白质的遗传信息传递过程中，由于从 mRNA 上的核苷酸到多肽链上的氨基酸的传递就好像从一种语言到另一种语言，因此，把蛋白质合成的过程称为翻译。

参与蛋白质合成的主要元件有核糖体、mRNA 和 tRNA。其中 mRNA 携带遗传信息，是合成蛋白质的模板；核糖体是蛋白质合成的场所；而 tRNA 负责转运特异性氨基酸到核糖体进行蛋白质的生物合成。此外，在蛋白质合成的各个阶段，还有许多蛋白质、酶及其他生物大分子参与。

1. 遗传密码　由 mRNA 到蛋白质是通过遗传密码的翻译实现的。mRNA 上每3个相邻核苷酸组成1个三联体密码，编码一种氨基酸。阅读 mRNA 时，以3个核苷酸为一个阅读单元，连续阅读，不重复也不能跃过任何核苷酸。遗传密码具有近于完全通用性，即绝大多数原核生物和真核生物的遗传密码都是相同的。只有真核生物线粒体 mRNA 中的密码子并不完全遵循遗传密码的通用性。

mRNA 中只有4种核苷酸但却可以组成64种密码子，其中 UAA、UAG 和 UGA 不编码任何氨基酸，是蛋白质多肽合成的终止信号，称为终止密码子或无义密码子。AUG 既编码甲硫氨酸，又是绝大多数原核生物和真核生物肽链合成的起始信号，称为起始密码子，GUG 在少数情况下也用作起始密码子。

在蛋白质合成过程中，一种密码子编码一种氨基酸。但氨基酸只有20种，可起编码作用的有义密码子达61个，这就意味着存在一种以上密码子编码一种氨基酸的情况，人们把这种现象叫做密码的简并。编码相同氨基酸的密码子称为同义密码子。事实上，唯有编码甲硫氨酸和色氨酸的密码子是一个。密码虽有简并性，但它们的使用频率并不相等。如编码亮氨酸的密码子有6个，但 CUG 使用频率很高，而 UUA 就较少使用。

氨基酸并不能直接识别 mRNA 上的密码子，而是通过相应的 tRNA 中反密码子来识别

mRNA 上的密码子并与之配对，使肽链的合成能按照正确的顺序进行。每一种氨基酸都有一种或数种与它对应的 tRNA 来运载它到 mRNA 模板上。

2. 蛋白质的生物合成的过程　蛋白质生物合成分为合成起始、肽链延伸和终止三个阶段。

（1）合成开始：蛋白质的合成起始过程是指核糖体大小亚基、tRNA 和 mRNA 在起始因子的协助下组合成起始复合物的过程。蛋白质多肽链的合成方向是由氨基酸的氨基末端开始，到羧基末端结束。多肽链合成的起始标志是 mRNA 模板上的起始密码子 AUG，AUG 密码子代表甲硫氨酸。

原核生物蛋白质合成的起始基本过程为（图 1 – 13）：首先，小亚基 30S 在起始因子 IF3 的协助下，结合于 mRNA 模板上；接着携带有甲酰甲硫氨酸的起始 tRNA（fMet – tRNA）与起始因子 IF2 结合，然后再与 GTP 相结合，形成稳定的三元复合物，并结合于 mRNA 模板上，fMet – tRNA 进入核糖体的 P 位点；最后，大亚基 50S 与 30S – IF3 – mRNA – IF2 – fMet – GTP 复合物结合，形成 70S 起始复合物，然后所有的起始因子都解离下来，即起始复合物仅由 30S 亚基、50S 亚基、起始 tRNA 和 mRNA 组成。

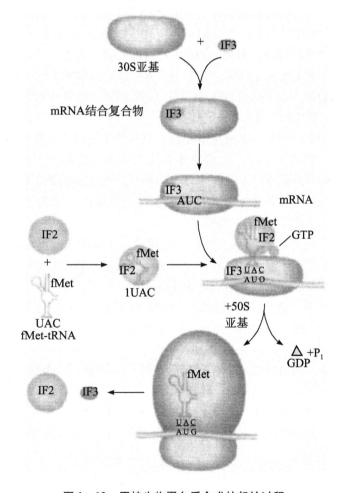

图 1 – 13　原核生物蛋白质合成的起始过程

（引自：李宁主编　动物遗传学（第二版）中国农业出版社　2003）

真核生物蛋白质的合成起始过程与原核生物类似，但真核生物的起始过程中并不是先与 mRNA 模板结合，而是在起始因子的协助下，先与起始 tRNA 相结合，再与 mRNA 模板结合。

（2）肽链的延伸：肽链的延伸可分为三个阶段：进位、肽链形成和移位。

进位是指氨基酰 – tRNA 进入核糖体的 A 位。起始 fMet – tRNA 结合于核糖体的 P 位点，形成的第二个氨基酰 – tRNA 通过其反密码子与密码子之间的配对而进入 A 位。

氨基酰 – tRNA 进位后，在肽基转移酶的催化下，P 位的起始 – tRNA 的甲硫氨酸与 A 位的氨基酰 – tRNA 中的氨基形成肽键，使肽链延长一个氨基酸，这种携带肽链的 tRNA 称为肽基 tRNA，同时起始甲硫氨酰 – tRNA 就从 P 位转移到 A 位。P 位的起始 tRNA 变为空载后，在移位的同时从 P 位上释放出来。

移位是指肽键形成后，沿 mRNA3′方向核糖体移动一个密码子的距离。这样肽基 – tRNA 就从核糖体 A 位移到 P 位，A 位空载，等候下一个氨基酰 – tRNA 进入。重复进位、肽链形成和移位过程，如此循环，使得肽链得以不断延伸。

原核生物和真核生物的肽链延伸机制基本相同，只是参与此过程的延伸因子不同。

（3）翻译的终止：大肠杆菌细胞中，终止密码子 UAA 使用最高，UGA 次之，UAG 最低。大肠杆菌有 3 种释放因子 RF – 1、RF – 2 和 RF – 3 来催化翻译终止反应。因没有相应的 tRNA 对其识别，当核糖体移到终止密码子处时即暂停。释放因子 RF 识别处于 A 位的终止密码子，并与核糖体形成复合物，在肽酰 tRNA 切割酶作用下，tRNA 与多肽链之间的键被切断，释放出新生肽链，此过程需由 GTP 水解放能。接着核糖体与 mRNA 解离，核糖体的 60S 和 40S 亚基解离，肽链的延伸终止。

真核生物肽链合成的终止与原核基本相似，但真核生物只有一种释放因子 eRF。

3. 肽链的修饰　翻译终止时，由核糖体释放出的新生肽链并不是一个完整的有生物学功能的蛋白质分子，必须经过加工后才具有生物学活性。这些加工包括：

（1）肽链中氨基酸残基的化学修饰：如甲基化、磷酸化、糖基化、转氨基酸作用等，每一种共价修饰都具有重要的生理功能。

（2）肽链 N 端甲硫氨酸或甲酰甲硫氨酸的切除：甲硫氨酸和甲酰甲硫氨酸分别是真核生物和原核生物蛋白质起始合成的第一个氨基酸，而成熟的蛋白质 N 末端大部分不是甲硫氨酸，因此必须切除 N 端的一个或几个氨基酸。

（3）信号肽的切除：绝大多数原核生物的跨膜蛋白和真核生物的分泌蛋白 N 端都有一段长为 15 ~ 30 个氨基酸的信号肽，其引导蛋白质分泌到细胞外，最后信号肽被切除。

（4）肽链的折叠：当肽链从核糖体露出后，便开始折叠，三级结构的形成与肽链合成的终止同时完成。

（5）切除前体中功能不需要的肽链：在蛋白质的前体分子中，有一些肽段是蛋白质分子功能所不需要的，在成熟的分子中不存在，需切除。如前胰岛素原的加工过程中，就去除了分子内部的连接肽。

（6）二硫键的形成：二硫键是蛋白质的功能基团，二硫键是通过二个半胱氨酸的巯基氧化形成的，有的在切除肽段前就已形成。

第四节 真核生物的基因结构

一、基因的概念

基因是有功能的 DNA 片段，它含有合成有功能的蛋白质多肽链或 RNA 所必需的全部核苷酸序列。

二、基因的一般结构特征

真核生物基因的一般结构可归结为以下几点（图 1 - 14）：

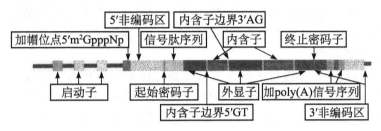

图 1 - 14 真核生物基因的一般结构示意图

（引自：李宁主编 动物遗传学（第二版）中国农业出版社 2003）

（一）外显子和内含子

原核生物的基因是连续编码的一个 DNA 片段。真核生物结构基因是断裂基因，一般由若干个外显子和内含子组成。内含子在原始转录产物的加工过程中被切除，不包含在成熟 mRNA 的序列中。在外显子和内含子的接头区，有一段高度保守的共有序列，这是RNA 剪接的信号，这种接头形式称为 GT - AG 法则。

原始转录产物经 RNA 剪接后，形成成熟的 mRNA，然后经过翻译编码出特定的蛋白质或组成蛋白质的多肽亚基。翻译从起始密码子开始，到终止密码子结束。结构基因中从起始密码子开始到终止密码子的这一段核苷酸区域，期间不存在任何终止密码，可编码完整的多肽链，这一区域被称为开放阅读框。

（二）信号肽序列

在分泌蛋白基因的编码序列中，在起始密码子之后，有一段编码富含疏水氨基酸多肽的序列，称为信号肽序列，它所编码的信号肽行使着运输蛋白质的功能。信号肽在核糖体合成后，与细胞膜或某一细胞器的膜上特定受体相互作用，产生通道，使分泌蛋白穿过细胞的膜结构，到达相应的位置发挥作用。信号肽在完成分泌过程后将被切除，不留在新生的多肽链中。

（三）侧翼序列和调控序列

每个结构基因在第一个和最后一个外显子的外侧，都有一段不被转录和翻译的非编码区，称为侧翼序列，其中从转录起始位点至起始密码子这一段非翻译序列称为 5′非翻译区，从终止密码子至转录终止子这一段非翻译序列称为 3′非翻译区。侧翼序列虽然不被转录和翻译，但它常常含有影响基因表达的 DNA 序列，其中有些控制基因转录的起始和终止，有些确定翻译过程中核糖体与 mRNA 的结合，而另一些则与基因接受某些信号有关，这些对基因的有效表达起着调控作用的特殊序列被统称为调控序列，包括启动子、增强子、沉默子、终止子、核糖体结合位点、加帽和加尾信号等。

1. 启动子　启动子是指准确而有效地启始基因转录所需的一段特异的核苷酸序列。启动子通常位于转录起始位点上游 100bp 范围内，是 RNA 聚合酶识别和结合的部位，控制着基因转录的启始过程。

2. 增强子和沉默子　增强子也是一种基因调控序列，它可使启动子发动转录的能力大大增强，从而显著地提高基因的转录效率。增强子多为重复序列，一般长约 50bp，不同基因中的增强子序列差别较大，但含有一个基本的核心序列。增强子的作用与它所处的位置、方向及与基因的距离无关。

沉默子是另一种与基因表达有关的调控序列，它通过与有关蛋白质结合，对转录起阻抑作用，根据需要关闭某些基因的转录，而且可以远距离作用于启动子。沉默子对基因的阻抑作用没有方向的限制。

3. 终止子　终止子是一段位于基因 3′ 端非翻译区中与终止转录过程有关的序列，它由一段富含 GC 碱基的颠倒重复序列以及寡聚 T 组成，是 RNA 聚合酶停止工作的信号，当 RNA 转录到达终止子区域时，其自身可以形成发夹式的结构，并且形成一串 U。发夹式的结构阻碍了 RNA 聚合酶的移动，寡聚 U 与 DNA 模板的 A 的结合不稳定，导致 RNA 聚合酶从模板上脱落下来，转录终止。

4. 加尾信号　真核生物 mRNA 的 3′ 端都有一段多聚 A 尾巴，它不是由基因编码的，而是在转录后通过多聚腺苷酸聚合酶作用加到 mRNA 上的。这个加尾过程受基因 3′ 端非翻译区中一种叫做加尾信号序列的控制。

5. 核糖体结合位点　在原核生物基因翻译起始位点周围有一组特殊的序列，控制着基因的翻译过程，SD 序列是其中主要的一种。SD 序列存在于 mRNA 的 5′ 非翻译区中，包含一个富含嘌呤六聚体 AGGAGG 的一部分或全部。SD 序列可与 16SrRNA3′ 端 CCUCCU 相结合，是 mRNA 与核糖体的结合序列，对翻译起始复合物的形成和翻译的起始有重要作用。

三、真核生物基因组的特点

（一）基因组与 C 值

一个物种单倍体染色体所携带的一整套基因称为该物种的基因组，每一种生物中的单倍体基因组的 DNA 总量是特异的被称为 C 值。不同物种的 C 值差异极大，一般说来，从原核生物到真核生物，随着物种结构和功能复杂程度的增加，需要的基因数目和基因产物的种类就越多，因而 C 值也越大。然而，在结构与功能相似的同一类生物，甚至亲缘关系很近的物种之间，它们的 C 值差异仍可达 10 倍乃至上百倍。此外，人和哺乳动物的 C 值只有 109bp，而肺鱼的 C 值高达 1 011bp，居然比人高 100 倍，很难想象肺鱼的结构和功能会比人类和哺乳动物更复杂。

（二）单一序列

单一序列又称非重复序列，是指在基因组中只有一个或几个拷贝的 DNA 序列。不同生物基因组中单一序列所占的比例不同。

不是所有的单一序列都是编码多肽链的结构基因，真核生物基因组中编码多肽链的单一序列仅占有百分之几，绝大部分为基因之间非编码的间隔序列。

（三）重复序列

真核生物基因组的一个显著特点是含有许多重复序列。这些重复序列的长短不一，短的仅有几个甚至两个核苷酸，长的有几百乃至上千个核苷酸。重复序列的重复程度不一样，如重复多的可在基因组中出现几十万到几百万次，称为高度重复序列，另外一些序列重复几十到几千次，称为中度重复序列。有些重复序列成簇存在于 DNA 某些部位，也有些重复序列分散分布于整个基因组。

（四）基因家族和假基因

真核生物基因组中有许多来源相同、结构相似、功能相关的基因，这样的一组基因称为一个基因家族。若一个基因家族的基因成员紧密连锁，成簇状集中排列在同一条染色体的某一区域，则形成一个基因簇。同一基因家族成员既可成簇状集中在一条染色体上，也可成簇地分布于几条不同的染色体上。这些成员的序列虽然有些不同，但是它们编码的是一组关系密切的蛋白质，例如人类血红蛋白的珠蛋白基因家族。

在多基因家族中，某些成员并不产生有功能的基因产物，但在结构和 DNA 序列上与相应的活性基因具有相似性，这类基因称为假基因。假基因与有功能的基因有同源性，起初可能是有功能的基因，但由于缺失、倒位或突变等原因使该基因失去活性成为无功能基因。

复习题：

1. 比较有丝分裂与减数分裂的异同？
2. 100 个初级精母细胞和初级卵母细胞经减数分裂后可形成多少个精子和卵子？
3. 转录与复制都是合成过程，二者有何不同？
4. 遗传密码的特点是什么？
5. 亲代与子代之间为什么具有相似性？

第二章　遗传的基本规律

遗传学的奠基人孟德尔是奥地利生物学家、神甫，自21岁以后是在修道院度过的。当时，由于欧洲经济发展的需要，许多动植物学家做了大量的杂交改良工作，孟德尔在修道院期间，利用豌豆、紫茉莉、菜豆、玉米、蜜蜂、小鼠等为材料也做了许多生物杂交试验研究，试图找到杂交形成和遗传普遍适用的规律，其中的豌豆杂试验最为出色。根据这些试验他写了《植物杂交实验》这篇论文，奠定了遗传学基础，被后人总结为孟德尔定律，包括分离定律和自由组合定律。孟德尔定律是科学发展的必然结果，在他之前有许多科学家进行了这方面的工作，但都没有从实质上得出规律性的结论，而只有孟德尔超越前人，超时代地探索了这一科学奥秘。

第一节　分离定律及发展

一、孟德尔实验方法和特点

1848～1865年孟德尔进行了8年的豌豆杂交试验，找出了7对易于区分的相对性状，他还发现一棵植株或一粒种子上有多对相对性状，建立了颗粒遗传理论。孟德尔所获得的这一巨大试验成果，主要取决于他实验方法设计的巧妙以及实验材料选择的得当。

1. 选择了合适的实验材料——豌豆　豌豆具有稳定的可以区分的性状（所谓性状就是指生物体表现出来的形态、结构特征和生理生化特点）；豌豆不但是自花授粉而且还是闭花授粉，所以很少有外来花粉干扰，如果人工去雄，用外来花粉授粉也很容易。

2. 他从复杂的遗传现象中，抽出典型的、有明显区别的成对性状进行实验、观察与分析
例如，对豌豆，他找出了七对相对性状，种子的状态：圆粒与皱粒；子叶的颜色：黄色与绿色；种皮的颜色：灰色与白色；花的位置：叶腋处和顶端处；茎的高低：高与矮等。

3. 他纯化试验材料，并严格控制杂交　例如，对茎的高与矮这对相对性状来试验，他首先对高茎植株进行多代自花授粉，从而获得纯的高茎植株，可高达6英尺，同样方法获得了纯的矮茎植株，只有1英尺。然后去掉矮茎植株的雄蕊，将高植株的花粉授在矮茎植株的柱头上并用纸套将这些花套住，从而防止了其他花粉的干扰。反交也是这样，这就保证了实验的准确性。

4. 他详细记载了性状的数量和系谱，进行科学的统计分析，将实验结果提高到理论设想阶段，并重新设计实验验证理论设想
由以上可见，孟德尔成功的因素，一方面是卓越的科学才干、精辟的科学思想；另一方面是他严谨的科学作风和勤奋的钻研精神。

遗传图谱中的符号：

P：亲本（parent），杂交亲本；

♀：作为母本，提供胚囊的亲本；

♂：作为父本，提供花粉粒的杂交亲本；

×：表示人工杂交过程；

F_1：表示杂种第一代（first filial generation）；

⊗：表示自交，采用自花授粉方式传粉受精产生后代；

F_2：F_1代自交得到的种子及其所发育形成的生物个体称为杂种二代，即F_2。由于F_2总是由F_1自交得到的，所以在类似的过程中⊗符号往往可以不标明。

二、孟德尔分离定律的遗传实验

性状是生物的表现类型，例如：高度、颜色等。同一性状有不同的表现形式，例如：高度的高与矮，颜色的红与白等，称为相对性状。在孟德尔及以后的试验中，对种内选择成对的稳定遗传的相对性状进行杂交试验时，可以看到这样一类现象，如图2 - 1所示。

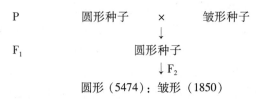

图2 - 1 豌豆一对相对性状杂交实验

1. 杂交，在遗传学上指的是具有不同遗传性状的个体之间的交配。

2. 把在杂交时两亲本的相对性状能在子一代中表现出来的叫显性性状，不表现出来的性状称为隐性性状 。

3. 子一代中不出现隐性性状，只出现显性性状的现象，叫做显性现象。

4. 把子二代中既出现显性性状，又出现隐性性状的现象，叫做分离现象。

5. F_2具有显性性状的个体数和具有隐性性状的个体数常成一定的分离比例，都很接近3∶1。

三、孟德尔假说

（一）性状与基因的对性关系

性状与遗传因子的对性关系是孟德尔假说的基本论点。生物可遗传的性状都是由遗传物质——基因所决定的。孟德尔当年将基因称为遗传因子。有性繁殖生物一对同源染色体的同一位点上相对应的一对基因可能是相同的，也可能是不同的，将这样的一对基因称为等位基因。不同的这对等位基因决定着一对相对性状，把决定一对相对性状的等位基因称为相对基因，就是说，猪被毛毛色的黑与白是由一对等位基因决定的，它们是一对相对基因。等位基因成对与体细胞同源染色体成对是对应的。

（二）显性原理

显性原理是孟德尔假说的另一个重要论点，显性原理的要点是一对等位基因中一个是显性基因，决定显性性状，另一对是隐性基因，决定隐性性状。所谓显性性状就是指具有一对相对性状的纯合亲本杂交（如上所述中高茎×矮茎；黑猪×白猪）在 F_1 代表现出的那个性状（高茎；白毛）；相反，F_1 代没有表现出来的那个性状（矮茎；黑毛）就是隐性性状。一般显性基因用大写的英文字母表示，隐性基因用小写的英文字母表示。如高茎是显性性状受显性基因 H 控制，矮茎是隐性性状受相对的隐性基因 h 控制；猪被毛白色是显性性状受显性基因 A 决定，黑毛是隐性性状受相对的隐性基因 a 决定的。H 和 h、A 和 a 这样成对的等位基因位于一对同源染色体上，同源染色体成对存在于个体体细胞中，基因也是成对的，所以，亲本高茎植株的这一对基因是 HH，矮茎植株是 hh，白猪是 AA 基因、黑猪是 aa 基因。这种成对的等位基因表示性状或个体的遗传组成方式称为基因型，而性状本身是基因型的外部表现，称为表现型，亦称表型。AA、aa 皆是基因型，成对的基因是同质的称为纯合型基因型。当亲本产生配子时，体细胞染色体经过减数分裂，染色体由体细胞的 2n 组成演变为配子的 n 组成，染色体减少一半，当然，成对基因亦随之减少一半。H 和 h、A 和 a 的基因称为父、母本的配子基因组成，配子的基因组成即为配子型。当雌雄配子结合时，H 配子同 h 配子、A 配子同 a 配子结合为 Hh、Aa 的 2n 组成，这种异质基因构成的基因型称为杂合型基因型。就一对等位基因来讲，是同质的个体称为纯合体，是非同质的个体称为杂合体。由此可见亲本高茎植株同 F_1 代高茎植株、亲本白猪同 F_1 代白猪的基因型是不同的，前者为 HH 和 AA，后者为 Hh 和 Aa，并且，F_1 代只表现高茎和白毛，不表现矮茎和黑毛，是由于 Hh、Aa 基因型中 H、A 基因起了决定作用，而其中的隐性基因 h 和 a 没能发挥作用，即 H 和 h、A 和 a 等位基因在一个个体内同时存在时，显性基因完全抑制等位隐性基因发挥作用。等位基因的这种关系，称为显性基因对隐性基因的完全显性关系。前面列举的等位基因都是完全显性的关系。F_1 代都是杂合型基因型个体，都只表现显性基因所决定的性状，而不表现隐性性状。

（三）等位基因的分离与组合

基因型为杂合的 F_1 个体，减数分裂产生两种配子类型，以猪的白毛和黑毛基因为例，会产生 A 配子和 a 配子，精卵都是这样。两种配子的数量比 A：a＝1：1。当 F_1 代个体间杂交，哪一种精子同哪一种卵子结合受精都是随机过程，是无选择无条件的。所以，雄配子 A 同雌配子 A、a 结合的机会同雄配子 a 同雌配子 A、a 结合的机会多少是相等的。这种精卵结合的随机过程，可以用简明的随机配对组合方法获得 F_2 代不同基因型后代。明显可见，F_1 个体 Aa 群体自繁的结果，F_2 代有三种基因型个体，从个体数量上，三种基因型个体数量比为 AA：Aa：aa＝1：2：1。由于基因型 AA 和 Aa 都表现白毛，aa 表型为黑毛，所以，F_2 代出现 aa 纯隐性个体，所以又出现了黑猪。显然，隐性性状要表现出来，其个体的基因型必须是纯隐性的。

四、孟德尔试验的解释与验证

（一）孟德尔试验的解释

孟德尔利用其遗传因子假说、分离规律对性状分离现象进行解释，认为：亲本的圆形种子是受一对等位基因 RR 控制，皱形种子是由一对等位基因 rr 控制，两亲本各能形成一种类型的配子，即：R 类型配子和 r 类型配子。两亲本的配子结合形成杂种 F_1 代的个体，基因型为 Rr，R 和 r 基因互补混杂，保持各自的独立，F_1 代的雌雄个体各能形成 R 类型和 r 类型两种类型的配子，两种类型的配子数目相等，雌雄配子的结合机会相等，F_2 产生性状分离现象，圆形种子和皱形种子的比例是 3∶1，如下所示。

P   RR × rr

    圆形 ↓ 皱形

F_1 Rr

       ↓

F_2 RR Rr rr

    1 ∶ 2 ∶ 1

    圆形   皱形

    3 ∶ 1

等位基因分离的细胞学基础就是：

同源染色体对在减数分裂后期Ⅰ发生分离，分别进入两个二分体细胞中；杂合体的性母细胞产生两个不同的二分体细胞，分别再进行减数第二分裂，每个杂种性母细胞产生含显性基因和隐性基因的四分体细胞各两个，其比例为 1∶1，如图 2-2 所示。

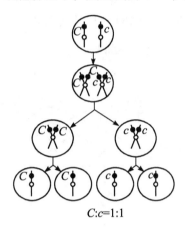

C:c=1:1

图 2-2 基因分离过程

分离规律的要点：

（1）遗传性状由相应的等位基因所控制：等位基因在体细胞中成对存在，一个来自母本，一个来自父本。

（2）体细胞内成对等位基因虽同在一起，并不融合，各保持其独立性：在形成配子时分离，每个配子只能得到其中之一。

（3）F_1 产生不同配子的数目相等，即 1∶1：由于各种雌雄配子结合是随机的，即具有同等的机会，所以 F_2 中等位基因组合比数是 1RR∶2Rr∶1rr，即基因型之比为 1∶2∶1；显隐性的个体比数是 3∶1，即显隐表型之比为 3∶1。

（二）分离规律的验证

一个正确的理论，它首先要能解释已知的现象；其次要能够对未知事物作出理论推断（预测未知），并通过试验来检验推断结果。这是科学理论的一般验证过程。

遗传因子仅是一个理论的、抽象的概念。当时孟德尔不知道遗传因子的物质实体是什么，如何实现分离。遗传因子分离行为仅仅是孟德尔基于豌豆 7 对相对性状杂交试验中所观察到的 F_1、F_2 个体表现型及 F_2 性状分离现象作出的一种假设。正因为如此，从孟德尔杂交试验到遗传因子假说是一个高度理论抽象过程。所以当时几乎没有人能够理解。如何对这一假说进行验证呢？孟德尔采用 F_1 代的个体与隐形纯合亲本进行测交，来证实 F_1 代个体的基因是否能形成两种配子，配子的数目是否相等。

测交是把被测验的个体与隐性纯合的亲本杂交。根据测交子代 F_1 所出现的表现型种类和比例，可以确定被测个体的基因型。被测个体不仅仅是 F_1，可以是任一需要确定基因型的生物个体。因为隐性纯合体只能产生一种含隐性基因的配子，它们和含有任何基因的某一种配子结合，其子代将只能表现出那一种配子所含基因的表现型。所以测交子代的表现型的种类和比例正好反映了被测个体所产生的配子种类和比例。

1. 杂种 F_1 的基因型及其测交结果的推测

杂种 F_1 的表现型与显性亲本（RR）一致，种子都表现圆形，但根据孟德尔的解释，其基因型是杂合的，即为 Rr；因此杂种 F_1 减数分裂应该产生两种类型的配子，分别含 R 和 r，并且比例为 1 : 1。皱形种子植株的基因型是 rr，只产生含 r 的一种配子。

推测：如果用杂种 F_1 与皱形种子植株（cc）杂交，后代应该有两种基因型（Rr 和 rr），种子分别表现为圆形和皱形，且比例为 1 : 1（图 2 - 3）。

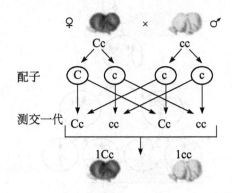

图 2 - 3 红花植株（Cc）与白花植株（cc）杂交图

2. 测交试验结果

孟德尔用杂种 F_1 与种子皱形的亲本测交，结果表明：一共得到 166 株测交后代：85 株开红花，81 株开白花；其比例接近 1 : 1。

结论：分离规律对杂种 F_1 基因型（Rr）及其基因分离行为的推测是正确的。

五、分离比实现的条件

根据分离规律，由具有一对相对性状的个体杂交产生的 F_1，其自交后代分离比为 3 : 1，测交后代分离比为 1 : 1。这些分离比的出现必须满足以下的条件：

（1）研究的生物体是二倍体；

（2）F_1 个体形成的两种配子的数目是相等的或接近相等的，并且两种配子的生活力是一样的；受精时各雌雄配子都能以均等的机会相互自由结合；

（3）不同基因型的合子及由合子发育的个体具有同样或大致同样的存活率；

（4）研究的相对性状差异明显，显性表现是完全的；

（5）杂种后代都处于相对一致的条件下，而且试验分析的群体比较大。

这些条件在一般情况下是具备的，所以大量试验结果都能符合这个基本遗传规律。

六、分离定律的意义

分离定律具有重要的理论和实践意义：

（一）分离定律是经典遗传学中最基本的遗传规律，是其他遗传规律的基础，分离定律提出并确立了基因是决定生物性状的基本单位等一系列理论设想，从本质上揭示了基因同性状的关系，阐明了基因的遗传与分离的基本原理，为遗传学的建立和发展奠定了理论基础。

（二）分离定律对动物育种实践具有重要的指导意义。例如，要进行杂交试验育成新品种，首先就要纯化亲本，只有纯化的亲本之间进行杂交，才能阐明基因与性状传递的规律，才能预测后代的表现型、数量和比率；测交是检测某一显性个体基因型是否纯合，检测杂种产生配子类型的应用遗传技术手段，为选种、建立育种核心群体提供技术保障；应用分离定律的基本理论知识对累代育种中基因和性状的传递规律进行遗传分析等。

（三）分离定律对于医学实践中遗传病的诊断、预测及婚姻指导和优生优育都有重要指导意义。例如，人结肠息肉是一种显性遗传病，多数患者为杂合型，子女中 1/2 患病，早期诊断后手术可预防结肠癌发生。近亲婚配，配偶双方遗传基础较为相似，婚后所生子女分离出隐性纯合体有害性状的概率大大高于非近亲婚配后代。所以说，分离定律是证实近亲结婚有害的基本理论依据。

第二节　自由组合定律

孟德尔研究了 1 对相对性状（7 对性状分别独立研究）遗传现象后，发现了 F_2 代分离比都接近 3∶1。然后又对 2 对和 2 对以上相对性状同时进行研究，发现了遗传的第二大定律——自由组合定律（Law of independent assortment）。又称"自由组合规律"。

一、自由组合的遗传实验

孟德尔用产生黄色圆形种子和绿色皱形种子的纯种豌豆做亲本杂交，F_1 代都结出了黄色圆形种子，这说明黄色圆形是显性性状（YYRR），绿色皱形是隐性性状（yyrr）。F_1 代自花授粉，产生的 F_2 代发生性状分离。

豌豆两对相对性状杂交的遗传试验：

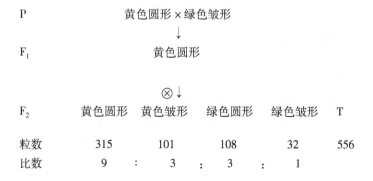

	黄色圆形	黄色皱形	绿色圆形	绿色皱形	T
P	黄色圆形 × 绿色皱形				
F_1	黄色圆形				
F_2	黄色圆形	黄色皱形	绿色圆形	绿色皱形	T
粒数	315	101	108	32	556
比数	9 ∶	3 ∶	3 ∶	1	

从实验结果可以看出：

①F_2代出现了四种类型。前两种类型称为亲组合（parental combination）；后两种类型称为重组合（recombination）。

②如果就每一对性状单独进行分析：

种子的形状：圆形籽粒：315 + 108 ＝ 423   76.1%

          皱形籽粒：101 + 32 ＝ 133   23.9%

种子的颜色：黄色：315 + 101 ＝ 416   74.8%

          绿色：108 + 32 ＝ 140   25.2%

可见：圆：皱 ＝ 3：1；黄：绿 ＝ 3：1，说明上述两对性状遗传分别由两对等位基因所控制，它们的传递符合分离定律。

二、自由组合遗传现象的解释

1. 两对性状是由两对基因控制的，以 Y 和 y 分别代表控制子叶黄色和绿色的基因，以 R 和 r 分别代表决定种子圆形和皱形的基因，这两对基因位于不同的同源染色体上。已知 Y 对 y 为显性，R 对 r 为显性。

2. 黄色圆形种子的亲本基因型应为 RRYY，绿色皱形种子的亲本基因型则应为 rryy。

3. 杂合型的 F_1 代自交，在产生配子的时候，按照分离规律，同源染色体上的等位基因要分离，即 Rr 必定分离，Yy 也必定分离，各自独立分配到配子中去，而位于不同同源染色体上的基因自由组合。

4. 子一代 RrYy 可能形成含有两个基因的四种配子：RY、Ry、rY、ry 配子，而且这四种类型配子的数目相等。

5. 子二代（F_2）就应有 16 种组合的 9 种基因型的合子，其表现型将为黄色圆形、绿色皱形、黄色皱形和绿色皱形四种表现型，而且比率为 9：3：3：1。

黄色圆形：RRYY，2RRYy，2RrYY，4RrYy   9

绿色圆形：RRyy，2Rryy   3

黄色皱形：rrYY，2rrYy   3

绿色皱形：rryy   1

自由组合规律的实质在于：控制这两对性状的两对等位基因，分别位于不同的同源染色体上。在减数分裂形成配子时，每对同源染色体上的每一对等位基因发生分离，而位于非同源染色体上的基因之间可以自由组合。

三、自由组合定律的验证

以上假设完满地解释了两对杂交的结果，但孟德尔仍进行了测交来加以验证。根据原假设 F_1 杂合子和显性亲本回交后代应全为黄色圆型；而和双隐性亲本测交，后代应为黄圆、黄皱、绿圆和绿皱四种基因型和表型，其比例为 1：1：1：1，而实验结果完全符合预期的结果，分别为 31 粒、27 粒、26 粒和 26 粒，接近于理论比。（图 2 - 4）。

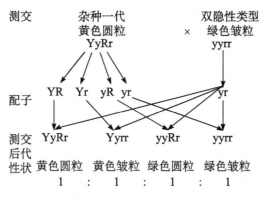

图 2-4 测交试验理论图

四、多对相对性状的遗传分析

当具有 3 对不同性状的植株杂交时，只要决定 3 对性状遗传的基因分别在 3 对非同源染色体上，它们的遗传都是符合独立分配规律的。如果以黄色、圆粒、红花植株和绿色、皱粒、白花植株杂交，F_1 全部为黄色、圆粒、红花。F_1 的 3 对杂合基因分别位于 3 对染色体上，减数分裂过程中，这 3 对染色体有 $2^3 = 8$ 种可能的分离方式，因而产生 8 种雌雄配子（YRC、YrC、yRC、YRc、yrC、Yrc、yRc、yrc），并且各种配子的数目相等。由于各种雌雄配子之间的结合是随机的。F_2 将产生 64 种组合，8 种表现型，27 种基因型。

可以看作是 3 个单基因杂种之间的杂交，即（Yy × Yy）、（Rr × Rr）、（Cc × Cc）。每一单基因杂种的 F_2 按 3:1 比例分离，因此，3 对独立基因杂种的 F_2 表现型的比例就是 $(3:1) × (3:1) × (3:1)$，或 $(3:1)^3$ 的展开。由此，可以推断 n 对独立基因杂种的 F_2 表现型的比例是 $(3:1)^n$ 的展开。

五、遗传定律应用与意义

独立分配规律是在分离规律的基础上，进一步揭示了多对基因之间自由组合的关系。它解释了不同基因的独立分配是自然界生物发生变异的重要来源之一。

通过杂交造成基因的重新组合，是生物界多样性的重要原因之一。

根据独立分配规律，在杂交育种工作中，可以有目的地组合两个亲本的优良性状，并可预测在杂交后代中出现的优良性状组合及其大致的比例，以便确定育种工作的规模。

第三节　连锁定律

一系列的实验论证了染色体是基因的载体，但是，任何一种生物都有固定的染色体数目和基因数目，而生物体的性状有成千上万个，决定这些性状的基因也有成千上万个，因此，每条染色体上必然聚集着成群的基因。位于同一对同源染色体上的基因称为一个基因连锁群。例如，普通果蝇的染色体是 4 对，已知基因 500 个以上，人类有 23 对染色体和 3

万个左右基因，这些都表明基因的数目大大超过染色体的数目。显然，位于同一染色体上的基因，将不可能进行独立分配，它们必然随着这条染色体作为一个共同单位而传递，从而表现了另一种遗传现象，即连锁遗传。1910 年，美国生物学家与遗传学家摩尔根，用果蝇做实验材料，揭示了这一重要的遗传现象。

一、连锁和交换

（一）完全连锁

同一条染色体上的基因构成一个连锁群，它们在遗传的过程中不能独立分配，而是随着这条染色体作为一个整体共同传递到子代中去，即位于同源染色体上非等位基因之间不能发生非姐妹染色单体之间的交换，F_1 只产生两种亲本型配子、其自交或测交后代个体的表现型均为亲本组合，这叫做完全连锁。在生物界中完全连锁的情况是很少见的，典型的例子是雄果蝇和雌家蚕的连锁遗传，现以果蝇为例来说明。

1906 年，贝特生等在香豌豆中首次发现连锁遗传的现象以后不久，摩尔根等用果蝇为材料进行研究，结果证明，具有连锁遗传关系的一些基因就是位于同一染色体上的那些非等位基因。

摩尔根用灰身长翅的雌果蝇（BBVV）和黑身残翅的雄果蝇（bbvv）进行杂交，然后用 F_1 中的灰身长翅的雄果蝇和黑身残翅的雌果蝇进行杂交，后代中只出现了两种亲本类型：黑身残翅和灰身长翅。

果蝇的灰身（B）对黑身（b）是显性，长翅（V）对残翅（v）是显性。用纯合体的灰身长翅雄果蝇与纯合体的黑身残翅雌果蝇杂交，F_1 全部是灰身长翅（BbVv）。用 F_1 中的雄果蝇与双隐性亲本雌果蝇进行测交，按照分离定律和自由组合定律，F_1 雄果蝇应产生 BV、Bv、bV、bv 四种精子，双隐性雌果蝇只产生一种 bv 卵子，因此测交后代应该出现灰身长翅、灰身残翅、黑身长翅、黑身残翅 4 种类型，而且是 1∶1∶1∶1 的比例。可是实验的结果与理论分离比数不一致，后代只出现灰身长翅和黑身残翅两种亲本型果蝇，其数量各占 50%，并没有出现灰身残翅和黑身长翅的果蝇。这表明 F_1 形成的精子类型可能只有 BV 和 bv 两种，两对基因之间没有重新自由组合。如何解释这个问题呢？

假设 B 和 V 这两个基因连锁在同一条染色体上，用符号 BV 来表示，b 和 v 连锁在另一条对应的同源染色体上，用符号 bv 来表示。如果用纯合体灰身长翅果蝇与纯合体黑身残翅果蝇杂交，F_1 是灰身长翅果蝇。用 F_1 雄果蝇再与隐性亲本雌果蝇测交时，由于杂合的 F_1 代雄果蝇在形成配子时只能产生两种配子（BV 和 bv），雌果蝇只产生一种配子（bv），所以测交后代只有灰身长翅和黑身残翅两种类型，比例是 1∶1，这就是完全连锁的遗传特点，如图 2 - 5 所示。

（二）不完全连锁（交换）

不完全连锁是指杂种 F_1 个体的连锁基因，在配子形成过程中，同源染色体非姐妹染色单体之间发生了互换的连锁遗传，不仅产生亲本类型的配子，还会产生重组型配子。这样就出现了和完全连锁不同的遗传现象。

在家鸡中有一种白色卷羽鸡。实验得知，鸡羽毛的白色（I）对有色（i）为显性，卷羽（F）对常羽（f）为显性。用纯合体白色卷羽鸡（IIFF）与纯合体有色常羽鸡（iiff）杂交，F_1 全部是白色卷羽鸡，用 F_1 代母鸡与双隐性亲本公鸡进行测交，产生了 4 种类型

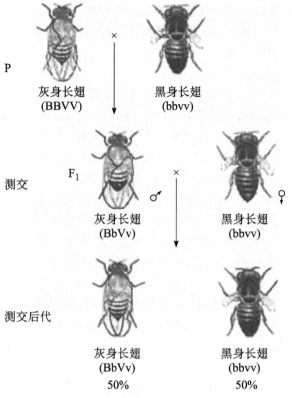

图 2 - 5　雄果蝇的完全连锁图解

的后代，其比例数不是预期的 1:1:1:1，而是亲本型大大超过重组型，如图 2 - 6 所示。

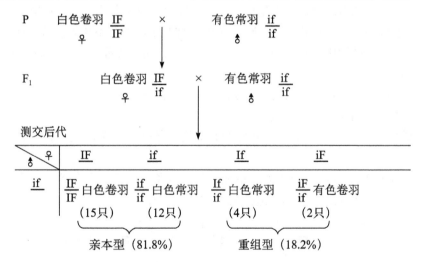

图 2 - 6　家鸡的测交实验

（引自：欧阳叙向《家畜遗传育种》）

　　图 2 - 6 可以看出，F_1 形成的 4 种类型的配子数目确实是不相等的，亲本型（白色卷羽和白色常羽）个体数占 81.8%，重组型（白色常羽和有色卷羽）个体数只占 18.2%。人们知道，在自由组合情况下，亲本型和重组型应该各占 50%，或者说 4 种类型配子各占

25%，上述测交的结果与这个理论数相差很大。现在的问题是，F_1 所产生的 4 种类型的性细胞数目为什么不相等？为什么亲本型性细胞总是出现的多，而重组型性细胞总是要少些呢？这要从基因和染色体的关系上来寻求答案。

（三）连锁互换遗传的解释

染色体是基因的载体，每一条染色体上必定有许多基因存在。存在于同一条染色体上的非等位基因，在形成配子的减数分裂过程中，如果没有发生交叉互换，就会出现完全连锁遗传的现象。例如上述雄果蝇的测交实验，由于 B 和 V 连锁在一起，b 和 v 连锁在一起，因此，F_1 只产生两种配子（BV 和 bv），所以测交后代只有亲本型而没有重组型。但是，在大多数生物中见到的往往是不完全连锁遗传。当两对非等位基因不完全连锁时，F_1 不但产生亲本型配子，而且也产生重组型配子。其原因是 F_1 在形成配子时，性母细胞在减数分裂的粗线期，非姊妹染色单体之间发生了 DNA 片段的互换，基因也随之发生了互换，由此形成的 4 种基因组合的染色单体分别组成 4 种不同的配子，其中两种配子是亲本型组合，两种是重组型组合。

重组合配子的产生是由于：减数分裂前期 I 同源染色体的非姊妹染色单体间发生了片段互换。

同一染色体上的各个非等位基因在染色体上各有一定的位置，呈线性排列；染色体在间期进行复制后，每条染色体含两条姊妹染色单体，基因也随之复制；同源染色体联会、非姊妹染色单体片段互换，导致基因交换，产生交换型染色单体；发生交换的性母细胞中四种染色单体分配到四个子细胞中，发育成四种配子（两种亲本型、两种重组合型/交换型）。相邻两基因间发生断裂与交换的机会与基因间距离有关：一般基因间距离越大，基因交换的机会也越大。

连锁与互换的机制表明，只要某一性母细胞在两个基因座位之间发生一次互换，形成的配子中必定有一半是亲本组合，一半是重新组合，最后 4 种配子的比例恰好是 1∶1∶1∶1。但家鸡连锁互换遗传中，测交实验表明，F_1 产生的 4 种配子比数并不相等，所以通过配子随机结合，产生的 4 种类型后代，其比例数不是 1∶1∶1∶1，而是接近于 1.00∶0.80∶0.27∶0.13。这又如何解释呢？

（1）四分体、染色体已复制，位于其上的基因也随之复制；

（2）非姊妹染色单体发生交叉；

（3）非姊妹染色单体片段交换，随之非姊妹染色单体上的基因也交换了位置（即 f 与 F 交换）；

（4）产生 4 种基因组合不同的染色单体，包括两条重组合，两条亲本组合，经过减数分裂可形成 4 种不同基因组合的性细胞，如图 2-7 所示。

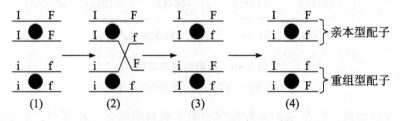

图 2-7　基因交换过程示意图

（引自：欧阳叙向《家畜遗传育种》）

实际上，多数情况下并不是全部性母细胞都在某两个基因座位之间发生互换，不发生互换的性母细胞所形成的配子都属于亲本组合。当有30%的性母细胞发生互换时，重新组合配子占总配子数的15%，刚好是发生互换的性母细胞的百分数的一半。由此可以推知，如有80%的性母细胞在两个基因座位之间发生互换，重新组合配子数占配子总数的40%。由此可见，在连锁遗传情况下，F_1产生的4种类型配子比数不相等，亲本组合配子多于重新组合配子，原因就在于只有部分性母细胞发生了互换。

二、交换率及其测定

遗传学研究中，通常用交换率（重组率）来表示重组合的比例。交换率（重组率）是指重组合数占测交后代总数的百分比，或重组型配子数占总配子数的百分比。计算交换率的公式为：

$$交换率（\%）= \frac{重组型配子数}{总配子数} \times 100\% = \frac{重组型个体数}{重组型个体数 + 亲本型个体数} \times 100\%$$

交换率 = 0%，完全连锁；交换率 = 50%，自由组合；1%交换率表示两个基因距离为1遗传单位（图距单位、厘摩，cM）；这种通过互换率估算出的距离称为遗传距离。

前例中鸡的测交实验，交换率 = 6 ÷ 33 × 100% = 18.2%。需要注意的是，不同的连锁基因，交换率是不同的。交换率（重组率）应该在正常条件下，通过杂交和测交的实验来确定，而且样本资料应尽可能大，这样才能得到一个比较准确的结果。因为生物的年龄、性别及实验环境都有可能影响重组的发生。

无数次实验证明，在一定条件下，连锁基因的交换率不是恒定的，低的可以在0.10%以下，高的可以接近50%。可以设想，在同一对染色体上，如果两对基因相距愈近，交换率则愈低；反之，相距愈远，交换率愈高，即交换率的大小反映了基因之间连锁强度的大小。根据这个原理，可以采用一些方法，确定各种基因在染色体上的位置。

三、基因定位

摩尔根根据他的大量实验，提出基因在染色体上呈直线排列的设想，并且基因在染色体上的距离同基因间的交换率成正比，因此，摩尔根又提出了基因在染色体上的相对距离（图距）可以用去掉百分号的交换率来表示。如前例中家鸡的白色和卷羽这两个基因在染色体上的相对距离就可以用18.2个遗传单位来表示。基因定位，就是把已发现的某一突变基因用各种不同的方法在该生物体的某一染色体的一定位置上进行标记。这里有两层含义，即基因存在于哪一条染色体上，基因在该染色体上的哪一个位置上。

基因在染色体上的定位有很多方法，下面介绍两点测交法和三点测交法。

两点测交法就是利用杂交所产生的子一代与双隐性个体进行测交，计算两对基因之间的交换率，从而得出遗传距离，这是基因定位的最基本方法。但这一方法仅能知道两对基因的相对距离，这两对基因的顺序还无法知道，所以，要知道基因间的顺序，必须让这两对基因与第三对基因分别进行测交，分别计算出这两对基因与第三对基因的交换率。

摩尔根发现果蝇的白眼（w）、黄体（y）、粗翅脉（bi）3个性状均是连锁遗传，经测交计算得出白眼与黄体间的交换率为1.5%，即w与y的遗传距离为1.5个遗传单位，而白眼与粗翅脉的交换率为5.4%，即w与bi的遗传距离为5.4个遗传单位。那么w、y、bi

是怎样排列的呢？再测定一下黄体与粗翅脉间的交换率为6.9%，即y与bi的距离为6.9个遗传单位，所以，可以断定三者的顺序为黄体——白眼——粗翅脉。

当两个基因间的遗传距离大于5个遗传单位时，两点测交所测得的交换率会偏小，这是因为当两个基因座间的距离变大后，在这两个基因之间可能发生两次互换，即双交换，其结果是染色体片段的两次互换使基因座之间实际上没有发生互换。因此，双交换形成的是重组的染色体，而不是重组型的配子，所以交换率必然偏小。

两点测交法必须进行3次测交才能知道3对基因的顺序，如要知道这3对基因在染色体上的排列方向，必须要让它们与第四对基因一一完成测交后才能知道，所以，两点测交法比较费时费力。

三点测交法是在两点测交法的基础上形成的一种新方法，它只需一次杂交，即可知道3对基因之间的遗传距离和排列顺序。

因为大部分突变体都是隐性突变体，其原型都为显性，所以原型都被称为野生型，野生型用"＋"表示。在实验动植物的三点测交中，3个基因都分别进行了两两互换，这样的互换被称为单交换，仅发生单交换的三点测交，其测交后代只有6种表现型。但杂交试验表明，在三点测交中，其测交后代往往会出现8种表现型，这说明3个基因不仅发生了两两的单交换，同时也发生了双交换。

将具有黄体（y）、白眼（w）、短翅（m）的雌果蝇与灰体（＋）、红眼（＋）、长翅（＋）的雄果蝇进行交配，其F_1为灰体、红眼、长翅（＋＋＋/ywm），取F_1雌果蝇与三隐性雄果蝇测交，测交后代有8种类型（表2-1）。

表2-1　果蝇三点测交的测交后代表现型和数目

表现型	基因型	交换型	观察数	所占比例/%
灰体红眼长翅	＋＋＋/ywm	亲本组合	1 574	63.97
黄体白眼短翅	ywm/ywm		1 382	
灰体白眼短翅	＋wm/ywm	单交换1	27	1.25
黄体红眼长翅	y＋＋/ywm		31	
灰体红眼短翅	＋＋m/ywm	单交换2	763	34.39
黄体白眼长翅	yw＋/ywm		826	
灰体白眼长翅	＋w＋/ywm	双交换	10	0.39
黄体红眼短翅	y＋m/ywm		8	

（引自：李婉涛，张京和《动物遗传育种》）

在三点测交试验中，一般规律是亲本类型最多，双交换类型最少，所以，从表2-1中我们可以看出，第一组是亲本类型，而第四组是双交换类型。在找出双交换类型后，我们还应知道3个基因排列的顺序，即以双交换类型与亲本类型比较，看是哪个基因改变了连锁关系，这个基因即处于中间位置，例如ABC与abc为亲本类型，Abc与aBC为双交换类型，因为Aa改变了连锁关系，所以Aa处于中间，Bb与Cc处于Aa的两边，至于Bb与Cc处于Aa的哪一侧，关系不大，因为这并不影响交换率的计算。在本例中双交换类型是＋w＋/y＋m这一组，它与亲本类型相比，是＋/w改变了连锁关系，所以，白眼基因处于3个基因的中间，而黄体、短翅处于白眼的两侧。

首先计算双交换值，双交换观察数与总观察数的比例即为双交换值：双交换值=（10+8）÷4 621×100%=0.39%

其次计算 y 与 w、w 与 m 的交换率，y 与 w 之间的互换既发生在单交换 1 中，又发生在双交换中，所以 y 与 w 的交换率为：

$$（27 + 31 + 10 + 8）÷ 4\ 621 × 100\% = 1.64\%$$

同样地，w 与 m 的交换率为：

$$（763 + 826 + 10 + 8）÷ 4\ 621 × 100\% = 34.78\%$$

根据所得结果，我们可以画出 y、w、m 这 3 个基因的相对位置。

四、连锁定律的应用

连锁基因间的交换以及基因间的自由组合，是造成不同基因重新组合从而出现新的性状组合类型的两个重要原因，是自然界里或在人工条件下生物发生变异的重要来源。由基因交换和自由组合所造成的基因重组在生物进化中具有重大意义，它提供了生物变异的多样性，有利于生物的进化。另外，基因重组还为人们的选种工作提供了理论依据和原始材料。

根据连锁交换定律，可以进行基因连锁群的测定及基因的定位。这样不仅使染色体理论更趋于完整，而且对进一步开展遗传试验和育种试验具有重要的指导意义。例如，根据连锁图上已知的交换频率，可以预测杂交后代中人们所需要的新性状组合类型出现的频率，从而为确定选育群体的大小提供依据。

了解由于基因连锁造成的某些性状间的相关性，可以根据一个性状来推断另一个性状，特别是当知道了早期性状和后期性状之间的基因连锁关系后，就可以提前选择所需要的类型，大大提高选择效果。

理论上：

①把基因定位于染色体上，即基因的载体染色体；

②明确各染色体上基因的位置和距离；

③说明一些结果不能独立分配的原因，发展了孟德尔定律；使性状遗传规律更为完善。

实践上：

①可利用连锁性状作为间接选择的依据，提高选择效果。

②设法打破基因连锁，如辐射、化学诱变、远缘杂交……

③ 可以根据交换率安排工作：

交换值大，重组型多，选择机会大，育种群体小；

交换值小，重组型少，选择机会小，育种群体大。

第四节　性别决定与伴性遗传

一、性别决定理论

性别是动物中最容易区别的性状。在有性生殖的动物群体中，包括人类，雌雄性别之比大都是 1∶1，这是一个典型的一对基因杂合体测交后代的比例，说明性别和其他性状一样，也和染色体及染色体上的基因有关。但生物的性别是一个十分复杂的问题，因此，性别决定也因生物的种类不同而有很大的差异。

在多数二倍体真核生物中，决定性别的关键基因位于一对染色体上，在异配性别中一对同源性染色体是异型的，即形态、结构和大小以及功能都有所不同，这对染色体称为性染色体。除此之外的染色体统称为常染色体。通常以 A 表示。常染色体的各对同源染色体一般都是同型，即形态、结构和大小基本相同。但性染色体却有很大的差别，它是动物性别决定的基础。

（一）性染色体类型

动物的性染色体类型常见的有 XY、ZW、XO 和 ZO 四种类型，分别见于各个门、纲、目、科中。

1. XY 型　在人类，哺乳动物（如牛、马、猪、羊、兔等），大部分的两栖类，硬骨鱼类和昆虫等的性染色体都属于这种类型。雄性为异配性别 XY，雌性为同配性别 XX。在这一类型中 Y 染色体起主导作用，不论 X 染色体有几条，只要存在 1 条 Y 染色体就发育为雄性。1990 年，辛克莱尔（Sinclair；A. H）等在前人工作的基础上发现在人和小鼠 Y 染色体的短臂上存在着性别决定基因，并在真兽亚纲动物中显示保守性。根据其在染色体上的位置，命名为 SRY（sex–determining region of Y chromosome），近年来又克隆出一系列与性别分化有关的基因，但 SRY/Sry 是其中起主导作用的基因，因此携带此基因的 Y 染色体成为决定雄性性别的标志。

在其他椎脊动物如鸟类，两栖类，爬行类及鱼类中以及某些植物中虽然也是由 Y 染色体来决定性别的，但机制尚不清楚。

2. ZW 型　家禽（如鸡、鸭、鹅、火鸡等）和全部鸟类、若干鳞翅类昆虫、某些鱼类等的性染色体属于这种类型。和 XY 型相反，以鸟类，鳞翅类昆虫及部分两栖爬行类动物中是雌性异配性别（ZW），雄性同配性别（ZZ），但性别决定的机制不像 XY 型那样研究得比较清楚。按照一般的推测，W 染色体上可能也携带有和雌性发育有关的的基因或带有抑制雄性发育的基因。

3. XO 型和 ZO 型　许多昆虫属于这两种类型。在某些双翅目，直翅目和鳞翅目的昆虫中没有异形的性染色体，而是由性染色的数来决定性别。

在 XO 型中，雌性是 XX；雄性只有一条 X 染色体，没有 Y 染色体，用 XO 代表。在 ZO 型中，雌性只有一条 Z 染色体，用 ZO 表示；雄性是两条性染色体，用 ZZ 表示。例如蝗虫雌性：2n = 24（XX），雄性别 2n = 23（XO）比雄性少了一条染色体，称为 XO 型。在鳞翅目昆虫中也有雄性为 ZZ，雌性为 ZO 的类型，也属于 ZO 型。

（二）性别决定

性别是由性染色体的差异决定的。例如：XX 为雌性、XY 为雄性，ZZ 为雄性、ZW 为雌性。生物类型不同，性别决定的方式也往往不同。XY 型染色体，当减数分裂形成生殖细胞时，雄性产生两种类型的配子，一种是含有 Y 染色体的 Y 型配子，另一种是含有 X 染色体的 X 型配子，两种配子的数目相等，雌性只产生一种含有 X 染色体的卵子。受精后，若卵子与 X 型精子结合形成 XX 合子，则将来发育成雌性；若卵子与 Y 型精子结合形成 XY 合子，则将来发育成雄性，Y 染色体决定着个体向雄性方向发展。人的 XY 型性别决定如图2-8所示。

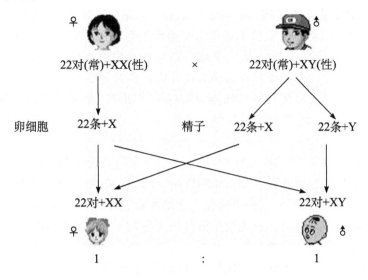

图2-8　人的XY型性别决定图解

ZW型与XY型相反，雄体只产生一种含Z染色体的Z型精子，而雌体可产生两种类型卵子，一种是含有一条Z染色体的Z型卵子，另一种是含有一条W染色体的W型卵子，两种卵子的数目相等。通过受精，若Z型卵子与Z型精子结合形成ZZ合子，则将来发育成雄体；若W型卵子与Z型精子结合形成ZW合子，则将来发育成雌体。家蚕的ZW型性别决定如图2-9所示。

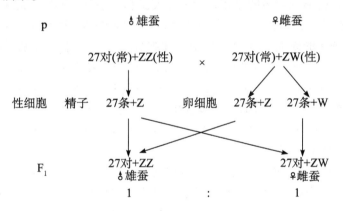

图2-9　家蚕的ZW型性别决定

各种两性生物中，雌性和雄性的比例大致接近1∶1，其原因在于雄性（或雌性）个体可产生两种类型配子，比例是1∶1，而雌性（或雄性）个体只产生一种类型配子，雌雄配子的结合机会相等。这种比数和一对相对性状杂交时，F_1 的测交后代比数完全相同。

（三）性别的分化

性别分化是指受精卵在性别决定的基础上，进行雄性或雌性性状分化发育的过程。这个过程和环境有密切关系。当环境条件适合正常性分化的要求时，就会按照遗传基础所规定的方向分化为正常的雄体或雌体，如果不适合正常性分化要求时，性分化就会受到影响，从而偏离遗传基础所决定的性分化方向，形成不正常的雄体或雌体。

1. 外界条件对性分化的影响　蜜蜂分为蜂王、工蜂和雄蜂三种。蜜蜂没有性染色体，它的性别决定于常染色体。蜂王和工蜂均由受精卵发育而成，它们的染色体组是相同的，是二倍体（2n = 32）。雄蜂是未受精（孤雌生殖）的卵发育而成的，是单倍体（n = 16）。在受精卵的发育过程中，营养条件对蜜蜂的性分化起着很重要的作用。如果二倍体幼虫能吃到 5 天的蜂王浆，则发育成具有产卵能力的蜂王；如果二倍体幼虫仅能吃到 2～3 天的蜂王浆，则只能发育成无生育能力的工蜂。很明显，二倍体蜂是否具有生殖能力，营养条件起了很重要的作用。

有些低级的动物和某些植物，其性别决定于个体发育关键时刻的环境温度或所处的时期，温度对某些动物的性分化起着很重要的作用。例如，在爬行类动物中，密西西比河鳄的受精卵，在 30℃ 和低于 30℃ 条件下孵化，全部发育成雌性鳄，在 34℃ 和高于 34℃ 条件下孵化，则全部发育成雄性鳄。乌龟的受精卵在 23～27℃ 条件下全部都发育成雄性龟，在 32～33℃ 温度下则全部发育成雌性龟。有些人认为，外界温度之所以能影响爬行动物性别分化，主要是温度对爬行类的雌、雄性激素合成有着直接的影响。

某些蛙类中，雄蛙的性染色体是 XY，雌蛙是 XX。如果让它们的蝌蚪在 20℃ 温度下发育时，则 XX 型蝌蚪发育成雌蛙，XY 型蝌蚪发育成雄蛙。雌雄比例大约为 1∶1。如果让这些蝌蚪在 30℃ 温度下发育时，不管它们具有什么性染色体组成，全部发育成雄蛙。这里要说明的是，虽然 XX 型的蝌蚪在高温下发育成雄蛙，但它们的性染色体仍然是 XX，高温只能改变性别的表现型，不能改变性别的基因型。

此外，环境条件对植物的性分化也有重要作用。例如，南瓜在发育过程中，晚上的温度在 10℃ 左右时，就形成较多的雌花，如果低夜温和 8 小时日照结合起来，雌花就占绝对优势。这说明，在葫芦科植物里，短的日照和低的夜晚温度有利于雌花的发育。

2. 激素对性分化的影响　高等动物中，性腺分泌的性激素对性别分化的影响非常明显，第一性征和第二性征都受性激素的影响。激素在个体发育中的作用发生越早，对性别的影响也就越大。哺乳动物往往同时有二性结构的存在，向雌性或雄性的分化取决于有无 Y 染色体的睾丸决定基因、雄性激素及其受体。满足这些条件时，就向雄性方向分化，形成雄性表现型，缺乏这些条件时，就自然地向雌性方向分化，形成雌性表现型。在这里，性激素起着非常重要的作用。

"自由马丁"牛是很像雄性的雌牛。当母牛怀双胎且两个胎儿性别不同时，由于胎盘绒毛膜的血管沟通，雄性的睾丸发育的早，产生的雄性激素通过绒毛膜血管流向雌性胎儿，从而影响了雌性胎儿的性腺分化，使性别趋向间性，失去了生育能力。后来还发现，胎儿的细胞也可以通过绒毛膜血管流向对方，因此，在孪生雄犊中曾发现有 XX 组成的雌性细胞，在孪生雌犊中曾发现有 XY 组成的雄性细胞。由于 Y 染色体在哺乳动物中具有强烈的雄性化作用，所以 XY 组成的雄性细胞可能会干扰孪生雌犊的性别分化。

由雌性变成雄性，或由雄性变成雌性的现象称为性反转。在家鸡中，有时产过蛋的母鸡可变向公鸡，这样的公鸡具有的性状与正常的公鸡相似，这主要都是性激素影响的结果。正常母鸡在雄性激素的作用下，母鸡的性征逐渐被公鸡的特征所代替，最后母鸡也就变成了公鸡。但母鸡的性染色体组成并没有变化，它仍然是 ZW 型。经过研究发现，原来是母鸡卵巢受结核杆菌侵袭，或发生囊肿而退化，诱发留有痕迹的精巢发育并且分泌出雄性激素，从而表现出公鸡的啼鸣。它是性激素影响性别发育的最生动现象。

在人类中，也有男女性反转现象，但多为女变男，男变女则极为罕见。一般认为，发生女变男的原因是具有 XY 型性染色体的婴儿体内的 5—还原酶基因因某种原因不能产生 5—还原酶或酶活性减退时，其睾丸产生的睾丸酮不能代谢为二氢睾丸酮或含量很低，结果男性外生殖器的原基由于缺少二氢睾丸酮激素作用，从而使本应发育为男性外生殖器的原基，转而发育为同女性极为相似的外生殖器，因而被当成"女孩"来抚养。到青春期，由于某种原因，睾丸酮可正常地产生二氢睾丸酮激素，于是女性外阴在二氢睾丸酮的作用下，阴蒂长成阴茎，声音变粗，肌肉发达，结果由"女人"变成了男人。

总之，在雌雄异体的生物中，它们的性别都有向雌雄性发育的可能。一般情况下，性染色体组成决定了性别的发育方向。但是，激素、营养、温度、光照等环境条件也能影响性别发育，引起性别转变。这说明性别的表现取决于基因型和环境条件的相互作用，但应引起注意的是环境条件只能影响性别表现型，而不能影响性别的基因型。

二、伴性遗传及其在生产上的应用

（一）伴性遗传

性连锁：也称为伴性遗传（sex－linked inheritance），指位于性染色体上的基因所控制的某些性状总是伴随性别而遗传的现象；有时特指 X 或 Z 染色体上基因的遗传。

1910 年，摩尔根等在研究果蝇性状遗传时最先发现性连锁现象，同时证明了基因位于染色体上。

性染色体是性别决定的主要遗传物质，性染色体上也有某些控制性状的基因，这些基因伴随着性染色体而传递。因此，这些基因所控制的性状，在后代的表现上，必然与性别相联系。在遗传学上，把性染色体上基因的遗传方式称作伴性遗传（性连锁遗传）。两性生物体中，不同性别的个体所带有的性染色体是不同的，因此，伴性遗传和常染色体遗传也是不同的。

常染色体遗传没有性别上的差别，而伴性遗传则有如下特点：

性状分离比数与常染色体基因控制的性状分离比数不同；

正反交结果不一样，表现为交叉现象；

两性间的分离比数也不同。

现举例说明如下。芦花鸡的毛色遗传是伴性遗传。芦花鸡的绒羽为黑色，头上有白色斑点，成羽有横斑，是黑白相间的。如果用芦花母鸡与非芦花公鸡交配，得到的 F_1 中，公鸡都是芦花，而母鸡都是非芦花。让 F_1 自群繁殖，产生的 F_2 中，公鸡中一半是芦花，一半是非芦花，母鸡也是如此。这个遗传现象如何解释呢？可假设芦花基因（B）对非芦花基因（b）为显性，B 和 b 这对基因位于 Z 染色体上，常用 Z^B 和 Z^b 来表示，在 W 染色体上不携带它的等位基因。这样，芦花母鸡的基因型是 Z^BW，非芦花公鸡的基因型为 Z^bZ^b。两者交配，F_1 公鸡的羽毛全是芦花，基因型是 Z^BZ^b，母鸡的羽毛全是非芦花，基因型是 Z^bW。F_2 中，母鸡一半是芦花，基因型是 Z^BW，一半是非芦花，基因型是 Z^bW；公鸡的一半也是芦花，基因型是 Z^BZ^b，另一半是非芦花，基因型是 Z^bZ^b。芦花母鸡与非芦花公鸡杂交（正交），如图 2－10 所示。

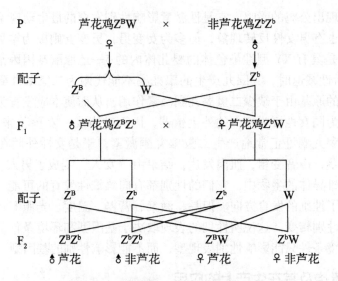

图 2 - 10　芦花母鸡与非芦花公鸡杂交

（引自：欧阳叙向《家畜遗传育种》）

如果以非芦花母鸡（Z^bW）与芦花公鸡（$Z^BZ^{B''}$）杂交（反交），结果就大不相同了，F_1 公鸡和母鸡的羽毛全是芦花。F_1 公母鸡相互交配，F_2 的公鸡全是芦花，母鸡则一半是芦花，一半是非芦花。这说明，正交和反交结果是不相同的，两性间的分离比数也是不相同的。非芦花母鸡与芦花公鸡杂交（反交）结果如图 2 - 11 所示。

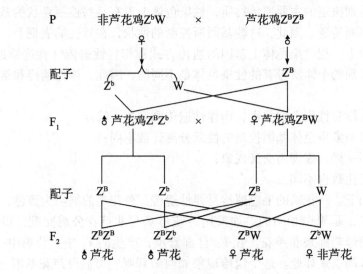

图 2 - 11　非芦花母鸡与芦花公鸡杂交

（引自：欧阳叙向《家畜遗传育种》）

人类的色盲遗传方式同芦花鸡的毛色遗传是完全一样的。色盲有许多种类型，最常见的是红绿色盲，其次是蓝绿色盲。经过调查分析得知，控制色盲的基因是隐性基因 b，位于 X 染色体上，Y 染色体上不携带它的等位基因。如果母亲正常（X^BX^B），父亲是色盲（X^bY），他们所生的子女中，无论男孩（X^BY）或女孩（X^BX^b）均正常，但女孩携带有一个色盲基因，像这种色盲父亲的色盲基因（b）随 X 染色体传给他的女儿，不能传给他的儿子，这种现象称为交叉遗传。如果该女儿以后和一个正常男子结婚（X^{B}Y），所生子女中，女孩均正常，但其中一半携带有一个色盲基因；所生男孩中，将有一半是色盲，一半是正常。如果母亲是色盲（X^{b}X^b），父亲正常（X^{B}Y），他们所生子女中，男孩必定是色盲（X^{b}Y），女孩正常（X^{B}X^b），但女孩是色盲基因的携带者。这个女孩以后如果和一个色盲男子结婚，他们所生的子女中，无论男孩或女孩中均有一半为色盲，一半为正常。这两种色盲遗传的情况如图 2-12 所示。

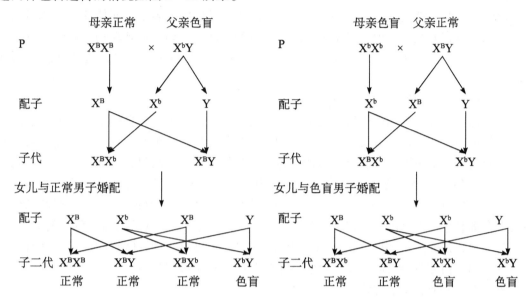

图 2-12 人类色盲遗传情况图解

（引自：李婉涛，张京和《动物遗传育种》）

（二）从性性状和限性性状的遗传

1. 从性遗传

从性遗传或称性影响遗传：不是指由 X 及 Y 染色体上基因所控制的性状，而是因为内分泌及其他关系使某些性状只出现于雌、雄一方；或在一方为显性，另一方为隐性的现象。

决定从性遗传的基因称为从性基因，一般位于常染色体上，由从性基因控制的性状称为从性性状（又称影响性状）。从性性状是指那些在雌性为显性，在雄性为隐性，或在雄性为显性，在雌性为隐性的性状。从性性状在两个性别中都可以得到表达，但同一基因的表达在不同的性别中显隐性关系不同。例如，陶赛特公母羊都有角，其基因型为 HH，雪洛夫羊公母羊都无角，其基因型为 hh，这两种羊杂交，F$_1$ 基因型为 Hh，则公羊有角，而母羊无角，这表明 H 在公羊为显性，而 h 在母羊为显性，而且正反交结果完全相同。

人的秃顶遗传就是由从性基因所控制的。基因型 BB 在男性、女性都表现为秃顶，而 bb 在男性、女性都不表现秃顶，但杂合子 Bb 在男性表现为秃顶，在女性则表现为正常。即性别不同，Bb 的表现型也不同。B 基因在男性表现为显性，而在女性则表现为隐性。

从性遗传的实质是常染色体上基因所控制的性状受到不同性别遗传背景和生理环境（内分泌等因素）的影响。

2. 限性遗传

限性遗传是指某些性状只限于雄性或雌性上表现。控制这些性状的基因或处在常染色体上或处在性染色体上。限性遗传的性状多与性激素的存在与否有关。限性性状是一个普通名词，它既可以指极为复杂的单位遗传性状，例如公畜的隐睾症或单睾症；也可以指极为复杂的性状综合体，例如产仔性状、产蛋性状、泌乳性状等。由此可知，控制限性性状的基因极为复杂。

限性遗传与伴性遗传不同是限性遗传只局限于一种性别上表现，而伴性遗传既可以在雄性上也可以在雌性上表现，只是表现的频率有所不同。例如，哺乳动物的雌性有发达的乳房、公孔雀有美丽的尾羽、母鸡产蛋、男人长胡须、公畜阴囊疝等，这些都属于限性性状。

（三）伴性遗传在生产上的应用

伴性遗传原理在养鸡业中被广泛应用。鸡的 Z 染色体较大，包含的基因较多，已有 17 个基因位点被精确定位于 Z 染色体上，其中有 3 对伴性性状（慢羽对快羽、芦花羽对非芦花羽、银色羽对金色羽）在育种中被用来进行初生雏鸡的自别雌雄，例如：用芦花母鸡和非芦花（洛岛红）公鸡杂交，在 F_1 雏鸡中，凡是绒羽为芦花羽毛（黑色绒毛，头顶上有不规则的白色斑点）的为公鸡，全身黑色绒毛或背部有条斑的为母鸡；褐壳蛋鸡商品代目前几乎全都利用伴性基因—金银色羽基因（s/S）来自别雌雄，凡绒羽为银色羽的为公鸡，反之为母鸡；褐壳蛋鸡父母代也可以利用快慢羽基因（k/K）来自别雌雄，公鸡皆慢羽，母鸡皆快羽；白壳蛋鸡目前可用于自别雌雄的基因只有快慢羽基因。

资料卡——非孟德尔遗传

在孟德尔遗传定律被越来越多的事实证明适合于大多数基因的遗传作用模式的同时，人们也发现了不符合孟德尔遗传定律的基因作用模式。某些基因控制的性状，其正交和反交子代性状表现不一致，或只表现母本性状，或只表现父本性状，或表现了双亲性状而不符合孟德尔遗传定律的基因型比例，称为非孟德尔遗传。

非孟德尔遗传大体上包括四部分内容：母体效应、剂量补偿效应、基因组印迹和核外遗传。

母体效应、剂量补偿效应和基因组印迹三种非孟德尔遗传，也是细胞核染色体基因作用的结果，但表现的是不同于孟德尔遗传定律的遗传模式。

母体效应（又称为母体影响）是指由母体的基因型决定后代表现型的现象，是母体基因延迟表达的结果。

剂量补偿效应是指在哺乳动物中，两条 X 染色体中的一条异染色质化，只保留一条 X 染色体具有活性，这样使得雌、雄动物之间虽然 X 染色体的数量不同，X 染色体上基因产物的剂量却保持着平衡。染色体的失活会导致染色体上的基因所决定的性状传递方式的改变。

基因组印迹或称亲本印迹是指基因组在传递遗传信息的过程中对基因或 DNA 片段打下标识、烙印的过程。基因组印迹依靠单亲传递某种性状的遗传信息，被印迹的基因会随着它来自父源或母源而有不同的表现，即源自双亲的两个等位基因中的一个不表达或表达甚微。

核外遗传是指位于细胞质中的线粒体、叶绿体、质体及其他细胞质微粒上的基因控制的遗传作用模式。由于细胞器中的环境与细胞核的条件不同，核外基因在长期的进化过程中形成了与核基因不同的结构与功能的特征。

复习思考题

1. 连锁与交换规律的特点是什么？为什么重组类型总低于50%？

2. 哺乳动物中，雌雄比例大致接近1:1，怎样解释？

3. 你怎样区别某一性状是常染色体遗传，还是伴性遗传？举例来说明。

4. 某一羊群公羊都有角，另一羊群公母羊都没有角，这二类羊群杂交后，有角状态公羊都是显性，母羊是隐性。白毛对黑毛是显性，不分羊群或公母都是如此。今有纯种有角白毛公羊与纯种无角黑毛母羊杂交，F_1 和 F_2 角和毛色表型如何？有角黑毛公羊与无角白毛母羊杂交，产生了下列子代：公羊，1/4有角白毛，1/4有角黑毛，1/4无角白毛，1/4无角黑毛；母羊，1/2无角黑毛，1/2无角白毛，试问其亲本基因型如何？

5. 一男子为色盲，其子女为正常，该女子嫁给正常男人后，她的儿子患色盲的概率是多少？她的女儿带色盲基因的概率是多少？如果该女儿的丈夫也是色盲，她的女儿全为色盲的概率是多少？

6. 一对正常双亲有4个儿子，其中2人为血友病患者。以后，这对夫妇离婚各自与一表现型正常的人结婚。母方再婚后生6个孩子，两个儿子中有一人患血友病，4个女儿表现型正常。父方再婚后生了8个孩子，4男4女都正常。问：

   （1）控制血友病的基因是显性基因还是隐性基因？

   （2）血友病是性连锁遗传，还是常染色体基因遗传？

   （3）这对双亲的基因型如何？

7. 伴性遗传、限性遗传、从性遗传的区别？

8. 在果蝇中已知灰身（B）对黑身（b）表现显性，长翅（V）对残翅（v）表现显性。现有一杂交组合，其 F_1 代为灰身长翅，试分析其亲本的基因型。如果用 F_1 的雌蝇与双隐性亲本雄蝇回交，得到以下结果：灰身长翅822、黑身残翅652、灰身残翅130、黑身长翅161。

   （1）上述结果是否属于连锁遗传，有无交换发生？

   （2）如属于连锁遗传，交换率是多少？

   （3）根据交换率说明有多少性母细胞发生了交换？

第三章 变 异

生物有机体的属性之一，它表现为亲代与子代以及子代个体之间的差别，这种差异称之为变异。变异有两类，即可遗传的变异与不遗传的变异。现代遗传学表明，不遗传的变异与进化无关，与进化有关的是可遗传的变异，后一变异是由于遗传物质的改变所致，其方式有突变与重组。

第一节 变异的普遍性

一、变异的普遍性

在自然界中很难找到两个完全相同的生物，因此人们认为变异是生物界的一种普遍现象。根据观察研究，生物的变异不仅表现在外部和内部构造上，而且表现在生物体的生理生化、新陈代谢及性格和本能等方面。例如，鸡有善啼的，好斗的，这表示性格的变异。奶牛食量有大有小，产奶量有高有低，这是新陈代谢与生理生化的变异。变异不仅见于有性生殖的情况下，而且也见于无性生殖的情况下。例如，芽变就是无性生殖产生的变异。变异不仅在家养条件下可以发生，而且在野生状态下也能观察到，不过家养生物的变异比野生生物的变异大得多。例如，野猪的类型很少，而家猪却有许多不同的品种，各品种在体型、毛色及生产性能等方面差别很大。

变异有的来自环境条件的一般影响，并不真实遗传；另一些是可以遗传的，例如，两个不同亲本交配所产生的后代，某些性状像亲本一方，其他性状像亲本的另一方，或者由于隐性纯合出现双亲以外的性状，这些遗传的变异是通过基因重组形成的，在前面有关分离和自由组合规律的章节中已有讨论。还有一类由于遗传基础的改变而导致的变异，统称之为突变。突变一词是荷兰的德弗里斯在他的突变学说中提出来的，是指突然的、偶然出现的、可遗传的变异。突变的广义概念中包括染色体结构和数目的改变，以及组成基因物质分子的变化所引起的变异等。而狭义的概念则专指基因突变。现在一般按狭义的概念来理解"突变"，即指基因突变。

细胞遗传学的研究表明，染色体的结构和数目是很稳定的。同一物种的不同个体含有同样数目、同样种类的染色体。前面述及的分离规律、自由组合规律以及连锁与交换，都是在染色体稳定的前提下发生的。但这并不是说，染色体的数目和结构不能改变或没有改变，事实证明染色体的结构和数目也会发生改变，并且已经发生了许多改变。染色体是遗传物质的主要载体，所以遗传学的研究十分重视染色体的结构、数目、功能及其行为等多方面的变异。染色体无论在结构或数量上的异常变化，都会改变其正常的功能，从而引起相应的遗传效应。因此，人们将由于染色体异常而导致的变异统称为染色体畸变。

二、变异的类型和原因

（一）变异的类型

生物界形形色色的变异大致上可划分为遗传的变异和表现型的变异。

1. 遗传变异　是属于基因型的变异，是遗传物质的变化，是物种间所含有的基因的差异。由于辐射等因素可能发生基因的重新排列，从而产生新的基因或新的组合，这些变化称为遗传的变异。基因突变是生物进化的基础，可以创造出新的动物类型、品种或简单的品种变异。数万年来，自然选择一直保留着适应性的突变，使所有的生命形式得以进化和演变。为什么在变异中有的变异能遗传，有的变异不能遗传呢？这主要看引起变异的是遗传物质的变异（基因型的差异）还是环境的差异。如果是基因型的差异，那么变异是能遗传的，如果是环境的差异，那么变异就是不遗传的。遗传的变异是普遍存在的，这种变异是基因型的变异，遗传物质发生了变化。这种变异发生后能够遗传下去并在后代身上继续出现，从而使各种性状也发生改变。遗传的变异是新品种产生和原品种退化的根源。在畜牧业的历史中，发生过山羊的有角基因突变为无角基因的现象，马头山羊就是这种突变体通过选育形成的，这种突变后的无角性状能够遗传给后代。遗传的变异是广泛存在的，如果没有遗传的变异，生物就不会进化。

2. 不遗传变异　是由于环境条件引起的变异，这种变异仅仅是外表上的变异，是生物在不同环境条件引起的外表变化，也成为表型变异，一般只表现于当代。这种环境包括气候、日光、空气、水、饲养管理及体内激素、酶的活动和其他物质影响。由于没有引起遗传物质的改变，所以它不能遗传。因为它仅影响到个体发育，没有影响到体内遗传物质的改变。例如，怀孕犬由于药物影响造成胎儿畸形；亚热带地区长毛发育不良；同一品种的奶牛因饲料营养成分不同，引起泌乳量高低的变异；瘦肉型猪由于饲养粗放，生长速度减慢，瘦肉率降低；犊牛的人工去角和羔羊断尾等等，这类变异都属于表型变异。这类变异并没有引起遗传物质的相应改变，因而它是不能遗传的。因此，当人们选种交配时，要根据双亲及家系进行分析，哪些性状（一切形态特征和生理特征）是遗传变异，哪些性状是不遗传的变异，以便进行选择。

遗传的变异和表现型的变异，在实践中不是都很容易区别的。因为同一变异可能是遗传的，也可能是不遗传的，甚至同一个体同时可以有遗传的变异和表型的变异。要准确地区分这两种变异，首先要弄清变异个体的来源；其次进行遗传对比试验时，对所试验的生物环境条件要尽量保持稳定一致。现举例如下：有大小不同的菜豆种子，大小的差别是很明显的。这种差异可能是遗传的，也可能是不遗传的。怎样进行判断呢？如果知道菜豆种子的来源，大、小菜豆种子来自两个不同品种，那么可认为种子大小的差异是遗传的。如果不知道菜豆种子的来源，那么可以做实验：把大小不同的种子播种在同一土壤条件下，看它们所结的种子平均是否有大小之分？如果没有，那就是说，菜豆种子大小的差异是表型变异。

（二）变异的原因

生物的性状（表型）是遗传和环境共同作用的结果。所以生物表型的变异不外起源于两方面的原因：一是基因型的变异；二是环境条件的变异。基因型或环境发生变化，都可能会引起生物体表型的变化即出现变异。所以，变异既有遗传的因素，也有环境的原因。如果变异的原因是遗传的差异，即基因型的差异，那么变异是遗传的。如果其原因是环境的差异，那么变异是不遗传的。虽然环境条件的改变，一般不能引起遗传的变异，但是遗传性的充分发挥则需要有一定的环境条件。例如，黄脚的来航鸡所以表现黄脚，除了鸡体内含有黄脚基因外，还需要从饲料中供给黄色素，才能表现黄脚；如果鸡饲料中长期缺乏黄色素，来航鸡脚的颜色就会表现为白色；但是如能供给充足的黄色素，鸡的黄色又能恢复。所以，在畜牧业生产中，要获得高产，必须重视培育良种（高产的基因型），同时，还要注意提供良好的饲养管理条件。

第二节 染色体变异

在某些情况下，动物染色体的数目和结构发生变化，这就是染色体畸变。数目畸变包括整倍性和非倍性的变异，结构变异包括缺失、倒位、重复和易位等。各种类型的畸变在家畜家禽中是普遍存在的。

一、染色体结构的变异

在性细胞减数分裂时，由于染色体断裂并以不同的方式重新粘接起来，造成染色体上基因的反常排列，称为染色体结构的变异。染色体结构的变异主要有四种类型。

（一）缺失
缺失是指染色体上某一区段及其带有的基因一起丢失，从而引起生物体的性状改变。

1. 缺失的类型
（1）中间缺失：染色体两臂的内部丢失了某一段。这种情况比较常见。
（2）顶端缺失：缺失的区段在染色体的一端。最初发生缺失的细胞内常伴随着断片存在，这种断片有时可以粘连到其他染色体上，进一步组合到子细胞核中，有的则以断片或小环的形式暂时存在于细胞质中，经过一次或几次细胞分裂而最后消失（图3-1）。

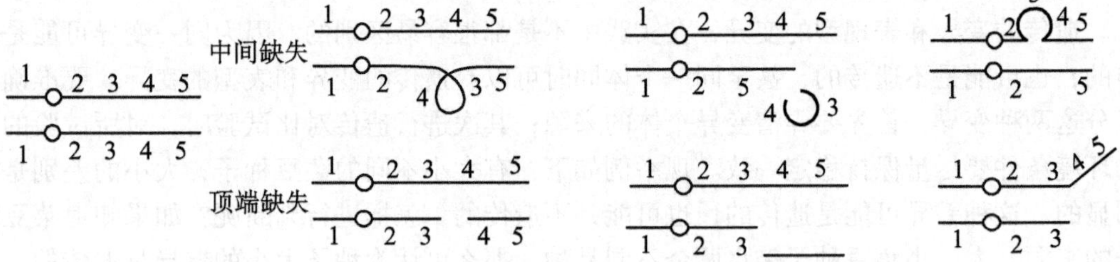

图3-1 染色体缺失示意图

2. 缺失成因
断裂愈合。一次断裂，形成末端缺失，两次断裂，可能形成中间缺失。细胞学鉴定缺失是比较困难的。在发生缺失的当代细胞中，其分裂过程中可以见到无着丝粒的染色体片段。随着细胞世代的增加，片段丢失。只能根据染色体在减数分裂过程中的配对情况加以鉴别。

缺失的遗传效应主要是影响生物的正常发育和配子的生活力，影响的程度决定于缺失片段的长短和基因的重要性。体细胞内某一对同源染色体中一条具有缺失，另一条正常的个体，称为缺失杂合体；而具有缺失了相同区段的一对同源染色体的个体，则称为缺失纯合体。一般地说，缺失纯合体往往不能成活，在缺失杂合体中，若缺失区段较长时，或缺失区段虽不很长，但缺少了对个体发育有重要影响的基因时，通常也是致死的。只有缺失区段不太长，且又不含有重要基因的缺失杂合体才能生存，但其生活力也很差。缺失的遗传效应是破坏了正常的连锁群，影响基因间的交换和重组。

染色体缺失还可产生假显性现象。如果染色体上显性基因丢失，会使隐性基因决定的性状像显性性状那样表现出来，这种现象称为假显性现象。染色体结构变异最早就是从缺失的假显性中发现的。

（二）重复

指正常染色体上增加了相同的一个区段染色体。

1. 顺接重复　重复区段仍然按原来染色体基因的顺序相接。

2. 反接重复　重复区段按照原来染色体基因的顺序颠倒过来重新相接。重复和缺失往往同时发生，一对同源染色体彼此发生非对应的交换，其中一条染色体发生缺失，另一条染色体就发生重复（图 3 - 2）。

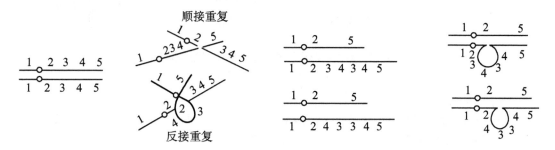

图 3 - 2　重复的形成及鉴定

3. 重复的遗传效应　对于生物体而言，不论重复的区段是长还是短，其危害程度均小于缺失。换句话说，生物体对重复的耐受性大于对缺失的耐受性。即使是重复纯合体也能较好地生长，更不用说杂合体了。但是，重复毕竟破坏了正常的基因连锁群，影响基因的交换率。同时还可造成重复基因的"剂量效应"，使性状的表现程度加重，如控制玉米糊粉层颜色的基因 C 的区段重复，颜色便会相应地加深。

（三）倒位

指染色体上某一段发生断裂后，倒转180°又重新连接起来，它上面的基因在数量上虽无增减，但位置改变了。

倒位并没有改变染色体上基因的数量，但是改变了基因序列和相邻基因的位置，因而在表现型上产生了某些遗传变异，这种现象称为位置效应。倒位的遗传效应，也是改变了正常连锁群，影响交换率。当大段染色体倒位时，倒位杂合体表现高度不育。倒位纯合体的生活力并无影响（图 3 - 3）。

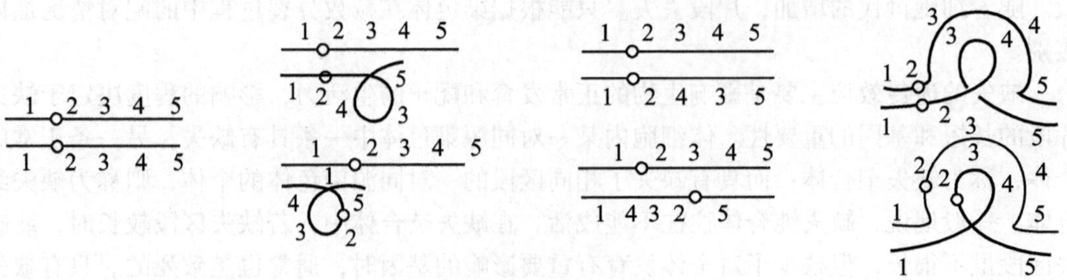

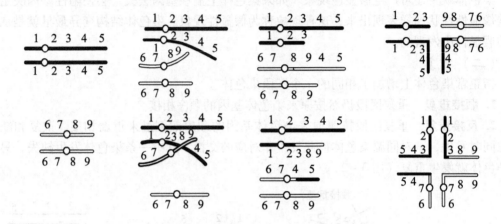

图 3-3　倒位的形成和倒位杂合体的细胞学鉴定
上：臂内倒位　下：臂间倒位

图 3-4　易位的形成及易位杂合体的细胞学鉴定
上：单向易位　下：相互易位

（四）易位

易位是指两对非同源染色体之间发生某区段的交换。如果是一个染色体的区段，转移到另一个非同源染色体上，称为单向易位；如果两个非同源染色体互相交换某区段，叫做相互易位。易位发生在非同源染色体上，造成了基因交换，但这和正常的同源染色体基因交换有本质的区别。

易位的遗传效应主要表现为改变了正常的连锁群，使原来同一染色体上的连锁基因经易位而表现独立遗传，反之，原来的非连锁基因也可能出现连锁遗传现象。相互易位染色体的个体，产生的 2/3 的配子是不育的。易位杂合体与正常个体杂交，其 F_1 有一半是不育的（图 3-4）。

二、染色体数目的变异

一般来说，每一种生物的染色体数目都是稳定的，但是，在某些特定的环境条件下，生物体的染色体数目会发生改变，从而产生可遗传的变异。染色体数目的变异可以分为两类：一类是细胞内的个别染色体增加或减少，称为非整倍体变异；另一类是细胞内的染色体数目以染色体组的形式成倍地增加或减少，称为整倍体变异。人们知道每种生物都有一个基本的染色体组成，在大多数生物的体细胞中，染色体都是两两成对的。例如，果蝇有 4 对共 8 条染色体，这 4 对染色体可以分成两组，每一组中包括 3 条常染色体和 1 条性染色体。

（一）整倍体的变异

按照生物细胞中染色体组（X）的数目可分为一倍体、二倍体和多倍体。一倍体的细胞仅含一个染色体组；二倍体的细胞中有两个染色体组；三倍体细胞中有三个染色体组，依此类推。细胞中有 3 个或 3 个以上染色体组的个体称为多倍体。多倍体中根据染色体组的种类又可分为同源多倍体、异源多倍体、同源异源多倍体、节段异源多倍体等。

自然界中，多数物种的体细胞内含有两个完整的染色体组，即二倍体，但也有单倍体生物。雄蜂就是由未受精卵发育而成的单倍体生物。在植物方面如水稻、小麦等也曾发现过天然的单倍体，但其出现的频率很低。高等植物的单倍体和二倍体比较起来一般体型弱小、生活力差、高度不育。在植物育种方面，把单倍体植物用人工处理变为二倍体，这样就能很快获得稳定的纯系，缩短育种年限，创造出新品种，这就是单倍体育种法。中国用花粉培育出了小麦、小黑麦、玉米、烟草、水稻、甜菜等单倍体作物品种，在单倍体研究领域中走在世界先进行列。

生物体细胞内含有多于两个染色体组的称之为多倍体。例如，含有三个染色体组的称三倍体（3n），含有四个染色体组的称四倍体（4n）等等。凡含有来源相同并超过二个以上染色体组的统称为同源多倍体，来源不同并超过二个以上染色体组的个体称为异源多倍体。如两个不同物种的二倍体生物杂交，它们的杂种再经过染色体加倍，就可能形成异源四倍体，我国已培育出异源四倍体小黑麦、异源八倍体小黑麦，取得了可喜的成绩。

多倍体物种在植物界是很普遍的，因为大多数植物是雌雄同体或同花的，其雌雄配子常可能同时发生不正常的减数分裂，使配子中染色体数目不减半，因而通过自体受精而自然形成为多倍体。据估计，高等植物中多倍体物种约占 65% 以上，禾本科植物中约占 75%。由此说明多倍体的形成在物种进化上的重要作用。

高等动物大多数是雌雄异体，而雌雄性细胞同时发生不正常的减数分裂机会极少，且染色体稍不平衡，就会导致不育，故动物界的多倍体是很少见的。

（二）非整倍体的变异

非整倍体变异的类型　染色体数目变异产生的非整倍体主要包括单体（2n−1）、缺体（2n−2）、三体（2n+1）和四体（2n+2）等类型。非整倍体的产生是由于减数分裂形成不正常的配子所致。性细胞减数分裂时，若同源染色体不联会，或联会后不分离，两个同源染色体同时移向细胞的一极，则所形成的配子中染色体数目就会增加或减少。这些不正常配子间的结合或正常配子与不正常配子的结合，就会产生非整倍体。非整倍体可自然产生，也能通过人工诱变产生。非整倍体在染色体工程和基因定位中有重要应用价值。在普通小麦和烟草上，科研工作者已经建立起全套单体系列，在水稻、谷子上已获得全套三体系列。非整倍体基本上要靠染色体的细胞学鉴定的研究才能确定。

（1）单体：是体细胞中某对同源染色体缺少一条染色体的个体。在动物、植物和人类中均发现过许多个体是单体。例如，蝗虫、蟋蟀和某些甲虫的雌性个体性染色体为 XX型。雄性为 XO 型（2n−1）。植物的单体主要存在于异源多倍体中，二倍植物中出现的单体一般不能存活。

单体产生的配子有 n 和 n-1 两种，理论上两者比例为 1:1，故自交子代应是双体：单体：缺体 1:2:1。但实际上单体的自交后代中各类个体不符合上述比例，这主要受三个因素的影响：单体在减数分裂过程中被遗弃的程度不同；n 和 n-1 配子参与受精的频率不同；2n-1 和 2n-2 胚的存活率不同。

（2）多体：多体是指对于一个完整的二倍体染色体组，增加了一条或多条染色体的生物体。如果二倍体中某一对染色体多一条染色体（2n+1），称为三体。如人类的"21 三体综合征"，即 21 号染色体多了一条，表现为先天愚型等综合征。如果二倍体某一对染色体多二条染色体（2n+2），称为四体。如果二倍体中某两对染色体各增加一条染色体（2n+1+1），称为双三体（表 3-1）。

表 3-1　染色体数目变异的类型

类别	名称	符号	染色体组
整倍体	单倍体	1n	（ABCD）
	二倍体	2n	（ABCD）（ABCD）
	三倍体	3n	（ABCD）（ABCD）（ABCD）
	同源四倍体	4n	（ABCD）（ABCD）（ABCD）（ABCD）
	异源四倍体	4n	（ABCD）（ABCD）（A′B′C′D′）（A′B′C′D′）
非整倍体	单体	2n-1	（ABCD）（ABC）
	三体	2n+1	（ABCD）（ABCD）（A）
	四体	2n+2	（ABCD）（ABCD）（AA）
	双三体	2n+1+1	（ABCD）（ABCD）（AB）
	缺体	2n-2	（ABC）（ABC）

（3）缺体（2n-2）：缺体是生物体细胞中缺少一对同源染色体（2n-2）的个体，它仅存在于多倍体生物中，二倍体生物中的缺体不能存活。动物都是二倍体，故动物不存在缺体。

三、染色体数目变异的应用

非整倍体无直接利用价值，但对遗传研究和染色体工程则是一种重要材料。例如单体、缺体、三体等可用来测定基因所在的染色体，用于染色体的替换、添加等。

（一）利用单体测定突变基因所在的染色体

利用单体确定突变基因在哪条染色体上称为单体测验，它是指将表现突变性状的个体与单体杂交，根据杂种后代性状的分离情况确定控制突变性状的基因是否在单体染色体上。这是基因定位常用的方法。

1. 隐性基因定位　若突变性状由隐性基因 a 控制，则将突变体与一系列具有显性相对性状的单体杂交，确定隐性基因所在的染色体。将突变个体（aa）与单体杂交后，则杂种后代会出现两种类型的分离，一种是 a 基因在单体所缺的染色体上，F_1 出现显性、隐性个体的分离，正常双体表现显性性状，单体表现为隐性性状；另一种是 a 基因不在单体所缺的染色体上，则 F_1 所有个体表现为显性性状。

2. 显性基因定位　若突变基因是显性基因（A），则采用具有隐性相对性状的单体系与其杂交，对显性基因 A 进行定位。方法与上述隐性基因定位方法一致。先使 A 表型的 AA 突变体（2n）与各个 a 表型的单体杂交，分别获得 n 个 F₁，F₁ 群体中所有个体均表现为 A 表型。然后将 F₁ 中的单体株鉴定出来并进行自交，根据 F₂ 的表型来鉴定。如果 A 基因不在单体染色体上，则其 F₁ 单体的自交 F₂ 群体内除缺体植株以外，双体和单体植株一律是 A 表型。如果 A 不在某单体染色体上，则 F₁ 个体自交的 F₂ 群体中，双体、单体和缺体均有少数是 a 表型。

（二）有目标替换染色体

利用单体、缺体等非整倍体可以进行生物的染色体替换。将一个品种的个别染色体替换成其他品种或近缘种的染色体，以达到定向改造生物的目的。

第三节　基因突变

基因是遗传物质的功能单位，是 DNA 分子链中具有特定遗传功能的一段核苷酸序列。基因结构的改变可能会导致其功能的变化，从而使生物的性状可能发生改变，产生可遗传变异。在产生可遗传变异的途径中，杂交导致的基因重组、染色体结构和染色体数目变异，都是原有基因重新组合的结果，而遗传物质没有发生本质上的改变。基因突变所产生的可遗传变异是由于基因的结构和功能变化而引起的，因此，在性质上不同于以上遗传变异途径。基因突变不仅是生物进化原材料的主要源泉，也是进行动物品种遗传改良的基础。

一、基因突变的一般特征

（一）基因突变的概念

基因突变就是一个基因变为它的等位基因，是指染色体上某一基因位点内发生了化学结构的变化，所以也称为"点突变"。突变一词是荷兰 De Vris 首先提出来的，他在月见草中发现了变异，于是他把基因型的大而明显的改变现象称为突变，并于 1901～1903 年发表了"突变学说"。1910 年摩尔根首先肯定了基因突变，例如，果蝇由红眼到白眼的突变。因此，基因突变也称点突变，是生物进化原材料的主要源泉。

基因通过突变由原来的一种存在状态变为另外一种新的存在状态，即变为它的等位基因，并可能产生一种新的表型上的差异，例如，果蝇的红眼变为白眼，植株的高秆变为矮秆，鸡的正常羽变为卷羽等。因此，基因突变增加了基因存在方式的多态性，从而使对生物的遗传学分析成为可能。如果没有基因突变，所有基因将只有一种存在形式，就难以揭示生物性状的遗传变异规律。携带突变基因的细胞或生物体称为突变体，它是选育新品种或新种质的原始材料。同时，基因突变也为生物的进化提供了新的材料，使生物能够适应新的环境变化，不断进化发展。

基因突变在生物界中是广泛存在的，从病毒、细菌到人类都有自然突变的发生，而且同一突变可以重复发生。而且突变后所出现的性状跟环境条件间看不出对应关系。例如，有角家畜中出现无角品种，野生型细菌变为对链霉素的抗药型或依赖型，以及卷羽鸡和短腿安康羊等，这些在形态、生理和代谢产物等方面表现的相对性差异，都是发生基因突变而形成的。基因突变是遗传学中的一个重要课题，在理论上它对遗传物质的认识、对生物进化的理解都具有重要的意义，在实践中不仅是诱变育种的理论基础，而且与环境污染问题的研究也有密切关系。

（二）基因突变的可逆性和重演性

基因突变是可逆的。原来正常的野生型基因经过突变成为突变型基因的过程称为正向突变，而突变型基因通过突变而成为原来的野生型基因称为反向突变或回复突变。正常情况下，野生型基因表现为显性，而突变后的基因表现为隐性，因此自然界中出现的突变多数为隐性突变。由于突变基因是在原来野生型基因位点上突变产生的，因此二者存在等位的对应关系。

正向突变和回复突变的频率是不同的。二者突变频率的差异不难理解，如果设想一个正常野生型基因是包含 1 000 个核苷酸对的 DNA 片段，其中任何一对核苷酸或碱基对的变化都是正向突变，而回复突变则只有在特定变化了的碱基对重新恢复到原来的状态下才能发生。因此回复突变要求高度的特异性，其突变频率自然比正向突变低得多。事实上，真正的回复突变是很少发生的，多数所谓回复突变是指突变体所失去的野生型性状可以通过第二次突变而得到恢复，即原来的突变点依然存在，但它的表型效应被第二位点的突变所抑制。突变的可逆性是区别基因突变和染色体微小结构变化的重要标志。染色体的微小结构变化可能产生与基因突变相似的遗传行为，但它们一般是不可逆的，其结构和功能不能回复。

相同的基因突变可以在同种生物的不同个体间重复发生称为突变的重演性。例如，果蝇的白眼突变曾发生过很多次；在有角海福特牛群中同时发生几头无角突变体，从而育成了无角海福特品种；短腿的安康羊绝种 50 年后又在挪威一个羊群中发现了短腿突变体。

（三）突变的频率

突变发生的频率是指生物体（微生物中的每一个细胞）在每一世代中发生的突变的几率，也就是在一定时间内突变可能发生的次数。在遗传学上把表现突变性状的个体或细胞称为突变体，而突变体占观察总个体数的比例叫突变频率。不同生物、以及同种生物的不同基因突变频率是不同的，一般高等动、植物中的基因突变频率平均约为 $10^{-8} \sim 10^{-5}$，即 10 万亿个配子中有一个发生突变；细菌和噬菌体的突变率约为 $10^{-10} \sim 10^{-4}$，即 1 万至 100 亿个细胞中就有一个突变体。

（四）突变发生的时期和部位

从理论上讲，突变可以发生在生物个体发育的任何一个时期，在体细胞和性细胞中都可以发生。实验表明，发生在生殖细胞中的突变频率往往较高，而且是在减数分裂晚期、性细胞形成前较晚的时期为多。性细胞突变可以通过受精而直接遗传给后代。体细胞突变，由于突变细胞在生长能力上往往不如周围的正常细胞。因此，一般长势较弱甚至受到抑制而得不到发展。在家畜中，体细胞突变的一个例子是海福特牛的红毛部分出现黑斑，但这种突变在生物的育种或进化上都是没有意义的。

（五）突变的多方向性

基因突变可以向多方向进行，一个基因可以突变为 a_1，a_2，a_3，等，即突变成为它的复等位基因。例如，人类的 ABO 血型是复等位基因的典型例证之一。一个基因突变的方向虽然不定，但并不是可以发生任意的突变，这主要是由于突变的方向首先受到构成基因本身的化学物质的制约，同时受内外环境的影响，所以它总是在同样的相对性状的范围内突变，如家兔毛色的变异。

（六）突变的有害性和有利性

许多事例表明，大多数基因的突变对生物的生长发育是有害的。因为现存的生物都是经历长期自然选择进化而来的，因此，从外部形态到内部结构，包括生理生化状态及其与环境条件的关系等方面都具有一定的适应性，它们的遗传基础及其控制下的代谢过程都已达到相对平衡和协调状态。如果某一基因发生突变，原有的协调关系不可避免地要遭到破坏或削弱，生物赖以正常生活的代谢关系就会被打乱，从而引起程度不同的有害后果。突变造成的有害程度可能不同，一般表现为某种性状的缺陷或生活力和生育能力降低，例如，果蝇的残翅、鸡的卷羽、人的镰刀形细胞贫血症、色盲和植物的雄性不育等。严重的基因突变导致生物体的死亡，这种能使生物体死亡的突变称为致死突变。

在动物中致死突变也常有发生，现已在牛中发现几十种隐性致死型畸形，其中多数是骨骼发育障碍引起的变态，如，软骨发育不全症。此外，还有马的结肠闭结、猪的畸形足致死、鸡的先天性瘫痪、纯合黄毛家鼠致死等。

有的基因突变对生物的生存和生长发育是有利的，例如，鸡的多产蛋突变、牛的高泌乳量突变，作物的抗病性、早熟性突变等。但是基因突变的有害性和有利性都是相对的，在一定条件下基因突变的效应可以转化。昆虫的残翅突变在一般条件下是有害的，但在多风的海岛上却可以避免被飓风刮走而有利于生存。鸡的卷毛突变在通常条件下是不利的，但在高温条件下却比正常羽毛的鸡更有利于散热。特别是联系到基因突变与人类的关系时，突变的有害性和有利性更不是绝对的。

二、基因突变的类型及影响因素

基因突变引起生物性状的改变是多种多样的，有的可产生明显的表型特征的变化，有的变异则需要利用精细的遗传学或生化技术才能测出它与野生型的差异。

（一）突变类型

1. 形态突变　这种突变可用肉眼从生物的表型上识别出来，因此又称可见突变。例如，果蝇的白眼、水稻的矮秆变异，短腿安康羊等。

2. 生化突变　是指没有明显的形态效应，但可导致某种特定生化功能改变的突变型。例如，野生型细菌可在基本培养基中生长，而营养缺陷型则需要在基本培养基中添加某种营养成分才能生长。

3. 致死突变　是指能导致生物体死亡的突变。如果是显性致死，一般在杂合时就有致死效应，若是隐性致死，则在纯合或半合子状态时才有致死作用。例如，植物的白化苗。但是，由于致死作用可以发生在不同的发育阶段，因此，不一定都伴有可见的表型效应，如配子期、合子期和胚胎期的致死。

4. 条件致死突变　是指在一定条件下表现致死效应，但在其他条件下能存活的突变。例如，细菌的温度敏感突变型在30℃左右可存活，在42℃左右或低于30℃时是致死的。

（二）影响突变因素

产生突变的自然因素有自然界温度骤变、宇宙射线和化学污染等外界因素，同时，还包括生物体内或细胞内部某些新陈代谢的异常产物，这些因素都能有可能使生物体发生突变。

产生突变的诱发因素有物理诱变因素和化学诱变因素。物理因素包括电离辐射线如X、γ、α、β射线和中子流等；非电离射线包括紫外线、激光、电子流及超声波等。化学诱变因素有烷化剂，如乙烯亚胺、硫酸二乙脂、亚硝酸、亚硝基甲基脲等。5－溴尿嘧啶、2－氨基嘌呤等某些碱基结构类似物，还有能引起转录和转译错误的吖啶类染料。

三、基因突变的应用

1. 诱变育种 通过诱发使生物产生大量而多样的基因突变，从而可以根据需要选育出优良品种，这是基因突变的有用的方面。在化学诱变剂发现以前，植物育种工作主要采用辐射作为诱变剂；化学诱变剂发现以后，诱变手段便大大地增加了。在微生物的诱变育种工作中，由于容易在短时间中处理大量的个体，所以，一般只是要求诱变剂作用强，也就是说要求它能产生大量的突变。诱变能提高突变率，扩大变异幅度，对改良现有品种的某一性状常有显著效果；诱变性状稳定较快，可缩短育种年限；诱变的处理方法简便，有利于开展群众育种工作。因此，动植物中，已作为一项常规育种技术广泛应用，而且已在生产上取得了显著成果。在微生物育种中，现在已广泛应用诱变因素来培育优良菌种。例如，青霉菌的产量最初是很低的，生产成本也很高。后来交替地用X射线和紫外线照射，以及用芥子气和乙烯亚胺处理，再配合选择，结果得到的菌种，不仅产量从250IU/ml提高到3 000IU/ml，而且去掉了黄色素。在植物方面，应用诱变育种，已培育出许多优良品种，这个方法特别有利于改进高产品种的个别不良性状。

2. 害虫防治 用诱变剂处理雄性害虫使之发生致死的或条件致死的突变，然后释放这些雄性害虫，便能使它们和野生的雄性昆虫相竞争而产生致死的或不育的子代。

3. 诱变物质的检测 多数突变对于生物本身来讲是有害的，人类癌症的发生也和基因突变有密切的关系，因此环境中的诱变物质的检测已成为公共卫生的一项重要任务。

从基因突变的性质来看，检测方法分为显性突变法、隐性突变法和回复突变法3类。除了用来检测基因突变的许多方法以外，还有许多用来检测染色体畸变和姐妹染色单体互换的测试系统。当然对于药物的致癌活性的最可靠的测定是哺乳动物体内致癌情况的检测。但是利用微生物中诱发回复突变这一指标作为致癌物质的初步筛选，仍具有重要的实际意义。

第四节 基因的多态性

基因多态性是指正常的某种生物群体中，在某一基因位点上存在着两个或两个以上不同等位基因的现象。从本质上来讲，出现基因多态性的原因可以是单核苷酸变异，或是某些高重复序列（如微卫星序列等）的拷贝数变异。

一、研究基因多态性的途径

分析这类潜在遗传变异的方法有多种，近亲交配或自交是常用方法之一，即通过同一群体中不同个体自交或兄妹交，使原来处于杂合状态下的隐性等位基因得以纯合。如果隐性纯合的等位基因是有害的，那么个体的生活力就会下降。如果有害基因都处于杂合状态，当然中性等位基因或有利等位基因也被保留在杂合状态。因此，所有隐性等位基因就代表了群体中杂合基因型个体的潜伏遗传变异。

利用凝胶电泳方法，根据蛋白质的电荷差别分离各种蛋白质，是另一种研究群体遗传多样性的有效方法。如果某个结构基因发生变异，则有可能导致以一种带电荷的氨基酸如谷氨酸替换蛋白质分子中另一种不带电荷的氨基酸如甘氨酸，从而使蛋白质分子的电荷发生变化。通过凝胶电泳就可测定蛋白质的这种变化。

染色体多态性是群体遗传多态性的另一个方面。对一个特定物种而言，染色体数目是恒定的，但染色体物质的排列往往因染色体结构变异如倒位、易位等而表现出多态性。

二、群体保持遗传多态性的方式

1. 过渡性多态性 过渡性多态性是定向自然选择的一种副产品。假定等位基因 a_1 对 a_2 具有选择有利性，由于自然选择的作用，群体中等位基因 a_1 的频率逐渐增大，a_2 的基因频率趋向于零，那么在这一过程中，基因库中仍有 a_1 和 a_2，群体含有 a_1a_2 的杂合体。选择对基因 a_1 越有利，基因 a_2 趋向消失的速度也就越快。

2. 平衡多态性 当选择压力向两个方面进行时，一方面是有害等位基因的维持；另一方面是它们的消除。也就是在一个群体中，只要等位基因存在，就会有两种或两种以上的基因型，其中最低的基因频率也不能仅用突变来维持，各基因型达到了遗传平衡，这种情况称为平衡多态性。例如，人类的 ABO 血型由一个座位上 3 个复等位基因所控制。在各个人群中这 3 个等位基因的频率常不相同，可是它们之间的比例却长期保持不变。例如，等位基因 B 在欧亚大陆交界处的人群中占 16% 以上，在英国约占 4% ~ 6%，在这中间呈现一个梯度，这些百分数长期保持不变。基因 A 的情况也相似，世界各地的多数人群中基因 A 约占 0% ~ 10%，少数人群高于 35%。

在拟暗果蝇的同一唾腺染色体上可以发现各种不同的倒位，在同一群体中这些倒位染色体以不同的频率并存。虽然各种倒位的相对频率随着季节的不同而有规律地变动，可是在同一季节中各种倒位的频率保持稳定，而且各个不同的群体都有特定的频率。

3. 中性突变（随机漂变） 基于两种主要假设，第一种假设规定编码蛋白质的基因能够产生所谓选择中性突变，即在蛋白质的某个不重要区域以一种酸性氨基酸替换另一种酸性氨基酸，形成的突变蛋白质在所有功能上与原始蛋白质相同。另一种假定是中性基因（不具有选择有利或选择不利的基因）在基因库中随机漂变，但这种遗传漂变对等位基因频率的作用大于选择的作用。

三、遗传多态性适应性

一个随机交配的群体对其所处的自然环境是有一定适应性的，而这类具有适应性的表型都是由各种个体的基因型所决定的。所以一个群体中所包含的各种基因型就是该物种进化史的体现。群体中这一系列基因型就叫做适应规范。

从理论上讲，群体中每一个体都应具有一种最适应于周围环境的基因型和表型。但是，前述自然群体中各种遗传变异表明，各种群体的基因型存在广泛的变异。因此，适应规范就是一种平衡杂合性。由于许多隐性等位基因对表型的作用不能表现出来，所以各种不同基因型能够适应同一种环境条件。有些等位基因在某一时间对某种适合度可能不具有重要意义，但是在以后的某些世代，这些等位基因可能对群体具有重要价值。在不断变化的环境条件之下，以前是不重要的等位基因，在后来对保持适合度则起着重要作用，这种所谓隐藏的遗传变异叫做前适应性，它被储存在群体之中，在某种新的环境条件之下，前适应性就可用来提高生物体的生存能力。

思考题

1. 什么是基因突变？有哪些类型？突变的原因是什么？
2. 举例说明基因突变的有利性和有害性。
3. 简述基因突变在育种中的应用？
4. 解释缺失、重复、倒位和易位的概念，分别说明它们造成的遗传效应。
5. 在一牛群中，外貌正常的双亲产生一头矮生雄犊。这种矮生究竟是由于基因突变引起，还是由于非遗传（环境）的影响？你怎样决定？
6. 染色体数目变异有哪些类型？在育种上有何意义？
7. 什么是基因的多态性？
8. 基因多态性有哪些适应范围？

第四章　数量性状遗传

生物的性状（表型）是基因和环境共同作用的结果。可以把生物体的单位性状大致分成两大类，一类是可以用语言文字来描述的性状，比如羽毛颜色、花色、猪的耳型、牛的角型等，这些相对性状之间大多有显隐性的区别。它们的变异是不连续的，类型间有明显的界限，这样的性状称为质量性状。还有一类性状是可以计量的，比如产蛋量、产奶量、剪毛量、产仔数等。这类性状的变异是连续的，你很难把它们区分成几个界限明显的类型，这样的性状称为数量性状。遗传规律里所举的例子都是质量性状，质量性状由少数基因控制，不易受环境条件的影响，遗传遵循简单的孟德尔定律。数量性状由微效多基因系统控制，极易受环境条件的影响，遗传关系复杂。

本章将重点介绍数量性状的特点，数量性状的遗传方式以及数量性状的遗传参数。

第一节　数量性状的遗传特征

数量性状表现的连续性体现在：第一，每个基因型并不只表达为一种表现型，而是影响一组表现型的表现，其结果模糊了不同基因型所决定的表现型之间的差异。因而，人们不能将一个特定的表现型归属于一个特定的基因型；第二，许多位于不同基因座（基因在染色体上所处的位置）的等位基因都能使某一种被观察的表现型发生改变。现以一个简单例子来说明，假设 5 个同样重要的基因座影响猪的体长：A_1a_1、A_2a_2、A_3a_3、A_4a_4、A_5a_5，假定每对基因的作用相等，每个 A 基因的效应为 15cm，每个 a 基因的效应为 8cm，于是总共有 $3^5 = 243$ 种可能的基因型，但表现型只有 11 种（具有 "A" 的数目从 10、9、8、7……0，例如 $A_1A_2A_3A_4A_5/A_1A_2A_3A_4A_5$，$A_1A_2A_3A_4A_5/A_1A_2A_3A_4a_5$ 中间经过 $A_1A_2A_3A_4A_5/a_1a_2a_3a_4a_5$ 到 $a_1a_2a_3a_4a_5/a_1a_2a_3a_4a_5$）。因为许多基因型具有相同数目的 "A" 和 "a"。虽然其中只有一种基因型有 10 个 "A"（$A_1A_2A_3A_4A_5/A_1A_2A_3A_4A_5$），对应的表现型是 $15 \times 10 = 150$。但是有 51 种不同的基因型有 5 个 "A" 和 5 个 "a"，例如 $A_1A_2A_3A_4a_5/A_1a_2a_3a_4a_5$ 和 $A_1A_2a_3A_4a_5/A_1A_2a_3a_4a_5$ 等等，它们都表现为 $15 \times 5 + 8 \times 5 = 115$。所以，许多不同的基因型可能具有相同的表现型。同时由于环境影响，两个具有相同基因型的个体可能具有不同的表现型，这种基因型与表现型之间的非一一对应的关系掩盖了孟德尔定律对这样的遗传特性的影响。据此，遗传学家运用数量遗传学的原理与方法来研究群体中的可连续变异特性的遗传学问题，其核心是预测不同表现型的个体杂交后将产生怎样的后代。

数量性状往往呈现出一系列程度上的差异，带有这些差异的个体没有质的差别，只有量的不同。所以，数量性状遗传具有以下重要特征：

第一，数量性状是可以度量的。

第二，数量性状的变异表现为连续的，杂交后的分离世代不能明确分组，并统计每组的个体数，求出分离比例；只能用一定的度量单位进行测量，采用统计方法加以分析。

第三，数量性状一般容易受环境条件的影响而发生变异。这种变异一般是不遗传的，它往往和那些能够遗传的数量性状混在一起，使问题变得更加复杂。

因此，充分估计外界环境的影响，分析数量性状遗传的变异实质，对提高数量性状育种的效率是相当重要的。

第四，控制数量性状的遗传基础是多基因系统。为更好地理解数量性状概念，可与质量性状作一粗略比较，如表4-1所示。

表4-1　质量性状与数量性状的比较

项目	质量性状	数量性状
性状主要类型	品种特征、外貌特征	生产、生长性状
遗传基础	少数主要基因控制，遗传关系较简单	微效多基因系统控制，遗传关系复杂
变异表现方式	间断型	连续型
考察方式	描述	度量
环境影响	不敏感	敏感
研究水平	家族或系谱	群体
研究方法	系谱分析、概率论	生物统计

（引自盛志廉，陈瑶生，……1999）

此外，质量性状和数量性状的划分不是绝对的，同一性状在不同亲本的杂交组合中可能表现不同。例如，植株高度是一个数量性状，但在有些杂交组合中，高株和矮株却表现为简单的质量性状遗传，小麦籽粒的红色和白色，在一些杂交组合中表现为一对基因的分离，而在另一些杂交组合中，F_2 的籽粒颜色呈不同程度的红色而成为连续变异，即表现数量性状的特征。

另外，在众多的生物性状中，还有一类特殊的性状，不完全等同于数量性状或质量性状，其表现呈非连续型变异，与质量性状类似，但是又不服从孟德尔遗传规律。一般认为这类性状具有一个潜在的连续型变量分布，其遗传基础是多基因控制的，与数量性状类似。通常称这类性状为阈性状。例如，家畜对某些疾病的抵抗力表现为发病或健康两个状态，单胎动物的产仔数表现单胎、双胎和稀有的多胎等。

第二节　数量性状的遗传方式及机制

一、数量性状的遗传方式

数量性状的基因型和表现型不是一一对应的，数量性状的表现型又称表型值，即在实际中可直接度量或观察到的某一个数量性状的数值。例如，一只鸡在一年中产蛋280枚，则这280枚蛋就是这只鸡年产蛋量的表型值。数量性状的表型值有群体性而缺乏个体性，所以数量性状有其独特的遗传方式，具体来说有以下三种：

（一）中间型遗传

在一定条件下，两个不同品种杂交，其杂种一代的平均表型值介于两亲本的平均表型值之间，群体足够大时，个体性状的表现呈正态分布。子二代的平均表型值与子一代平均表型值相近，但变异范围比子一代的增大了。把这些变异数值按大小排列，其中类似双亲的只占少数，基本上组成以平均数为中心的正态分布。中间型遗传是数量性状最常见的遗传方式。

（二）杂种优势

杂种优势是指两个遗传组成不同的亲本杂交，子一代在生产性能、繁殖力、抗病力和生活力等方面都超过双亲的平均值，但子二代的平均值向两亲本的平均值回归，杂种优势下降，以后各代杂种优势逐渐趋于消失。例如，内江猪和北京黑猪杂交，一代杂种育肥期的平均日增重为 628.5 克，而双亲育肥期的平均日增重是 564.3 克。

（三）越亲遗传

两个品种或品系杂交，一代杂种表现为中间类型，而在以后世代中，可能会出现超过原始亲本的个体，这种现象叫做越亲遗传。例如，有一种观赏鸡体格比较小，新汉县鸡体格比较大。让这两个品种鸡杂交，杂种一代的体重表现为中间型，介于这两个亲本之间。而杂种二代或三代的变异扩大了，在二代或三代中会出现比原始亲本中体格大的还要大的个体，也会出现比原始亲本中体格小的还小的个体。

二、数量性状的遗传机制

（一）多基因假说（解释了中间型遗传）

1909 年瑞典的尼尔逊·埃尔（H. Nilson-Ehle）提出多基因假说。他对小麦和燕麦中籽粒颜色的遗传进行了研究，小麦和燕麦中籽粒颜色是由基因决定的，这些基因以线性方式排列在染色体上，数量性状的遗传是以多基因假说为基础的基因理论。

1. 多基因假说的实验根据　尼尔逊·埃尔在对小麦和燕麦中籽粒颜色的遗传进行研究时，发现在若干个红粒与白粒的杂交组合中有如下几种情况：

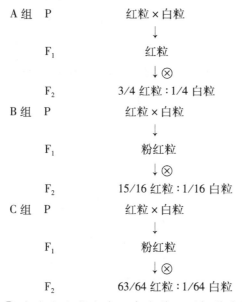

进一步观察后发现：① 在小麦和燕麦中，存在着 3 对与种皮颜色有关但作用相同的基

因，这3对基因中的任何一对在单独分离时都可产生3∶1的比率，而3对基因同时分离时，则产生63/64∶1/64的比率；②上述的杂交在 F_2 的红粒中又呈现出各种程度的差异，它们又可按红色的程度分为：

在 A 组中：1/4 红粒∶2/4 粉红∶1/4 白粒；

在 B 组中：1/16 深红∶4/16 次深红∶6/16 粉红∶4/16 淡红∶1/16 白粒；

在 C 组中：1/64 极深红∶6/64 深红∶15/64 次深红∶20/64 粉红∶15/64 中淡红∶6/64 淡红∶1/64 白粒。

③红色深浅程度的差异与所具有的决定红色的基因数目有关，而与基因的种类无关。现以 B 组实验为例，说明种皮颜色的深浅程度与基因数目的关系（表4-2）。

表4-2　两对基因影响小麦籽粒颜色的遗传

P	$R_1R_1R_2R_2 \times r_1r_1r_2r_2$
	（红粒）↓（白粒）
F_1	$R_1r_1R_2r_2$
	（红粒）↓⊗
	F_2

表现型类别	红色				白色
	深红	次深红	中等红	淡红	
表现型比例	1/16	4/16	6/16	4/16	1/16
R 基因数目	4R	3R	2R	1R	0R
基因型	$1\ R_1R_1R_2R_2$	$2\ R_1R_1R_2r_2$ $2\ R_1r_1R_2R_2$	$R_1R_1r_2r_2$ $4R_1r_1R_2r_2$ $1\ r_1r_1R_2R_2$	$2\ R_1r_1r_2r_2$ $2\ r_1r_1R_2r_2$	$1\ r_1r_1r_2r_2$
红粒∶白粒			15∶1		

假设含 R 数目相等的个体表现型一样，得到表现型分配结果为 1∶4∶6∶4∶1，这个分布的各项系数可由杨辉三角形中得到（图4-1）。由于人们取一对基因的基因比（1AA∶2Aa∶1aa）为底，按这个比的倍数 n 展开（n = 基因的对数）我们有 $(1∶2∶1)^n$ 或 $\left(\dfrac{1}{4}+\dfrac{2}{4}+\dfrac{1}{4}\right)^n$，当 n =1，2，3，……，人们则可得到三角形中双数行（方框）的各项系数，例如上例2对基因的系数为：1/16 深红∶4/16 次深红∶6/16 粉红∶4/16 淡红∶1/16 白粒。

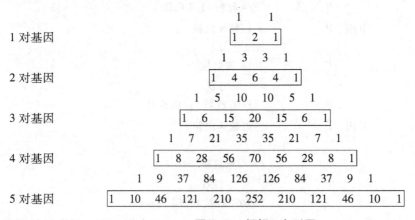

图4-1　杨辉三角形图

对于 C 组实验的结果分析：尼尔逊·埃尔发现 F_2 中从白色到极深红有 7 种不同的红色籽粒，中间色的麦粒最多，而白色麦粒约占总数的 1/64，他认为至少有 3 对基因同时分离。总共有 $3^3 = 27$ 种不同的基因型。其中 $R_1R_1R_2r_2r_3r_3$、$R_1R_1r_2r_2R_3r_3$、$r_1r_1R_2R_2R_3r_3$、$R_1r_1R_2R_2r_3r_3$、$R_1r_1r_2r_2R_3R_3$、$r_1r_1R_2r_2R_3R_3$、$R_1r_1R_2r_2R_3r_3$ 7 种基因型都应表现为"中等红色"，因为它们同样只有 3 个 R 基因，其在 $(1:2:1)^3$ 的分布中占有 2/64 + 2/64 + 2/64 + 2/64 + 2/64 + 2/64 + 8/64 = 20/64 的频率。同理，可预期基因型 $R_1R_1R_2R_2R_3R_3$ 具有 6 个 R 基因，因而与亲本有相同的红色，而 $r_1r_1r_2r_2r_3r_3$ 的表现型一定为白色，因为不具有任何 R 基因，这两种亲本的表现型各占 1/64。

2. 多基因假说的要点　尼尔逊·埃尔（1909）总结了上述实验分析的结果，提出了数量性状遗传的多基因假说，此学说提出后经后人不断的加以完善。

多基因假说的要点概括如下：

1. 数量性状是由许多对微效基因或多基因的联合效应所控制。

2. 多基因中的每一对基因对性状表现型所产生的效应是微小的。多基因不能予以个别辨认，只能按性状的整体表现一起研究。

3. 微效基因的效应并不完全相等，有些性状存在主效基因，但微效基因的效应是相加的，故又可称多基因为累加基因。

4. 微效基因之间往往缺乏显性。有时用大写拉丁字母表示增效，小写字母表示减效。

5. 微效基因对环境敏感，因而数量性状的表现容易受环境因素的影响而发生变化。微效基因的作用常常被整个基因型和环境的影响所遮盖，难以识别个别基因的作用。

6. 多基因往往有多效性，多基因一方面对于某一个数量性状起微效基因的作用，同时在其他性状上可以作为修饰基因（具有改变其他基因效果的基因）而起作用，使之成为其他基因表现的遗传背景。

7. 多基因与主效基因一样都处在细胞核的染色体上，并且具有分离、重组、连锁等行为。

（二）基因的非加性效应与杂种优势

数量性状的遗传同质量性状一样，都受基因的控制与环境的影响。基因对数量性状的效应可分为加性效应和非加性效应。

1. 加性效应　多基因假说指出：数量性状受许多对遗传效应微小的基因控制，这些基因共同作用于某一性状，虽然各自的效应可能不同，但具有累加的特性，基因对性状的这种累加的作用称为加性效应，又称为育种值。具体地说，就是控制某个数量性状的各个基因对某一性状的共同效应是每个基因对该性状的单独效应的总和。

2. 非加性效应　基因之间存在显性作用和上位作用，这种作用产生非加性效应。基因的非加性效应以杂种优势的方式影响数量性状的表型值。

（1）显性效应：由等位基因之间相互作用产生的效应叫显性效应。例如，决定猪的体长基因中，A 的加性效应为 15cm，a 的加性效应为 8cm，则 $A_1A_1a_2a_2$ 的总长应是 46cm，而 $A_1a_1A_2a_2$ 同样是两个 A 基因和两个 a 基因，其总的效应却可能是 56cm，这多产生的 10cm 效应是由于这两对基因杂合的结果，也就是由于 A_1 与 a_1、A_2 与 a_2 间的相互作用引起的，这就是显性效应。

（2）上位效应：由非等位基因之间相互作用产生的效应，称为上位效应。例如，A_1A_1 的效应是 30cm，a_2a_2 的效应是 16cm，而 $A_1A_1a_2a_2$ 的总效应却可能是 50cm，这多产生的 4cm 是由于这两对基因间的相互作用所引起的，这就是上位效应。

3. 杂种优势 虽然人类很早就知道杂种优势，而且现在已经广泛利用杂种优势，但迄今为止，对于杂种优势的认识尚无比较完善的理论。对杂种优势曾有过各种各样的解释，影响较大的是"显性假说"和"超显性假说"。

（1）显性假说：由布鲁斯（A. B. Bruce）等人于 1910 年首先提出。显性假说认为：杂种优势是由于双亲的显性基因全部聚集在杂种中，显性基因在杂种中起互补作用，显性基因遮盖了不良（或低值）基因的作用。从一对等位基因之间的关系看，显性基因大多对生长发育有利，隐性基因则往往对生长发育有害。在杂种中，有利的显性基因遮掩了有害的隐性基因，一对杂合的基因与一对纯合的显性基因产生的遗传效果是相同的。由于决定数量性状的微效多基因之间又具有累加作用，杂合体就表现出比双亲优越。例如，5 对基因有差别的两个亲本杂交，假设每对隐性基因（如 aa 等）对性状发育的作用值为 1，每对显性基因（如 AA 等）和杂合基因（如 Aa 等）所产生的作用值都为 2。两个亲本杂交产生杂种优势可以表示如下：

$$
\begin{array}{ccc}
P & AAbbCCDDee & \times \quad aaBBccddEE \\
& 2+1+2+2+1 & 1+2+1+1+2 \\
& =8 \quad\quad \downarrow & =7 \\
F_1 & AaBbCcDdEe & \\
& 2+2+2+2+2 & \\
& =10 &
\end{array}
$$

（2）超显性假说：最初是由肖尔（G. H. Shull）和伊斯特（E. M. East）分别提出。超显性假说认为：杂种优势来源于等位基因的异质结合，等位基因的异质结合能够引起基因之间的互作。这个假说认为产生杂种优势所涉及到的等位基因之间没有显隐性的关系，在杂合体中，它们分别以不同的方式影响代谢，两者结合在一起往往优于纯合体。例如，一对等位基因 a_1 和 a_2 分别指导合成同一种酶，但各个基因指导合成的酶在代谢功能上有不同的特点：a_1 基因合成的酶活性强但不稳定，a_2 基因合成的酶活性弱但是稳定，a_1a_1 纯合体只有前一种酶，a_2a_2 纯合体只有后一种酶，它们的代谢强度都不高，而杂合体 a_1a_2 同时具有两种酶，既有活性强的又有稳定的，代谢强度高于两个亲本。如果假设每种基因对性状的作用值都是 1，纯合体（a_1a_1 或 a_2a_2）都分别只有一种基因，作用值都是 1，杂合体（a_1a_2）有两种基因，作用值就为 2。设某对亲本有 5 对基因的差异，杂合后产生杂种优势可表示如下：

$$P \qquad a_1a_1b_1b_1c_1c_1d_1d_1e_1e_1 \qquad \times \qquad a_2a_2b_2b_2c_2c_2d_2d_2e_2e_2$$

$$1 + 1 + 1 + 1 + 1 \qquad\qquad 1 + 1 + 1 + 1 + 1$$

$$= 5 \qquad\qquad\quad \downarrow \qquad = 5$$

$$F_1 \qquad\qquad\qquad a_1a_2b_1b_2c_1c_2d_1d_2e_1e_2$$

$$2 + 2 + 2 + 2 + 2$$

$$= 10$$

显性假说和超显性假说都能对杂种优势作出解释，它们的侧重点不同，显性说比较强调显性基因的累加和互补作用，而超显性假说则强调异质结合的等位基因之间的互作。这两种假说在解释杂种优势现象时是相辅相成的，不是对立的。需要补充的是，两个假说最初都忽略了细胞质基因的作用，强调了核质基因的互作。而近代的遗传研究表明，细胞质基因的作用和核质基因的互作效应在杂种优势形成中占有重要的位置，不可忽视。

关于杂种优势的遗传解释还有很多假说，人类还没有最终揭示杂种优势的秘密。

（三）越亲遗传现象的解释

越亲遗传主要是基因分离和重组的结果。例如，有两个猪的品种，其体长的基因型是纯合的，决定猪的体长基因中，A 的加性效应为 15cm，a 的加性效应为 8cm，等位基因无显隐性关系，则有：

$$P \qquad\qquad A_1A_1A_2A_2a_3a_3 \qquad\qquad \times \qquad\qquad a_1a_1a_2a_2A_3A_3$$

$$76cm \qquad\qquad\qquad \downarrow \qquad\qquad\qquad 62cm$$

$$F_1 \qquad\qquad\qquad\qquad A_1a_1A_2a_2A_3a_3$$

$$\downarrow$$

$$F_2 \qquad\qquad A_1A_1A_2A_2A_3A_3 \qquad\qquad\qquad a_1a_1a_2a_2a_3a_3$$

$$90cm \qquad\qquad\qquad\qquad\qquad 48cm$$

第三节　数量性状的遗传参数

人们在研究数量性状遗传时，为了说明某种性状的特性以及不同性状之间的表型关系，常常用到畜群个体表型值的平均数、标准差、相关系数等，这些统称表型参数。以这些参数为基础再运用生物统计的方法估算与家畜育种密切相关的参数，这样的统计常量（参数）叫遗传参数。常用的遗传参数有三个，即遗传力、重复率和遗传相关。其中遗传力是最常用、最重要的基本遗传参数。

一、遗传力

（一）遗传力的概念

遗传力是遗传方差在总表型方差中所占的比值。家畜性状的形成决定于两方面的因素，一是亲本的基因型；二是环境条件的影响。所以某性状的表型值是基因型和环境条件共同作用的结果。某性状表现型的数值，以 P 表示；其中由基因型所决定的数值，称为基因型值，以 G 表示；环境条件引起的变异，叫环境偏差用 E 表示。三者之间的数量关系可用公式：P = G + E 表示。

如果用 $\bar{P}$、$\bar{G}$、$\bar{E}$ 表示三者的平均数，那么就可以推算出各个方差的关系。

$$\frac{\sum (P - \bar{P})^2}{n} = \frac{\sum (G - \bar{G})^2}{n} + \frac{\sum (E - \bar{E})^2}{n}$$

即：$V_P = V_G + V_E$。

上式中：V_P、V_G 和 V_E 分别表示表型方差（即总方差）、基因型方差（或遗传方差）和环境方差。表型方差包括由遗传作用引起的方差和由环境影响引起的方差，其中遗传方差占表型方差（总方差）的比值，称为广义遗传力；通常以百分比表示。即：

$$广义遗传力(h_n^2) = \frac{遗传方差}{总方差} = \frac{V_G}{V_G + V_E} \qquad (4-1)$$

可见遗传方差占总方差的比重愈大，求得的遗传力数值也愈大，说明这个性状的变异受基因型影响较大，受环境的影响则较小。一个性状的变异从亲代传递给子代的能力大时，亲本的性状在子代中将有较多的机会表现出来，而且容易根据表现型辨别其基因型，选择的效果就较大。反之，如果求得的遗传力的数值较小，说明环境条件对该性状的变异影响较大，也就是该性状的变异从亲代传递给子代的能力较小，对这种性状进行选择的效果较差。所以，遗传力的大小可以作为衡量亲代和子代之间遗传关系的标准。

从基因作用来分析，基因型方差可以进一步分解为三个组成部分：基因加性方差 V_A、显性方差 V_D 和上位性方差 V_I。基因加性方差是指等位基因间和非等位基因间的累加作用引起的变异量。显性方差是指等位基因间相互作用引起的变异量，而上位性方差是指非等位基因间的相互作用引起的变异量，后两部分的变异量又称为非加性的遗传方差。因此，基因型方差可以用下列公式表示之：

$$V_G = V_A + V_D + V_I$$

于是表型方差的公式可进一步写为：

$$V_P = (V_A + V_D + V_I) + V_E$$

基因加性方差（育种值方差）是可固定的遗传变异量，它可在上、下代间传递，至于显性方差和上位性方差是不可固定的遗传变异量。因此，基因加性方差占表型总方差的比值，称为狭义遗传力，它表示性状的变异能够遗传给后代的能力。计算狭义遗传力的公式是：

$$狭义遗传力(h_n^2) = \frac{V_A}{V_P} = \frac{V_A}{V_A + V_D + V_I + V_E} \qquad (4-2)$$

由于育种值方差在表型方差中是可遗传并能加以固定的部分，所以狭义遗传力尤其具有重要意义，通常我们所指的遗传力就是狭义的遗传力。

遗传力的估计值可用百分数或小数表示。如果遗传力等于1，说明某性状在后代畜群中的变异完全是遗传造成的；相反，如果遗传力等于0则说明它完全不受遗传的影响。实际上，对于数量性状而言，这两种情况都是不存在的，所以遗传力的估计值总是介于 0～1 之间。

遗传力的估计值只能说明遗传与环境两类原因对造成后代群体性状变异的相对重要性，并不是该性状能遗传给后代个体的绝对值。若某性状的遗传力是 0.6，则表示该性状的变异有 60% 是由育种值影响的，因此，这部分可以遗传给后代，有 40% 是由环境差异造成的。根据遗传力的大小，可将遗传力大致分为 3 类：0.5 以上者为高遗传力；0.2 ~ 0.5 之间为中等遗传力；0.2 以下者为低遗传力（表 4 – 3）。

表 4 – 3　家畜主要性状的遗传力

畜别	性状	h^2	畜别	性状	h^2
奶牛	产乳量	0.20 ~ 0.30		胴体长	0.40 ~ 0.60
	乳脂率	0.50 ~ 0.60		乳头数	0.20 ~ 0.40
	乳蛋白率	0.45 ~ 0.55		体型评分	0.25 ~ 0.35
	饲料转化率	0.20 ~ 0.30			
	乳房炎	0.20 ~ 0.30	绵羊	初生重	0.10 ~ 0.30
	体型评分	0.15 ~ 0.30		断奶重	0.10 ~ 0.40
				一岁体重	0.30 ~ 0.40
肉牛	初生体重	0.35 ~ 0.40		原毛重	0.30 ~ 0.40
	断乳体重	0.25 ~ 0.30		净毛重	0.30 ~ 0.40
	胴体等级	0.35 ~ 0.45		净毛率	0.30 ~ 0.40
	瘦肉的嫩度	0.40 ~ 0.70		纤维细度	0.30 ~ 0.50
	围栏肥育增重效率	0.40 ~ 0.50			
			鸡	产蛋量	0.25
猪	产仔数	0.05 ~ 0.15		成鸡体重	0.55
	断奶每窝头数	0.05 ~ 0.15		仔鸡成活率	0.05
	断奶窝重	0.10 ~ 0.20		蛋重	0.55
	断奶头重	0.10 ~ 0.20		蛋型	0.25
	饲料转化率	0.30 ~ 0.50		产蛋率	0.10
	屠宰率	0.25 ~ 0.35		蛋壳厚度	0.25
	眼肌面积	0.40 ~ 0.50		肉用仔鸡 8 周重	0.45
	瘦肉率	0.48		开产日龄	0.28
	背膘厚度	0.40 ~ 0.60		受精率	0.1

（二）遗传力的计算

广义遗传力的估测对家畜生产和育种的指导意义不大，其估测方法很少采用，现主要介绍狭义遗传力的估测方法。狭义遗传力主要是通过亲属间的相关或回归来估计的。常用的资料有亲子资料和同胞资料。

1. 根据亲代和子代的资料估计遗传力　对于两个性别都能表现的性状，如家畜的体重、成活率、肥育效果等，可用子代均值（不计性别）对双亲均值的回归系数（b_{op}）进行计算，公式为：

$$h^2 = b_{o\bar{P}} \qquad (4-3)$$

即遗传力等于子代均值对双亲均值的回归系数。

如果子亲两代该性状的表型方差相同（$\sigma_\rho^2 = \sigma_o^2$），则子女对双亲均值的回归就等于子女与双亲均值的相关 $b_{o\bar{P}} = r_{o\bar{P}}$，这时遗传力就等于子代和亲代均值的相关系数，即：

$$h^2 = r_{o\bar{P}} \qquad (4-4)$$

对于一些限性性状，例如家畜的产奶量、产仔数、家禽的产蛋量等，计算遗传力的公式为：

$$h^2 = 2\,b_{o\bar{P}} \tag{4-5}$$

即遗传力就等于子代对一个亲本回归系数的 2 倍。

假如亲子两代的表型方差相同，$b_{o\bar{P}} = r_{o\bar{P}}$，这时

$$h^2 = 2\,r_{o\bar{P}} \tag{4-6}$$

即遗传力就等于子代与一个亲本的相关系数的 2 倍。

对于限性性状，遗传力的估计常采用女母相关或女母回归。为消除公畜间的影响，一般采用公畜内女母相关或回归。当女儿群体某一性状的方差与母亲群体同一性状的方差相差很大时最好采用女母回归法，因为应用女母回归法可以免除采用女母相关所受到的选择影响。

2. 根据全同胞或半同胞资料估测遗传力　由半同胞相关估计遗传力，由于半同胞之间的协方差为 $1/4\,V_A$，所以半同胞内组相关系数是 $r_{(HS)} = 1/4\,h^2$，因此估测遗传力的公式为：

$$h^2 = 4\,r_{(HS)} \tag{4-7}$$

即遗传力等于半同胞组内相关系数 $r_{(HS)}$ 的 4 倍。

由全同胞相关估计遗传力，由于全同胞之间的协方差为 $1/2\,V_A$，全同胞内的相关系数是 $r_{(FS)} = 1/2\,h^2$，因此估测遗传力的公式为：

$$h^2 = 2\,r_{(FS)} \tag{4-8}$$

即遗传力等于全同胞组内相关系数 $r_{(FS)}$ 的 2 倍。

利用半同胞资料估计时，只需将分别属于一个亲本（多指公畜）的子女归为一组，计算出组内相关系数乘以 4 即得遗传力，半同胞组内相关系数的计算公式：

$$r_{(HS)} = \frac{MS_n - MS_W}{MS_n + (n_o - 1)MS_W} \tag{4-9}$$

式中：MS_n 为组间（或公畜间）均方，MS_W 为组内（或公畜内）均方，n_o 为各亲本（公畜）的加权平均子女数。

$$n_o = \frac{1}{S-1}\left(\sum n_i - \frac{\sum n_i^2}{\sum n_i} \right) \tag{4-10}$$

式中：S 为亲本公畜数。

（三）性状遗传力的应用

1. 预测选择效果　我们在选留种畜时，总是选表型值高的留种，留种个体超过畜群平均数有一个差数，这个差数称为选择差（S）。但这一部分并不能全部遗传给后代，而是打一个折扣，这个折扣的大小由遗传力（h_2）影响，表示后代可能提高的部分称为选择反应（R），这样 $R = Sh_2$，由此可以看出，选择差一定时，遗传力越高的性状选择效果越好。

2. 确定选种方法　由于遗传力反映的是性状变异遗传给后代的能力，因此遗传力高的性状，如胴体长、体高、乳牛乳脂率、猪的脊椎骨数、鸡蛋的重量等，采用个体表型选择就会收到好的效果。对遗传力低的性状，如繁殖性状则采用家系选择，或结合家系内选择效果较好。家系选择就是以家系为单位，根据其平均值高低进行选择；家系内选择是在每个家系内选择表型值高的个体留种。

3. 确定繁育方法　遗传力高的性状采用本品种选育的方法能得到改良和提高，而遗传力低的性状，采用杂交方法能得到较好的改良效果或能得到较大的杂种优势。

4. 估计种畜的育种值　在育种工作中，根据育种值的高低选留种畜是最有效的，但育种值不能直接度量，需要根据种畜个体或其亲属的表型资料和遗传力来进行估计。遗传力是估计种畜育种值的重要参数。

5. 制定综合选择指数　在选种时，往往同时考虑两个以数量性状的选择，这时就要把所选性状综合成一个指数，而这个指数的确定需要考虑选种目标、性状的经济重要性和遗传力的大小，因此遗传力也是确定综合选择指数的一种重要参数。

二、重复力

（一）重复力的概念

家畜的某些性状，例如绵羊的剪毛量、奶牛的产奶量、猪的产仔数等，在家畜一生中可以进行多次度量。一般来说，度量的次数越多越能反映个体真实的生产性能。例如，根据奶牛4~5个泌乳期记录选种，要比仅根据1个泌乳期的记录更为可靠。但依据多次度量资料来选种，一则延长选种时间，而且可靠程度的提高并不与度量次数成正比。那么究竟度量多少次才算合适？这就需要有一个标准来衡量某个性状各次度量之间的相关程度。这个标准就是同一个体同一性状多次记录（度量值）之间的重复程度，称为重复力或重复率。

重复力在统计学上的意义就是同一个体同一性状不同次生产记录的组内相关系数，它是以个体间方差为组间方差，以个体内方差为组内方差的组内相关系数。一般记为r_e，用公式表示：

$$r_e = \frac{\sigma_B^2}{\sigma_B^2 + \sigma_W^2} \tag{4-11}$$

式中：σ_B^2为组间方差，σ_W^2为组内方差。

从遗传的角度来看，一个性状多次度量值之间的差异，主要是由环境差异造成，特别是由暂时性环境差异造成，因此重复力的遗传学含义就是表型方差中遗传方差和永久环境方差所占的比例，用公式表示为：

$$r_e = \frac{V_G + V_{E_g}}{V_P} \tag{4-12}$$

这个公式揭示了重复力的实质，在同一个体的多次度量中永久性的或一般环境效应是一个常量，而暂时环境效应在多次度量中是一个随机变量，且服从$N(0, \sigma^2)$分布。由此式可以看出，当总的表型方差中暂时环境方差（V_{E_s}）大时，相对的$V_G + V_{E_g}$就小，重复力就低；反之，暂时性环境方差小，总方差中$V_G + V_{E_g}$的部分就大，重复力就高。

重复力的最大值为1，最小值为0，通常情况下介于0~1之间，一般来说，$r_e \geq 0.60$称为高重复力，$0.30 \leq r_e < 0.60$称为中等重复力，$r_e < 0.3$称为低重复力。

（二）重复力的测定

测定重复力的方法就是利用组内相关法计算组内相关系数。同一个体不同记录之间的组内相关系数就是重复力，设有κ头牲畜，每头牲畜有n次记录，则人们可以列出方差分析表，如表4-4所示。

表 4 – 4 测定重复力的方差分析表

变因	自由度	平方和	均方	均方结构
个体间	$\kappa - 1$	$SS_n = n \sum\limits_i (x_i - x)^2$	MS_B	$\sigma_w^2 + n\sigma_B^2$
个体内	$\kappa(n-1)$	$ss_w = \sum\limits_i \sum\limits_i (\chi_{ij} - \chi_i)^2$	MS_W	σ_w^2
总计	$\kappa n - 1$	$ss_T = \sum\limits_i^{nk} (\chi_{ij} - \chi)^2$	V_P	$\sigma_w^2 + \dfrac{(\kappa-1)n}{(\kappa n-1)}\sigma_B^2$

按照组内相关系数的定义，这时的组间方差就是个体间方差，组内方差就是个体内度量间方差，所以利用公式（4 – 11）即可计算重复力，但这个式子不能直接应用。若以 MS_n 代表个体间均方，MS_w 代表个体内度量间均方，n 为度量次数，则用下式计算较方便。

$$r_e = \frac{MS_B - MS_W}{MS_B + (n-1)MS_W} \qquad (4-13)$$

若各个体度量次数不等，如第一个体有 n_1 次记录，第二个体有 n_2 次记录等。可用加权均数 n_0 代入，n_0 由下式估计：

$$n_0 = \frac{1}{\kappa - 1}\left(\sum n_i - \frac{\sum n_i^2}{\sum n_i} \right) \qquad (4-14)$$

如果不同次度量值之间没有相关，即 $\sigma_B^2 \ll \sigma_w^2$，重复力就接近于 0 或等于 0；如果每次度量值之间的相关程度很高，重复力就很大，当每次记录值都一样时，重复力就等于 1。通常单胎动物的产仔数重复力就认为是 1，事实上重复力等于 1 时，这个指标已没有太大意义。一般是在度量次数有两次以上，而且每次多少有些不同的情况下，重复力才具有它的参数意义。有些性状一生中只有一次记录，如屠宰率，鸡的开产日龄等这样的性状就不存在重复力问题。家畜常见性状的重复力见表 4 – 5。

表 4 –5　家畜某些性状的重复力

畜别	性状	重复力	畜别	性状	重复力
奶牛	干乳期	0.28		断奶窝重	0.24
	乳脂率	0.80		泌乳力	0.21
	泌乳量	0.40			
	乳的非脂性固性	0.76	绵羊	粗毛重	0.60
	鉴定分数	0.56		每窝仔数	0.13
	乳房大小和形状	0.34		出生体重	0.32
				断奶体重	0.43
猪	产仔数	0.16		1 岁体重	0.73
	初生窝重	0.28			

重复力是一个参数而不是一个常数，由于它受到遗传方差、一般环境方差和特殊环境方差的影响，所以同一性状在不同的群体中甚至同一群体在不同的时间测量其重复力是有差异的。因而特定条件下测定的重复力，只能反映特定条件下的情况。但重复力作为一种统计量它确实反映了性状的一种属性，反映了同一性状不同次度量值之间的相关程度，因此重复力作为一种重要的遗传参数在估计牲畜将来或一生的生产力以及种畜评定等方面具有重要的意义。

（三）重复力的用途

1. 确定性状的度量次数　一个性状的重复力，反映该性状多次度量间的相关程度。因此，重复力高的性状，少数几次度量的资料就可作为选种的依据，重复力越低的性状，精确度随度量次数的增加而增加，接近最大精度所需要的度量次数就多。当$r_e = 0.9$时，度量一次即可；$r_e = 0.7 \sim 0.8$时，需度量$2 \sim 3$次；$r_e = 0.5 \sim 0.6$时，需度量$4 \sim 5$次；$r_e = 0.3 \sim 0.4$时，需度量$6 \sim 7$次；当$r_e = 0.1 \sim 0.2$时，需度量$8 \sim 9$次。

2. 估计个体的可能生产力　重复力是表示家畜性状作多次测定时，该性状能够重复真正生产水平的程度。因此，可用它估计个体的"可能生产力"，作为选留或淘汰家畜的参考。估计公式为：

$$p_x = \frac{n \cdot r_e}{1 + (n-1) \cdot r_e}(\bar{p}_n - \bar{p}) + \bar{p} \tag{4-15}$$

式中：P_x为个体 X 的"可能生产力"；n 为度量次数；r_e为性状的重复力；P_n为个体 x 的 n 次度量的平均值；$\bar{P}$为畜群平均值。式中$\dfrac{n \cdot r_e}{1 + (n-1) \cdot r_e}$称为 n 次均值的重复力$r_{e(n)}$。

3. 用于评定家畜育种值　在评定家畜育种值时，重复力是个不可缺少的参数，具体应用在家畜选种一章中介绍。

4. 可用于验证遗传力估计的正确性　由重复力估计的原理可以知道，重复力的大小取决于基因型效应和一般环境效应，这两部分之和必然高于基因的加性效应，因而重复力是同一性状遗传力的上限。另外，计算重复力的方法比较简单，而且估计误差比相同性状遗传力的估计误差要小，故估计更为准确。因此，如果遗传力估计值高于同一性状的重复力估计值，则说明遗传力估计有误。

三、遗传相关

（一）遗传相关的概念

家畜作为一个有机整体，它的各种性状之间必然存在着内在的联系，这种联系的程度称为性状间的相关，用相关系数来表示。造成这一相关的原因很多而且十分复杂。一般可将这些原因区分为遗传原因和环境原因。所以性状间的表型相关同样可剖分为遗传相关和环境相关两部分。群体中各个体两性状间的相关称表型相关（用$r_{P(xy)}$表示），两个性状基因型值（育种值）之间的相关叫遗传相关（用$r_{A(xy)}$表示），两个性状环境效应或剩余值之间的相关叫环境相关（用$r_{E(xy)}$表示）。按照数量遗传学的研究，性状的表型相关、遗传相关、环境相关的关系如下式：

$$r_{P(xy)} = h_x h_y r_{A(xy)} + e_x e_y r_{E(xy)} \tag{4-16}$$

式中：$e_x = \sqrt{1 - h_x^2}$，$e_y = \sqrt{1 - h_y^2}$。

可见，表型相关并不等于两个相状的遗传相关和环境相关之和；如果两性状遗传力低，则表型相关主要取决于环境相关；反之，两性状的遗传力高，则表型相关主要取决于遗传相关。然而实际上造成表型相关的这两种原因间的差异是非常大的，有时甚至一个是正相关，一个是负相关。例如，母鸡体重与产蛋量的关系，Dickerson（1957）估计了鸡只体重与产蛋量的遗传相关$r_A = -0.16$，环境相关$r_E = 0.18$，表型相关$r_P = 0.09$。从遗传的角度来看，母鸡体重大则产蛋量少，表现为负相关；反之，从环境的角度看，如饲养管理条件好，体重大的母鸡产蛋量高，表现为正相关。因此，估计出性状间的遗传相关，可以使我们透过性状表型相关这一表面现象看到实质上的遗传关系，从而可以提高实际育种工作的效率。

从育种角度来看，重要的是遗传相关，因为只有这部分是遗传的。表4-6列出了部分家畜的一些经济性状的相关系数。

表4-6 数量性状相关系数

家畜种类及相关性状	$r_{P(xy)}$	$r_{A(xy)}$	$r_{E(xy)}$
牛			
产奶量与乳脂量	0.93	0.85	0.96
产奶量与乳脂率	-0.14	-0.20	-0.10
乳脂量与乳脂率	0.23	0.36	0.22
猪			
体长与背膘厚	-0.24	-0.47	-0.01
生长速度与饲料利用率	-0.84	-0.96	-0.50
背膘厚与饲料利用率	0.31	0.28	0.32
绵羊			
毛被重与毛长	0.30	-0.02	0.17
毛被重与每英寸*卷曲数	-0.21	-0.56	0.16
毛被重与体重	0.36	-0.11	0.05
鸡			
体重（18周龄）与产蛋量（72周龄）	0.09	-0.16	0.18
体重（18周龄）与蛋重	0.16	0.50	-0.05
体重（18周龄）与开产日龄	-0.30	0.29	-0.50

*英寸为非法定计量单位，1英寸=2.54厘米

（二）性状遗传相关系数的估计

性状间遗传相关系数的估计，主要有两种方法：一是通过亲子两代的资料来估计；二是利用同胞的资料来估计。由于遗传相关系数的估计牵涉到两个性状、两代的表现，因而计算起来比较复杂；它的计算要用到协方差的分析方法。下面介绍利用半同胞资料来估计遗传相关系数的方法，计算公式是：

$$r_{A(xy)} = \frac{\text{cov}_{B(xy)}}{\sqrt{\partial^2_{B(x)_2} \times \partial^2_{B(y)_3}}} \qquad (4-17)$$

式中：$COV_{B(xy)}$ 是 x 与 y 性状的组间协方差，$\partial^2_{B(x)}$ 是 x 性状的组间方差，$\partial^2_{B(y)}$ 是 y 性状的组间方差。

为了计算方便，上式可进一步简化为：

$$r_{A(xy)} = \frac{MP_{B(xy)} - MP_{W(xy)}}{\sqrt{(MS_{B(x)} - MS_{B(x)})(MS_{B(y)} - MS_{W(y)})}} \qquad (4-18)$$

式中：$MP_{B(xy)}$ 是组间均积，即 x 和 y 性状的组间乘积和除以组间自由度；$MP_{W(xy)}$ 是组内均积，即 x 和 y 性状的组内乘积和除以组内自由度；$MS_{B(x)}$ 是 x 性状的组间均方，$MS_{W(x)}$ 是 x 性状的组内均方；$MP_{B(y)}$ 是 y 性状的组间均方，$MS_{W(y)}$ 是 y 性状的组内均方。

其计算步骤如下：

按家系整理 x、y 两性状的度量值；

分别计算 $\sum x$、$\sum y$、$\sum x^2$、$\sum y^2$、$\sum xy$ 和 C_x、C_y、C_{xy}。$C_x = \dfrac{\left(\sum x\right)^2}{n}$，$C_y = \dfrac{\left(\sum y\right)^2}{n}$，

$C_{xy} = \dfrac{\sum x \sum y}{n}$；

计算平方和、乘积和、自由度：

$$SS_{B(x)} = \sum C_x - \frac{\left(\sum \sum x\right)^2}{\sum n}，\quad SS_{W(x)} = \sum \sum x^2 - \sum C_x \qquad (4-19)$$

$$SS_{B(y)} = \sum C_y - \frac{\left(\sum \sum y\right)^2}{\sum n}，\quad SS_{W(y)} = \sum \sum y^2 - \sum C_y \qquad (4-20)$$

$$SP_{B(xy)} = \sum C_{xy} - \frac{\sum \sum x \cdot \sum \sum y}{\sum n}，\quad SP_{W(xy)} = \sum \sum xy - \sum C_{xy} \qquad (4-21)$$

以上数据代入下列公式，即可计算 $r_{A(xy)}$；

$$r_{A(xy)} = \frac{df_W SP_{B(xy)} - df_B SP_{W(xy)}}{\sqrt{\left(df_W SS_{B(x)} - df_B SS_{W(x)}\right)\left(df_W SS_{B(y)} - df_{W(y)} SS_{W(y)}\right)}} \qquad (4-22)$$

（三）遗传相关的应用

性状间的遗传相关系数，主要用于下列几个方面。

1. 进行间接选择，提高选种效果 利用两性状间的遗传相关，选择容易度量的性状，间接选择不易度量的性状，这种选种方法叫做间接选择。间接选择在家畜育种实践中具有很重要的意义。

（1）利用容易度量的性状与不易度量的性状间的遗传相关进行间接选择。例如，利用猪的日增重（易度量）与饲料利用率（不易度量）的强相关选择日增重大的猪留种，提高后代猪群的饲料利用率。

（2）利用高遗传力性状与低遗传力性状的遗传相关进行间接选择。对遗传力低的性状直接选择是难以收到遗传效果的，但是，通过选择遗传力较高的性状来改进遗传力较低的性状还是可能的。例如，鸡的 8 周龄体重（遗传力较高）与 450 日龄产蛋量（遗传力较低）呈正相关，因而可通过选择 8 周龄体重大的鸡留种，提高后代鸡群 450 日龄产蛋量。

（3）探索并利用幼畜某些性状与成畜主要经济性状的遗传相关，以此作为早期选种的依据。如猪的初生重与断奶后平均日增重呈正相关，在仔猪刚生下来时，即可选择初生重大的个体留种，以期提高后代猪群的断奶后平均日增重。目前，重点研究血型、酶型、血清蛋白型等性状，企图通过这些性状，利用间接选择达到早期选种的目的。

2. 比较不同环境下的选择结果 遗传相关可用于比较不同环境条件下的选择效果。我们可以把同一性状在不同环境下的表现作为不同的性状看待。这就为解决育种工作中的一个重要实际问题提供了理论依据，即在条件优良的种畜场选育的优良品种，推广到条件较差的其他生产场，如何保持其优良特性的问题。

3. 可用于制定综合选择指数 在制定一个合理的综合选择指数时，需要研究性状间遗传相关。如果两个性状间呈负的遗传相关，要想通过单性状选择达到育种目标，就较难

得到预期效果。

复习思考题

1. 名词解释：

数量性状　遗传力　加性效应　显性效应　上位效应　狭义遗传力　重复力　遗传相关

2. 什么叫质量性状和数量性状，它们的区别在哪里？

3. 质量性状与数量性状的研究方法有什么区别？

4. 一个特定品种的两个完全成熟的个体，体长分别为30cm和150cm，已知它们是数量性状的极端表现型，试问：

（1）如果只在单一的环境下做实验，你如何判断体长是受环境因素决定还是遗传因素决定？

（2）如果是遗传的原因，你又如何测定与这个性状有关的基因对数？

5. 什么是多基因假说？

6. 何谓遗传参数？主要的遗传参数有哪些？这些遗传参数在畜禽育种实践中有何用处？

第五章　群体遗传学基础

群体遗传学是研究群体的遗传结构及其变化规律的遗传学分支学科，它应用数学和统计学方法研究群体中等位基因频率和基因型频率以及影响这些频率的遗传因素。本章将介绍群体遗传学的基本知识，主要目的在于从群体遗传学的角度为动物的选育提供理论依据。

群体（population）在不同的范畴有不同的含义。在生态学领域内，"群体"是指某一地区任一生物个体的总和。在遗传学领域中，"群体"是指孟德尔式群体。所谓孟德尔式群体是指共处同一基因库（群体中生殖个体所拥有的全部遗传信息）中的相互交配的个体组成的有性繁殖群体，个体间的交配是随机的，即每个个体具有均等的交配机会。随机交配并不等于自由交配，在自由交配中，存在着强、弱个体间交配的竞争，因此，强者的交配机会多于弱者。显然，这样的群体只能由具有性繁殖的同一物种的公、母个体组成，这样的群体可由不同的亚种、品种或品系组成，在更多的情况下是由同一亚种、品种或品系组成。简单地说，群体可以大至一个物种，小至一个品系，一个畜群都可以是一个群体。

在无性繁殖群和自交的动植物群体中，由于群内基因不发生孟德尔式分离或基因重组，因此，它们不属于孟德尔式群体。

第一节　基因频率和基因型频率

一、基因频率

基因频率是指同一基因座上两个等位基因或多个复等位基因分别在群体内该基因座上的基因总数中所占的比率。基因频率是群体遗传组成的基本标志，不同的群体的同一基因往往频率不同。当环境条件或遗传结构不变时，基因频率也就不会改变。

例1：在中国某城市居民中调查了 69 685 个人的血型，其中 21 045 个是 M（$L^M L^M$）型，34 378 个是 MN（$L^M L^N$）型，14 262 个是 N（$L^N L^N$）型。因此，

$$L^M \text{ 基因的频率} = \frac{2 \times 21\ 045 + 34\ 378}{2 \times 69\ 685} = 0.548\ 7$$

$$L^N \text{ 基因的频率} = \frac{2 \times 14\ 262 + 34\ 378}{2 \times 69\ 685} = 0.451\ 3$$

在一个群体中，各等位基因频率的总和等于1。

例2：牛角性状是由一对等位基因控制的，决定无角性状的基因是显性，用 P 表示；决定有角性状的基因是隐性，用 p 表示。有的牛群（如黑白花奶牛）多数有角，少数无角；有的牛群（如无角海福特牛）则几乎全是无角。只是这两种牛群中 P 基因和 p 基因所占的比率

不相同。在黑白花牛群中，无角基因 P 的频率占 1%，有角基因 p 的频率占 99%。而在无角海福特牛群中，P 的频率为 100%，p 的频率为 0%。上例黑白花奶牛群中，$0.01 + 0.99 = 1$；无角海福特牛群中 $1 + 0 = 1$。若是复等位基因，各基因的频率总和还是等于 1。

由于基因频率是一个相对比率，是以百分率表示的，因此其变动范围在 0 ~ 1 之间，没有负值。

二、基因型频率

任何一个群体都是由它所包含的各种基因型所组成的，在一个群体内某性状特定基因型所占的比例，就是基因型频率。例如，牛的无角基因（P）和有角基因（p）在牛群中构成三种基因型，即：PP、Pp 和 pp。前两种表现为无角，后一种表现为有角。通常以 D 表示显性纯合子频率，H 表示杂合子频率，R 表示隐性纯合子频率。

例3：如某牛群中，PP 占 0.01%，Pp 占 1.98%，pp 占 98.01%，也就是说，D 的频率为 0.01%，H 的频率为 1.98%，R 的频率为 98.01%。

例4：深红虎蛾 497 只，虎蛾基因型分别为：$BB = 452$，$Bb = 43$ 和 $bb = 2$。它们的基因型频率分别是：

$$D = \frac{452}{497} = 0.909 \qquad H = \frac{43}{497} = 0.087 \qquad R = \frac{2}{497} = 0.004$$

一个群体中同一基因座上的等位基因所组成的各种基因型频率之和等于 1。在上述情况下，$D + H + R = 1$。在复等位基因的情况下，各种基因型频率之和也等于 1。如人的 ABO 血型的基因座上包括三个复等位基因，即：I^A、I^B 和 i，由这三个复等位基因所构成的 $I^A I^A$、$I^A i$、$I^A I^B$、$I^B I^B$、$I^B i$、ii，六种基因型频率之和同样也等于 1。

三、基因频率与基因型频率的关系

基因型是生物个体遗传组成类型（即基因组成的类型），因此基因和基因型之间有密切的关系。基因我们看不到，基因型我们也不能直接看到，只能用观察到的表型来决定其基因型，根据表型频率来计算基因型频率，进而计算基因频率。所以，要计算基因频率就必须研究基因频率和基因型频率的关系。

对于一对等位基因来说，通常用 p 表示显性基因的频率，用 q 表示隐性基因的频率。如果已知由等位基因 A 和 a 在群体中所组成的三种基因型 AA、Aa 和 aa 的频率分别为 D、H 和 R。则很容易求得 A 基因的频率 p 和 a 基因的频率 q。例如，在某个群体中，一个基因座上有 2 个等位基因 A 和 a。该群体个体总数为 N。则该群体可以产生 3 种基因型 AA、Aa 和 aa，AA 基因型的个数为 DN，每个基因型含 2 个 A 基因，因此有 $2DN$ 个 A 基因；另 Aa 基因型的个数为 HN，共有 HN 个 A 基因和 HN 个 a 基因；aa 基因型的个数为 RN，包含有 $2RN$ 个 a 基因。

这样 A 基因的频率 p 为：

$$p = \frac{2DN + HN}{2N} = D + \frac{1}{2}H$$

a 基因的频率 q 为：$q = \dfrac{HN + 2RN}{2N} = R + \dfrac{1}{2}H$

这里，$p + q = D + \dfrac{H}{2} + R + \dfrac{H}{2} = D + H + R = 1$

第二节 哈代—温伯格定律

一、哈代—温伯格（Hardy – Weinberg）定律

是英国数学家哈代（G. H. Hardy）和德国医生温伯格（WihelmWeinberg）于 1908 年分别提出的，后来人们称之为哈代—温伯格定律。该定律又叫做基因平衡或遗传平衡定律。定律的内容是：

1. 在随机交配的大群体中，若没有其他因素的影响，则基因频率在世代间始终保持不变。

2. 任何一个大群体，无论（初始）其基因频率如何，是否处于平衡状态，只要经过一代随机交配，一对常染色体基因的基因频率和基因型频率就达到平衡状态。在没有其他因素影响下，以后一代一代随机交配下去，这种平衡状态始终保持不变。

3. 一个群体在平衡状态时，等位基因型频率与基因频率的关系是：

$$D = p^2 , H = 2pq , R = q^2$$

即基因型频率决定基因频率。

二、哈代—温伯格定律的证明

在一个具有雌雄个体的有性繁殖群体中，设等位基因 A 和 a 的频率分别为 p 和 q，显然，雌性群体和雄性群体中的基因频率应是相等的。由于群体行随机交配，每一配子都有与任何一个异性配子结合的同等机会。根据概率乘法法则，子代基因型的频率应为雌雄配子的基因频率之乘积，于是，子代基因型 AA 的频率 $D = p^2$，基因型 aa 的频率 $R = q^2$，杂合子 Aa 的频率 $H = 2pq$。它之所以等于二倍的 $p \times q$，是因为基因频率为 p 的 A 基因的雄性配子和雌性配于会分别与基因频率为 q 的 a 基因的雌性配子和雄性配子结合。

雌雄配子随机结合产生的一世代的基因型频率如表 5 – 1：

表5 – 1　一对等位基因雌雄配子的随机交配

	$A(p)$	$a(q)$
$A(p)$	$AA(p^2)$	$Aa(pq)$
$a(q)$	$Aa(pq)$	$aa(q^2)$

（引自：刘娣、王秀利、庞亚民主编　动物遗传学　1999 年出版）

即在 1 世代中：

$$D = P(AA) = P(A) \times P(A) = p^2$$
$$R = P(aa) = P(a) \times P(a) = q^2$$
$$H = P(Aa) = P(Aa \cup aA) = 2pq ; 或者 H = 1 - (D + R) = 2pq 。$$

（杂合体的频率之所以为 $2pq$，是因为基因频率为 p 的 A 基因的雄配子和雌配子会分别与基因频率为 q 的 a 基因的雌配子和雄配子结合）

并且 $D + H + R = p^2 + 2pq + q^2 = (p + q)^2 = 1$

根据一般群体中基因频率和基因型频率的关系，可计算出一世代中 A 和 a 的频率，即

$$A : D + \frac{H}{2} = p^2 + \frac{2pq}{2} = p^2 + pq = p(p + q) = p$$

$$a : R + \frac{H}{2} = q^2 + \frac{2pq}{2} = q^2 + pq = q(p + q) = q$$

即一世代的基因 A 的频率仍然是 p，基因 a 的频率仍然是 q，与 0 世代相同，即经过一代随机交配后基因型频率就达到了平衡。同理，可证明后一世代与前一世代的基因频率是相同的，即基因频率在所有世代保持恒定。

0 世代基因频率为 p、q 时，一世代的基因型频率为 p^2、$2pq$ 和 q^2，同样可以证明，当 1 世代的基因频率为 p、q 时，2 世代的基因型频率仍为 p^2、$2pq$ 和 q^2。重复上述过程，其所产生子代的基因型频率总是 p^2、$2pq$ 和 q^2，即经一代随机交配后，基因型频率就达到平衡，始终保持不变。

在此需要强调指出的是，群体实现遗传平衡必须满足①大的群体：产生的后代符合孟德尔比例。②随机交配：各种基因的配子有同等的结合机会，相互独立。③其他因素：不存在突变、选择、迁移等改变基因频率的因素。此外，对于控制数量性状的多基因以及连锁的基因，只要进行随机交配，群体也可达到平衡，只是涉及的基因数愈多，基因连锁愈紧密，达到平衡状态所需的世代数愈长。

在生物群体中，凡能满足哈代—温伯格定律所要求条件的群体都是平衡群体。例如，人的 MN 血型这一性状就可构成这样的群体。1977 年，上海中心血站曾对居民中的 1 788 人进行了 MN 血型调查。M、MN、N 型血液人的频率依次为 0.222 0、0.481 6、0.296 4，总和为 1。以此数据用（1）式计算基因 L^M、L^N 频率 p、q。

$$p = D + \frac{H}{2} = 0.222\,0 + \frac{0.481\,6}{2} = 0.462\,8$$

$$q = R + \frac{H}{2} = 0.296\,4 + \frac{0.481\,6}{2} = 0.537\,2$$

用公式（2）求出 M、MN、N 型的理论频率和理论人数，并与这三种血型的实际人数和频率比较，看看该群体是否是一个平衡群体。表 5-2 显示了这一分析的结果。

表 5-2 MN 血型的实际调查数与平衡群体的理论值操作

血型		M	MN	N	总计
频率	理论值	$p^2 = 0.214\,2$	$2pq = 0.497\,2$	$q^2 = 0.288\,6$	1
	观察值	0.2220	0.4816	0.296 4	1
人数	理论值	$1\,788 \times 0.214\,2 = 383$	$1\,788 \times 0.497\,2 = 889$	$1\,788 \times 0.288\,6 = 516$	1 788
	观察值	397	861	530	1 788

（引自：刘娣、王秀利、庞亚民主编 动物遗传学 1999 年出版）

从表 5-2 可见，三种血型的实际人数及频率与平衡群体的理论十分接近。同时，用卡方进行适合性检验的结果表明，观察值与理论值相吻合。因此，通过对 MN 血型性状的分析，可以认为这是一个平衡的群体。

严格说来，哈代—温伯格定律所指的群体平衡是一种理想状态下的遗传平衡。在自然群体中，特别是在家畜（禽）群体中，基因频率的恒定和长期的随机交配几乎是不可能存在的。在各种影响基因频率因素作用下（第三节），群体的基因频率会不断变化。基因频率一旦改变，原有的平衡被打破，再去实现新的平衡。就是依赖这种"平衡——打破平衡——再平衡"的机制，自然界的生物不断进化。畜禽新品种、新品系相继产生。另一方面，在一定时期内或有限的世代内，群体保持着基因频率的相对稳定和随机交配，处于相对的平衡状态。没有这种相对的平衡就没有一个物种或一个品种、品系的相对稳定。

遗传平衡定律在群体遗传学中是很重要的，它揭示了等位基因频率和基因型频率的规律。由于这一规律，一个群体的遗传特性才能保持相对的稳定。归根结底生物遗传特性的变异是由基因和基因型的变异引起的，这样就影响到等位基因频率和基因型频率的差异。但是在群体内各个个体间如果进行随机交配，群体将会保持平衡，而不发生改变。即使由于突变、选择、迁移和杂交等因素改变了群体的等位基因频率和基因型频率，只要这些因素不继续产生作用，进行随机交配时，则这个群体仍将保持平衡。

但是，群体平衡是有条件的，尤其在人工控制下通过选择、杂交或人工诱变等途径，就可以打破这种平衡，促使生物个体发生变异，因而群体（如亚种、变种、品种或品系等）的遗传特性也会随之改变。这就为动植物育种工作选育新类型提供了有利的条件。可以说，改变群体等位基因频率和基因型频率，打破它的遗传平衡，仍是目前动植物育种的主要手段。

三、遗传平衡群体的一些性质

1. 在二倍体生物遗传平衡群体中，杂合型（Aa）的频率 $H = 2pq$ 的值永远不大于 0.5 只有当 $p = q = 0.5$ 时达到最大，$H = 2pq = 0.5$（最大值），H 值永远不能大于 $D + R$。

推导：$p + q = 1 \Rightarrow (p + q)^2 = 1 \Rightarrow (p^2 + q^2 - 2pq) + 4pq = 1 \Rightarrow 4pq = 1 - (p - q)^2 \Rightarrow$ 当 $p - q = 0$，即 $p = q = 0.5$ 时，$2pq$ 有最大值：$2pq = \dfrac{1}{2} = 0.5$

2. 在二倍体生物遗传平衡群体中，杂合型（Aa）的频率 $H = 2pq$ 是纯合子（AA 和 aa）频率乘积（$D \times R$）平方根的 2 倍：$H = 2\sqrt{DR}$

推导：$H = 2p \times q = 2\sqrt{p^2 \times q^2} = 2\sqrt{DR}$

或者：$H^2 = 4DR$ 或 $\dfrac{H}{\sqrt{DR}} = 2$，可用于验证群体是否达到平衡。

3. 在奇次坐标中，平衡群体点的运动轨迹为一条抛物线 $4DR - H^2 = 0$。各种基因频率（就一对等位基因而言）在 3 种基因型频率之间的关系如图 5-1 所示。

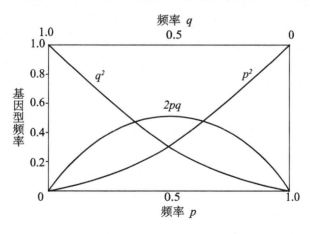

图 5-1 哈代-温伯格方程中基因频率和基因型频率的关系（L. M. Cook，1976）

（引自：戴思兰主编 园林植物遗传学 2005 年出版）

4. 平衡群体中进行随机交配时，各种基因型的交配频率如下表5-3：

表5-3 各种基因型的交配频率

交配型	交配频率
$AA \times AA$	$D^2 = (p^2)(p^2) = p^4$
$Aa \times Aa$	$H^2 = (2pq)^2 = 4p^2q^2$
$AA \times aa$	$2DR = 2p^2q^2$

（引自：戴思兰主编　园林植物遗传学　2005年出版）

因此，平衡群体中杂合子交配频率（$Aa \times Aa$ 交配的频率）为纯合子交配频率（$AA \times aa$ 交配频率）的两倍。隐性基因多数以杂合状态存在于群体中，难以筛选掉。推导如下：

$$Aa \times Aa = H^2 = (2pq)^2 = 2(2p^2q^2) = 2(2DR) = 2(AA \times aa)$$

5. 当 q 接近 0 时，则 p 接近于 1，而 q^2 忽略不计时，哈代—温伯格（Hardy-Weinberg）公式取得极限形式：

$$D + H = 1$$

即　　$p^2 + 2pq = 1$　　$R \approx 0$　　　　$H = 2pq \approx 2q$　　　　$D \approx 1 - 2q$

例：当 $q = 0.01$，$p = 0.99$ 时，$H(Aa) = 2 \times 0.01 = 0.02$

$$R = q^2 = 0.000\ 1$$
$$H = 2q = 0.02$$

这说明平衡群体中，隐性基因的频率 q 很低，隐性基因绝大多数处于杂合状态。群体中携带隐性基因的个体远远多于纯合隐性个体。当群体中出现某些个体与群体性状有明显差异时，这种基因有可能已经广泛存在于这一群体中了，这便给育种工作提供了线索。

四、基因频率的计算

1. 无显性或显性不完全时　在这种情况下，基因型与表现型是一致的。因此，计算方法很简单，计算表现型的频率就可以得到基因型频率，再应用基因频率与基因型频率关系的公式计算出基因频率，这是最简单的情况。

例如，安达鲁西鸡的羽毛有黑、白和蓝三种，蓝色鸡是非常美丽的观赏型鸡。据遗传分析，黑羽鸡的基因型为 BB，白羽鸡的基因型为 bb，蓝羽鸡的基因型为 Bb，B 对 b 为不完全显性。调查大群安达鲁西鸡的结果，黑羽鸡占 49%，白羽鸡占 9%，蓝羽鸡占 42%。我们马上就知道，BB 基因型频率为 $D = 0.49$，Bb 基因型频率为 $H = 0.42$，bb 基因型频率为 $R = 0.09$。由此可计算出 B 基因的频率等于 $0.49 + 0.21 = 0.7$，b 基因频率等于 $0.21 + 0.09 = 0.30$

2. 完全显性时基因频率的计算　在完全显性时，由于显性的影响，基因型有三种，而表现型只有两种。显性纯合体与显性杂合体不能由表现型加以区分，这就只能从隐性纯合体的频率入手。如果是一个随机交配的大群体，根据平衡法则，它应处于平衡状态，用公式（1）不能直接求得基因频率。此时，应用公式（2）中隐性纯合子频率与隐性基因频率的关系（$R = q^2$），先求出 q，即 $q = \sqrt{R}$，再根据 $p + q = 1$ 求出 p，即 $p = 1 - q$。

例1：如一些人类的遗传性疾病，如白化、先天性聋哑、镰刀形贫血病等等，都是常染色体上一对隐性基因控制的疾病。如果人们调查统计了这些病在人群中的发病率，就可以推算出其在人群中的基因频率以及"杂合体"携带者的频率。

据统计，在英国人中白化基因型是 cc 的频率（q^2）$= \dfrac{1}{20\ 000}$。那么，

白化基因 c 的频率应为：$q = \sqrt{\dfrac{1}{20\ 000}} = 0.007\ 1$

而正常基因 C 的频率为：$p = 1 - q = 1 - 0.007\ 1 = 0.992\ 9$

但更值得注意的是隐性的白化基因（c）的携带者，他们的表现型是正常的，根据平衡法则，它在人群中频率为 $2pq$，亦即 $Cc = 2pq = 2 \times 0.992\ 9 \times 0.007\ 1 = 0.014$。是发病率的 280 倍。许多隐性疾病都有这样的规律，这也是近亲婚配产生遗传性疾病婴儿的概率增高的重要原因。

例 2：如假设在一个随机交配的牛群中，有角牛占 98%，无角牛占 2%，那么，无角基因 P 和有角基因 p 的基因频率各为多少？

因为有角性状的个体基因型是 pp，于是，该群体中有角基因（p）的频率为：

$$q = \sqrt{R} = \sqrt{0.98} = 0.989\ 9$$

无角基因（P）的基因频率为：

$$p = 1 - q = 1 - 0.989\ 9 = 0.010\ 1$$

3. 伴性基因频率的计算　这里所指的伴性基因是指位于 X 染色体上或 Z 染色体上的基因。对于雄性异型（XY 型）动物来说，位于 X 染色体上的基因无论它是显性还是隐性，都能在雄性个体中表现。因此，在雄性群体中，显性个体的频率就是显性基因在整个群体中的频率，隐性个体的频率就是隐性基因在整个群体中的频率。例如，已知红绿色盲基因位于 X 染色体上，已测得男性红绿色盲在男性中的频率为 7%，则色盲基因 c 在整体群体中（包括与之婚配的女性以及他们的子女）的频率也是 7%。同理，对于雌异型（ZW 型）动物来说，显性个体和隐性个体分别在雌性群体中的频率就是显性基因和隐性基因在全群中的频率。又如在一个只有黑色羽和芦花羽两种羽色的随机交配大鸡群中，雌鸡中芦花羽的比率就是芦花羽基因在这个鸡群中的基因频率，黑色羽所占的比例就是黑羽基因在该群的基因频率。

为什么这里单性群体的基因频率可以代表全群的基因频率呢？这是因为在随机交配情况下，伴性基因在两性群体中的分布也是随机的，对于雄性异型（XY）动物来说，位于 X 染色体上的伴性基因无论是显性或是隐性，都能在雄性个体中表现。因此，在雄性群体中，显性个体（或隐性个体）的表型频率，也是显性基因（或隐性基因）在雄性群体中的频率。又因为在随机交配的情况下，伴性基因处于平衡状态时，雌雄群体中伴性基因的频率是相等的（但基因型频率不相等）。

例：红绿色盲是伴 X 染色体的隐性基因，已知男性中的患病率为 8%，求①女性中色盲个体的频率？②女性中色盲基因杂合的占多少？

从以上分析可知，整个人群中，$q = 0.08$，在女性中，同样 $q = 0.08$，所以①女性中色盲个体的频率为：$q^2 = 0.006\ 4$；②色盲基因杂合的个体占女性的频率为 $2pq = 0.147\ 2$。

结论：异配性别中伴性性状在该性别群内的表型频率等于整个群体中控制该性状的基因频率。

值得注意的是：伴性基因的平衡不能由一个任意的群体经过一个世代的随机交配就在两个性别中达到，而是以一种振荡的方式快速地接近，即雌雄两性群体中基因频率差别随

着交配世代的增加而递减。

4. 复等位基因频率的计算　复等位基因频率的计算较为复杂，不同的情况需要采用不同的公式。下面举一例介绍复等位基因的计算方法和思路。

人的 ABO 血型决定于三个等位基因：I^A、I^B 和 i，I^A、I^B 对 i 是显性，I^A 和 I^B 之间是共显性。设 I^A、I^B 和 i 的基因频率分别为 p、q 和 r，由这三个复等位基因组成的各种基因型、表型及其频率列于表 5-4。

表 5-4　人的 ABD 血型的基因型表型及其频率

血型	基因型	基因频率	表型频率
O	ii	r^2	r^2
A	$I^A I^A$	p^2	$p^2 + 2pr$
	$I^A i$	$2pr$	
B	$I^B I^B$	q^2	$q^2 + 2qr$
	$I^B i$	$2qr$	
AB	$I^A I^B$	$2pq$	$2pq$

（引自：刘娣 动物遗传学）

从表上可见，O 型血的基因频率为 r^2，由此可求得基因 i 的频率：$r = \sqrt{O}$

O 型和 A 型的基因型频相加得到：

$$A + O = p^2 + 2pr + r^2 = (p + r)^2 = (1 - q)^2$$

故：$1 - q = \sqrt{A + O}$

则：$p = 1 - q - r$

下面是对 6 000 个中国人的血型调查资料，O 型为 1 846 人，比率为 0.307 66；A 型为 1 920 人，比率为 0.32 000；B 型为 1 627 人，比率为 0.27 116；AB 型为 607 人，比率为 0.10 116。根据这一资料，求的 i、I^B 和 I^A 的基因频率分别为：

$$r = \sqrt{O} = \sqrt{0.307\ 66} = 0.554\ 7$$

$$q = 1 - \sqrt{A + O} = 1 - \sqrt{0.320\ 00 + 0.307\ 66} = 0.207\ 7$$

$$p = 1 - q - r = 1 - 0.207\ 7 - 0.554\ 7 = 0.237\ 6$$

第三节　影响群体基因频率的因素

基因在群体内的平衡只是暂时的，而变异则是永恒的。群体变异就是群体基因频率的改变。不论是自然界的群体还是在人工饲养的群体，基因频率和基因型频率每时每刻都可能受到某种因素的影响，影响群体遗传平衡的因素很多，例如基因突变、选择、迁移和遗传漂移等，这些因素都是促使生物发生进化的原因。其中基因突变和选择是主要的，遗传漂移和迁移也有一定的作用，研究这些因素，对阐明群体遗传进程和加速家畜品种改良都有重要意义，下面分别论述。

一、基因突变

在自然界中，基因的自发突变率一般很低，如果基因突变类型没有很强的适应性，这种突变基因在一个有限的群体内很容易消失。但是，突变基因频率在下列情况下将会增加：①突变基因具有选择上的优势。即使是隐性有害突变基因，如果它的杂合子具有较强的适应性或某种优势，也会通过自然选择和人工选择而使其频率增加。②突变连续发生，即频发突变。频发突变是指某种突变在一个大群体内以某一突变频率在各个世代都发生的突变（频繁地发生），突变基因频率会不断增加，它是导致基因频率变化的一个因素。

基因突变对于群体遗传组成的改变有两个重要的作用：第一，突变本身是新等位基因的来源，因而可以改变群体中的基因频率。例如，一对等位基因，当基因 A 变为 a 时，群体里 A 的频率逐渐减少，a 的频率逐渐增加；假若长时期 $A \to a$ 连续发生，没有其他因素的阻碍，最后这个群体中的 A 将为 a 完全替代；第二，它供给自然选择的原始材料，没有突变，选择即无从发生作用。如果突变与选择的方向一致，则基因频率变化的速度将大大加快。在一个群体内，如果正反基因突变频率相等，即成平衡状态。

设某一群体中，基因 $A \to a$ 的突变速率为 u，A 基因频率为 p，a 基因频率为 q，$A \to a$，若干世代后，$p = 0$，而 $q = 1$。

但是，我们讲过突变往往是可逆的，单向的突变比较少。设逆向突变的频率为 v，则群体内 A 基因频率的改变（Δp）将是基因 a 的突变频率（qv）减去基因 A 的突变频率（pu），即 $\Delta p = qv - pu$。当 $\Delta p = 0$ 时。即 $qv = pu$ 时，群体就达到了平衡。

如果某一世代 a 基因频率为 q，则 A 基因频率为 $p = 1 - q$，在平衡时，即

$$qv = (1 - q)u$$

上式移项则 $q(u + v) = u$

故 $q = \dfrac{u}{u + v}$，$p = \dfrac{v}{u + v}$

我们举个实例来看：

如果 $A \to a$，$u = 3 \times 10^{-5}$，$a \to A$，$v = 2 \times 10^{-5}$

达到平衡时：

$$q = \frac{3 \times 10^{-5}}{2 \times 10^{-5} + 3 \times 10^{-5}} = \frac{3}{5} = 0.6$$

$$p = \frac{2 \times 10^{-5}}{2 \times 10^{-5} + 3 \times 10^{-5}} = \frac{2}{5} = 0.4$$

亦即：$3 \times 10^{-5} \times 0.4 = 2 \times 10^{-5} \times 0.6 = 1.2 \times 10^{-5}$

倘若由 $A \to a$ 的突变不受其他因素的阻碍，则这个群体最后就将达到纯合。设基因 A 的频率在某一世代是 p_0，其突变率为 u，则在 n 代后，它的频率 p_n 将是：

$$p_n = p_0 (1 - u)^n$$

因为大多数基因的突变率是很小的（$10^{-4} - 10^{-7}$）。因此，只靠突变要使基因频率显著改变，就需要经过很多的世代。不过有些生物如微生物的世代很短，因而突变就可能成为一个重要的因素。

二、选择

每个生物体都有两种能力，即生活力和生殖力，前者是个体生存的能力，后者是繁殖后代的能力，在生存竞争中，生活力和生殖力强的，留下了后代，而弱者将被淘汰，这就

是自然选择。所以，有人将选择定义为"负责改变一个基因型生存与生殖能力的过程"。

选择（selection）对等位基因频率的改变具有很重要的作用。在自然界中一个具有低生活力基因的个体比正常个体产生的后代要少些，它的频率自然也会逐渐减少。以隐性致死基因为例，玉米群体中具有正常绿色基因 C 及其等位白苗基因 c，二者在开始时等位基因频率各为 0.5。经过一代繁殖，子代群体中将出现 $\frac{1}{4}$ 隐性纯合体白苗，不久死亡，这时 C 的频率变为 $\frac{2}{3}$，c 为 $\frac{1}{3}$。由此形成的下一代个体的频率为：$\left(\frac{2}{3}\right)^2 CC : 2 \times \frac{2}{3} \times \frac{1}{3} Cc :$ $\left(\frac{1}{3}\right)^2 cc$，其中 $\frac{1}{9}cc$ 的个体又将被淘汰。如此到 n 代，群体内 3 种基因型的频率为：

$$\frac{n^2}{(n+1)^2}CC : \frac{2}{(n+1)^2}Cc : \frac{1}{(n+1)^2}cc$$

所以到第 10 代，在 100 株中出现白苗的个体将不到 1 株（0.8%）。

一般从选择作用影响等位基因频率的效果来看，可以得到两点结论：①等位基因频率接近 0.5 时，选择最有效，而当频率大于或小于 0.5 时，有效度降低很快；②隐性基因很少时，对一个隐性基因的选择或淘汰的有效度就非常低，因为这时隐性基因几乎完全存在于杂合体中而得到保护。

生物在发展过程中，如果新的变异类型比其他类型更适应环境条件，就能繁殖更多的后代，逐渐代替原有类型而成为新的种。如果新产生的类型和原有类型都能生存下来，不同类型就分布在它们最适宜的地域，成为地理亚种。反之，当新的类型不及原有类型，就会被淘汰。所以自然选择是生物界进化的主导因素，而遗传和变异则是它作用的基础。

人类曾大量应用 DDT 毒杀苍蝇，但是施用多年后，逐渐发现一些能够抵抗 DDT 的新类型，这些新类型一般认为是突变和自然选择共同作用的结果。在微生物中也发现了类似的现象，许多细菌，如肺炎双球菌遇到青霉素和链霉素就受到抑制。但是，当细菌发生了突变，经过多代的选择后，就产生了能够抵抗这些抗生素的新类型。

由此可见，新的生物类型可以通过突变和自然选择的综合作用产生出来，在自然界一些有害的突变就会被自然选择所淘汰，而对生存有利的突变则会受到自然选择的保护。因此，由于自然选择的长期作用，生物就得到发展。

三、选择与突变的联合效应

影响群体遗传组成的因素并非单独地起作用，通常是几种因素交织在一起，表现出复杂的综合效果，其中特别重要的是突变和自然选择的关系。虽然隐性纯合体往往是有害基因，且频率很低，但在群体中依然存在着。这是因为突变使每代正常的基因发生变化。当该基因频率因突变而增加和因自然选择而减少的速度相当时，就形成了一种平衡状态。

如果只改变自然选择，a 适合度完全隐性时，每代 $q(a)$ 的变化为：

$$\Delta q = \frac{-sq^2(1-q)}{1-sq^2}$$

另一方面，在只考虑突变的效果时，每代 $q(a)$ 的变化为：

$$\Delta q = u(1-q) - uq$$

达到平衡状态时，形成如下关系式：

$$\Delta q = \frac{-sq^2(1-q)}{1-sq^2} = u(1-q) - vq$$

但是，由于可以认为自然选择对象的有害基因 a 的平衡频率很低，因此近似为零，则：

$$sq^2 = u$$

于是可得：

$$\Delta \hat{q} = \sqrt{\frac{u}{s}}$$

即可得到 a 基因的平衡频率。这一平衡关系说明突变频率的增加与选择系数的减小都导致隐性基因平衡频率的提高。

四、随机交配的偏移

哈代—温伯格定律是以随机交配为前提的，即所有个体间都有互相交配的可能性，但在实际的种群中往往并不是这样。有时群体中存在某些非随机交配方式，例如，选型交配和近亲交配。群体中的近交、杂交也都能导致基因型频率改变。

1. 近交　近交是不同程度的同型交配，极端的近交是自交。近交的遗传效应是使基因纯合，增加纯合基因型频率，减少杂合基因型频率，最终会使杂合子群体分离为不同的纯系。群体内的同型交配只能改变基因型频率，却不能改变基因频率。但在自然环境中，自交或近交常导致个体生存力下降，从而被自然选择所淘汰，引起基因频率变化。当然这不是近交本身直接引起的。

2. 杂交　杂交是指基因型不同的个体间的交配。杂交的遗传学效应是基因杂合。相对性状上有差异的群体杂交后，形成基因型上杂合的后代，随着杂合基因型频率的增加，纯合基因型频率相应降低，这就意味着彼此间无差异的个体增加，有差异的个体减少，群体逐渐成为基因型和性状上相对整齐一致的群体。所以，杂交的遗传效应是使群体走向一致和统一。

五、遗传漂移

遗传平衡定律是以无限大的群体为前提的，但在实际的生物群体中，个体数是有限的。当群体不大时，由某一代基因库中抽样形成下一代个体的合子时，往往因抽样随机误差而引起基因的随机波动，而造成群体基因频率改变，这种现象称遗传漂移（或称基因频率的随机漂移）。

遗传漂移一般是在小群体里发生的。因为在一个很大的群体里，如果不产生突变，则根据哈代—温伯格定律，不同基因型的频率将维持平衡状态，但是在一个小群体里，即使无适应性变异的发生，群体的等位基因频率也会发生改变。这是因为在一个小群体内与其他群体相隔离，个体的随机选留和其间的随机交配，以及基因在配子里随机分离，在合子里随机重组都是在小范围内进行的，不能充分地进行随机交配，因而在群体内基因不能达到完全自由分离和组合，使等位基因的频率容易产生偏差。这种偏差不是由于突变、选择等因素引起的，而是由于在小群体内基因分离和组合时产生的抽样误差所引起的。这样，就将那些中性的或不利的性状在群体中继续保持下来，没有被消灭，这就是遗传漂移产生的原因。一般地说，一个群体愈小，遗传漂移的作用愈大。当群体很大时，个体间容易达到充分的随机交配，遗传漂移的作用就消失了。遗传漂移使许多中性性状存在，在进化上也起一定作用，使物种分化成并无生存差异的不同类型。

遗传漂移在生物的进化中也起到一定的作用。根据进化理论，在自然选择中被选留下的个体和性状都是在激烈的生存竞争中，以其有利于生存和适应性较强的优点而被自然所保留的，不适者则被淘汰。因此，每个遗传下来的性状都是自然选择的产物。然而在自然界中，我们却可以观察到一些中性或无任何价值的性状也被保留下来。这类性状的随机生存现象，是由于遗传漂移所造成的结果。例如，在人类中不同种族所具有的血型，彼此间存在一定差异，而血型这个性状看来并没有任何适应上的意义，可是它同类人猿一样，血型差异一直传下来，可能就是遗传漂移的结果。

小群体的遗传漂移不仅能够改变等位基因频率，还会增加群体内的近交程度。图 5-2 表明了近交系数与群体大小和世代数的关系。对于个体数为 N 的一个群体，其等位基因总数为 $2N$。完全随机交配时，$1/2N$ 的合子将由共同的配子结合所产生，剩余 $1 - 1/2N$ 的合子中也会有部分近交由上一代传递下来。因此，在 t 世代群体的近交系数（F_t）与群体大小和上一代近交的关系式：

$$F_t = \frac{1}{2N} + \left(1 - \frac{1}{2N}\right)F_{t-1}$$

由此可以导出近交系数与群体大小和世代数的关系式：

$$F_t = 1 - \left(1 - \frac{1}{2N}\right)^t$$

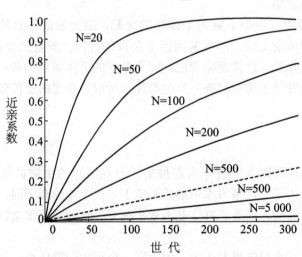

图 5-2 近交系数与群体大小和世代数的关系
（引自：朱军主编 遗传学第三版 2002 年）

六、迁移

在自然界里，某一生物种全体成为均质的单一群体是不可能的。通常与分布范围的大小和生活环境的变化等相适应，产生种内分化，分成几个各自保持特有遗传组成的群体。可是，为了整个作为一个种存在，在群体之间需要有某种程度的基因交流，即个体迁移。

如果遗传组成不在群体之间发生个体迁移，基因频率就会因此而受影响。

设在一个大的群体内，每代有一部分个体新迁入，其迁入率为 m，则 $1-m$ 是原来就确定的个体比率，如果迁入个体某一基因的频率是 q_m，原来个体就是同一基因的频率是 q_0，二者混杂后群体内基因的频率将是：

$$q_1 = mq_m + (1-m)q_0 = m(q_m - q_0) + q_0$$

迁入后引起的基因频率的变化 Δq，则为：

$$\Delta q = q_1 - q_0 = m(q_m - q_0) + q_0 - q_0 = m(q_m - q_0)$$

因此，在迁入个体的群体里基因频率的变化决定于迁入率和迁入体基因频率与本群体基因频率的差异，其具体数值就是二者的乘积。

复习思考题

1. 解释下列名词：

孟德尔群体　基因库　基因型频率　等位基因频率　遗传漂移　生殖隔离

2. 什么是基因频率和基因型频率？它们有什么关系？

3. 一个大的群体中包括基因型 AA、Aa 和 aa，它们的频率分别为 0.1、0.6 和 0.3。

（1）这个群体中等位基因的频率是多少？是否处于遗传平衡状态？

（2）随机交配一代后，预期等位基因和基因型的频率是多少？

4. 在 shmoos 群体中，有 1/100 是红色的。已知红色是由于隐性基因（rr）引起的。假设这个群体为遗传平衡群体。

（1）红色基因的频率是多少？

（2）白色群体中纯合子和杂合子的比例各为多少？

（3）假设在该群体中只知有 42% 是杂合子，那么 R 和 r 的基因频率各是多少？

5. 在一个完全随机交配的群体中，基因型 AA、Aa 和 aa 的频率分别为 0.2、0.6 和 0.2。问：若没有其他因素干扰，子 5 代的基因频率是多少？

第六章 基因操作技术

第一节 基因工程

一、基因工程的概念

基因工程（genetic engineering）是在分子水平上进行的遗传操作，指将一种或多种生物体（供体）的基因或基因组提取出来或人工合成基因，经过设计、体外加工重组，转移到另外一种生物体（受体）细胞内，使之能在受体细胞遗传并获得新的遗传性状的技术。供体、受体、载体称为基因工程的三大要素。基因工程技术的兴起，标志着人类已进入定向控制遗传性状的新时代。

基因工程也叫重组 DNA 技术，还可将基因工程称为分子克隆或基因的无性繁殖。目前各种文献中经常出现的相关名词有遗传工程、基因工程、基因操作、重组 DNA 技术、分子克隆、基因克隆等，它们在具体内容上彼此相关，许多情况下混用。

二、基因工程诞生的基础

基因工程诞生于 1973 年，对基因工程诞生起了决定作用是现代分子生物学领域理论上的三大发现及技术上的三大发明。

（一）理论上的三大发现

1. DNA 是遗传物质 1944 年，Avery 证明了 DNA 是遗传物质，而且证明了 DNA 可以把一个细菌的性状转移给另一个细菌，从而明确了遗传的物质基础问题。Avery 的工作是现代生物科学的革命开端，也可以说是基因工程的先导，其理论意义十分重大。

2. DNA 分子的双螺旋结构模型和复制机理 1953 年，Watson 和 Crick 提出了 DNA 结构的双螺旋模型，随后精确的实验证明了 DNA 半保留复制的机理，解决了基因的自我复制和传递的问题，从而使遗传学的研究全面进入分子遗传学阶段。

3. 遗传密码的破译和遗传信息传递方式的确定 1964 年，以 Nirenberg 等为代表的科学家，确定遗传信息是以密码方式传递的，每三个核苷酸组成一个密码子，代表一个氨基酸。到了 1966 年，64 个密码子全部破译并编排了密码表。后来，Crick 提出了"中心法则"，从而阐明了遗传信息的流向和表达问题。

这三大发现大大促进了生命科学的迅速发展，为基因工程的诞生奠定了重要的理论基础。创造具有优良性状的生物新类型的美好愿望，从理论上讲已有可能变为现实。

（二）技术上的三大发明

1. DNA 的切割　1970 年，Smith 和 Wilcox 分离并纯化了限制性核酸内切酶，使 DNA 分子的切割成为可能。应用限制性酸内切酶，研究者便能几乎随意地将 DNA 分子切割成一系列不连续的片段，并用凝胶电泳技术把这些片段按照分子质量大小逐一分开，从而可以获得所需的 DNA 特殊片段，为基因工程提供重要的技术基础。

2. DNA 片段的连接　1967 年，世界上有 5 个实验室几乎同时发现了 DNA 连接酶。这种酶能够参与 DNA 裂口的修复，而在一定的条件下还能连接 DNA 分子的自由末端。1970 年，Khorana 实验室又发现了 T_4 噬菌体 DNA 连接酶，具有更高的连接活性。到1972 年，人们已经掌握了几种连接双链 DNA 分子的方法，使基因工程又迈进了重要的一步。

3. 基因工程载体的研究与应用　为了能够在寄主细胞中进行繁殖，必须将 DNA 片段连接到一种特定的、具有自我复制能力的 DNA 分子上，这种 DNA 分子就是基因工程载体。到 1973 年，Cohen 将质粒作为基因工程的载体使用。质粒是细菌染色体外的遗传物质，宿主细胞丢失质粒后并不影响其正常生理功能。利用质粒的复制功能可以将外源 DNA 导入宿主细胞并维持其复制，使之成为宿主基因组的一部分，并赋予宿主新的表型。这是基因工程的第三项技术发明。

1973 年，Cohen 与 Boyer 等人合作，把非洲爪蟾的编码核糖体基因的 DNA 片段和pSC101 质粒重组，导入大肠杆菌细胞。动物的基因进入到大肠杆菌细胞并转录出相应的mRNA（信使 RNA）产物。这是基因工程发展史上第一次实现重组体转化成功的例子，基因工程从此诞生。

三、基因工程的应用

1. 生物反应器　自然界和人类体内存在许多生物活性物质如蛋白质和酶，它们在医疗、保健、生产、加工及食品等方面可发挥重要作用，通过基因工程可以大量生产所需要的生物活性物质。这个反应器的工厂可以是微生物，例如大肠杆菌和酵母菌，可以是动物细胞或转基因动物，也可以是转基因植物。最成功的例子是利用动物乳腺作为生物反应器生产医用蛋白质。

2. 遗传改良　对物种的品种改良一直是人类的一种追求，按照传统的筛选、杂交和诱变等方式改良品种的速度太慢，有的甚至永远无法得到。基因工程为品种改良提供一条捷径。在作物生产中，通过基因的转移可以培育出抗虫、抗病、增进品质的作物新品种，其中转基因棉就是典型代表。转基因动物也是如此，通过转入外源基因或增强自身某些基因的表达，提高其生长、生殖或抗逆等性能。转基因小鼠的制作程序如图 6 - 1。实验证明，含有外源 GH（生长激素）基因的小鼠长得比正常小鼠几乎大一倍。

3. 基因治疗　将健康基因移植到相关组织或细胞可使遗传病患者的症状减缓甚至消失，这种治疗措施就称为基因治疗。1990 年，在一个患有严重综合性免疫缺陷症的女孩身上实施了第一例基因治疗并获得成功。基因治疗不会导致生命个体遗传性状的改变，只是某个组织或细胞获得了新的外来性状，不会传给下一代。

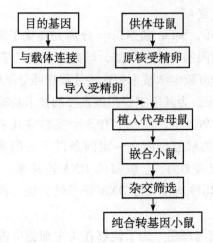

图 6-1 转基因小鼠的制作程序

四、基因工程的意义与发展前景

（一）基因工程研究的意义

基因工程最突出的特点，是打破了常规育种难以突破的物种之间的界限。传统的育种方法只能通过有性杂交获得动植物新品种，但是由于生殖隔离的制约，有性杂交只能在物种内进行，远缘杂交受到很大限制。随着分子遗传学的发展，有可能用基因工程技术，实现物种间的基因交流，创造出用传统方法无法得到的生物类型。

基因工程的本质是按照人们的设计蓝图，将生物体内控制性状的基因进行优化重组，并使其稳定遗传和表达。这一技术在超越生物种属界限的同时，简化了生物物种的进化程序，大大加快了生物物种的进化速度。

基因工程已开始朝着高等动植物物种的遗传特征改良以及人体基因治疗等方向发展。1982 年，首次通过显微注射培育出世界上第一个转基因动物——转基因小鼠。现在已获得了转生长激素基因鱼、转生长激素基因猪和抗猪瘟病转基因猪等。

（二）基因工程发展前景

基因工程显示出了巨大的活力，使传统的生产方式和产业结构发生了变化，迅速地向经济和社会的很多领域渗透和扩散，推动社会生产力的迅速发展。展望 21 世纪，基因工程的前景将是更加灿烂辉煌。基因工程将重点开展基因组学、基因工程药物、动植物生物反应器和环保等方面的研究。通过这些方面的研究、开发，对人类生活质量的全面改善、健康水平的全面提高、人类赖以生存的环境从根本上得到优化将作出巨大的贡献。

第二节　核酸凝胶电泳技术

一、核酸的提取和纯化

基因工程中的核酸操作基本技术包括核酸的提取与纯化、检测与保存、凝胶电泳、分子杂交等。核酸可分为两大类：脱氧核糖核酸（DNA）和核糖核酸（RNA）。核酸的提取与纯化分三大步骤：细胞破碎、除去与核酸结合的蛋白质及多糖脂等杂质、除去其他杂质，核酸获得均一样品。DNA 与 RNA 的提取、分离与纯化往往是实验的第一步，也是最关键的一步。

（一）DNA 的提取

DNA 的提取其最根本的要求是保持核酸的完整性。它们基本步骤都是将细胞破碎，然后去除蛋白质以及多糖等的污染。DNA 在体内通常都与蛋白质相结合，蛋白质对 DNA 制品的污染常常影响到以后的 DNA 操作过程，因此，需要把蛋白质除去。

核酸分离的一个经典方法是苯酚 – 氯仿抽提法。苯酚、氯仿对蛋白质有极强的变性作用，而对 DNA 无影响。经苯酚 – 氯仿抽提后，蛋白质变性而被离心沉降到酚相与水相的界面处，DNA 则留在上层水中。离心分层后取出水层，然后加入乙醇或异丙醇，可引起核酸沉淀。经离心收集，核酸沉淀用 70% 的乙醇漂洗以除去多余的盐分，即可获得纯化的核酸。

分离的 DNA 可以通过氯化铯密度梯度离心进行纯化。高速离心 48h 后，氯化铯溶液会形成密度梯度，不同大小的 DNA 分子会停留在一定的密度位置。在离心管底部刺孔，经透析去除氯化铯后可以得到纯度很高的 DNA。

除此之外，还有浓盐法，阴离子去污剂法等多种方法。现在已经出现了核酸提取仪，使核酸提取工作更加快捷方便。

（二）RNA 的抽提和纯化

TRIZOL 试剂是使用最广泛的抽提总 RNA 的专用抽提试剂，主要由苯酚和异硫氰酸胍组成。首先研磨组织或细胞，或使之裂解，然后加入 TRIZOL 试剂，进一步破碎细胞并溶解细胞成分，还可以保持 RNA 的完整性。再加入氯仿抽提，离心，水相和有机相分离，收集含 RNA 的水相，最后通过异丙醇沉淀可获得 RNA 样品。

（三）mRNA 的提取

细胞内主要有 3 种 RNA：mRNA（信使 RNA）如 tRNA（转移 RNA）和 rRNA（核糖体 RNA）。mRNA 只占 RNA 总量的 5% 左右。mRNA 的提取对于进一步研究基因的结构及其表达调控是必要的。先提取细胞总 RNA，由于 mRNA3′端都具有一串 A 碱基，可利用寡聚脱氧胸腺嘧啶核苷酸纤维素层析柱进行纯化，把 mRNA 与其它的 RNA，如 tRNA，rRNA 分开。因为几乎所有的 mRNA 3′端都具有一段多聚 A 尾，尾的长度可达几百甚至上千个核苷酸，足以使 mRNA 吸附到寡聚脱氧胸腺嘧啶核苷酸纤维素分子上，而 tRNA 和 rRNA 上都没有这样的结构，从而达到与其他 RNA 分离的目的，因此可利用亲和层析法分离 mR-NA。在构建 cDNA（互补 DNA）文库时必须用纯化的 mRNA。

在所有 RNA 的操作中，凡接触 RNA 的器皿必须严格消毒，溶液中必须加入 RNA 酶的抑制剂，所用溶液和水一般先用焦碳酸二乙酯处理，再经高温灭菌。操作者必须戴塑料手套。

二、核酸凝胶电泳技术

带电物质在电场中向相反电极移动的现象称为电泳。用琼脂糖凝胶或聚丙烯酰胺凝胶等作为支持介质的区带电泳法称为凝胶电泳。琼脂糖凝胶孔径较大，但它很好地适用于分离大分子核酸，在 DNA 重组技术和核酸研究中得到广泛应用。聚丙烯酰胺凝胶电泳普遍用于分离蛋白质及较小分子质量的核酸。

（一）琼脂糖凝胶电泳

1. 琼脂糖的特点　琼脂糖是从红色海藻产物琼脂中提取出来的一种线状多糖聚合物。将一定量的琼脂糖粉和一定体积的缓冲溶液混合加热熔化，然后倒入制胶槽中，冷却凝固后就会形成胶状电泳介质，其密度由琼脂糖的浓度决定。

2. 琼脂糖凝胶电泳的原理　凝胶电泳技术分离核酸的原理是，在电场的作用下，DNA分子在琼脂糖凝胶中移动时，有电荷效应和分子筛效应。核酸分子在通常使用的缓冲溶液中带负电荷，所以在电场中向正极移动。在凝胶电泳中，大分子质量的DNA在电泳时比小分子质量的DNA移动得慢，这样我们能将不同大小的DNA分开。由于DNA分子的分子质量差别，电泳后不同大小的DNA分子呈现迁移位置的差异，把已知分子质量的标准DNA与待测DNA同时电泳，比较两者在凝胶板上所呈现的区带，就可以鉴定出待测DNA的大小。凝胶的孔隙度越大，核酸分子泳动速度越快。样品分子带电荷越多，核酸分子泳动速度越快。样品分子体积越大，核酸分子泳动速度越小。

检测原理是溴化乙锭（ethidium bromide，EB）在紫外光照射下能发射荧光，当用EB对DNA样品染色时，加入的EB就在插入DNA分子中形成荧光结合物，荧光的强度与DNA含量成正比，如将已知浓度的标准样品作电泳对照，就可以估计出待测样品DNA的浓度。电泳后的琼脂糖凝胶在凝胶成像系统中进行拍照打印或贮存在计算机中。

在常规的核酸检测实验中一般使用琼脂糖凝胶电泳，虽然分辨能力较低，但操作简便，适合于较大分子的分析，该技术已经成为DNA与RNA分离与检测的重要手段。

3. 应用举例　哺乳动物Y染色体短臂上靠近常染色体区存在性别决定区（sex determining region of the y，SRY），分子生物学方法鉴定胚胎性别的实质就是检测Y染色体上的SRY基因的有无，如有则可以判断为雄性，否则为雌性。

胚胎进行性别鉴定时可以用雄性特异性DNA探针和聚合酶链反应（polymerase chain reaction，PCR）扩增技术对性别进行鉴定。其原理和主要操作程序为先从胚胎中取出部分卵裂球，提取DNA，然后用SRY基因的一段碱基作引物，以胚胎细胞DNA为模板进行PCR扩增，再用SRY特异性探针对扩增产物进行检测。如果胚胎是雄性，那么PCR产物与探针结合出现阳性，而雌性胚胎则为阴性。见图6-2。

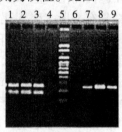

图6-2　琼脂糖凝胶电泳进行胚胎性别鉴定

泳道1-3 基因组DNA（♂），4、6 空白组，5 Mark 泳道，7-9 基因组DNA（♀）

（二）聚丙烯酰胺凝胶电泳

1. 聚丙烯酰胺凝胶电泳特点　分辨力高，回收样品的DNA纯度极高，可用于要求非常严格的实验，如转基因动物实验。适用于低分子DNA（1～1000 bp）、蛋白质、寡聚核苷酸的分离和 DNA 的序列分析。具有分离只相差一个核苷酸的不同 DNA 片段的特性，这种分辨能力在 DNA 序列测定中发挥了重要作用。

2. 聚丙烯酰胺凝胶电泳原理　聚丙烯酰胺凝胶是由丙烯酰胺和 N，N - 亚甲双丙烯酰胺催化聚合交联形成的。这种介质既具有分子筛效应，又具有静电效应。可根据电泳样品的电荷、分子大小及形状的差别分离物质。

由于聚丙烯酰胺凝胶 EB 染 DNA 的灵敏度不如琼脂糖凝胶，聚丙烯酰胺凝胶电泳染色常用银染法，银染法是一种高灵敏度的方法。聚丙烯酰胺凝胶电泳常用的是垂直板状电泳。

（三）脉冲电场凝胶电泳

1. 脉冲电场凝胶电泳的特点　脉冲电场凝胶电泳是琼脂糖凝胶电泳的改进方式，是专门针对大片段 DNA 的分析检测方法，可用于分离 1～10 Mb 的线状双链 DNA 分子，甚至用来分离整条染色体这样的超大 DNA 分子的实验技术，广泛应用于染色体分析和作图。

2. 脉冲电场凝胶电泳的特点原理　脉冲电场凝胶实际上是一种交替变化电场方向的电泳，以一定的角度并以一定的时间变换电场方向，由于加在琼脂糖凝胶上的电场方向、电流大小及作用时间都在交替地变换，使得 DNA 分子能够随时地调整其游动方向，以适应凝胶孔隙的无规则变化。使 DNA 分子在微观上按"Z"字形向前泳动，从而分离分子质量相对较大的 DNA 片段的目的。

第三节　核酸分子杂交技术

一、核酸分子杂交技术特点及原理

（一）核酸分子杂交技术特点

核酸分子杂交是核酸分子研究中一项最基本的实验技术，具有灵敏度高、特异性强等优点，主要用于特异 DNA 或 RNA 的定性、定量检测。核酸分子杂交技术近年来取得重大突破，最重要的是 DNA 芯片技术的应用，可在特定细胞中同时检测数千种基因的表达情况，特别是在遗传病的基因诊断方面有广阔应用前景。

（二）核酸分子杂交技术原理

核酸分子杂交所依据的原理是带有互补的特定核苷酸序列的单链 DNA 或 RNA，当它们混合在一起时，其相应的同源区段将通过碱基配对而形成双链的结构。杂交双链可以在 DNA 链与 DNA 链之间，也可以在 RNA 链与 RNA 链之间形成。

核酸分子杂交通常用一已知的 DNA 或 RNA 探针来检测样品中未知的核苷酸序列，通过与核苷酸间碱基互补的原理相互结合，再经显影或显色的方法，将结合的核苷酸序列的位置和大小显示出来。

探针（probe）是指经放射性或非放射性等物质标记的已知或特定的 DNA 或 RNA 序

列。探针在使用之前必须进行标记。对核酸的标记最常用的标记物是放射性同位素如32P、35S和125I等，非放射性标记物有生物素、地高辛和荧光素等。

放射性同位素标记核酸探针一般是用酶促法将含有放射性同位素的核苷酸掺入到新合成的核酸链中，或将放射性同位素的原子转移到核酸的5′末端或3′末端。如果使一个核苷酸序列带上放射性同位素32P，它与靶序列互补形成的杂交双链就会带有放射信号，即可对靶序列DNA的存在及其分子大小加以鉴别。

但放射性同位素标记存在半衰期短和污染环境等缺点，近年来发现了一些非放射性标记物如生物素、地高辛和荧光素等并取得较理想的结果。非放射性标记物的优点是无放射污染，稳定性好，标记探针可以保持较长时间，处理方便。主要缺点是灵敏度及特异性还不太理想，而且杂交膜不宜二次或多次杂交。

目前，用非放射性标记方法制备核苷酸分子杂交探针的策略大多采用分子杂交与酶标结合的原理，即在核酸分子上，主要是在碱基上，直接或间接地与酶结合，然后再以显色方法显示被结合的酶。通过显色强度显示出酶量的多少，测出核酸探针被杂交的程度。探针的制备和使用是与分子杂交相辅相成的技术手段。

通常，核酸分子杂交实验在尼龙滤膜或硝酸纤维素膜上进行，包括两个步骤：①将核酸样品转移到固体支持物滤膜上，这个过程称核酸转移；②将具有核酸印迹的滤膜用带有放射性同位素标记或其他标记的DNA或RNA探针进行杂交，所以有时也称这类核酸杂交为印迹杂交。

二、核酸杂交

（一）Southern印迹杂交

Southern印迹技术是由Southern于1975年创建。Southern印迹杂交基本方法是将DNA样品用限制性酶消化后，经琼脂糖凝胶电泳，碱变性等预处理之后，用缓冲液中和，通过虹吸作用将DNA原位地从凝胶中转印至硝酸纤维素滤膜上，烘干固定后即可用于杂交。在DNA片段转移到滤膜的过程中凝胶的DNA片段的相对位置继续保持。附着在滤膜上的DNA与标记的探针杂交，利用放射自显影或显色的方法确定与探针互补的每条DNA带的位置，从而确定酶解产物中含某一特定序列的DNA片段的位置和大小。Southern杂交主要用来判断某一生物样品中是否存在某一基因，以及该基片段因所在的限制性酶切片段的大小。应用该技术的前提是必须要有探针。具体过程见图6-3。

用随机引物标记试剂盒标记公牛扩增的基因保守区作为探针，对牛SRY基因组进行Southern杂交分析，结果显示在雄性基因组中有一条杂交带图，而对照的雌性基因组样本无杂交信号，说明SRY基因为雄性特有。如图6-4。

（二）Northern印迹杂交

Northern印迹杂交将RNA分子从电泳凝胶转移硝酸纤维素滤膜上进行核酸杂交的一种实验方法。Northern杂交主要用来检测细胞或组织样品中是否存在与探针同源的mRNA分子，从而判断在转录水平上某一基因是否表达。在有合适对照的情况下，还可通过杂交信号的强弱比较基因表达的强弱。

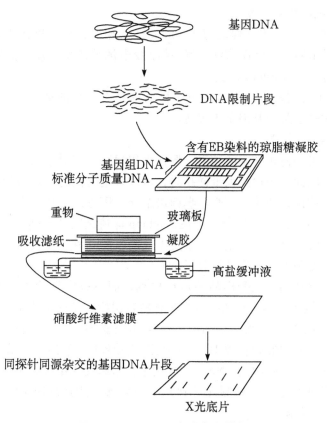

基因DNA

DNA限制片段

含有EB染料的琼脂糖凝胶

基因组DNA

标准分子质量DNA

重物　玻璃板

吸收滤纸　凝胶

高盐缓冲液

硝酸纤维素滤膜

同探针同源杂交的基因DNA片段

X光底片

图 6 − 3　Southern 印迹杂交技术

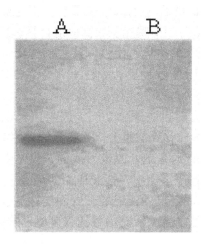

图 6 − 4　牛 SRY 基因 Southern 杂交结果

A　♂　基因组 DNA　　　B　♀　基因组 DNA

　　Northern 杂交的总体过程与 Southern 杂交相似，只不过在印迹转移过程中转移的是 RNA 而不是 DNA。对这个将 RNA 样品从凝胶转移到滤膜的方法，其设计者为它起了一个与 Southern DNA 印迹转相对应的名字，即 Northern 印迹转移。其后的分子杂交过程与 Southern 杂交过程中的分子杂交方式是一样的。

（三）Western 印迹杂交

Western 印迹杂交的总体过程也与 Southern 杂交相似，只不过在印迹转移过程中转移的是蛋白质而不是 DNA。用 SDS 聚丙烯酰胺凝胶电泳分离蛋白质，然后将蛋白质从凝胶转移到滤膜上的方法称 Western 杂交。

Western 杂交主要用来检测细胞或组织样品中是否存在能被某一抗体识别的蛋白质，从而判断在翻译水平上某一基因是否表达。

（四）其他分子杂交

以上分子杂交可获得较准确的结果，但在操作程序上相对繁琐，当样品量很大时，难以满足实验需要。因此，当检测大量样品时，可以采用简化的方式做初步的检测，然后对阳性样品作精确的测试，如菌落杂交、噬菌斑杂交、斑点杂交和狭线杂交。

1. 斑点印迹杂交　斑点印迹杂交是在 Southern 印迹杂交的基础上发展而成的快速检测特异核酸分子的核酸杂交技术，是分子杂交中最简单的一种。直接将 DNA 或 RNA 分子以斑点的形式固定在滤膜上，然后进行分子杂交。

斑点印迹杂交更适用于核酸样品的定量检测，而不是定性检测。许多研究者已使用 RNA 斑点印迹杂交技术，测定目的基因在某种特定组织或培养细胞中的表达强度。

2. 菌落杂交　菌落杂交就是将细菌菌落影印到滤膜上，然后再生长出可见的菌落，使滤膜上的菌体进行原位裂解释放 DNA 并固定在滤膜上，然后通过分子杂交，就可判断哪些菌落含有与标记探针同源的 DNA。主要用来从基因文库中寻找阳性克隆子。通过这种方法在一张 9cm 的滤膜上，可检测几百到几千个菌落，达到高通量筛选的目的，再通过 Southern 杂交可进一步验证。

3. 噬菌斑杂交　这类技术是把噬菌斑转移到硝酸纤维素滤膜上，使溶菌变性的 DNA 同滤膜原位杂交。这些带有 DNA 印迹的滤膜烤干后，再与标记的特异性探针杂交。漂洗除去未杂交的探针，同 x 光底片一道曝光。根据放射自显影所揭示的同探针序列具有同源性的 DNA 印迹位置，对照原来的平板，便可以从中挑选出含有插入序列的噬菌斑。噬菌斑杂交比菌落杂交处理的重组体数量更大，在一张 9cm 的滤膜上，可检测 15 000 个噬菌斑。

菌落杂交或噬菌斑杂交有时也叫原位杂交，因为生长在培养基平板上的菌落或噬菌斑，按照其原来的位置不变地转移到滤膜上，并在原位发生溶菌、DNA 变性和杂交。

4. 狭线杂交　在斑点杂交的基础上改进形成的，只是点种核酸样品的方式不同，可用于 mRNA 的定量比较。在斑点杂交中，核酸样品的斑点大小不易控制，在狭线杂交时，将已知含量的 RNA 通过带有固定尺寸狭缝的装置固定在滤膜上，因此核酸样品在滤膜上的条斑面积是一样的，因此可以通过杂交信号的强度判断样品中 RNA 含量高低，比较目的基因的表达强度。

第四节　基因克隆技术

一般来说，基因克隆技术包括把来自不同生物的基因同有自主复制能力的载体 DNA 在体外人工连接，构建成新的重组 DNA，然后送入受体生物中去表达，从而产生遗传物质和状态的转移和重新组合。因此基因克隆技术又称为分子克隆、基因操作、重组 DNA 技术以及基因工程等。但狭义的基因克隆在一定程度上等同于目的基因的分离，本节主要采用这一狭义的概念。

获得基因在技术上已经成熟，基因克隆有筛选基因组 DNA 文库、筛选 cDNA 文库、通过 PCR 及化学合成四条途径。基因克隆技术包括四个步骤，依次为获得 DNA 片段、连接至载体、转化到受体细胞中扩增、目的序列的筛选鉴别。未知基因的分离主要依赖于筛选基因组 DNA 文库和 cDNA 文库。如果获得未知基因的一段序列或其他物种同源基因的序列，也可采用 PCR 技术分离目的基因。化学合成方法合成一个基因的前提条件是已经知道基因的核苷酸序列或蛋白质的氨基酸序列，适合制备分子量较小、价值极高的目的基因。

一、构建基因文库获得目的基因

文库按照外源英文名称是 library，指图书管理系统。基因文库（也称 DNA 文库）是指某一生物体全部或部分基因的集合，像一个没有目录的"基因图书馆"。某个生物的基因组 DNA 或 cDNA 片段与适当的载体在体外重组后，转化宿主细胞，并通过一定的选择机制筛选后得到大量的阳性菌落（或噬菌体），所有菌落（或噬菌体）的集合即为该生物的基因文库。基因文库由外源 DNA、载体和宿主 3 个部分组成。可将基因文库分为基因组 DNA 文库和 cDNA 文库。

（一）构建基因组 DNA 文库

基因组 DNA 文库是指将某生物体的全部基因组 DNA 用限制性内切酶或机械力量切割成一定长度范围的 DNA 片段，再与合适的载体在体外重组并转化相应的宿主细胞获得的所有阳性菌落。其实质就是采用"化整为零"的策略，将庞大的基因组分解成若干小段，每段包含一个或几个基因。

基因组 DNA 文库的构建程序包含 5 个部分：①载体的制备；②高纯度基因组 DNA 的提取；③基因组 DNA 的部分酶切与脉冲电泳分级分离；④载体与外源片段的连接与转化或侵染宿主细胞；⑤重组克隆的挑取和保存。

（二）构建 cDNA 文库

将生物某一组织的总 mRNA 分离出来作为模板，在体外用反转录酶体外反转录成 cDNA、与合适的载体连接，并转入到宿主细胞的过程，称为 cDNA 文库的构建。

cDNA 文库与基因组文库最大的区别在于 cDNA 文库具有时空特异性。cDNA 是由生物的某一特定器官或特定发育时期细胞内的 mRNA 经体外反转录后形成的。也就是说，cDNA 文库代表生物的某一特定器官或特定发育时期细胞内转录水平上的基因群体。cDNA 文库反映了特定组织（或器官）在某种特定环境条件下基因的表达谱，因此对研究基因的表达、调控及基因间互作是非常有用的。构建 cDNA 库时最好选取目的基因表达最高的发育时期或这一时期的特殊组织。

cDNA 文库可用于大规模基因测序、发现和寻找新基因、基因注释、基因表达谱分析和基因功能研究等。

cDNA 文库的构建共分 4 步：①细胞总 RNA 的提取和 mRNA 分离；②第一链 cDNA 合成；③第二链 cDNA 合成；④双链 cDNA 克隆进入质粒或噬菌体载体并导入宿主中繁殖。

（三）目的基因的获得

随着分子克隆技术的不断发展和完善，分离已知序列的基因不仅方法众多，而且相对容易。目前常用的方法有核酸杂交法、PCR筛选法和表达文库的免疫学筛选法等。

1. 核酸杂交法　当目的基因是未知功能的基因时可以利用核酸探针来筛选。探针的来源成为筛选的核心，探针可根据该基因的部分序列来设计。核酸杂交法是筛选基因文库最常用、最可靠的方法。常用的有前面介绍过的菌落杂交和噬菌斑杂交。

在菌落杂交中，首先将菌落中的DNA转移到硝酸纤维素杂交膜上。通常当菌落培养到一定大小（约1mm）时，将一张无菌的杂交膜准确地与培养细菌的平板接触，成为沾有细菌的影印膜，将原平板作为母板保存，将影印膜上的菌落培养至适当大小，并使菌落中细菌裂解，释放出DNA。用碱性溶液处理杂交膜，使DNA变性成单链DNA并与杂交膜结合，然后进行核酸杂交。杂交以后将杂交膜与平板进行准确对位，以便找到杂交阳性的克隆（图6-5）。

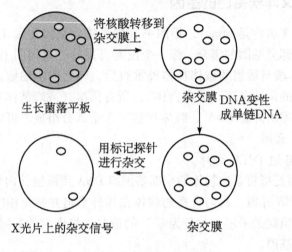

图6-5　菌落原位杂交示意图

2. PCR筛选　首选根据已知序列设计基因特异性引物，然后将文库质粒在培养板上进行有序的混合。以混合物为模板进行PCR扩增，根据凝胶电泳的结果判定相应混合孔中是否含有阳性克隆。

3. 免疫学筛选　如果能得到目的基因产物对应的抗体，就可以通过免疫学方法筛选。免疫筛选法和核酸杂交的方法类似，只是其使用的探针不是核酸而是特异性抗体。

二、通过PCR获得目的基因

PCR技术是通过模拟体内DNA复制的方式，在体外选择性地将DNA某个特殊区域扩增出来的技术。其过程有3个步骤：首选是模板DNA变性，由双链状态变成单链；然后引物与模板结合，完成复性过程；最后在DNA聚合酶和底物存在的情况下，合成与模板互补的DNA。

通过PCR获得目的基因是目前应用最普遍的方法。最常见做法是通过登录NCBI数据库，在世界上最大的基因库GenBank中检索某种动物的特定基因序列（如果GenBank中不存在该种动物特定基因序列也可通过比对人或其他动物的特定基因cDNA编码全序列），然后设计、合成引物。提取动物组织样品（组织或血液）的DNA后，经过DNA的浓度和质量检测后进行 PCR 扩增。取扩增产物经琼脂糖凝胶电泳，再对凝胶产物目的 DNA 进行纯化回收。然后将回收的 DNA 用选定载体连接，转化到大肠杆菌。培养好的菌液进行重组质粒 DNA 提取，将连有特定基因质粒进行酶切，经 PCR 鉴定后送生物公司进行测序。测序结果利用相应软件进行对比分析。其中，引物的设计对于通过 PCR 获得目的基因是至关重要的。

用设计的引物对水貂个体进行 PCR 扩增，经 1% 琼脂糖凝胶电泳检测，扩增片段长度与预期片段（1 060bp）大小一致，且无非特异性扩增（图 6 - 6），扩增产物真实可靠，可以进行下一步工作。

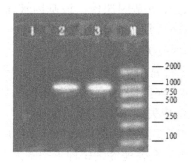

图 6 - 6 水貂 GH 基因 PCR 扩增结果
泳道 1：对照，泳道 2 - 3：PCR 产物，泳道 M：Marker

三、基因的化学合成

1979 年，Khorana 等首次采用化学合成法成功合成了具有功能的大肠杆菌酪氨酸 tRNA 的基因。通过化学合成一个基因的前提条件是已经知道基因的核苷酸序列或蛋白质的氨基酸序列。对于一个较长的基因序列，一般先合成一定长度的片段，然后经组装产生全序列。DNA 合成仪已被广泛用于人工合成寡核苷酸探针、PCR 引物、测序引物及各种接着序列，合成完整的基因序列的成本仍然太高。目前的自动合成仪可以合成长达 200 个碱基的单链 DNA 序列。

四、分子标记的应用

遗传标记作为一种研究手段，从孟德尔用豌豆的形态性状为最初的遗传标记开始，逐步经历了形态标记、细胞标记、生化标记和分子标记 4 个主要阶段，分子标记现在主要是指 DNA 标记。分子标记辅助选择可以消除性别、年龄、环境等因素对表型选择的干扰，从而可以弥补常规表型选择方法的不足。基因工程的迅速发展使分子标记辅助选择在动物育种中应用成为可能。

（一）基因定位

1. 分子标记对质量性状的基因定位 质量性状一般有显隐性，因而在分离世代无法通过表型来识别目的基因的位点是纯合还是杂合。利用与目标性状紧密连锁的分子标记，是进行质量性状选择的有效途径。

2. 数量性状基因位点（QTL）分子标记对定位的研究 大多数重要的经济性状都表现为数量性状的遗传特点，如产仔数、产奶量、产蛋量等。近年来，由于分子标记技术的发展，人们已能将复杂的数量性状进行分解，像研究质量性状基因一样对控制数量性状的多个基因进行研究。

（二）分子标记辅助选择

动物育种中分子标记辅助选择，通过分析与目的基因紧密连锁的分子标记的基因型来判断目标基因是否存在。这种间接的选择方法因不受其他基因效应和环境的影响，因而结果较为可靠，同时，可在早期进行选择，从而大大缩短育种周期。

在绵羊繁殖性状的分子标记研究中，多产性状的主效基因的寻找和判定上取得明显成效。1985 年，研究证实了澳大利亚美利奴 Booroolar 品系的母羊具有排卵数和产羔数多的特点，母羊高繁殖力属于常染色体单基因遗传，该基因被命名为 FecB，这种高繁殖率的表型是由于其携带 FecB 等位基因所致。湖羊是中国特有的高繁殖性能的绵羊品种，研究发现湖羊的繁殖力也与 FecB 基因有关。

影响肉质的主基因氟烷基因研究结果已经得到公认，如果猪携带两个隐性氟烷基因就容易发生应激综合征，从而严重影响到猪的存活率和肌肉品质，导致猪因应激而突然死亡和产生 PSE 肉，造成巨大的经济损失。由于传统的育种技术无法在猪群中鉴别显性氟烷基因和杂合氟烷基因，也就无法彻底根除这种遗传病。建立相应的 PCR 检测技术，氟烷基因作为候选基因，可以快速、简便、准确地鉴别 3 种不同基因型，为育种者从猪群中彻底消除该基因带来了极大的方便。

（三）应用于种质鉴定的研究

1. 良种登记、系谱记录的建立及亲缘关系鉴定　应用 DNA 指纹图，可准确地反映个体的遗传特性，因而可作为家畜个体识别的可靠遗传标记，用于建立优良畜禽个体档案。例如，混合精液授精所得到的后代以及使用多头公猪进行复配的母猪所产仔猪，通过绘制 DNA 指纹图可做准确的个体及亲子鉴定。

根据遗传距离的计算和遗传纯度的计算，可有效地预测杂交优势，从而可大大减少繁重的配合力测定工作，节省育种费用。

2. 品种或品系遗传纯度的测定及遗传关系确定　遗传指纹图除具有个体特异性外，还具有物种特异性。它能够正确反映畜禽品种间的遗传关系以及品种或品系的近交程度。

思考题

1. 核酸分离提取的一般步骤是什么？
2. 凝胶电泳的原理是什么？
3. 聚丙烯酰胺凝胶电泳、脉冲电场凝胶电泳、琼脂糖凝胶电泳各有何特点？
4. 核酸杂交技术的基本原理是什么？什么是探针？
5. Southern 杂交、Northern 杂交、斑点杂交、菌落杂交等原理和基本步骤各是什么？
6. 如何利用基因克隆技术获得目的基因？

第七章　选种原理与方法

第一节　家畜鉴定

一、家畜生长发育鉴定

(一) 研究家畜生长发育在生产上的意义

各种家畜的生长发育都有其规律性，不同品种、不同性别和不同时期，都会有各自的特点和规律。家畜的生长发育是遗传基础和环境共同作用的结果，所以，家畜的生长发育既涉及遗传性的表现又涉及保证遗传性充分发挥的环境条件，以及如何利用家畜的生长发育规律，并采取不同的饲养管理措施和营养水平，达到不断改进家畜的品质和提高家畜的生产性能的目的。

研究家畜的生长发育，可以根据家畜不同年龄特点进行鉴定，更重要的可以利用生长发育规律，对家畜进行培育，改善家畜的品质。经过几个世代的选择和培育，可以选育出新的家畜类型；家畜的生长发育是制订饲养方案的依据，同时也是选种、选配的重要指标。

(二) 家畜生长发育的概念

生长是指家畜经过机体的同化作用进行物质积累，细胞数量增多和组织器官体积增大，从而使家畜整体的体积及其重量都增长的过程。即生长是以细胞分裂为基础的同类细胞的增加或体积的增大的量变过程。

发育是指由受精卵分化出新的不同的组织器官，进而产生不同的体态结构和机能的过程。发育是生长的发展与转化，是以细胞分化为基础的质变过程。

生长与发育是两个既有区别又有联系、不可分割的过程。生长是发育的基础，发育又反过来促进生长并决定生长的发展与方向。发育具有阶段性，而生长具有不平衡性。

(三) 研究生长发育的方法

1. 观察法　对质量性状主要采用观察描述的方法，即用肉眼观察后进行描述或估计。例如，对草食家畜，可根据其臼齿的磨损程度、角轮的多少等判断其发育阶段；对禽类，可根据其换羽时间的早晚、持续时间的长短来判断其品种、类型及生产性能的高低。有句俗话叫"马老牙齿稀，人穷怪屋基"。

2. 测量法　对数量性状，研究其生长发育的规律则主要采用测量法。对家畜的体尺、体重等进行测定，分析计算家畜的生长发育阶段。如定期称重和测量体尺，再对测定的数据进行数学处理，获得有用的育种学参数，进而判断其规律性。其中，最常用的是体重与体尺的测量。最主要的几个测定时间是初生、断乳、初配和成年。更具体的测定时间和测定项目及频率可根据研究目的和要求而定。

注意事项：测定数据要求精确可靠；称重应该在早上空腹时进行；体尺测定应该注意家畜站立姿势和测具的使用方法。

（四）影响家畜生长发育的主要因素

1. 遗传因素　不同品种有其本身的发育规律，如本地猪比外种猪早熟。

2. 母体大小　母体越大，胎儿生长越快。原因：母体大小决定胎盘大小，胎盘大小决定胎儿数量与密度（竞争），产仔数与初生重呈负相关。

3. 饲养因素　营养水平、饲料品质、日粮结构、饲喂方法。

4. 性别因素　雄性和雌性间遗传上的差异（遗传的影响）；性激素的作用（内部环境的影响）。

5. 环境因素　温度、湿度、海拔高度、光照（禽类）等是影响生产性能的重要因素。

二、家畜体质外貌鉴定

体型外貌本身并不是经济性状（如产奶量、产蛋量和产肉量等），但有些体型外貌性状与生产性能之间存在一定的关系，但也不是必然联系，所以通过体型外貌进行选种带有很强的主观性，并且需要鉴定者丰富的经验。

（一）家畜体质

1. 体质的概念　体质就是人们通常说的身体素质，是机体机能和结构协调性的表现。家畜有机体是一个复杂的整体，只有在有机体各部分间、各器官间以及整个有机体与外界环境间保持一定协调的情况下，家畜才能很好地发育和繁殖，才能充分发挥其生产性能，这种协调表现就是体质。我们可以这样认为：体质是畜禽作为统一整体所形成的外部的、生理的、结构的、机能的全部综合。

外形和体质是紧密联系，不可分割而又有所区别的两个概念。外形是体质的外在表现，它偏重于样子，而体质则偏重于机能，二者都与生产力和健康相关。

2. 体质的分类　体质分类方法很多，而在畜牧生产和育种工作中，常用的是库列硕夫分类法，后来伊凡诺夫又进行补充。目前，通常将家畜体质类型分为五种类型。

（1）结实型：这种体质类型的家畜，身体各部位协调匀称，皮、肉、骨骼和内脏的发育适度。骨骼坚实而不粗，皮紧而富有弹性，肌肉发达而不肥胖。外表健壮结实，对疾病抵抗力强，生产性能表现良好。这是一种理想的体质类型，种畜应具有这种体质。各种不同生产方向的家畜具有不同的结实型标准。

（2）细致紧凑型：这类家畜的骨骼细致而结实，头清秀，角蹄致密有光泽，肌肉结实有力，反应灵活，动作敏捷。乘用马、乳牛、细毛羊多此种体质。

（3）细致疏松型：这类家畜结缔和脂肪组织发达，全身丰满，肌肉松软，骨细皮薄，四肢比例小，代谢水平低，早熟易肥，反应迟钝。肉畜多此种体质。

（4）粗糙紧凑型：这类家畜骨骼粗壮结实，体躯魁梧，头粗重，四肢粗大，四肢筋腱强壮有力，皮肤粗厚，皮下脂肪不多。他们的适应性和抗病力较强，神经敏感程度中等。役畜、粗毛羊多属此种体质。

（5）粗糙疏松型：这类家畜骨骼粗大，结构疏松，肌肉松软无力，易疲劳，皮厚毛粗，反应迟钝，繁殖力和适应性均差。这是最不理想的一种体质。

（二）家畜外形

1. 外形的概念　外形是指畜禽的外表形态，我国古代称之为"相"。外形能在一定程度上反映内部机能、生产性能和健康状况，这是因为有机体是一个统一整体，他的内部和外部、形态和机能的关系是极密切的。通过外形观察，可以鉴别不同品种或个体间体型的差异，判断家畜的主要用途；正确判断家畜的健康和对生活条件的适应性，还可以鉴别家畜的年龄。这一点在生产实践中很重要，因为直接研究家畜的内部机能有一定困难，而研究外部形态却很方便。

2. 不同用途畜禽的外形特点　不同用途的家畜在外形上差异明显，各具特点，下面分述如下：

（1）肉用型：肉用家畜共同特点是：低身广躯，体型呈圆桶形或长方形。头短宽，颈粗厚，背腰宽平，后躯丰满，四肢短，肢间距离宽，载肉量大。

（2）乳用型：前躯发育较中、后躯差，体型呈三角形。头清秀而长，颈长而薄，胸窄而深，中躯发育好，后躯发达，乳房大而呈四方形，乳静脉粗而弯曲，四肢长且肢间距离较窄，全身清瘦，棱角突出，毛细皮薄而有弹性。

（3）毛用型：体型较窄，四肢较长，皮肤发达。全身被毛长而密，头部绒毛着生至两眼连线，前肢至腕关节，后肢至飞节；公绵羊颈部有 1~3 个皱褶。

（4）役用型：骨骼健壮，体格魁梧，肌肉发达，四肢粗短。

（5）蛋用型：体型小而紧凑，毛紧，腿细，头颈宽长适中，胸宽深而圆，腹部发达。

3. 外形鉴定　外形鉴定是指依据畜禽的生长发育、体质外貌等资料来评定畜禽的品质。外形鉴定是选种的基础，其方法有两种。

（1）肉眼鉴定：肉眼鉴定是用肉眼观察家畜的外形，并辅以触摸测量等手段以判断种畜个体优劣。肉眼鉴定的步骤及程序：先概观后细察，先远后近；先整体后局部，先静后动。

鉴定时，人与家畜保持一定距离，并由其前面→侧面→后面→另一侧面进行整体结构观察，以了解其体型是否与生产力方向相符，体质是否健康结实，结构是否协调匀称，品种特征是否典型，生长发育和营养状况是否正常，有何主要优缺点。在获得一个轮廓认识后，再接近畜体，详细审查各个重要部位。最后根据观察印象，综合分析，定出等级。

肉眼鉴定的优点是不受时间、地点等条件的限制，不需特殊器械，简便易行；鉴定时，家畜也不至于过分紧张，可以观察全貌，很容易抓住缺陷和特征。但是，肉眼观察的缺点是鉴定时，对鉴定人员有较高要求，必须具有丰富实践经验，并对所鉴定家畜的品种类型、外形特征要有正确的掌握；鉴定时难免带有主观性，不同的人对同一家畜会得出不同的评价。

（2）测量鉴定：体尺测量是用测量工具（测杖、圆形测定器、测角计和卷尺等）对畜禽的各部位进行测量和简单计算。体型外貌评定中要测量的体尺指标一般有：体高（耆甲高）、背高、荐高、臀端高、体长（体斜长）、胸深、胸宽、腰角宽（髋宽）、臀端宽（坐骨结节宽）、头长、最大额宽、头深、胸围、管围等。

4. 线性评定　在 70 年代后期，美国奶牛人工授精育种者联合会提出了一种用于奶牛的新的体型评定方法，即体型线性评定，与对生产性状的测定一样，这种评定方法是完全客观性的，并且可用相同的统计学方法对评定结果进行分析。这个方法原则上也同样适用于其他畜种，下面以乳牛为例进行说明。

（1）体型线性评定的意义：现代奶牛育种主要从性能和体型两方面进行评定。人们对体型重要性的认识在不同的阶段有所不同，如在1976年美国制定的总性能指数时，体型和产奶量各占权重的50%；随后，由于认为体型与产奶量为弱的正相关，甚至为负相关，故美国在1987年1月制定的总性能指数时，乳蛋白量和乳脂量各占权重的40%，而体型仅占20%；由于一味强调对性能的选择，引起奶牛体质衰弱、寿命缩短，导致了现在各国对体型的重新认识，如美国在1989年7月开始执行的总性能指数的制订方案中，体型开始与乳蛋白和乳脂量有同等重要的地位，而加拿大从1988年8月起开始使用的总遗传值指数中，体型占权重的50%。

体型的重要性在经历低谷后已开始回升，放到了与性能同等重要的地位。人们之所以愈来愈重视体型，第一，从育种目标上考虑，人们需要的是高产、健康、长寿的牛群。而实践已经证明，具备合格功能体型的牛群生产性能好，经济效益高，选出优秀体型的牛群，可以提高全群的产奶量。例如，在奶牛业先进的国家和地区，各种赛牛会很多，参赛的未经产牛追踪其表现也很好，如日本北海道赛牛会上的后备母牛，在投产后的奶量都大大高于同期同龄牛。另外，许多试验也证明，体型性状的表现与健康状况、寿命长短及繁殖率都有很大的相关。第二，由于社会和奶牛业的发展，机械化集约化程度的提高，要求有标准体型以适应机械化挤奶和高效率生产管理。第三，通过体型评定，可以缩短育种年限，提早选育公牛。例如，由于对功能体型成熟的研究，公牛在2岁时进行鉴定，已可对公牛性能进行大致评估。

（2）线性性状评定的基本方法：现代的体型鉴定即线性评定要求母牛在2~6岁进行，可每年一次。亦即24~72月龄的牛，最好是处于2~5泌乳月。采用的评分体制主要是美国和日本的50分制及加拿大和联邦德国的9分制，中国奶牛协会规定使用前者。无论何种体制，所评定的主要性状都是一致的。牛群鉴定前，先由助手对奶牛名号与斑纹确认，并且鉴定员逐头过目，观察头颈有无异常，然后才正式开始评定。注意性状的线性评分与奶牛的年龄、泌乳时期、饲养管理无关。以各性状的假定平均值为25分，评分要拉得开，不要常评成25附近的分数。对某一性状的评定，也不要联系其他性状。未投产牛、干奶牛、产犊后、疾病的牛一般不鉴定。

线性评定方法基本形成了国际性的统一标准。但各国在测定性状的选择上以及对各个性状的重视程度上有所不同。在中国，一般将奶牛的体型性状分为两级，一级性状共15个，归纳为5个部分：①体型部分：体高、强壮度、体深、棱角清秀度；②尻臀部：尻角、尻长、尻宽；③肢蹄部：后肢侧望、蹄角度；④乳房部：前房附着、后房高度、后房宽度、乳房悬垂形状、乳房深度；⑤乳头部分：乳头配置后望。此外，在以上5个部分中还包含14个二级性状。

对上述性状进行线性评分，评分是用1~50分来描述体型性状从一个极端到另一个极端不同程度的表现状态。这种线性评分的大小仅是代表性状表现的程度，不能直接用其数值大小说明性状的优劣，因为有些性状处在一个极端为最佳，而另外一些性状则处在中间状态为最好。因此还需将线性评分转化为功能分，功能分为百分制。

在得到各一级性状的等级得分后，还要进一步将有关性状的得分加权合并成一般外貌、乳用特征、体躯容量和泌乳系统四个特征性状的得分（表7-1），最后将各特征性状得分再加权合并为体型整体得分（表7-2）。

表7-1 特征性状评分的权重构成

特征性状	一般外貌	权重（%）	乳用特征	权重（%）	体躯容积	权重（%）	泌乳系统	权重（%）
	体高	15	棱角性	50	体高	20	前房附着	20
	胸宽	10	尻角度	10	胸宽	30	后房高度	15
	体深	10	尻宽	10	体深	30	后房宽度	15
性状	尻角度	15	后肢侧视	10	尻宽	20	悬韧带	15
	尻宽	10	蹄角度	10			后房深度	25
	后肢侧视	20	尻长	10			乳头位置	10
	蹄角度	20						

表7-2 整体评分合成

特征性状	一般外貌	乳用特征	体躯容积	泌乳系统	合　计	等　级
权重（%）	30	15	15	40		
功能分						
加权得分						

根据母牛的整体评分进行等级评定，按以下标准划级定等。90~100分优秀（EX）；85~89分良好（VG）；80~84分佳（G+）；75~79分好（G）；65~74分中（F）；51~64分差（P）。

三、家畜生产性能测定

（一）家畜生产力的概念

家畜生产力的概念包括两个方面：一方面是指家畜生产各种畜产品的数量和质量；另一方面是指家畜生产畜产品过程中利用饲料和设备的能力。也就是说，我们饲养家畜的目的是希望家畜能生产出数量更多，品质更好的畜产品，并且也要求家畜能最有效和最经济地进行生产。

（二）家畜生产力评定的意义

可根据生产力按质分群，优畜优饲，做到科学养畜，并有助于查清妨碍生产力发展的有关因素；评定动物生产力对指导畜牧业生产，改进劳动组织，搞好经营管理也有很大帮助；同时可为选种提供依据。

（三）家畜生产性能测定的形式

家畜生产性能测定的基本形式，根据测定场地可分为测定站测定与场内测定；根据测定个体和评估对象间的关系可分为个体测定、同胞测定和后裔测定；根据测定对象的规模可分为大群测定和抽样测定。

1. 测定站测定与场内测定

（1）测定站测定：指将所有待测个体集中在一个专门的性能测定站或某一特定牧场来统一测定。如：四川省种猪性能测定中心（省畜科院）。

优点：①被测定家畜在同样的环境条件下进行测定，控制了环境条件的变异对家畜生产性能的影响；②容易保证做到中立性和客观性；③便于大型、特殊设备的配备和管理

（如自动计料器）。

缺点：①成本较高；②测定规模有限，因而选择强度也相应较低；③在被测个体的运输过程中，易传播疾病；④由于"遗传－环境互作"，使测定结果与实际情况产生偏差，代表性不强。由于我们选出的种畜是要在生产条件下使用的，因而在用测定站测定的结果来选择种畜时要特别谨慎。

（2）场内测定：指直接在各个生产场内进行性能测定，不要求时间的一致。通常强调建立场间遗传联系，以便于进行跨场遗传评定。建立场间遗传联系的方法是各场使用共同公畜或母畜的后代，以比较和剔除场间效应。场内测定的优缺点正好与测定站测定相反，

现阶段通常将测定站测定与场内测定两种方法结合使用。常规生产性状采用场内测定，需要特殊设备和有测定难度的性状采用测定站测定。

2. 个体测定、同胞测定和后裔测定

（1）个体测定：对需要进行遗传评估的个体进行性能测定。

（2）同胞测定：对需要进行遗传评估的个体的全同胞或半同胞进行性能测定。

（3）后裔测定：对需要进行遗传评估的个体的后裔进行性能测定。

以上各种方法的采用因测定对象而定，但现代育种学理论中，例如 BLUP 法，强调利用所有亲属的资料，故有条件的情况下可将各种方法结合使用。根据不同畜种、不同性别、不同性状的特点，对这三种测定方式的侧重不同。

3. 大群测定和抽样测定

（1）大群测定：对种畜群中所有符合测定条件的个体都进行测定。其目的是为个体遗传评定提供信息。测定个体越多，则选择强度就越大，遗传进展越快。

（2）抽样测定：从参加测定的每个品种（系）中随机抽取一定数量的个体，在相同环境中进行性能测定。主要用于评定杂交组合的生产性能，以寻找最佳杂交组合用于商品生产。

（四）家畜生产性能种类

由于家畜种类不同，品种繁多，用途及特性各异，因而它们的产品也各不相同。一般情况下，可将家畜生产力分为六大类：即产肉性能、产乳性能、产毛性能、产蛋性能、繁殖性能、役用性能，不同类型的生产性能测定时所选用的性能指标是不同的。

（五）评定各类生产性能的主要指标

1. 产肉性能指标

（1）活重

指动物宰前的活体重量。由于相同活重的个体产肉量相差很大，因此，常根据某种动物一定年龄时的体重大小作为评定的指标。

（2）经济早熟性

以达到适宜屠宰体重时的年龄为评价指标。如，荣昌猪达 90kg 屠宰体重的时间为：原种 240 天，选育种（新荣 I 系）183 天；外种猪达 110kg 体重所需时间约 175 天。

（3）日增重：指平均日增重（ADG）。

$$ADG = \frac{测定结束时的体重 - 测定开始时的体重}{测定天数}$$

在同等条件下，日增重的高低主要取决于品种的遗传基础、营养水平、环境温度等

因素。

（4）饲料利用率

这项指标在中国多以育肥期中平均每单位增重的饲料消耗量来表示，有料肉比和饲料转化率两种表示方法。一般，猪的料肉比为：外种猪（2.2~3.0）:1，地方品种（3.4~4.0）:1；肉鸡为（2.0~2.6）:1。

$$料肉比 = \frac{育肥期消耗饲料量}{育肥期总增重量}$$

$$饲料转化率 = \frac{总增重量}{总消化饲料量} \times 100\%$$

（5）屠宰率

屠宰率的遗传力中等偏上。猪的屠宰率为72%~75%，$h^2 = 0.31$；肉牛、羊屠宰率为50%左右，肉牛屠宰率的遗传力 $h^2 = 0.46$。

$$屠宰率 = \frac{胴体重（kg）}{活重（kg）} \times 100\%$$

胴体重的计算方法不统一，一般是指去头、四肢下段（腕关节和飞关节以下）、内脏（保留板油和肾脏）、皮（猪去毛不去皮），冷却24小时后的重量。但有些国家把头的重量也算在胴体内。屠前活重是指屠宰前禁食24小时后的体重。

（6）胴体长

屠宰开膛后，从趾骨联合前缘中点至第一颈椎前缘中点的长度。胴体长与瘦肉率呈正相关。

（7）净肉率

屠体去骨后的全部肉脂重量为净肉重，以净肉重与活重之比为净肉率。它说明畜体可食部分的多少，多用于牛、羊。

（8）瘦肉率

对胴体进行分割测定（瘦肉率、脂肪率、骨率等），不包括板油和肾脏。将左侧胴体按后腿、前肩、胸腰和腹部分成4大块，分离各块的皮、骨、肉和皮下脂肪，瘦肉总重占左侧胴体重的百分比即为瘦肉率。

$$瘦肉率 = \frac{瘦肉重（kg）}{胴体重（kg）} \times 100\%$$

（9）背膘厚

指背上皮下脂肪的厚度，是选择瘦肉率的一个间接（辅助）指标。可活体测定，也可屠宰后测定，测定方法有三种：

三点平均法：用肩部最厚处（第二、三胸椎间）、胸腰结合处、腰荐结合处三点背膘厚度的平均值来表示。

两点平均法：用胸腰结合处、腰荐结合处两点背膘厚度的平均值来表示。现在用得较多。

一点法：用倒数第三、四肋骨间的背膘厚度表示。

（10）眼肌面积

指胸腰结合（最后一片肋骨）处眼肌的横断面积。其计算公式为：

眼肌面积 = 长 × 宽 × 0.7 或 0.8。其为遗传力中上等，猪的眼肌面积遗传力一般为 $h^2 =$

0.48，牛的眼肌面积遗传力一般为 $h^2 = 0.60$。眼肌面积与瘦肉率呈强正相关。

注意：测量眼肌面积时要将背最长肌放平。

(11) 肉的品质

①应激敏感性测定：应激是指机体受到体内外非特异的有害因子（应激原）的刺激所表现的机能障碍和防御反应（Hans，1935）。动物在生命活动过程中具有保持机体内环境稳定的能力，即使在遭受外界刺激产生应激作用情况下，也能依靠本身的自动平衡机制来维持机体的平衡状态。但应激过度即机体受到长时间或高强度的应激刺激时，就会产生严重的不良影响，如生产性能下降、发病、甚至死亡，即发生应激综合征（stress syndrome）。猪在应激情况下可能会出现应激综合征，主要表现为：

PSE 肉：指猪屠宰后肌肉的颜色苍白（pale），质地松软无弹性（soft）和汁液渗出（exudative），是劣质肉的主要特征。应激敏感猪宰后 60% ~70% 产生 PSE 肉。PSE 肉宰后 45 分钟 pH 值低于 5.8~5.9，系水力在 60% 以下，肌肉颜色反射值在 25% 以上，肌肉纹理粗糙，肌肉块互相分开，是 PSS 在肉质上的综合表现。

DFD 肉：如猪在屠宰前所受的应激强度较小而时间较长，肌糖原消耗较多，体内产生的乳酸少，被呼吸性碱中毒中和，肌肉则出现切面干燥（dry）、质地较硬（firm）和色泽深暗（dark），是劣质肉的另一种表现。

恶性高热综合征（MHS）：是指应激敏感猪吸入麻醉剂（如氟烷、氯仿等）或注射肌肉软弛剂诱发的一种综合征候群；猪体温升高至 42~45 ℃，呼吸急促，心跳过速，代谢亢进，肌肉僵硬，四肢强直，全身颤抖，机体内水分和电解质代谢紊乱，肌肉中乳酸大量积累引起代谢性酸中毒。

氟烷测定法：氟烷（CF3CHBrC1）是一种麻醉剂，氟烷测验（halothane testing）是指借助麻醉仪，使幼猪吸入混有氟烷的氧气以观察其反应，从而推断应激敏感性。氟烷测验条件基本上采用 Eikelenboom 和 Christion 所介绍的方法。氟烷浓度 3%~5%，氧气流量 1~5 升/分，测试猪年龄 8~12 周龄，麻醉时间 1~5min。吸入氟烷 1~3min 背最长肌和股部肌群发生渐进性肌肉痉挛以至僵直，四肢强直，即判断氟烷阳性猪（HP）；凡吸入氟烷 3min 仍不出现肌肉强直现象，四肢自然松弛或弯曲，则为氟烷阴性猪（HN）。一旦判为阳性反应就立即停止氟烷吸入，以免诱发难以恢复和可能致死的恶性高热综合征（MHS）。

基因诊断法：猪 *RYR*1 基因 cDNA 的克隆和序列分析的结果，为 PSS 的分子鉴别提供了契机。可以根据 cDNA 序列，设计一组特异引物，采用 PCR 技术扩增含有突变区（C1843→T）的 DNA 片段，再用限制性内切酶（*Hinp*I 或 *Hgi*AI）进行消化，然后根据酶切片段大小来鉴别 CRC 基因型，即 PCR-RFLP 分析技术。

②pH 值：是衡量肉质的重要指标，与肉色、肉味密切相关。现主要用于猪肉品质检测，测定猪倒数第三、四肋间眼肌的 pH 值。正常猪肉：pH1（宰后 45 分钟内）= 6.1~6.4，5.5~5.9 为轻度 PSE 肉，5.5 以下为 PSE 肉；pH2（宰后 4℃ 保存 24 小时）< 6.0，pH2 > 6.0 为 DFD 肉。

③肉色：肌肉色泽决定于血红蛋白和肌红蛋白的总量。牛的脂肪色泽决定于黄色素多少，肉色一般随年龄而加深，幼年色浅，老年色深。

屠宰后 2h 内，在胸腰结合处取新鲜背最长肌横断面，目测肉色，对照标准肉色图评分：1 分——灰白色，2 分——轻度灰白色，3 分——亮红色，4 分——稍深红色，5

分——暗红色。以 3 分为最佳，2 分和 4 分仍为正常，1 分则趋于 PSE 肉，5 分则趋于 DFD 肉。也可用仪器（分光光度计和肉色计）客观地度量肉色。

④肉味：用腰大肌测定熟肉率后品尝肉味。

⑤系水力：宰后肌肉保持水分不向外渗漏的能力。一般以失水率表示。用标准取样器取下一块 2cm 厚、面积为 5cm^2 的眼肌肉样，加 35kg 压力压 5 分钟后，计算失水率。

$$失水率 = \frac{压后重}{压前重} \times 100\%$$

⑥大理石纹：肌肉大理石纹反映肌肉纤维之间脂肪的含量和分布，是影响肉口味的主要因素。评定方法是家畜宰后将腰部眼肌置 4℃ 保存 24 小时后，看其横断面中所含脂肪的多少，用标准比色板目测评分：1 分——脂肪呈极微量分布，2 分——脂肪呈微量分布，3 分——脂肪呈适量微量分布，4 分——脂肪呈较多量分布，5 分——脂肪呈过多量分布。

2．产乳性能指标

（1）产乳量指标

衡量乳用家畜产乳量的指标主要有年产乳量（自然年度产乳总量）、泌乳期产乳量（从产仔到干乳期总产乳量）、305 天产乳量（牛）和成年当量（校正到第 5 胎的产乳量）等。

牛的产乳量一般以 305 天产奶量计，这样确定的理由是每头母牛年产一次犊，除产乳期外还有两个月的干乳期，便于母牛恢复体力，有利于下一个泌乳期产奶。产乳不足 305 天或超过 305 天者予以校正（校正方法见后）。产乳量的测定可逐日逐次测定并记录，也可每月测一次，共测 10 次（每次测定的间隔时间要均匀），将 10 次测定值的总和乘以 30.5 即为 305 天产乳量（误差约为 2.7）。

成年当量是指将各个产犊年龄的泌乳期产奶量校正到成年时的产奶量，称为成年当量。目的是校正胎次对产奶量的影响，我国校正到第 5 胎时的产奶量。影响产乳量的因素除品种、营养水平外，还有产乳胎次、每天挤乳次数等因素。母牛第一、第二两胎产乳量较低，第四至第六胎最高，然后又逐渐下降。每天挤奶次数不同，产乳量也有差别。国外除少数牛群日挤奶 3 次外，一般挤奶两次。我国大多数乳牛日挤奶 3 次。

（2）乳成分含量的度量指标

乳脂率、乳脂量、4% 或 3.5% 标准乳。

①乳脂率：乳脂率即乳中所含脂肪的百分率，是乳品品质的重要指标。我国规定，黑白花奶牛全泌乳期中在第 2 个月、第 5 个月及第 8 个月分别测定 3 次乳脂率。最后计算全泌乳期平均乳脂率时，不能以各次测定的乳脂率直接相加来平均，而必须按下列公式进行加权平均。

$$乳脂率 = \frac{\sum (F \times M)}{\sum M} \times 100\%$$

式中：F 为实际测定的乳脂率；

M 为该次取样期内的产乳量。

乳脂率与产乳量呈强负相关，乳脂率的高低因品种不同而异，同时存在个体差异。因此，单凭乳脂率或产乳量来衡量乳牛的泌乳能力不便于比较，有必要校正到同一标准——4% 标准乳。

②4% 标准乳量：1986 年将标准乳定义加以改进，改为：4% 标准乳量（kg）=（0.4 + 15F）M

其中：0.4：表示 1kg 脱脂乳的发热量为乳脂率是 4% 的等量乳发热量的 0.4 倍；

15：表示 1kg 乳脂的发热量为 1kg 4% 标准乳发热量的 15 倍；

F：为实测乳脂率；

M：为产乳量。

例如，甲牛产奶量 5 100kg，乳脂率为 3.4%，乙牛产奶量 4 500kg，乳脂率 5%。将其换算成 4% 标准乳

甲牛：4% 标准乳 =（0.4 + 15 × 0.034）× 5 100 = 4 641（kg）

乙牛：4% 标准乳 =（0.4 + 15 × 0.05）× 4 500 = 5 175（kg）

显然，乙牛的产乳力比甲牛高些。

（3）泌乳均衡性

泌乳均衡性与产乳量密切相关，从泌乳曲线可判断泌乳均衡性。

从 1 个泌乳期看，最高月产出现的早晚与维持时间的长短是影响泌乳均衡性主要指标；从终生泌乳曲线看，第 4~6 个泌乳期产乳量最高（较好）时，泌乳曲线较平稳。

（4）挤奶能力测定

①排乳速度：指一定泌乳阶段平均每分钟的泌乳量。通常校正为第 100 个泌乳日的标准平均每分钟泌乳量。矫正公式为：

标准乳流速 = 实际乳流速 + 0.001 ×（测定时的泌乳日 − 100）

②前后房指数：在一次挤奶过程中，前乳区的挤奶量占总挤奶量的百分比。用于度量各乳区泌乳的均衡性。

（5）次级性状测定

次级性状（secondary trait）：指那些具有较高经济价值，但遗传力较低或难以测定的性状，如繁殖性状、抗病性状、使用年限等。在此只介绍几个主要的次级性状。

①配妊时间：产后第一次输精到配上种的输精间隔时间。

②不返情率（non − return − rate）：指一头公牛的所有与配母牛在第一次输精后一定时间间隔（如 60~90 天）内不返情的比例。用于衡量公牛配种能力的指标。类似于情期一次受胎率。

③乳房炎抵抗力：乳房炎（mastitis）是由多种细菌（主要是链球菌和金黄色葡萄球菌）感染所引起的一种乳腺炎症。影响产奶量（降低 20% 左右）、降低牛奶质量。测定方法：兽医临床诊断、牛奶中的体细胞计数。

④使用年限：指乳用家畜在群中的实际使用年限。

3. 产毛性能指标

产毛的动物有绵羊、山羊和骆驼，但以绵羊为主。评定重点有剪毛量、净毛率、毛的品质、裘皮和羔皮品质等。

（1）剪毛量：从一只毛用家畜身上剪下的全部毛的总重量。剪毛量的遗传力中等，绵羊 h^2 为 0.3；长毛兔 h^2 为 0.53。剪毛量主要受品种和营养条件的影响，粗毛品种剪毛量低，细毛品种剪毛量多。一般是在 5 岁以前逐年增加，5 岁以后逐年减少。公羊的剪毛量高于母羊。

公羊剪毛量＞母羊的，公兔剪毛量＜母兔的。

（2）净毛率：去掉毛上的油汗、尘土、粪渣、草料屑等杂质后的毛量称为净毛量。净毛量占剪毛量的百分比叫净毛率。羊净毛率的遗传力 $h^2 = 0.4$。

$$净毛率 = \frac{净毛重}{污毛重} \times 100\%$$

（3）毛的品质：毛的品质受毛的长度、细度、密度、匀度等影响。

①长度：肩胛后缘一掌、体侧中线稍上处皮肤表面至毛顶端的自然长度。一般用钢尺量取羊体侧毛丛的自然长度。细毛羊要求在 7cm 以上。

②细度：畜牧学上以毛的直径表示，以"μm"为单位。工业上以"支"来表示，即 1kg 毛能纺出多少个 1 000 米长的毛纱就叫多少支。毛纤维越细，则支数越多。

③密度：单位面积皮肤上着生毛的根数。毛密度具有品种和部位的差异。

④匀度：指毛纤维的均匀程度，包含部位匀度和同一根毛上、中、下段的匀度两层意思。

⑤裘皮与羔皮品质：总体要求是轻便、保暖、美观。具体指标有：皮张面积、皮张厚度、粗毛与绒毛的比例、光泽、卷毛的大小与松紧、弯曲度、图案等。

⑥油汗：是皮脂腺和汗腺分泌物的混合物。对毛纤维有保护作用。油汗以白色和浅黄色为佳，黄色次之，深黄和颗粒状为不良。

4．产蛋性能指标：主要有产蛋量和蛋的品质。

（1）产蛋量：指一定时间内的产蛋个数。常用开产至 40 周龄、55 周龄、72 周龄等时段的累计产蛋数表示。

（2）蛋重：有每枚蛋重与总蛋重（产蛋总重）之分。每枚蛋重以平均数计。总蛋重指一定时间范围内的产蛋总重量。蛋重具有品种特征，同时受营养水平、年龄、产蛋窝次等影响。

（3）料蛋比：产蛋鸡在一定年龄阶段饲料消耗量与产蛋总量之比。

（4）蛋的品质：影响蛋的品质的指标主要有蛋形、蛋壳的色泽、蛋壳的厚度等。

①蛋形：以蛋形指数 ［＝（蛋宽/蛋长）×100％］ 表示。蛋形指数以 72％ ～76％ 为宜。过大或过小在孵化和运输过程中的破损率都会增加。

②蛋壳色泽：受品种和营养成分的影响。色斑或血斑蛋的经济价值和种用价值均降低。

③蛋壳厚度：与运输、孵化过程中蛋的破损率直接相关。一般以 0.244 ～0.373mm 间为宜，可直接测定或用漂浮法测定。

5．繁殖性能指标

繁殖性能——即繁殖力，指单位时间内家畜繁殖后代的能力，包括数量和质量。繁殖力有潜在繁殖力（用产生的成熟性细胞数来表示）、实际系列力（用分娩时出生的活仔畜数表示）、有效繁殖力（用实际投产的后代数表示）。

（1）单胎家畜的繁殖力：以群体为单位计算

①受胎率：为受胎母畜与参加配种母畜数之比，可反映配种效果的情况。公式为：

$$受胎率 = \frac{受胎母畜数}{参加配种母畜数} \times 100\%$$

②情期受胎率：反映一个情期的配种效果。公式为：

$$情期受胎率 = \frac{情期受胎母畜数}{参加配种的母畜数} \times 100\%$$

③繁殖率：说明适龄母畜的产仔情况，也反映畜群配种和保胎工作的效果。公式为：

$$繁殖率 = \frac{全部出生仔畜数}{参加配种母畜数} \times 100\%$$

④成活率：反映对幼畜护理和培育的工作效果。计算公式为：

$$成活率 = \frac{断奶时成活仔畜数}{全部出仔畜数} \times 100\%$$

⑤总增率：主要反映畜群饲养管理和经营管理工作的情况，也是衡量用于扩大再生产数量多少的一个指标。计算公式为：

$$总增率 = \frac{(当年仔畜成活数 - 当年死亡成幼畜数)}{年初畜群总数} \times 100\%$$

⑥纯增率：它说明畜群在本年度内的增减情况，也是衡量用于扩大再生产数量多少的一个指标。计算公式为：

$$纯增率 = \frac{(年末总头数 - 年初总头数)}{年初总头数} \times 100\%$$

（2）多胎家畜的繁殖率指标

①产仔数：指窝产仔数，包括产仔总数和产活仔数两个次级指标。是低遗传力性状，具有品种特征。

②初生重：指初生个体重，现已少用。

③初生窝重：同窝初生各个体重量之和。

④泌乳力：猪以 20 日龄窝重表示。

⑤断奶窝重：猪断奶时间因不同饲养管理水平而定。早期断奶时间有 7 天、14 天或 21 天，常规断奶时间为 28 天或 35 天，农村饲养条件下的断奶时间在 45 ~ 60 日龄之间。

（3）家禽繁殖性能指标

①受精率：指入孵蛋中受精蛋所占比例。

②孵化率：指种蛋孵化后出壳雏鸡所占的比例，又可分为入孵蛋孵化率和受精蛋孵化率。

（六）影响家畜生产性能的因素

影响家畜生产性能的因素有两个方面，一是包括家畜饲养管理条件在内的外在因素；二是家畜年龄、性别、个体大小、利用年限等内在因素。在家畜生产过程中，利用有利因素，避开不利因素，发挥家畜的最大生产性能。

（七）评定家畜生产性能的原则

（1）全面性：在评定家畜生产力的同时，应兼顾畜产品的数量、质量和生产效率。

（2）一致性：家畜生产力受到各种内外因素的影响，所以在评定家畜的生产力时要在同等条件下进行比较、评定，做到公平、合理。

四、系谱测定

（一）系谱的概念

系谱是指记载种畜祖先名字、编号、生产成绩和外貌鉴定结果等的原始记录。系谱上的记录是来源于育种工作的日常记录，诸如繁殖配种记录、产仔记录、称重记录、体尺测量、产品产量、饲料消化等原始记录。由于系谱是记录祖先的资料早于本身记录，因此，系谱测定可用于早期选择。

（二）系谱的编制方法

1. 竖式系谱（直式系谱）　竖式系谱编制时，种畜的畜号或畜名记在上面，下面是父母代，再向下是祖代，以此类推，同一代中的公畜记在右侧，母畜记在左侧。系谱中间画出双线。竖式系谱各祖先血统关系的模式：

种畜的名字或畜号

母				父				I 亲代
外祖母		外祖父		祖母		祖父		II 祖代
外祖母的母亲	外祖母的父亲	外祖父的母亲	外祖父的父亲	祖母的母亲	祖母的父亲	祖父的母亲	祖父的父亲	III 曾祖代

祖先的生产性能填写在相应的位置，系谱中的生产成绩，可按 2008 – I – 305 – 4556 – 3.6 的方法来缩写，即 2008 年第一胎，305 天产乳 4 556kg，乳脂率为 3.6%。同样，对体尺指标也可按 136 – 151 – 182 – 19 的方法来缩写，即为体高 136cm，体长 151cm，胸围 182cm，管围 19cm。

2. 横式系谱（括号式系谱）　它是按子代在左，亲代在右，公畜在上，母畜在下的格式来填写的。系谱正中可划一横虚线，表示上半部为父系祖先，下半部为母系祖先，生产性能记录的简写同竖式系谱。横式系谱各祖先血统关系的模式：

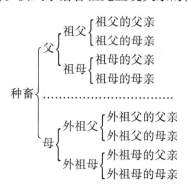

3. 系谱测定的运用　用过查阅各世代的祖先的生产性能、外貌鉴定和其他资料，估计家畜的种用价值，同时了解祖先的近交情况。还可以通过了解系谱中祖先的选配情况，为今后的家畜选配提供借鉴。在运用系谱测定的时候，首先注意的是父母代资料，然后是祖代资料，以此类推。同代资料相互比较。如果在系谱中一代比一代好，在评定的时候要给予较高的重视。系谱测定不是针对某一性状，它是全面比较，但主要着重在家畜的缺点方面，例如，查看祖先中是否有遗传缺陷、性能低劣者、近交等情况。系谱测定重点放在祖先的外貌和生产性能上，主要用在种畜处在幼年或青年期，本身没有生产性能资料，如

果单独用系谱选择，对畜群的改良作用不大，应该和其他选种方法结合在一起使用。

第二节 质量性状的选择

一、质量性状的概念

质量性状是指个体间没有明显的量的区别而表现非连续性变异的性状，各变异类型间存在明显区别，能够直接加以描述的性状。其遗传规律符合孟德尔经典遗传学理论。例如：角的有无，花的颜色，血型等。

二、质量性状的选择方法

控制质量性状的基因一般都有显隐性之分（少数无显隐性，但可由表现型直接判断其基因型），选择相对简单，可根据简单的孟德尔定律进行遗传分析。选择可以引起基因频率发生变化，主要根据 Hardy – Weinberg 定律来进行选择效果的评定。

（一）对隐性基因的选择

对隐性基因的选择意味着淘汰显性基因，包括对显性个体和杂合体的淘汰。为便于阐明选择原理，以一对等位基因为例加以说明。假如某一对相对性状，其等位基因为 A 和 a，A 对 a 为完全显性。基因型为 AA，Aa 和 aa，AA 和 Aa 的表型相同，都表现为显性性状，群体初始的基因型频率为 D = p2，H = 2pq，R = q2。现在选择隐性基因则保留全部隐性纯合个体，淘汰显性个体和杂合体。设淘汰率为 S，则留种率为 1 – S，经过 1 代选择后，基因频率发生变化，有关情况见表 7 – 3。

表 7 – 3　选择隐性基因，淘汰显性基因时，后代基因频率的变化

基因型	AA	Aa	aa
初始频率	p_0^2	$2p_0q_0$	q_0^2
留种率	$1 - S$	$1 - S$	1
选择后频率	$\dfrac{p_0^2(1 - S)}{1 - S(1 - q_0^2)}$	$\dfrac{2p_0q_0(1 - S)}{1 - S(1 - q_0^2)}$	$\dfrac{q_0^2}{1 - S(1 - q_0^2)}$

注：选择后的基因型频率 $= \dfrac{原始群体基因型频率 \times 留种率}{\sum(原始群体基因型频率 \times 留种率)}$

经过一代的选择后，隐性基因频率为 $q_1 = \dfrac{1}{2}H_1 + R_1 = \dfrac{q_0 - S(q_0 - q_0^2)}{1 - S(1 - q_0^2)}$

若 S = 0，则 $q_1 = q_0$，此时群体处于自然平衡状态；若 S = 1，则 $q_1 = 1$，即当显性个体淘汰率达到 1 时经过一代选择，只要没有突变发生且基因的外显率为 100%，则下一代隐性基因的频率就可以达到 1。所以，选留纯合隐性个体是比较容易的，选择进展很快。

（二）对显性基因的选择

1. 根据表型淘汰隐性个体　在育种工作中，选择显性基因，目的是淘汰隐性有害基因。一般来说，隐性有害基因在群体中的频率不高，但一旦选留了杂合体作种畜，则会使群体中隐性有害基因频率迅速增加。如海福特牛若是侏儒症（隐性纯合致病）基因的杂合体，则具有粗壮而紧凑的体躯和清秀的头部，更容易被选留作种用，导致该基因的扩散。

由于杂合体的表型与显性个体表型相同，所以在群体中彻底清除隐性基因是比较困难的。表 7-4 归纳了选择显性基因、淘汰隐性基因时基因频率的变化情况。

表 7-4　选择显性基因，淘汰隐性基因后代基因频率的变化

基因型	AA	Aa	aa
基因型频率为	p_0^2	$2p_0q_0$	q_0^2
留种率	1	1	0
选择后基因型频率	$\dfrac{p_0^2}{p_0^2 + 2p_0q_0}$	$\dfrac{2p_0q_0}{p_0^2 + 2p_0q_0}$	0

则经过一代选择后，隐性基因 a 的频率为 $q_1 = \dfrac{p_0q_0}{p_0^2 + 2p_0q_0} = \dfrac{q_0}{1 + q_0}$

经过两代选择后，隐性基因 a 的频率为 $q_2 = \dfrac{q_1}{1 + q_1} = \dfrac{q_0}{1 + 2q_0}$

经过 n 代选择后，隐性基因 a 的频率为 $q_n = \dfrac{q_0}{1 + nq_0}$，则：$n = \dfrac{q_0 - q_n}{q_0q_n} = \dfrac{1}{q_n} - \dfrac{1}{q_0}$

例如：假设某群体 10 000 个个体中有一隐性纯合子个体，每代淘汰隐性纯合子个体，将隐性基因频率降低一半需要多少代？

$$n \frac{q_0 - q_n}{q_0q_n} = \frac{1}{q_n} - \frac{1}{q_0} = \frac{1}{\frac{1}{200}} - \frac{1}{\frac{1}{100}} = 100$$

如果家畜的世代间隔较长，则所需时间非常长。可见选择进展非常缓慢。故单纯根据表型淘汰隐性纯合子个体不能彻底剔除隐性基因。

2. 应用测交淘汰杂合个体　杂合体是隐性基因的携带者，要想有效淘汰隐性个体，最常用、最有效的办法是测交法。测交方法如下：

（1）被测公畜与隐性纯合子母畜交配：就一对等位基因而言，如公畜为杂合子，其后代中出现显性纯合子的概率为 0.5。若有 n 个后代，则这 n 个个体都为显性纯合子的概率为 $\left(\dfrac{1}{2}\right)^n$。

当 $\left(\dfrac{1}{2}\right)^n \leqslant 5\%$ 时，n≥5，即是说，被测公畜与隐性纯合子母畜交配，所生 5 个后代均表现为显性时，有 95% 的把握判定该公畜为显性纯合子。

当 $\left(\dfrac{1}{2}\right)^n \leqslant 1\%$ 时，n≥7，即被测公畜与隐性纯合子母畜交配，所生 7 个后代均表现为显性时，有 99% 的把握判定该公畜为显性纯合子。

这种方法所需测交头数最少，但前提是隐性纯合个体能够活到成年，且生存力、繁殖力不降低。

（2）被测公畜与已知为杂合体的母畜交配（Johansson，1963）：当隐性纯合子个体活不到成年或繁殖率过低时采用。

假设被测公畜为杂合子，此交配形式下，测交后裔表型为显性（包含显性纯合子和杂合子）的概率为 3/4，n 个后代均为显性的概率为 $\left(\dfrac{3}{4}\right)^n$。

当 $\left(\frac{3}{4}\right)^n \leqslant 0.05$（显著评准），n≥11，即所生 11 个后代无一隐性表型时，有 95% 把握判定被测公畜为非隐性基因携带者。

当 $\left(\frac{3}{4}\right)^n \leqslant 0.01$（显著评准），n≥16，即所生 16 个后代无一隐性表型时，有 99% 把握判定被测公畜为非隐性基因携带者。

（3）被测公畜与其女儿或与一已知为杂合子公畜的女儿交配：设被测公畜为杂合子，与配母畜中显性纯合子的比例为 D，杂合子比例为 H，后代数为 n，后代表现显性的概率为 P，则：

$$P = \left(D + \frac{3}{4} \times H\right)^n$$

例如：若与配母畜显性纯合子与杂合子各半，即 D＝1/2，H＝1/2；则：

$$P = \left(\frac{1}{2} + \frac{3}{4} \times \frac{1}{2}\right)^n = \left(\frac{7}{8}\right)^n$$

当 $P \leqslant 0.05$ 时，n≥23；即是说所生 23 个后代均表现显性，就有 95% 把握判定被测个体为显性纯合子。若是单胎动物，被测公畜至少要与 23 个符合条件的母畜交配。

当 $P \leqslant 0.01$ 时，n≥35；即是说所生 35 个后代均表现显性，就有 99% 把握判定被测个体为显性纯合子。若是单胎动物，被测公畜至少要与 35 个符合条件的母畜交配。

这种方法的优点是能够测定该公畜可能携带的全部隐性基因，缺点是容易造成较高的近交系数（25%），且所需女儿数量较大，单胎家畜难以办到。表 7-5 列出了单胎动物几种测交方法所需的最少的配偶数。表 7-6 列出了多胎动物几种测交方法所需的最少的配偶数与子女数。

表 7-5　单胎家畜测交所需最少配偶数

测交类型	最少配偶数	
	P＝0.05	P＝0.01
与隐性纯合子个体交配	5	7
与已知为杂合子的个体交配	11	16
与另一头已知为杂合子公畜的未经选择的女儿交配	23	35
与未经选择的女儿交配	23	35

表 7-6　多胎家畜测交所需最少配偶数和子女数

测交类型	所需最少配偶数		全部为显性表型个体的最少子女数	
	P＝0.05	P＝0.01	P＝0.05	P＝0.01
与隐性纯合子个体交配	1	1	共5个	共7个
与已知为杂合子的个体交配	1	2	共11个	共16个
与另一头已知为杂合子公畜的未经选择的女儿交配	5	8	10（每头母畜）	10（每头母畜）
与未经选择的女儿交配	5	8	10（每头母畜）	10（每头母畜）

（4）被测公畜与其未经选择的半姐妹交配：这样可测定该公畜是否携带从他父亲或其他共同祖先那里继承的任何隐性基因。但这种测交方法，并不能测定这头公畜可能由另一亲本所得的隐性基因。这种交配所产生的后代近交系数为 12.5%。进行测定所需的配偶数和子女数，与父亲和女儿交配时相同。

（5）让公畜与其全同胞交配，一测定来自双亲的任何隐性基因：这需要有足够数目（23～35个）的全同胞姐妹，牛、马就很难做到，而在猪上可能有这么多（重复选配5～7个胎次）。

（6）其他方法：也可以不测交，直接进行后裔调查，只要发现一头隐性个体，则其父母都是杂合子。

（7）分子生物学方法：如 PCR - RFLP 法。

（三）对杂合子的选择

杂合子不能真实遗传，一般不选杂合体做种用，但有时纯合显性和纯合隐性的表现都不理想，就只能选择杂合子做种畜。仍以一对基因（A，a）为例加以阐述。对杂合体进行选择时群体基因频率变化情况归纳为表7-7。

表7-7　选择杂合体，淘汰纯合体时基因频率的变化

由这对基因构成的基因型为	AA	Aa	aa
基因型频率为	p_0^2	$2p_0q_0$	q_0^2
淘汰率	S_1	0	S_2
留种率	$1-S_1$	1	$1-S_2$
选择后基因型频率	$\dfrac{p_0^2(1-S_1)}{1-S_1p_0^2-S_2q_0^2}$	$\dfrac{2p_0q_0}{1-S_1p_0^2-S_2q_0^2}$	$\dfrac{q_0^2(1-S_2)}{1-S_1p_0^2-S_2q_0^2}$

则经过一代选择后，隐性基因 a 的频率为：

$$q_1 = \frac{1}{2}H + R = \frac{p_0q_0 + q_0^2(1-S_2)}{1-S_1p_0^2-S_2q_0^2} = \frac{q_0(1-S_2q_0)}{1-S_1p_0^2-S_2q_0^2}$$

若 $\Delta q = q_1 - q_0 = 0$，即

$$\frac{q_0(1-S_2q_0)}{1-S_1p_0^2-S_2q_0^2} - q_0 = \frac{p_0q_0(S_1p_0-S_2q_0)}{1-S_1p_0^2-S_2q_0^2} = 0$$

群体处于平衡状态（$S_1p_0 = S_2q_0$），平衡时基因频率为：

$$q = \frac{S_1}{S_1+S_2}, \quad p = \frac{S_2}{S_1+S_2}$$

可见，基因频率总是向着中间趋于平衡，使两个等位基因都保存在群体中不消失。即当显性纯合子的淘汰率与显性基因频率之积等于隐性纯合子的淘汰率与隐性基因频率之积时，群体基因频率达到平衡。群体何时达到新的平衡，与群体初始频率无关，完全决定于两种纯合子的淘汰率。例如卡拉库尔羊银灰色羔皮较名贵，其显性纯合子有致死性，只能选留杂合子的银灰色羔羊作种用，淘汰黑色羔羊。所以不管原始群体基因频率如何，下一代基因频率 p = q = 0.5。如果每代都这样选择，则每一代都可以得到50%的银灰色羔羊。若不计死羔，则银灰色羔羊与黑色羔羊的比例为2：1。

（四）伴性基因的选择

遗传学研究表明，绝大部分的伴性基因仅被携带在一条性染色体上，即哺乳动物的 X 染色体或鸟类的 Z 染色体上，而且伴性基因所决定的多是表型等级分明的质量性状。因此，对某一伴性基因的判别和选择，主要通过对个体的表型辨别来实现。

鉴于在家禽生产中较好地应用了伴性基因，因此主要以鸡为例进行论述。在鸡的 Z 染色体上有着丰富的伴性基因，目前已经研究清楚的伴性基因包括：头纹基因（Ko - ko）、

真皮黑色素基因（Id－id）、芦花羽色基因（B－b）、眼色基因（Br－br）、出壳白－棕羽色基因（Li－li）、银－金羽色基因（S－s）、慢－快羽基因（K－k）、肝坏死基因（N－n）、矮脚基因（Dw－dw）和无翅基因（WL－wl）等。上述伴性基因之间均表现为显隐性遗传方式，因此不同性染色体组合类型，即 ZZ 和 ZW 在决定鸡个体性别的同时，Z 染色体上携带的伴性基因也随性别表现出特殊的遗传规律。在育种上常将伴性性状用于雏禽雌雄鉴别或其他方面。

1. 利用羽速基因进行选择 Serbrovsky（1922）首先发现雏鸡翅羽生长快慢受基因控制，具有伴性遗传规律后，Hertwig 指出雏鸡慢羽对快羽为显性。而羽速性状主要是受性染色体上一对基因（K 和 k）所控制，其中 k 基因决定快羽，K 对 k 为显性。根据伴性基因遗传规律，首先培育出伴性快、慢羽品种或品系，然后利用伴性快羽鸡为父本（Z^kZ^k），伴性慢羽鸡为母本（Z^KW）交配，遗传模式如下：

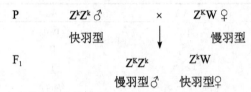

子一代 F_1 中，凡快羽者应为母雏，慢羽者应为公雏。因此，可在雏鸡出生 24 小时内鉴别快慢羽，凡主翼羽长于覆主翼羽者为快羽，而主翼羽短于覆主翼羽或等长者为慢羽。俞渭江等人（1992）利用贵州黄慢羽公鸡与已知快羽母鸡进行测交，选出纯合型慢羽公鸡（Z^KZ^K），从而培育出贵州黄鸡快慢羽两个自别雌雄配套系。之后分别用江苏省家禽研究所引进的隐性白和广西农学院引进的红布罗快羽型公鸡（Z^kZ^k）与贵州黄慢羽型母鸡（Z^KW）杂交，培育出国内优质杂交黄羽肉鸡——黔黄Ⅰ号、Ⅱ号商品代。此外，山西省畜牧研究所从星杂 288 中选育出白壳蛋鸡伴性快慢羽品系。北京市农业科学院畜牧所也培育出红育鸡的快慢羽品系，用以鉴别雏鸡的性别。

2. 利用矮脚基因（dw）进行选择 dw 基因是矮小基因中的一种，研究证明，其分子基础是由生长激素受体基因的缺陷所造成。由于 dw 基因能引起甲状腺功能降低，使鸡的体型变小，维持需要低，但生产性能比正常体型的鸡下降不多，甚至在有些方面有所改进，如产蛋性能好、饲料转化率高、死亡率低、种蛋的孵化率高等。此外，因矮小型鸡体型小，占用鸡舍面积小，可以适当加大饲养密度，降低饲养成本。还由于 dw 为一隐性伴性基因，位于 Z 染色体上，当纯合的矮小型公鸡与正常体型的母鸡交配时，可以按体型自别雌雄，减少饲养公鸡的饲养成本。其交配模式如下：

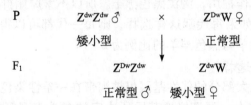

目前研究发现，dw 基因为一主基因，它既具有质量性状的基因特性，又具有数量性状的基因特性，有很高的经济适用性，矮小型家鸡品系培育已经应用于生产实践中。培育矮小型品系可以采用适当的交配组合使 dw 基因在公母鸡中都达到纯合。当纯合的矮小型公母鸡出现后，即可纯种繁育，在群体内选优去劣，扩大种群数量，经过几代选种扩群，

就能培育出矮小型品系。矮小型品系培育模式如下：

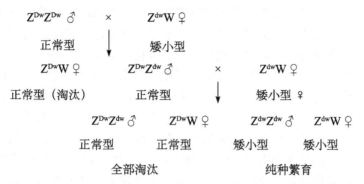

中国农业科学院畜牧研究所（1982）在国内首次引进含 dw 基因的父母代鸡，其中母鸡含"dw"基因型（胸宽、腿短），公鸡为 DwDw 基因型（京星肉鸡），利用现代遗传育种理论和技术，经过 8 年 6 世代，选育出中国肉用 D 型矮洛克鸡新品系，简称为 D 系或矮脚系。用 D 型矮洛克鸡参与肉鸡配套，从而解决了肉鸡育种和生产中遇到的早期增重快引起种鸡耗料多、成活率低（腿病、心脏病多）、繁殖率低（产蛋少、受精率低、孵化率低）等难题。

3. 利用羽色基因进行选择 羽毛颜色的伴性基因，目前除芦花鸡中由横斑基因（B）控制的芦花性状和由非横斑基因（b）控制的非芦花性状这对显隐性基因之外，广泛用于自别雌雄的羽色伴性基因还有金色基因（s）和银白色基因（S）。如星杂 588 是褐壳蛋用鸡，其亲代公鸡羽毛是红褐色，母鸡是白色，杂交一代，雄雏绒毛是淡黄色，雌雏绒毛是黄褐色，能够自别雌雄。山东省家禽科学研究所从济南花鸡中，选出浅花与红花两个伴性基因，利用红花公鸡与浅花母鸡交配，后代雄雏为白色，雌雏为红色。

另外在鹌鹑育种中也采用羽色基因进行选择。程端仪等人（1984）在栗羽朝鲜鹌鹑中发现一只白羽鹌鹑。研究证明，白羽性状为隐性性状，由隐性基因（a）控制，与栗羽性状是一对相对性状，皆位于 Z 染色体上。因此，利用伴性遗传原理，培育出白羽鹌鹑纯系，白羽公鹑（Z^aZ^a）与栗羽母鹑（Z^AW）交配，F_1 代中公鹑均为栗羽，母鹑均为白羽，可以自别雌雄。此后，杜干英（1987）发现并证明鹌鹑红羽性状为伴性隐性基因（a）所控制，与栗羽性状组成相对性状，又培育出红羽鹌鹑自别雌雄配套系。

（五）采用生化遗传和分子遗传技术鉴定质量性状基因型

此前介绍的质量性状类型及选择方法均是基于细胞遗传学原理，因此亦称之为细胞遗传学方法，但普遍存在着如下缺点：由于这些方法主要是依据表型判断基因型，在等位基因间为不完全显性遗传方式，或一个基因座位上存在着复等位基因，或隐性基因纯合子外显率不高等情况下，单独使用细胞遗传学方法，就难于完全准确地判别所有未知个体的基因型，因此也就影响了质量性状选择的效率；为了判定个体在某基因座位上是否纯合，往往需要组织测交试验，由此既增加了投入，又耗费了时间。

多年来，遗传育种学家一直努力探索采用新技术，更简单、准确地检测特定的质量性状基因。概括起来，已经比较成熟并在实践中应用的检测新技术有 2 类，即生化遗传技术和分子遗传学技术。

1. 生化遗传检测技术 在对质量性状的生理生化机理深入研究的基础上，建立了三种检测质量性状的特殊化遗传学方法：其一是通过生化手段诱导某性状表现，从而通过表型判断个体的基因型；其二是测定个体在特定质量性状表现时的某些生化指标，以此推断个体的基因型；其三是生化标记辅助测定法，它是根据特定基因座位与一个或多个紧密连锁标记基因座位的变异类型构成的连锁单倍型，直接判定个体的基因型。

为了便于理解上述三种生化检测技术，现以猪应激敏感综合征（PSS）基因的检测为例加以说明。所谓猪应激敏感综合征，是随着对猪瘦肉率高强度选择，发现的一种由一个基因突变 PSS" 导致的遗传缺陷。其主要的表现是，在刺激因子（自然因子或化学因子）作用下，这种隐性基因纯合个体出现典型的应激反应，即呼吸困难、发绀、肌肉僵直、体温升高，如不加以控制甚至可导致死亡。这类缺陷个体不仅生长发育较慢、难于饲养管理，而且在屠宰后肉质下降，出现灰白、松软、失水现象，即 PSE 肉。因此，检测并剔除应激敏感基因 PSS"，是近年来猪育种中的一项重要工作。

20 世纪 70~80 年代，首先建立了猪应激敏感基因的生化遗传学检测方法。最早建立的是氟烷测定法，是一种表型分析方法，不能识别携带 PSS" 的杂合个体，加之隐性纯合子外显率不完全，会导致一定比例基因型的误判，所以氟烷测定法不是一个最理想的方法。

针对氟烷测定法的缺点，发展了 CK 的测定法，CK 是磷酸肌酸激酶的缩写，它是参与肌肉组织的能量代谢的一种重要的代谢酶。当机体处在应激反应状态，并导致体内恶性产热时，CK 酶活性急剧升高。根据这一机理，通过人工对猪个体施以刺激，然后从被测个体的血液中测定 CK 酶活性，由于血清 CK 酶活性属于数量性状，可分别为 PSS 基因座位的 3 种基因型确定阈值，因此 CK 测定法最大的优点就是可鉴别杂合个体。CK 法属于第二类生化遗传学检测方法。

经研究有 6 个生化遗传标记基因座位，如 S 血型、H 血型、6-磷酸葡糖脱氢酶（PGD）、磷酸已糖异构酶（PHI）和后白蛋白（PO-2）等基因座位与 PSS 基因座位紧密连锁，而且在这 6 个基因座位上都存在着多态性遗传变异，由此建立了检测 PSS 基因的第三类生化遗传学方法。这一方法的关键是，通过大量的试验和遗传分析，建立各标记座位上等位基因与应激敏感基因的连锁相，一旦确定能识别 PSS" 的单倍体，即可根据标记基因型，推算出其后代中任何个体的单倍型结构，但不能对未知群体的任一个体进行分析。

2. 分子遗传检测技术　20 世纪 80 年代以来，由于分子生物学技术的发展，分子克隆及 DNA 重组技术的完善，特别是 PCR 技术和新的电泳技术的产生，使各种 DNA 分子遗传标记应运而生。分子遗传学研究表明，生物的大部分遗传变异都源于 DNA 分子的变异，不同个体间可能出现一个碱基的差异，也可能由于倒位、易位、缺失或转座导致多个乃至一长段碱基的差异。DNA 变异导致了个体间在功能、特征和性状上的变异。由此，人们努力探索通过分子遗传标记来识别 DNA 分子的变异性，进而检测特定基因座位上的遗传变异，即检测个体的基因型。

在此仍以猪应激敏感基因的检测为例。通过此前有关生化遗传学方法的介绍，不难看出，这些方法都存在缺点，最主要的缺点是测定程序复杂而精确度差，特别是不能准确地检测出携带 PSS" 基因的杂合个体。而采用 PCR-RFLP 技术的 DNA 的检测方法是对 PSS 基因的直接检测，具有迅速、精确度高和相对简捷的特点。

分子遗传学研究证实，猪 PSS 的遗传变异机理在于骨骼肌肌浆网（SR）钙离子释放通道蛋白（CRC）基因，亦称为兰尼定受体（RYR1）蛋白 I 基因上的一个碱基变异，即

RYR1/CRC cDNA 1843 位的 C→T 突变，应激敏感基因 PSS^n 即 RYR1/CRC 1843^T 等位基因；抗应激敏感基因 PSS^N 即 RYR1/CRC 1843^C 等位基因。进一步研究表明，由于上述突变产生了一个新的酶切位点。根据这一机理，建立了应激敏感基因的 PCR–RFLP 技术。主要包括以下几个技术环节：① 从测试猪个体的血样或个体组织样本中提取基因组 DNA；② 设计一对特异性扩增引物，通过 PCR 反应，特异扩增包含猪 RYR1/CRC cDNA1843 位点在内的基因组 DNA 片段；③ 用特定的限制性内切酶消化 PCR 扩增产物；④ 酶切后的 PCR 扩增产物进行凝胶电泳；⑤ 对电泳结果，即 RFLP 图谱进行分析，判定样本的基因型。

综上所述，应用分子遗传学技术，检测类似于应激敏感基因这样的隐性有害基因，不仅可以检出隐性纯合个体，还可以准确地检出杂合个体。实践表明，只要取样合理，仅通过一次 PCR—RFLP 检测，就可以将一个猪群的 PSS^n 基因净化，从而建立"抗应激敏感母猪系"。其检测效率是迄今为止其他的质量性状基因检测方法不可比拟的。同时说明，在动物育种中引入分子生物学技术的最大效应在于大大提高了传统选择方法的精确性。

第三节　数量性状的选择

一、数量性状的概念和特点

数量性状是指性状间显示量的差别，呈现连续性变异，各变异类型间无明显区别，不能直接加以描述，只能用数字来描绘其变异特性的性状，容易受环境影响而发生变异的性状。畜禽中绝大多数经济性状都属于数量性状。如产奶量，产蛋量、饲料转化率、生长速度等都属于数量性状。

数量性状的特点如下：A. 是可以度量的性状；B. 呈连续性变异；C. 其表现容易受到环境因素的影响；D. 控制数量性状的遗传基础是微效多基因系统（polygenic system）。

二、质量性状和数量性状的比较

质量性状和数量性状既有区别又有联系。例如，黑白花奶牛的毛色，从变异的性质来看，它是质量性状即有花斑或无花斑，但如果用黑或白花片的面积占整个牛全身表面积的比例进行分析时，则它就成为一个数量性状了。质量性状与数量性状的区别见表 7–8。

表 7–8　质量性状和数量性状的比较

	质量性状	数量性状
相关性状类型	品种特征、外貌特征	生产、生长性状
遗传基础	少数主基因控制、遗传关系较简单	微效多基因控制、遗传关系复杂
变异表现方式	间断型	连续型
考查方式	描述	度量
环境影响	不敏感	敏感
研究水平	家庭	群体
研究方法	系谱分析	生物统计

另外：控制质量性状遗传的基因一般都有显隐性之分（少数无显隐性，但可由表现型直接判断其基因型），选择较简单；控制数量性状遗传的基因数量巨大，称 QTL，多数为

生产上具有较高经济价值的性状，其性状方法较复杂，需大量运用生物统计学知识。对质量性状的选择，主要根据 Hardy - Weinberg 定律来进行选择效果的评定。

三、数量性状选择原理

（一）数量性状选择原理的建立与发展

1889 年，Galton 在研究人类身高的亲子关系时，发现了数量性状遗传中的回归相象，出版《自然遗传》，提出了"回归"的概念。在此基础上发展出两个分支：一是注重数学理论和方法的研究，由 Weldon 以及著名应用数学家 Pearson 等人将其发展为近代数学中非常活跃的分支——生物统计学；另一个发展方向是进一步研究各种亲属间遗传关系，并由 Yule、Nilsson - Ehle、East 和 Johannsen 等人将其在一定的基础上与孟德尔理论统一起来，从而创立了数量遗传学。

1940 年，J. L. Lush 根据不同的数量性状中，子女的表型值对双亲平均表型值的回归系数不同，提出了遗传力这个概念。子女值对双亲均值的回归系数就是该性状的遗传力。

回归方程为：$O - \bar{O} = (P - \bar{P})h^2$

其中：（$O - \bar{O}$）是子女表型值的离均差，表示由于选择使选留个体的子女的平均表型值高于原始群体均值的部分。这种由于选择而在下一代产生的反应称为选择反应（ΔG 或 R）；

（$P - \bar{P}$）是双亲表型均值的离均差，表示由于选择使选留个体的平均表型值高于原始群体均值的部分，称为选择差（ΔP 或 S）。

（二）基本概念

在一个群体规模相对稳定的生产计划和相应的育种方案中，不需要也不可能将育种群中同一世代的所有个体留作种用。在畜禽育种和生产中多采用"一雄多雌"的配种制度，特别是采用人工授精的畜种（如牛、羊、猪、鸡等）表现尤为突出。因此，根据需要，只需将育种群同一世代中的优秀个体选留下来，让其繁衍下一代。

1. 选择差和留种率　选择差指留种群均值（$\bar{P_s}$）与原群体均值（P）之差，表示被选留个体所具有的表型优势，用 ΔP 或 S 表示，$S = \bar{P_s} - P$。选择差的大小受两个因素的影响，一是畜群的留种率；二是性状的变异程度——标准差。

留种率：指留种个体数与全群总数之比，即留种率 $= \dfrac{留种个体数}{全群总数} \times 100\%$。

在性状表型值呈正态分布的情况下，留种率与选择差成反比，即留种的家畜越多，选择差越小。留种率的大小决定了选择差的大小。在群体中留种的家畜数量越多，选择差就越小；相反，群体中留种的家畜数量越少，选择差就越大。由于公畜的留种率小于母畜的留种率，故其选择差通常都大于母畜。但对于公畜限性性状的选择，如产乳量性状和产蛋量性状的选择，如果选择不准确，留种率小的公牛和公鸡，其实际选择差要比预期的小。如果群内母畜头数年年保持不变，种母畜的留种率较小，选择差会增大。一般多胎家畜的选择差要比单胎家畜大，因为可供作为补充的后代数目较多。断乳成活率较高的畜群，要比成活率较低的选择差大。当然度量不准确会造成选择差变小。即或记录准确，但未加利用也会减小选择差。如要选肉用牛的增重速度，有的牛增重率大但外形中等；有的牛增重率中等但外形优异，如选后者，就会造成增重率的选择差缩小。

影响选择差的第二个因素是性状在群体中的变异程度。同样的留种率，标准差大的性状，选择差也大。变异是选择有效的前提，没有变异，选择就无从发挥作用；变异愈大选择收效也愈大。

2. 选择强度 不同性状间由于度量单位和标准差的不同，其选择差之间不能相互比较。为了便于比较，可以各自的标准差为单位，将选择差标准化，标准化的选择差称为选择强度（i）。即 $i = \dfrac{S}{\sigma_p}$，或 $S = i \times \sigma_p$。此处，σ_P 为所测定性状的表型标准差。

3. 选择反应 由于人工选择，选留个体的子女的平均表型值也不同于原群体均值，这种由于选择而在下一代产生的反应称为选择反应。选择反应反映了通过选择，在一定时间内使性状向育种目标方向改进的程度。若子代与亲代间不存在系统环境差异，或用统计方法校正剔除亲子两代间的系统环境差异后，子代与亲代群体均数之差即为选择反应，用 ΔG 或 R 表示。因此，$(\bar{O} - O) = \bar{R}$，$(P - \bar{P}) = S$，所以：

$$R = Sh^2$$

选择反应表示在亲代得到的选择差有多少能够传递给子代：

$$\Delta G = \Delta P \cdot h^2 = i \cdot \sigma_P \cdot h^2 = i \cdot \sigma_P \cdot \frac{\sigma_A^2}{\sigma_P^2} = i \cdot \sigma_A \cdot r_{AI}$$

σ_A 为所测定性状的遗传标准差，表示群体内可利用的遗传变异；r_{AI} 为所估计的育种值与真实育种值间的相关，表示育种值估计的准确度。

4. 遗传进展 选择反应是某个性状经过一个世代的遗传改进量，也就是后代比亲代提高的部分。可是，我们在制订畜禽育种计划时往往不是以世代为单位，而是以年为单位，看某个性状在一年内提高了多少。此时就需要根据选择反应和世代间隔求出年改进量，也就是年均选择反应，称为遗传进展，是选择反应的另一种表示方法，表示被选留个体具有的遗传优势用 ΔG_t 表示，公式为：

$$\Delta G_t = \frac{R}{G_I}$$

式中：R 表示选择反应。

G_I 表示平均世代间隔。世代间隔是指在家畜育种中家畜产生种用后代所需要的时间。
上式可演化为：

$$\Delta G_t = \frac{i \cdot \sigma_A \cdot r_{AI}}{L}$$

四、影响数量性状选择效果的因素

选择效果的衡量标准是选择反应（R 或 ΔG）或遗传进展的大小。根据公式：$R = Sh^2$，我们知道影响选择效果的两个基本因素就是性状的遗传力（h^2）与选择差（ΔP 或 S）；更详细一些，根据公式 $\Delta G_t = \dfrac{i \cdot \sigma_A \cdot r_{AI}}{L}$，则影响选择效果（遗传进展）的主要因素有：可利用的遗传变异、选择强度、育种值估计的准确度、世代间隔。其他影响因素包括：1. 遗传力；2. 性状间的相关性；3. 选择方案中的性状数目；4. 近交；5. 遗传与环境的相互作用。

（一）可利用的遗传变异

选择的基础在于个体间存在遗传差异，其中可利用的遗传变异源于微效基因平均效应的遗传标准差，也叫加性遗传标准差。由基因效应和基因频率决定。

如果在一个群体中进行长期地闭锁选择，开始若干世代有选择进展，用同样的方法长期选择下去，有利基因的频率不断提高，直至固定。此时，群体内基因趋于一致，没有可利用的遗传变异产生，则选择不再产生作用，即不会出现选择反应的现象。这种现象称作达到"选择极限"。其原因在于长期人工选择将群体中可利用的遗传变异耗尽，而群体中又缺乏足够的新的遗传变异，人工选择的力量再也无法对抗自然选择的反作用，长期以来，研究人员对选择极限问题开展了许多研究工作，关于是否存在选择极限，大家有不同的看法，在有限群体中，长期选择，如经过 20～30 世代的选样，有可能出现选择极限。但是，可以通过改变选择方法，或引种来打破原有极限。因此，在当前正常的育种工作中，不必为选择极限担忧。

为了能获得理想的遗传进展，使群体经常保持足够的可利用的遗传变异。可从以下几个方面着手：

1. 基础群应具有足够的遗传变异　组建基础群的种畜应保持尽可能多样的血统关系和较远的亲缘关系。

2. 定期进行遗传参数的估计　在育种方案中，应包括系统、规范的遗传参数估计工作。在诸多参数中，最重要的是加性遗传方差。在可能的情况下，可以每世代或每隔几个世代估计一次，根据其估计值检测群体中遗传变异度的变化，为确定下一步的育种措施提供依据。

3. 基础群应保持一定规模　在同样的选择强度下，育种群规模小，遗传变异度下降将较早地出现，进而导致选择效果降低。因此，应根据育种方案的要求，确定一个最佳的群体规模。

4. 采用育种方法扩大群体的遗传变异　当发现群体的遗传进展变缓，或通过遗传参数估计，发现加性遗传方差已经较小了，应考虑增加群体的遗传变异，如从其他群体引进种畜、冷冻精液或冷冻胚胎等。由此，一方面可以向群体引入一些有利的基因，改进生产性能；另一方面又可以扩大群体的遗传变异度。现代育种技术强调，在高水平群体间进行定期的育种材料交换，使群体内总保持着理想的遗传变异。例如，欧美各国每年都十分频繁地交换奶牛、肉牛和猪的育种材料，使得各国的优良家畜品种在高度培育的基础上，仍然保持着很大的遗传进展。

（二）选择强度

选择强度是不受性状特异性影响的通用参数。主要受留种率的影响。一般大群体的选择强度可以通过留种率查出，如表 7－9 所示。

表 7－9　大群体选择的留种率（P%）和选择强度（i）

P%	i	P%	i	P%	i	P%	i
0.01	3.960	0.48	2.905	4.4	2.116	24	1.295
0.02	3.790	0.50	2.892	4.6	2.097	25	1.271
0.03	3.687			4.8	2.08	26	1.248
0.04	3.613	0.55	2.862	5.0	2.063	27	1.225

P%	i	P%	i	P%	i	P%	i
0.05	3.554	0.60	2.834			28	1.202
0.06	3.507	0.65	2.808	5.5	2.023	29	1.180
0.07	3.464	0.70	2.784	6.0	1.985	30	1.159
0.08	3.429	0.75	2.761	6.5	1.951	31	1.138
0.09	3.397	0.80	2.740	7.0	1.918	32	1.118
0.10	3.367	0.90	2.701	7.5	1.887	33	1.097
		0.95	2.683	8.0	1.858	34	1.078
0.12	3.317	1.00	2.665	8.5	1.831	35	1.058
0.14	3.273			9.0	1.804	36	1.039
0.16	3.234	1.2	2.603	9.5	1.779	37	1.020
0.18	3.201	1.4	2.549	10.0	1.755	38	1.002
0.20	3.170	1.6	2.502	11	1.709	39	0.948
0.22	3.142	1.8	2.459	12	1.667	40	0.966
0.24	3.117	2.0	2.421			41	0.948
0.26	3.093	2.2	2.386	13	1.627	42	0.931
0.28	3.070	2.4	2.353	14	1.590	43	0.913
0.30	3.050	2.6	2.323	15	1.554	44	0.896
0.32	3.030	2.8	2.295	16	1.521	45	0.880
0.34	3.012	3.0	2.268	17	1.498	46	0.863
0.36	2.994	3.2	2.243	18	1.458	47	0.846
0.38	2.978	3.4	2.219	19	1.428	48	0.830
0.40	2.962	3.6	2.197	20	1.40	49	0.814
0.42	2.947	3.8	2.175	21	1.372	50	0.798
0.44	2.932	4.0	2.154	22	1.346		
0.46	2.918	4.2	2.135	23	1.320		

提高畜群选择强度的方法：

1. 在畜群内建立足够大规模的育种群（强调地区间的联合育种）；

2. 尽量扩大性能测定的规模（目的：降低留种率）；

3. 实施特殊的育种措施，改善留种率：降低留种数量，增加后备个体数；缩短胎间距；分品系培育，强调父系亲本的选择；人工授精、胚移、胚胎分割等新技术的使用以降低公畜需求量。

（三）育种值估计的准确度

衡量育种值估计准确度（或选择准确度）的指标是估计育种值 I 与真实育种值 A 之间的相关系数 r_{AI}。相关系数 r_{AI} 的值越高，就表明估计育种值与真实育种值越接近，故选种的准确性就越高。现代育种学发展的很多方法都是围绕着如何提高育种值估计的准确性展开的。影响育种值估计准确度的主要因素：

1. 信息来源 估计育种值的信息主要来源与个体记录和亲属记录，这些记录是影响估计育种值的首要因素，只有记录准确可靠，估计的育种值才有可能准确。

2. 信息量 影响家畜性状的表型值大小的因素很多，如果更多地利用这些因素信息，估计育种值的准确性就越高。

3. 评估性状的遗传力大小　估计育种值是利用表型值资料，遗传力高的性状受环境因素影响小，所以高遗传力性状的表型值能真实的反映育种值的大小，所以性状的遗传力越大，育种值估计的准确性越高。

估计准确度直接影响数量性状的选择效果，在育种中可以采取下列方法提高育种值估计的准确度。

1. 提高遗传力估计的准确性　设法提高样本含量，保证最低家系数，增大家系含量，是提高遗传力估计准确性的必要措施。

2. 校正环境效应对遗传力估计的影响

3. 扩大可利用的数据量　充分利用系谱记录和性能测定记录，各方面的记录数据越多，估计育种值的准确性越高。

4. 改进育种值估计的方法： 如 BLUP 法。

（四）世代间隔

世代间隔是指家畜种用子女出生时，父母的平均年龄。世代间隔的长短受许多因素的影响。比如不同种的畜禽、留种胎次、畜群的年龄组成等都能影响世代间隔，世代间隔的长短，因家畜种类的不同而不同，并随着产生新一代种畜所采用的育种和管理方法的不同而异。如果从小母猪与同龄公猪所生的第一窝进行选择，猪的世代间隔可缩短到 1 年（公、母猪在 7~8 月龄配种，产仔时平均年龄为 1 岁）。假使母猪和公猪在用来产生种畜以前要进行后裔测定，世代间隔就可能是 2 年，或者更长。目前有些种猪场 1 胎不留种，冬季产仔也不留种，从 3 胎开始留种，这样就延长了世代间隔。牛的世代间隔最短约为两年半，但如果要作后裔测定，或根据母牛性能的记录以决定是否留其后代作为种用，则世代间隔就要延长。

畜群的年龄组成也能影响世代间隔。畜群的平均年龄大，世代间隔也长。加快畜群周转，减少老龄家畜的比例，这样就能缩短世代间隔，加快改进速度。对一个群体来说，其平均世代间隔为群体中种用后代出生时父母按其子女数加权的平均年龄（Lush，1945）。即世代间隔：

$$L = \frac{\sum_{i=1}^{m} n_i T_i}{\sum_{i=1}^{m} n_i}$$

式中：T_i 为种用后代产生时父母的平均年龄，n_i 为第 i 窝留种子女数，m 为群体中的家系数。

在计算世代间隔时，不能把畜群中所有初生幼畜的父母的年龄全部计算在内，因为其中有些幼畜未成年已死亡，它们对后代质量不发生影响。所以只应计算那些成活留种的家畜的父母平均年龄。

遗传进展与每个世代的选择反应成正比关系，而与世代间隔成反比关系。也就是说每代的选择反应越大，遗传进展越大；世代间隔越长，遗传进展越小。在家畜育种工作中，为了提高遗传进展，必须从加大选择反应和缩短世代间隔两个方面采取措施，但在实践中采用加大选择反应的方法比较困难，而采用缩短世代间隔的办法则是可行的。例如，采用适当的早配种、早留种，加快畜群的更替速度，减少畜群中老龄家畜的比例等措施，就可以缩短世代间隔，从而加快了性状的改良速度。缩短世代间隔的方法主要有：

1．尽可能缩短种畜的使用年限。

2．在保证选择的准确性的前提下，选用世代间隔较短的选种方法。

3．实施早期选种措施。

（五）其他因素

1．遗传力　遗传力对选择效果的影响表现在如下两方面：

（1）直接影响选择效果：遗传力高的性状，选择差中能遗传的部分就大（$h^2 = \dfrac{V_A}{V_P}$，控制环境条件，减小环境方差可提高选择的准确性，更准确地反映育种值高低）。

（2）影响选择的准确性：遗传力就是育种值到表型值的通径系数的平方，也就是育种值和表型值相关系数的平方。个体本身表型选择的准确性是以表型值与育种值的相关来衡量的，故遗传力愈高的性状，表型选择的准确性愈高，因而选择效果也越好。

2．性状间的相关（遗传相关）　只有当两个性状间具有遗传相关时，这一部分才有可能遗传。可用于间接选择。

3．所选性状的数目　如同时选择 n 个性状，则每个性状的选择反应只有选择单个性状时的选择反应的 $\dfrac{1}{\sqrt{n}}$，故在选择时应该突出重点性状，不宜同时选择太多性状。

4．近交　近交衰退造成各种性状的选择效果不同程度地降低，即近交与选择效果之间有一定程度的矛盾。同时，只注重表型选择会导致杂合子比例的上升，使得纯化效果降低。

5．环境　任何数量性状的表型值都是遗传和环境两种因素共同作用的结果。环境的改变会导致表型值的改变，当然会影响选择反应。需要弄清楚的是在不同环境条件下畜群表型值变化的趋势。若在不同环境条件下畜群表型值变化的趋势一致，对选择反应不会有多大影响；若在不同环境条件下，畜群中个体表型值的变化不规则，说明存在基因与环境的互作，某些基因适合于这种环境条件，而另一些基因却适合于另一种环境条件。例如，在优良环境中选出来的优秀个体在较差条件下的反应却不如原条件下较差的个体。

遗传与环境互作现象的存在，促使我们不得不考虑，选育究竟该在何种条件下进行？种畜场的条件应该配置到哪种水平？结论是明显的，选育应该在与推广地区基本相似的条件下进行。考虑到随着社会经济的发展，推广地区的条件会不断改善，育种场的条件可略好一些，但不能特别优厚。当然，太差了也不行，高产基因不能充分表现，就无法选择遗传性能优良的个体。这就是为什么各地区都办种畜场的原因。

五、家畜单性状选种技术

畜禽育种工作中，需要选择提高的性状很多，例如奶牛需要提高产奶量、乳脂率、乳蛋白率；蛋鸡需要提高产蛋数、蛋重、受精率、孵化率等许多性状。在动物育种的某一阶段可能需要只针对某一性状进行选择，叫做单性状选择。经典的动物育种学将单性状的选择方法划分为 4 种，即个体选择、家系选择、家系内选择和合并选择。

在单性状选择中，除个体本身的表型值外，最重要的信息来源就是个体所在家系的遗传基础，即家系平均数。个体表型值可分为个体所在家系的均值 P_f 和个体表型值与家系均值之差 $(P_i - P_f)$ 两个部分，$(P_i - P_f)$ 又叫家系内偏差，用 P_w 表示。于是有：

$$P_i = P_f + (P_i - P_f) = P_f + P_w$$

若对上式两组分别给予加权，合并为一个指数 I，则 $I = b_f P_f + b_w P_w$，并以 I 作为选择的依据，则对 P_f 和 P_w 的不同加权形成了个体选择、家系选择、家系内选择和合并选择四种方法。

当 $b_f = b_w = 1$ 时，是完全根据个体表型进行选择——个体选择。

当 $b_f = 1$，$b_w = 0$ 时，是完全按家系均值进行选择——家系选择。

当 $b_f = 0$，$b_w = 1$ 时，是按家系内偏差进行选择——家系内选择。

当 $b_f \neq 0$，$b_w \neq 0$ 时，是根据 $(b_f P_f + b_w P_w)$ 的大小进行选择，同时考虑了家系均值和家系内偏差两个组分——合并选择。

1. 个体选择　根据个体表型值的大小进行的选择叫个体表型选择，简称个体选择。个体选择的依据是个体表型值与群体均值之差——离均差。离均差越大的个体越好，同时选择差越大，获得的遗传进展越大，个体选择的效果越好。这种方法省事，并且可以缩短世代间隔。但它只对遗传力高的性状选择效果好，因为遗传力高的性状其表型值受非遗传因素影响小，在很大程度上接近于育种值。同时活体上不能度量的性状或者限性性状也不适合使用个体选择法。

2. 家系选择　根据家系均值的高低对家系做出种用价值的评定，这种方法称为家系选择，这种方法是把整个家系作为一个选择单位，选留或淘汰的是整个一个家系，凡是中选的家系除有遗传缺陷的个体外，其余全部留种。这里所说的家系主要指全同胞家系和半同胞家系。亲缘关系更远的家系对选择意义不大。

家系选择的前提条件有三个：首先，性状遗传力低。遗传力低的性状个体表型值受环境影响较大，而在家系均值中，各个体表型值由环境条件造成的偏差相互抵消，家系表型均值接近家系的平均育种值。其次，由共同环境造成的家系间的差异和家系内个体间的表型相关要小。如果共同环境造成的家系间差异大，或家系内个体间的表型相关很大，个体的环境偏差在家系中就不能完全抵消，所能抵消的只是随机环境偏差部分，那么，家系均值反映的大部分是共同环境效应，不能代表个体的平均育种值（家系育种值）。再次，家系要大。决定家系选择效果的另一个重要因素是家系成员的数目，家系越大，家系均值越接近家系平均育种值。

在实际生产中采用家系选择时，由于饲养头数有一定限制，而且还要考虑避免近交问题，因而家系大小和选择强度间有一定矛盾。为避免近交就必须选留一定数目的家系，如果家系大，选留个体数多，选留比例大，选择强度就小。如果要使选择强度大，选留比例小，留种的个体少，每个家系就不能大。但家系太小选择效果就差。为了解决选择强度与家系大小的矛盾，家系不宜过大，也不宜过小。

综上所述，遗传力低、家系大、家系内表型相关及家系间环境偏差小，是进行家系选择的基本条件。具备这三个条件的群体，采用家系选择就能获得较好的选择效果。

家系选择的最大缺点是易造成基因流失，因为被淘汰的家系所含的一些有利基因没有机会存留下来。

3. 家系内选择　根据个体表型值与家系平均表型值离差的大小进行选择称为家系内选择。具体做法就是挑选个体表型值超过家系均值越多的个体留作种用。适合家系内选择的条件有：首先，性状的遗传力低；其次，家系间环境差异大，家系内个体表型相差大；

再次，群体规模小，家系数量少。

在此情况下，家系间的差异和家系内个体间的表型相关主要由共同环境造成，而不是由遗传原因造成。如仔猪的断奶重，该性状遗传力不高，个体间的表型相关主要由母体效应造成，一窝泌乳力好，全窝断奶重均高，另一窝泌乳力差，则全窝断奶重均低。在这种情况下，如果采用家系选择选断奶重高的一窝，则选中的性状是泌乳力，而没有真正选择断奶重的育种值。所以这种情况下更应该采用家系内选择，因为在共同环境影响下家系内表现出的差异主要是遗传因素的好坏的差异。

家系间的差异并非主要反映家系平均育种值的差异，各家系的平均育种值可能相差不大，在每个家系内选择最好的个体留种，既不会过多丢失基因，也不会使近交系数增加太快，能获得最好的选择效果。

4. 合并选择 为了克服前三种选择方法的不足，同时利用家系均数和家系内偏差两种信息，根据性状遗传力和家系内表型相关，分别给予两种信息以不同的加权，将其合并成一个指数——合并选择指数（I），按指数大小进行选择的方法叫合并选择。

合并选择指数的公式为：$I = b_f P_f + b_w P_w = h_f^2 P_f + h_w^2 P_w$

根据合并选择指数选择的准确性高于上述各选择方法，可获得理想的选择进展。其选择准确性可用下式表示：

$$r_{AI} = h \sqrt{1 + \frac{(r_A - r)^2 (n - 1)}{(1 - r)[1 + (n - 1)r]}}$$

例：根据4窝仔猪170日龄体重资料，见表7-10，分别利用个体选择、家系选择、家系内选择和合并选择方法选择其中4个最好的个体留作种用，比较不同选择方法的差异，见表7-11。

表7-10 4窝仔猪170日龄体重资料

家系（窝）	个体180日龄体重（kg）				家系均值（kg）
1	A = 80.00	B = 86.00	C = 93.50	D = 106.50	$\overline{X_1}$ = 91.50
2	E = 79.00	F = 99.50	G = 105.00	H = 114.50	$\overline{X_2}$ = 99.50
3	I = 56.50	J = 60.00	K = 65.00	L = 118.50	$\overline{X_3}$ = 75.00
4	M = 87.00	N = 90.00	O = 95.50	P = 103.50	$\overline{X_4}$ = 94.00
					$\overline{X}$ = 90.00

表7-11 选择结果

选择方法	中选个体				中选理由
个体选择	L	H	D	G	个体表型值高
家系选择	E	F	G	H	家系均值高
家系内选择	D	H	L	P	家系内个体表型值高
合并选择	G	H	F	P	合并选择指数值高

对家畜单一性状的选择除了上述四种方法，我们还可以采用同胞测定、后裔测定。

5. 同胞选择　是根据同胞生产性能的高低对家畜的种用价值作出评定。同胞测定主要应用于限性性状的选择，例如，鸡的产蛋量、乳牛的产乳量、猪的产仔性状都限于母畜能表现出来，在对公畜进行选择的时候，可以根据半同胞的成绩选择母鸡的产蛋量和母牛的产乳量性状。另外，同胞测定还可以用于活体难以准确度量的性状（如瘦肉率）或根本不能度量的性状（如胴体品质），这样的性状可以根据全同胞的成绩选择猪的瘦肉率、屠宰率和胴体品质。

6. 后裔选择　是根据后代生产性能的高低对家畜种用价值作出评定。后裔选择所需时间长、费用高，因此，后裔选择主要用于种公畜的选择，因为公畜后代的数量远远大于母畜，如果采用人工授精技术，一头公牛可以配上万头母牛。后裔选择尤其用于主要生产性能为限性性状的公畜，如乳牛。在育种中为了节约开支，在家畜出生后根据系谱或同胞成绩进行初选，待到家畜有生产性能表现后，根据生长发育、生产性能和其他资料再进行一次选优去劣，只有最优秀的家畜饲养到成年进行后裔测定。

在乳牛育种中，国内外广泛采用的后裔选择方法是同期同龄女儿比较法，也叫同群比较法。在小牛12～14月龄时开始采精，在短期内（一般3个月）将每头小公牛的精液分散到各个场，随机配种200头母牛，此后小公牛继续采精，但不配种或很少配种，把精液冷冻贮存起来。由于小公牛的后代分散到各个场，每个场都有与它们同一品种、同一季节出生的其他小公牛的女儿，待女儿成年后同期配种，测定女儿第一胎产乳量，根据女儿的成绩选择小公牛。

六、家畜多性状选择技术

育种方案中考虑的育种目标是获得最大的育种效益。若只对单个性状进行选择，远达不到育种目标，必须同时考虑家畜多个重要经济性状，例如猪的日增重、瘦肉率、背膘厚等，奶牛的产奶量、乳脂率等，蛋鸡的产蛋量、蛋重等，绵羊的剪毛量、毛长、毛细度等。因此，多性状选择在家畜育种中是不可避免的。传统的多性状选择方法有顺序选择法、独立淘汰法和指数选择法三种。

（一）顺序选择法

顺序选择法又称单项选择法，将所要选择的性状一个一个依次选择改进的方法，每个性状选择一个或数个世代，待所选的单个性状得到理想的选择效果后，就停止对这个性状的选择，再开始选择第二个性状，达到目标后，接着选择第三个性状，如此顺序选择。顺序选择法的效益是最低的。

顺序选择法的优点是简单、易操作。缺点是所需时间长，对一些负遗传相关的性状，提高了一个性状则会导致另一个性状的下降。要花费更多时间和精力，往往顾此失彼，无法同时育种达标。为了克服顺序选择法的不足，有人主张利用品系繁育的方法，将要提高的性状分散到若干个品系同步选择，然后进行系间杂交，达到多个性状在短时间内同时提高的目的。这种方法是否凑效，至今没有实验证明。

（二）独立淘汰法

对所选的几个选性状分别制订最低选留标准，各性状都能达标的个体方能留种，否则被淘汰。

该方法的最大优点是对家畜的各个性状进行了全面衡量，但这样做往往留下了一些各方面刚刚合格的家畜，而把那些仅某个性状较差，而其他性状都优秀的个体淘汰了。另外，同时考虑的性状越多，中选的个体数就少，不容易达到预期的留种率。生产中如果为了保证一定的留种率，只有降低选择标准，结果大量的"中庸者"中选，甚至低于群体均值的个体也有被选留的可能，这对保持和提高群体的品质是十分不利的。例如，现行的奶牛综合鉴定等级法与独立淘汰选择法有相似的缺陷：如甲、乙两头奶牛的乳脂率相同，甲牛的头胎产奶量 6 000 千克，评为一级，外形评分 75 分，也评为一级。甲牛可以作为良种牛登记。而乙牛头胎产奶量 8 000 千克，评为特级，外形评分 73 分，被评为二级，因此乙牛不能被登记为良种牛。

由此看来，在采用独立淘汰法和实行良种登记时，同时考虑的性状不宜太多，所定的标准也不能太死，应该在一定程度上彼此兼顾，否则，某些高产的个体和性状有可能会被不合理地淘汰掉。

（三）综合选择法

1. 选择综合性状 把单位性状综合考虑，对综合性状加以选择来达到选择单位性状的目的。如猪的断奶个体重与断奶成活数即可综合为断奶窝重，从断奶窝重大的母猪后代中选种即可。再如，鸡的蛋重与产蛋数即可综合为产蛋重量。

2. 选择综合指标 将被选性状合成为一个指标加以选择的方法。例如牛的产奶量与乳脂率即可合成为 4% 或 3.5% 标准乳一个指标加以选择。

3. 综合指数选择法 将被选各性状按其遗传特点、经济重要性等，分别给予适当加权，综合成一个指数，按指数高低加以选择。对目前无经济意义，但有育种价值的性状，应从长计议，在指数中给予一定比例，防止基因流失。该方法选择效果最好。

综合指数法不再依据个别性状表现的好坏，而仅依据这个综合指数的大小。这个指导思想与独立淘汰法正好相反，它是按照一个非独立的选择标准确定种畜的选留。指数选择可以将候选个体在各性状上的优点和缺点综合考虑，并用经济指标表示个体的综合遗传素质。因此这种指数选择法具有最高的选择效果，是迄今在家畜育种中应用最为广泛的选择方法。例如，a 个体 y 性状上表现十分突出，x 性状稍低于选择标准。而 b 个体在 x 性状表现很好，y 性状稍低于选择标准，当按独立淘汰法的原则选择时，这两个个体均在淘汰之列，而与此相反，各方面均不突出的个体 c，在 y 性状、x 性状正好接近选择标准，是一个"中庸者"，按独立淘汰法的要求它正好选中。在指数选择法中，选择界限是以综合考虑两性状的总体价值为标准，依此 a 和 b 两个体均在选择界限之上而被选留，致使它们在一个性状上所具有的优秀基因没被丢失。而个体 C 因两性状的水平均一般，综合种用价值不高，被划作非种用之列。由此可见，指数选择法能将个体在单个性状上的突出优点与其他性状上可容忍的缺点结合起来，因此它优于独立淘汰法。

综合选择指数的制定是考虑了各目标性状的遗传变异及其相互间的遗传相关，按照其经济重要性分别予以适当的加权，综合为一个以经济效益为单位的指数，这个指数与个体的综合育种价值有最紧密的相关。因此可以依据这个综合选择指数进行种畜的遗传评定和选择。这种方法的好处是，比较全面地考虑了各种遗传和环境的因素，同时考虑到育种的效益问题，因此可以较全面地反映一个个体的种用价值。而且指数制定也较为简单，选择可以一次完成。

（1）简化选择指数

育种工作中，为了操作方便，常用简化选择指数进行选种。目前常用的简化选择指数公式有：

$$I = W_1 h_1^2 (P_1 - \overline{P_1}) + W_2 h_2^2 (P_2 - \overline{P_2}) + \cdots + W_n h_n^2 (P_n - \overline{P_n})$$

$$= \sum_{i=1}^{n} W_i h_i^2 (P_i - \overline{P_i})$$

式中：W_i 为第 i 个性状的经济加权值；h_i^2 为第 i 个性状的遗传加权值（遗传力）；

P_i 为第 i 个性状的个体表型值；$\overline{P_i}$ 为第 i 个性状的群体均值；

I 为简化选择指数。

此式中各性状的单位不同，其遗传效果不可加，除非把各性状都根据其经济价值转化为货币单位。为了便于比较和相加，将各性状的离差标准化，即：

$$I = W_1 h_1^2 \frac{(P_1 - \overline{P_1})}{\sigma_1} + W_2 h_2^2 \frac{(P_2 - \overline{P_2})}{\sigma_2} + \cdots + W_n h_n^2 \frac{(P_n - \overline{P_n})}{\sigma_n}$$

$$= \sum_{i=1}^{n} W_i h_i^2 \frac{(P_i - \overline{P_i})}{\sigma_i}$$

因为 $(P_i - \overline{P_i})$ 的变化趋势与 P_i 的变化一致，由此衍生出第二种表达式。

$$I = \sum_{i=1}^{n} W_i h_i^2 \frac{P_i}{\sigma_i}$$

但是，不同性状在指数中占的比重受 σ_i 大小的影响很大，σ_i 小的性状占比重较大，而一些受环境影响大的重要经济性状的 σ 值大，在指数中占的比重就小，这显然是不合理的。例如，奶牛产乳量的标准差为 1 000kg，外貌评分的标准差为 5 分，1 头 305 天产奶量为 5 000kg 的奶牛，外貌评分为 75 分，其两性状的 P_i/σ_i 分别为 5 和 15，在简化指数中所占份额明显不合理。为了克服这一缺点，改用性状的群体均值来标准化性状的表型值，就获得了第三种表达式：

$$I = \sum_{i=1}^{n} W_i h_i^2 \frac{P_i}{\overline{P_i}}$$

这样既克服了 σ 造成的偏差，又消除了性状的单位，使 $h_i^2 \frac{P_i}{\overline{P_i}}$ 仍保留着育种值的概念。

（2）制订简化选择指数的步骤

根据育种习惯，把畜群中各性状表型值等于群体均值的个体的选择指数 I 定为 100，

即：$I = \sum_{i=1}^{n} W_i h_i^2 \frac{P_i}{\overline{P_i}} = \sum_{i=1}^{n} W_i h_i^2 = 100$，其他个体的选择指数与之相比较，超过 100 越多者越好。

假设第 i 个性状在选择指数中的加权系数为 a_i，且 $\sum_{1}^{n} a_i = 100$，

则有：$$a_i = \frac{W_i h_i^2}{\sum_{1}^{n} W_i h_i^2} \times 100$$

故，制订简化选择指数的步骤有下述三步：

① 计算 $\overline{P_i}$， h_i^2， W_i， 且 $\sum_1^n W_i = 1$

② 计算 $a_i (= \dfrac{W_i h_i^2}{\sum_1^n W_i h_i^2} \times 100)$

③ 计算简化选择指数 $I (= \sum_1^n a_i \dfrac{P_i}{\overline{P_i}})$

举例：制订奶牛的简化选择指数，选择性状有：

产乳量：$\overline{P_1} = 4000 kg$， $h_1^2 = 0.3$， $W_1 = 0.4$

乳脂率：$\overline{P_2} = 3.4\%$， $h_2^2 = 0.4$， $W_2 = 0.35$

外貌评分：$\overline{P_3} = 70$ 分， $h_3^2 = 0.3$， $W_3 = 0.25$

$W_1 h_1^2 + W_2 h_2^2 + W_3 h_3^2 = 0.335$

则：$a_1 = \dfrac{W_1 h_1^2}{\sum_1^3 W_i h_i^2} \times 100 = \dfrac{0.3 \times 0.4}{0.335} \times 100 = 35.82$

$a_2 = \dfrac{W_2 h_2^2}{\sum_1^3 W_i h_i^2} \times 100 = \dfrac{0.4 \times 0.35}{0.335} \times 100 = 41.79$

$a_3 = \dfrac{W_3 h_3^2}{\sum_1^3 W_i h_i^2} \times 100 = \dfrac{0.3 \times 0.25}{0.335} \times 100 = 22.39$

故：$I = \sum_1^3 a_i \dfrac{P_i}{\overline{P_i}} = 35.82 \times \dfrac{P_1}{\overline{P_1}} + 41.79 \times \dfrac{P_2}{\overline{P_2}} + 22.39 \times \dfrac{P_3}{\overline{P_3}}$

为了生产上操作方便，指数还可表示为：

$I = \sum_1^3 \dfrac{a_i}{\overline{P_i}} P_i = \dfrac{35.82}{4\,000} \times P_1 + \dfrac{41.79}{3.4} \times P_2 + \dfrac{22.39}{70} \times P_3 = 0.009 P_1 + 12.291 P_2 + 0.312 P_3$

当测得某个体的 P_1、P_2 和 P_3 三性状的表型值，即可计算该个体的简化选择指数 I。

（3）通用选择指数公式

当性状间存在遗传相关时，一个性状的改变会导致其他性状的变化，因此需要调整各性状改进的比例，使之达到获得最大经济效益的目的。

假设：个体经济上的遗传进展为 H，综合选择指数为 I，则有：

$$H = W_1 G_1 + W_2 G_2 + \cdots + W_n G_n = \sum_{i=1}^n W_i G_i; \quad I = b_1 P_1 + b_2 P_2 + \cdots + b_n P_n = \sum_{i=1}^n b_i P_i$$

两式中，W_i 为第 i 个性状的经济加权值；G_i 为第 i 个性状的基因型值（育种值）；

b_i 为第 i 个性状 H 和 I 相关达到最大时的待定系数；P_i 为第 i 个性状表型值。

$b_i P_i$ 的目的是使 I 逼近个体经济遗传进展 H 的极大值。对同时选择的 n 个性状而言，根据最小二乘原理，当下列等式成立时，H 和 I 的相关最大：

$$b_1P_{11} + b_2P_{12} + \cdots + b_nP_{1n} = W_1G_{11} + W_2G_{12} + \cdots + W_nG_{1n}$$
$$b_1P_{21} + b_2P_{22} + \cdots + b_nP_{2n} = W_1G_{21} + W_2G_{22} + \cdots + W_nG_{2n}$$
$$\vdots \qquad \vdots \qquad \vdots \qquad \vdots \qquad \vdots \qquad \vdots \qquad \vdots \qquad \vdots$$
$$b_1P_{n1} + b_2P_{n2} + \cdots + b_nP_{nn} = W_1G_{n1} + W_2G_{n2} + \cdots + W_nG_{nn}$$

式中，当 $i \neq j$ 时（ $i = 1,2,\cdots,n$ ； $j = 1,2,\cdots,n$ ）， P_{ij} 和 G_{ij} 分别表示性状 i 和性状 j 的表型协方差和遗传协方差；当 $i = j$ 时，分别表示性状 i 的表型方差和遗传方差。

以选择两个性状为例，则有：
$$b_1P_{11} + b_2P_{12} = W_1G_{11} + W_2G_{12}$$
$$b_1P_{21} + b_2P_{22} = W_1G_{21} + W_2G_{22}$$

式中： P_{11} 、 P_{22} 为性状 1 和 2 的表型方差； G_{11} 和 G_{22} 为性状 1 和 2 的遗传方差； $P_{12} = P_{21}$ 为性状 1 和 2 的表型协方差； $G_{12} = G_{21}$ 为性状 1 和 2 的遗传协方差。

可用矩阵表示为：
$$Pb = GW \quad \Rightarrow \quad b = P^{-1}GW$$

其中： $P = \begin{bmatrix} \sigma^2_{P_1} & COV_{P_{12}} \\ COV_{P_{21}} & \sigma^2_{P_2} \end{bmatrix}$ ——两性状的表型方差、协方差矩阵；

$G = \begin{bmatrix} \sigma^2_{A_1} & COV_{A_{12}} \\ COV_{A_{21}} & \sigma^2_{A_2} \end{bmatrix}$ ——两性状的遗传方差、协方差矩阵；

$W = \begin{bmatrix} W_1 \\ W_2 \end{bmatrix}$ ——两性状的经济加权值矩阵； $b = \begin{bmatrix} b_1 \\ b_2 \end{bmatrix}$ ——待定系数矩阵；

P^{-1} 为 P 的逆矩阵。可以证明， $\begin{bmatrix} b_1 \\ b_2 \end{bmatrix} = \begin{bmatrix} W_1h_1^2 \\ W_2h_2^2 \end{bmatrix}$

经矩阵运算求得 b_1 、 b_2 后，即可求得： $I = b_1P_1 + b_2P_2$

（4）选择指数法应用的注意事项

如上所述，选择指数方法包含了单性状和多性状、单信息和多信息等各种情况，它的处理方法在理论上是比较完善的，与其他两种多性状选择方法（顺序选择和独立淘汰）相比，选择指数法的选择效率最高。但是，在实际家畜育种中，选择指数的应用也很难达到理论上的预期效果，有时这种差异甚至相当大。Henderson（1963）论述了选择指数的统计特性及其应用的先决条件，认为当满足以下三个前提条件时，选择指数法可以得到个体综合育种值的最优线性无偏预测，即：①用于计算指数值的所有观测值不存在系统环境效应，或者在使用前剔除了系统环境效应进行校正；②候选个体间不存在固定遗传差异，换言之，这些个体源于同一遗传基础的群体；③所涉及的各种群体参数，如误差方差、协方差，育种值方差、协方差等是已知的。

在实际家畜育种中制定选择指数时，还应该考虑以下几点：

（1）突出育种目标性状：前面已论及选择指数的效率与目标性状多少有关，因此在一个选择指数中不应该、也不可能包含所有的经济性状，同时选择的性状越多，每个性状的改进就越慢。一般来说，一个选择指数包括 2~4 个最重要的选择性状为宜。

（2）用于遗传评定的信息性状应该是容易度量的性状：在制定选择指数时，可以将需要改进的主要经济性状作为目标性状包含在综合育种值中，而将一些容易度量、遗传力较高、与目标性状遗传相关较大的一些性状作为信息性状。如果可能的话，尽量保持信息性状与目标性状相同，此外也还可以充分利用遗传标记作为选种的辅助性状。

（3）信息性状尽可能是家畜早期性状：进行早期选种可以缩短世代间隔，提高单位时间内的选择效率。尽量选择一些与全期记录有高遗传相关并在前期表现的性状，作为选择的信息性状。

（4）目标性状中尽量避免有高的负遗传相关性状：由于目标性状间的相互拮抗，如果同时包含两个高的负遗传相关性状，它们的选择效率会很低，应尽可能避免，若必须同时考虑，应尽可能将其合并为一个性状。

七、家畜数量性状育种值估计技术

数量性状表型值是个体的遗传和环境效应共同作用的结果，其中遗传效应中由于基因作用的不同可以产生三种不同的效应，即基因的加性效应（A）、显性效应（D）和上位效应（I）。虽然显性和上位效应也是基因作用的结果，但在遗传给下一代时，由于基因的分离和自由重组，它们是不能真实遗传给下一代的，在育种过程中不能被固定，难以实现育种改良的目的。只有基因的加性效应部分才能够真实遗传给下一代。因此，将控制一个数量性状的所有基因座上基因的加性效应总和称为基因的加性效应值，它是可以通过育种改良稳定改进的。个体加性效应值的高低反映了它在育种上的贡献大小，因此也将这部分效应称为育种值。

由于个体育种值是可以稳定遗传的，因此根据它进行种畜选择就可以获得最大的选择进展。但是育种值是不能够直接度量到的，能够知道的只是由包含育种值在内的各种遗传效应和环境效应共同作用得到的表型值。因此，为了提高育种效率，必须设法利用表型值尽量准确地估计出个体的育种值，最简便易行的方法就是利用回归分析的原理，建立育种值对表型值的回归方程来进行估计，例如可以建立如下的回归方程：

$$\hat{y} = b_{yx}(x - \bar{x}) + \bar{y}$$

上式中，x 为自变量；y 为因变量；b_{yx} 为 y 对 x 的回归系数。

对于以表型值（P）为自变量，育种值（A）为因变量，由表型值估计育种值的回归方程为：

$$\hat{A} = b_{AP}(P - \bar{P}) + \bar{A}$$

若群体足够大，各种偏差正负抵消，故 $\bar{P} = \bar{A}$，代入得：

$$\hat{A} = b_{AP}(P - \bar{P}) + \bar{P}$$

上式中，b_{AP} 是育种值对表型值的回归系数，对利用个体本身的表型值估计个体的育种值的时候，b_{AP} 也就是性状的遗传力 h^2。当资料的来源不同时，b_{AP} 是根据提供信息的个体与估计育种值个体间亲缘关系不同而给予不同加权的遗传力，计算的通式为：

$$b_{AP} = \frac{r_A n h^2}{1 + (n - 1)r_p}$$

式中，r_A 表示提供信息的个体与估计育种值个体间的亲缘系数。r_p 为各测量的表型值间的表型相关，当信息来源是一个个体多次度量均值时，r_p 等于多次度量的重复率 r_e；当信息来源是 n 个同类个体单次度量均值时，r_p 等于同类个体间的亲缘系数与性状遗传力的乘积（$r_A^{\prime}h^2$）。具体回归系数见下表 7 – 12。

表 7 – 12　不同信息估计个体育种值的回归系数

资料来源	一个个体单次度量值 b_{AP}	一个个体 k 次度量均值 b_{AP}	n 个同类个体单次度量均值 b_{AP}
本身	h^2	$\dfrac{kh^2}{1+(k-1)r_e}$	/
亲本	$0.5h^2$	$\dfrac{0.5kh^2}{1+(k-1)r_e}$	h^2　这时 $n=2$（非近交，双亲本均值）
全同胞兄妹	$0.5h^2$	$\dfrac{0.5kh^2}{1+(k-1)r_e}$	$\dfrac{0.5nh^2}{1+0.5(n-1)h^2}$
半同胞兄妹	$0.25h^2$	$\dfrac{0.25kh^2}{1+(k-1)r_e}$	$\dfrac{0.25nh^2}{1+0.25(n-1)h^2}$
全同胞后裔	$0.5h^2$	$\dfrac{0.5kh^2}{1+(k-1)r_e}$	$\dfrac{0.5nh^2}{1+0.5(n-1)h^2}$
半同胞后裔	$0.5h^2$	$\dfrac{0.5kh^2}{1+(k-1)r_e}$	$\dfrac{0.5nh^2}{1+0.25(n-1)h^2}$

在家畜育种实践中，无论是对单性状还是多性状的选择，都有大量的亲属信息资料可以利用，问题的关键是如何合理地利用各种亲属信息，尽量准确地估计出个体育种值。常用于估计个体育种值的单项表型信息主要来自：个体本身、系谱、同胞及后裔，共四类。一般只有在个体出生之前，资料不足时加入祖代资料，与被估个体亲缘关系较远的其他亲属资料很少用到。

1. 个体本身信息　利用个体本身信息需要对个体生产性能进行直接的测定。在个体性能测定中，根据不同性状的特点可以是单次度量，也可以是多次度量。估计育种值的公式为：

$$\hat{A}_x = (\bar{P}_k - \bar{P})h_k^2 + \bar{P}$$

式中：$\hat{A}_x$ 表示个体 x 某一性状的估计育种值（EBV）；

$\bar{P}_k$ 是个体 x 的 k 次记录的平均表型值；

$\bar{P}$ 表示该性状的群体表型平均值；

h_k^2 是 k 次记录平均值的遗传力：$h_k^2 = \dfrac{V_A}{V_{P(k)}} = \dfrac{kh^2}{1+(k-1)r_e}$。在此，k 表示记录次数；$r_e$ 表示各次记录间的相关系数。

在利用单次度量值估计时，加权系数就是性状的遗传力，因此个体育种值估计值的大小顺序与个体表型值的大小顺序是完全一样的，因此，只有一次记录的种畜，把表型值转化为育种值意义不大。当性状进行多次度量时，由于可以消除个体一部分特殊环境效应的影响，从而提高个体育种值估计的准确性。由表 7 – 16 可知，加权系数取决于度量次数和性状的重复力，度量次数越多，给予的加权值也越大；重复力越高，单次度量值的代表性越强，多次度量能提高的效率也就低。然而，在实际育种工作中应注意到，多次度量带来的选择进展提高，有时不一定能弥补由于延长世代间隔减少的单位时间的选择进展。因此，除非性状重复力特别低，一般是不应该非等到多次度量后再行选择的，而是随着记录的获得，随时计算已获得的多次记录均值进行选择。

由于个体本身信息估计育种值的效率直接取决于性状遗传力大小，因此遗传力高的性状采用这一信息估计方法的准确性较高。此外，如果综合考虑到选择强度和世代间隔等因素，这种测定的效率可能会更高一些。因此，只要不是限性性状或有碍于种用的性状，一般情况下应尽量充分利用这一信息。

2. 系谱信息 利用亲本信息的前提是进行系谱测定。系谱测定一方面是通过查阅分析个体祖先的生产性能等资料来估计个体的育种值，但同时更重要的是了解祖先的亲缘关系，计算出个体的近交系数，为选配工作提供参考。

根据亲本信息估计育种值有下列四种情况：一个亲本单次表型值、一个亲本多次度量均值、双亲单次度量均值以及双亲各自度量多次的均值，其中最后一种情况可以作为两种信息来源处理。由表 7-16 可以看出，亲本信息的加权值均只为相应的个体本身信息的一半，当利用双亲单次度量均值估计时它正好就是遗传力，这与前述选择反应估计是一致的。具体育种值估计公式如下：

（1）只有一个亲本有记录时（如限性性状）：

$$\hat{A}_x = (\bar{P}_{P(k)} - \bar{P})h^2_{P(k)} + \bar{P}$$

其中，$\bar{P}_{P(k)}$ 为一个亲本 k 次记录的平均值；$h^2_{P(k)}$ 为亲本 k 次记录平均值的遗传力。

（2）父母同时有 k 次记录时：

$$\hat{A}_x = 0.5(\bar{P}_{S(k)} - \bar{P})h^2_{S(k)} + 0.5(\bar{P}_{D(k)} - \bar{P})h^2_{D(k)} + \bar{P}$$

其中：$\bar{P}_{S(k)}$、$\bar{P}_{D(k)}$ 分别为父亲和母亲 k 次记录的平均值；$h^2_{S(k)}$、$h^2_{D(k)}$ 分别为父亲和母亲 k 次记录平均值的遗传力。

若双亲只有一次记录，则：

$$\hat{A}_x = [0.5(P_S + P_D) - \bar{P}]h^2 + \bar{P}$$

当利用更远的亲属信息估计育种值时，只需在加权值计算公式中将相应的亲缘系数代替亲子亲缘系数即可，只是由于亲缘关系越远，其信息利用价值越低，一般而言祖代以上的信息对估计个体育种值意义不大。

尽管亲本信息的估计效率相对较低，利用亲本信息估计育种值的最大好处是可以作早期选择，甚至在个体未出生前，就可根据配种方案确定的两亲本成绩来预测其后代的育种值。此外，在个体出生后有性能测定记录时，亲本信息可以作为个体选择的辅助信息来提高个体育种值估计的准确度。

3. 同胞信息 同胞测定在家畜育种实践中经常用到，同胞测定有全同胞和半同胞之分，同父同母的子女为全同胞，在没有近交的情况下，全同胞个体间的亲缘系数为 0.5；同父异母或同母异父的子女为半同胞，在没有近交的情况下，半同胞个体间的亲缘系数为 0.25。根据同胞信息估计育种值的公式为：

（1）全同胞信息：$\hat{A}_x = (\bar{P}_{FS} - \bar{P})h^2_{FS} + \bar{P}$

式中：$\bar{P}_{FS}$ 为全同胞的表型均值；h^2_{FS} 为全同胞均值的遗传力：$h^2_{FS} = \dfrac{0.5nh^2}{1 + (n-1)0.5h^2}$。

（2）半同胞信息：$\hat{A}_x = (\bar{P}_{HS} - \bar{P})h^2_{HS} + \bar{P}$

式中：$\bar{P}_{HS}$ 为半同胞的表型均值；h_{HS}^2 为半同胞均值的遗传力。

$$h_{HS}^2 = \frac{0.25nh^2}{1 + (n-1)0.25h^2}$$

无论是全同胞还是半同胞测定，都可以有下列四种情况：一个同胞单次度量值、一个同胞多次度量均值、多个同胞分别单次度量的均值、多个同胞各有多次度量的均值。在多个同胞度量均值情况下，计算公式中分子的亲缘系数是这些同胞与被估测个体间的亲缘系数；由同胞资料遗传力估计原理知道，在分母中的多个同胞间表型相关可以用同胞个体间亲缘相关系数乘上性状遗传力得到，但是这一亲缘相关系数与分母中的含义不同，应明确加以区分，它表示的是这些同胞个体间的亲缘相关，两者的取值有时也是不一样的，如下面将要谈到的多个半同胞子女信息估计育种值时两者的取值就不相同。

可以看出同胞测定的效率除了与性状遗传力和同胞表型相关系数有关外，最主要取决于同胞测定的数量。同胞信息的估计效率在前两种情况下均低于个体选择，并且半同胞信息选择效率低于全同胞。但是由于同胞数可以很多，特别是在猪、禽等产仔数多的畜禽中，全同胞、半同胞资料很多，因此在后两种情况下可以较大幅度地提高估计准确度，特别对低遗传力性状的选择，其效率可高于个体选择。在测定数量相同时，全同胞的效率高于半同胞。

用同胞信息估计育种值的好处主要有下列几点：① 可作早期选择；② 可用于限性性状选择；③ 由于同胞数目可以很大，能较大幅度地提高估计准确性；④ 当性状度量需要屠宰家畜个体时，更需要根据同胞信息选择；⑤ 阈性状选择，例如达到一定年龄时的死亡率，几乎唯一的选择依据就是同胞的成活率。

4. 后裔信息 估计个体育种值的最终目的就是希望依据它进行选择使后代获得最大的选择进展，因此，一个个体的后代生产性能的表现是评价该个体种用价值最准确的标准。然而，后代的遗传性能并不完全取决于该个体，而与它所配的另一性别个体遗传性能好坏也有关，并且数量性状的表型值在很大程度上受环境影响。后裔信息估计育种值的最大缺点是延长了世代间隔，缩短了种畜使用期限，而且育种费用大大增加。因此，目前后裔测定一般只对影响特别大的种畜进行，如奶牛育种中种公牛的选择。

（1）公畜与随机母畜交配：$\hat{A}_x = (\bar{P}_O - \bar{P})h_O^2 + \bar{P}$

其中：$\bar{P}_O$ 是子女的表型均值；h_O^2 是子女均值的遗传力。由表7-16中的公式可以看出，$h_O^2 = 2h_{HS}^2$，则有：$\hat{A}_x = 2(\bar{P}_O - \bar{P})h_{HS}^2 + \bar{P}$

故由后裔资料估计的育种值可靠性高于半同胞，头数相同时为半同胞的两倍。此外，当测定数目相等时，半同胞后裔测定的效率高于全同胞后裔测定（因为分母减小）。

（2）公畜与经选择的母畜交配：若与配母畜是经过选择的，则 $\bar{P}_D > \bar{P}$，必须对估计育种值进行矫正，将经选择使与配母畜高于群体均值而又传递给后代的部分从子女高出群体均值的部分中扣除。矫正后的估计育种值公式为：

$$\hat{A}_x = \left[(\bar{P}_O - \bar{P}) - \frac{1}{2}(\bar{P}_D - \bar{P})h^2\right]h_{HS}^2 + \bar{P}$$

或 $$\hat{A}_x = \left[2(\bar{P}_O - \bar{P}) - (\bar{P}_D - \bar{P})h^2\right]h_{HS}^2 + \bar{P}$$

由于后裔测定主要适用于种公畜，因此在实际测定时应注意以下几点：① 消除与配母畜效应的影响，可以采用随机交配以及统计校正等方法来实现；② 控制后裔间的系统环境效应影响，在比较不同种公畜时，应尽量在相似的环境条件下饲养它们的后代，并提供能够保证它们遗传性能充分表现的条件；③ 保证一定的测定数量。

5. 多信息育种值估计　在利用各种亲属信息估计个体育种值时，单独利用一项信息总有一定的局限性，不能达到充分利用信息、尽可能提高育种效率的目的。因此，利用多项信息资料来合并估计育种值就具有十分重要的育种实践意义。

根据多项资料估计的个体育种值称为复合育种值。由于资料来源不同，提供资料的个体间亲缘相关就不同，导致对同一性状的遗传效应无法直接相加。根据统计学原理，可用偏回归系数进行加权。但是，计算偏回归系数的过程很复杂，需要大量统计学知识，特别是通径分析，我们在这儿只介绍一种经过简化处理的利用多种资料估计育种值的方法。

简化处理的方法是：在单项育种值基础上，根据性状 h^2 高低给予不同的加权值，并使各项加权值之和为 1。即：

$$\hat{A} = 0.1A_1 + 0.2A_2 + 0.3A_3 + 0.4A_4$$

式中的 $A_1 \sim A_4$ 分别代表哪种信息估计的育种值由性状的 h^2 来确定，如有缺项，该项以零计。

h^2	A_1	A_2	A_3	A_4
$h^2 < 0.2$	亲本	自身	同胞	后裔
$0.2 \leq h^2 < 0.6$	亲本	同胞	自身	后裔
$h^2 \geq 0.6$	亲本	同胞	后裔	自身

因为　　　　　$A_1 = (P_1 - \bar{P})h_1^2 + \bar{P}$；　$A_2 = (P_2 - \bar{P})h_2^2 + \bar{P}$；

$A_3 = (P_3 - \bar{P})h_3^2 + \bar{P}$；　$A_4 = (P_4 - \bar{P})h_4^2 + \bar{P}$

所以　　　　　$A_x = 0.1A_1 + 0.2A_2 + 0.3A_3 + 0.4A_4$

$= 01(P_1 - \bar{P})h_1^2 + 0.2(P_2 - \bar{P})h_2^2 + 0.3(P_3 - \bar{P})h_3^2 + 0.4(P_4 - \bar{P})h_4^2 + \bar{P}$

不同资料来源估计的育种值其准确度是有差异的。祖先资料估计的育种值其可靠性较差；对于遗传力低的性状，同胞信息估计育种值的准确性优于个体信息估计值；遗传力较高时，相反；对于遗传力高而本身又能直接度量的性状，个体选择的效果优于后裔测定；若各方面的资料都有，则复合育种值是较可靠的。

八、BLUP 法估计育种值技术简介

前面介绍了传统的评价个体种用价值的原理和方法（包括个体育种值估计、复合育种值估计、选择指数）。传统方法一切都是为了育种实践中操作方便，对很多因素无法进行准确估计或矫正，如影响观察值的系统环境效应，在利用传统方法估计育种值时是假设它不存在，而实际上它是存在的。

BLUP 方法是美国学者 Henderson 于 1948 年提出的，由于这种方法涉及大量的计算，由于当时计算条件的限制，一直到 20 世纪 80 年代，随着数理统计学尤其是线性模型理论、计算机科学、计算数学等多学科领域的迅速发展，BLUP 法在估计家畜育种值方面才得到了广泛应用，特别是在大家畜的种用价值评定方面，为畜禽重要经济性状的遗传改良作出了重大贡献。

（一）BLUP 的概念

BLUP——Best Linear Unbiased Prediction，即最佳线性无偏预测。按照最佳线性无偏的原则去估计线性模型中的固定效应和随机效应。线性是指估计值是观测值的线性函数；无偏是指估计值的数学期望等于被估计量的真实值（固定效应）或被估计量的数学期望（随机效应）；最佳是指估计值的误差方差最小。

（二）BLUP 的数学模型

根据 BLUP 的定义，所用数学模型为线性模型——模型中所包含的各因子是以相加的形式影响观察值，相互间呈线性相关。

线性模型由数学方程式、方程中随机变量的期望方差和协方差、假设及约束条件等组成。线性模型有很多种类，按功能可分为：回归模型、方差分析模型、协方差分析模型和方差组份模型。按因子数可分为：单因子模型、双因子模型和多因子模型。按因子性质可分为：固定效应模型、随机效应模型和混合效应模型。

BLUP 所使用的数学模型是混合效应模型，它的实质是选择指数法的推广，但它又有别于选择指数法，它可以在估计育种值的同时对系统环境误差进行估计和矫正，因而，在传统育种值估计的假设不成立的情况下，其估计值也具有理想值的性质。BLUP 法唯一的缺点是受计算条件的限制。现在已有利用 BLUP 法原理编制的软件，将在以后章节介绍软件的应用。

九、间接选择（相关选择）技术

在动物育种实践中，有些重要的经济性状的遗传力很低，根据表型值进行直接选择效果较差；有些性状不能在活体上测量，如瘦肉率；有些性状只能在一种性别中度量，如牛的产奶量、鸡的产蛋数等；有些性状在个体一定年龄时才有表现。这些不容易直接进行选择的性状，可以进行间接选择，提高选择效果。对于有些不能直接选择的性状，或者直接选择效果比较差的性状，要进行间接的选择。

所谓的间接选择是指某些性状间存在遗传相关，通过对另一性状的选择来间接选择所需改良的某个性状。进行间接选择时，需要寻找一个与需要改良的性状（X）有强遗传相关的性状——辅助性状（y），需要改良的性状称为相关性状（如通过背膘厚对瘦肉率进行选择，则背膘厚为辅助性状，瘦肉率为相关性状）。通过间接选择获得的选择反应称为间接（相关）选择反应。提高间接选择反应的方法是：①缩短辅助选择的世代间隔；②对辅助性状施以高得多的选择强度；③辅助性状有高的遗传力；④在选择强度相等（$i_X = i_Y$）的情况下，辅助与相关性状间有高的遗传相关 $r_{A(XY)}$。

如果 x、y 两性状间有正相关，通过选择 y 性状，x 性状也随之适当改进。人们可以利用这种关系，找到各种家畜各个阶段的主攻性状，例如，仔猪断乳窝重这个性状，与产仔数、初生窝重、断乳成活数、断乳个体重以及 6 月龄全窝商品重量等性状都有较高的相关，这样就可把它作为断乳时选种的主攻性状，因为只要集中力量提高这一性状，其他性状也就都能得到改进。另外，绵羊的断乳重，与周岁时的剪毛量和剪毛后体重，也都存在有高的遗传相关与中等偏上的表型相关。因此选择断乳重大的个体，就可相应改进剪毛量与剪毛后体重。再如，猪的背膘厚的遗传力为（0.5～0.6）性状，与胴体瘦肉量之间有较强的负的遗传相关。背膘厚度在活体上容易度量，而胴体瘦肉量活体不能度量。为了提高猪胴体瘦肉含量，可以通过活体测膘方法，连续几代选择背膘薄的猪留作种猪，胴体瘦肉量就会随之增加。此时，对背膘厚度进行直接选择，对胴体瘦肉含量就是间接选择。

总之，间接选择在畜禽育种工作中有着广阔的应用前景，尤其是应用于早期选择。人们正在努力寻找本身遗传力高，且与重要的经济性状有高度遗传相关的早期性状，特别是生理生化性状，如血型，某种蛋白含量等，作为辅助性状对晚期表现的经济性状进行间接选择。早期选择可大大减少饲养成本，扩大供选群体，从而加大选择差，提高选择效果。解决早期选择问题，是当前畜禽育种工作中的一项重要课题。

第四节　家畜育种数据分析与软件应用

动物育种数据的处理与分析贯穿于整个育种工作的各个环节，既是育种工作的基础，也是育种手段的具体体现，还是检验育种成效的重要途径。本节重点介绍现代动物育种中常用的数据分析方法和有关软件，主要内容包括育种数据的统计处理和遗传分析。

一、常规统计分析

（一）育种数据的类型

正确进行育种数据的分类是数据分析的前提。只有充分了解了所收集育种数据的类型，才能选用正确的统计分析方法。根据性状表现和数据性质的不同，大致可以将育种数据分为数量性状数据和质量性状数据两大类。

1. 数量性状数据　也称为定量数据。数量性状数据的记载有量测和计数两种方式，因而又可将数量性状数据分为计量数据和计数数据两种。

（1）计量数据：指用量测手段得到的数量性状数据，即用度、量、衡等计量工具直接测定的数据。如体高、产奶量、日增重、体重等性状的测量数据。因这些数据的变异是连续的，因此，计量数据也称为连续性数据。

（2）计数数据：指用计数方式得到的数量性状数据。其观察值只能以整数表示。如产仔数、产羔数、产蛋数、乳头数等性状的测量数据。因这些数据的变异是不连续的，因此，该类数据也称为不连续性数据或间段性数据。

2. 质量性状数据　也称为定性数据。质量性状是指能观察到但不能直接测量的性状，如毛色、性别、生死、评分性状等。因这些性状表现为不同的类型，因而也称为分类性状。根据类别是否有程度上的差别，又可分为无序和有序两种不同类型。

（1）无序分类数据：各类别间无程度上的差别，简单说就是无等级关系，有二项分类和多项分类两种情况。如性别表现为公、母，两类间相互对立，则属于二项分类。毛色的红、白、黑间，表现为多个互不相容的类别，属于多项分类。

（2）有序分类数据：各类别间有程度上的差别，也就是存在一定的等级关系。例如，肉色评分采用5分制，各分值有程度上的差别。

（二）育种数据的统计分析

根据性状间的关系和育种需要，可以选择不同的统计方法来进行分析。具体的统计方法在许多生物统计学教材中都有介绍，本书不做过多交代，可以根据表7-13选择适宜的统计方法进行分析。

表 7 – 13　统计分析方法的选择与软件程序

应变量个数	自变量性质	应变量性质	应采用的方法	SAS 程序	Stata 程序	SPSS 程序
1	无自变量（1 个总体）	连续且正态	单样本 t 检验	SAS	Stata	SPSS
		有序或连续	单样本中位数检验	SAS	Stata	SPSS
		二分类	二项检验	SAS	Stata	SPSS
		分类	卡方优度拟合检验	SAS	Stata	SPSS
	1 个自变量，2 个水平（组间独立）	连续且正态	2 独立样本 t 检验	SAS	Stata	SPSS
		有序或连续	Wilcoxon – Mann Whitney 检验	SAS	Stata	SPSS
		分类	卡方检验	SAS	Stata	SPSS
			Fisher 精确检验	SAS	Stata	SPSS
	1 个自变量，2 个或以上水平（组间独立）	连续且正态	单因素方差分析	SAS	Stata	SPSS
		有序或连续	Kruskal Wallis 检验	SAS	Stata	SPSS
		分类	卡方检验	SAS	Stata	SPSS
	1 个自变量，2 个水平（组间相关/配对或配伍）	连续且正态	配对 t 检验	SAS	Stata	SPSS
		有序或连续	Wilcoxon 符号秩检验	SAS	Stata	SPSS
		分类	McNemar 检验	SAS	Stata	SPSS
	1 个自变量，2 个或以上水平（组间相关/配对或配伍）	连续且正态	单因素重复测量方差分析	SAS	Stata	SPSS
		有序或连续	Friedman 检验	SAS	Stata	SPSS
		分类	重复测量 logistic 回归	SAS	Stata	SPSS
	2 个或以上自变量（组间独立）	连续且正态	析因方差分析	SAS	Stata	SPSS
		有序或连续	???	???	???	???
		分类	析因 logistic 回归	SAS	Stata	SPSS
	1 个连续性自变量	连续且正态	相关	SAS	Stata	SPSS
			简单线性回归	SAS	Stata	SPSS
		有序或连续	非参数相关	SAS	Stata	SPSS
		分类	简单 logistic 回归	SAS	Stata	SPSS
	1 个或多个连续性自变量和/或 1 个或多个分类自变量	连续且正态	多重 logistic 回归	SAS	Stata	SPSS
			协方差分析	SAS	Stata	SPSS
		分类	多重 logistic 回归	SAS	Stata	SPSS
			判别分析	SAS	Stata	SPSS
2 个或以上	1 个自变量，2 个或以上水平（组间独立）	连续且正态	单因素多元方差分析	SAS	Stata	SPSS
2 个或以上	2 个或以上自变量	连续且正态	多变量多重线性回归	SAS	Stata	SPSS
2 组变量	0	连续且正态	典型相关	SAS	Stata	SPSS
2 个或以上	0	连续且正态	因子分析	SAS	Stata	SPSS

二、有关软件应用

(一) 统计分析软件

1. SAS 统计软件　SAS 统计分析系统具有十分完备的数据访问、数据管理、数据分析功能。在国际上，SAS 被誉为数据统计分析的标准软件。SAS 系统是一个模块组合式结构的软件系统，共有三十多个功能模块，其基本部分是 BASE SAS 模块。BASE SAS 模块是 SAS 系统的核心数据管理任务，并管理用户使用环境，进行用户语言的处理，调用其他 SAS 模块和产品。在 BASE SAS 的基础上，还有许多模块以完成不同的功能。其中，SAS/STAT 统计分析模块包括回归分析、方差分析、属性数据分析、多变量分析、判别和聚类分析、生存分析、心理测验分析和非参数分析等 8 类 40 多个过程，每个过程均含有极为丰富的选项。在动物育种中应用较多的模块除 BASE SAS 和 SAS/STAT 外，还有 SAS/IML（交互式矩阵模块）、SAS/Genetics（遗传学模块）、SAS/GRAPH（作图模块）、SAS/QC（质量控制模块）、SAS/ETS（经济计量学和时间序列分析模块）等。

SAS 是用汇编语言编写而成的，通常使用 SAS 需要编写程序，比较适合统计专业人员使用。目前，SAS 的最新版本为 9.2 版，为多国语言版。

2. SPSS 统计软件　SPSS 软件也是一个组合式通用统计软件包，兼有数据管理、统计分析、统计绘图和统计报表功能。其统计功能是 SPSS 的核心部分，利用该软件，几乎可以完成所有的数理统计任务。基本统计功能包括：样本数据的描述和预处理、假设检验（包括参数检验、非参数检验及其他检验）、方差分析（包括一般的方差分析和多元方差分析）、列联表、相关分析、回归分析、对数线性分析、聚类分析、判别分析、因子分析、对应分析、时间序列分析、生存分析、可靠性分析。

SPSS 是用 FORTRAN 语言编写而成的，是世界上最早采用图形菜单驱动界面的统计软件。它最突出的特点是操作界面极为友好，输出结果美观漂亮。它将几乎所有的功能都以统一、规范的界面展现出来，使用 Windows 的窗口方式展示各种管理和分析数据方法的功能，对话框展示出各种功能选项，是非专业统计人员的首选统计软件。目前，SPSS 最新版为 17.0 版，为多国语言版。

3. DPS 统计软件　DPS 数据处理系统是目前国内统计分析功能最全的软件包。软件的运行环境是中文视窗系统，采用多级下拉式菜单。用户使用时整个屏幕犹如一张工作平台，随意调整，操作自如，故称其为 DPS 数据处理工作平台，简称 DPS 平台。

它将数值计算、统计分析、模型模拟以及图形表格等功能融为一体，兼有 Excel 等流行电子表格软件系统和若干专业统计分析软件系统的功能。DPS 与众多的电子表格比较，具有强大得多的统计分析和数学模型模拟分析功能。与国外同类专业统计分析软件系统相比，DPS 系统具有全中文用户界面且操作简便的特点。在统计分析和模型模拟方面功能齐全，易于掌握，尤其是对广大中国用户，其工作界面友好，只需熟悉它的一般操作规则就可灵活应用。DPS 系统目前的版本为 7.05 版。

(二) 育种值估计软件

1. PEST 软件　是一个用于多变量预测和估计的软件包，主要用于求解混合模型方程组。模型类型可以是固定效应模型、随机效应模型和混合模型。PEST 需要一个由命令组成的参数文件。该参数文件包括输入数据描述、统计模型、输出要求、数据转换等。PEST

对混合模型有三种处理方式：第一，用内存对系数进行稀疏存储；第二，对全储的对角块数据进行 Gauss - Seidel/Jacobi 迭代；第三，对只存储水平元素的数据进行 Gauss - Seidel 迭代。特点是适用于不同的操作平台，既可以处理大型数据，又可以处理小型数据，并可以接受各种格式的输入数据。

PEST 的其他功能和特性还有：可以配合动物模型、公畜模型、公畜 - 母畜模型和遗传组模型；模型中可以配合任意数目的固定效应、随机效应和协变量；对单变量和多变量固定模型和混合模型进行假设检验；处理缺失值、近交、异质方差和高达 20 阶的多项式；采用不同的关联矩阵；考虑个体间的血缘关系；将基础亲本的平均育种值置为 0；计算最佳线性无偏预测值的预测误差方差和最佳线性无偏估计值的标准误差，并获得固定效应和随机效应的协方差矩阵。为了满足实际育种的需要，系统还提供了可自行定义性状、修改模型和设定参数的余地。PEST 可以在多种操作系统下运行。

2. BLUPF90 系列软件　是一个用 FORTRAN 90/95 编写的动物育种数据的混合模型分析软件集。主要包括①BLUPF90：由 3 个程序组成，分别用稀疏矩阵技术、Gauss - Seidel 迭代和先决条件的共扼梯度法估计 BLUP 育种值；②REMLF90：用期望最大化算法估计方差组分；③AIREMLF90：用平均信息算法估计方差组分；④GIBBSF90：用 Gibbs 抽样进行方差组分的贝叶斯估计；⑤MRF90：用 R 法估计方差组分；⑥RENUMMAT：个体重新编号以创建数据文件和加性遗传效应系谱文件；⑦RENDOMN：建立显性遗传效应系谱文件和计算近交系数；⑧SIMF90：育种数据模拟程序；⑨ACCF90：计算个体动物模型和母体效应模型中 BLUP 育种值的近似准确性。这些程序都是行模式接口。Monchai Duangjinda 用 Visual Basic for MS - Access 2000 集成了上述程序的 Windows 图形化接口，并将软件命名为 BLUPF90 PCPAK，目前的版本是 1.5。

BLUPF90 系列软件还包括 CBLUP90THR（二性状阈 - 线性模型 BLUP 育种值估计软件）、CBLUP90REML（利用拟 REML 法配合阈 - 线性模型估计方差组分）、THRGIBBS90（用 Gibbs 抽样进行阈 - 线性模型方差组分和育种值的贝叶斯估计）等多种程序。

3. GBS 种猪育种数据管理与分析系统软件　是中国自行研制开发的软件，既适用于种猪生产与管理又适用于猪的育种，由下面 9 个模块组成见图 7 - 1。

系统管理：该模块的主要功能是帮助系统管理员进行日常的应用维护工作，以保证系统安全、高效运行。主要包括：用户维护、系统授权、系统数据备份、系统运行日志管理等。

基础数据：该模块的主要功能是完成系统中的基础数据定义，采集生产过程中种猪配种、配种受胎情况检查、种猪分娩、断奶数据；生长猪转群、销售、购买、死淘和生产饲料使用数据；种猪、肉猪的免疫情况；种猪育种测定数据等实际猪场在生产和育种过程中发生的数据信息。

种猪管理：该模块主要功能是完成种猪基本信息登记及生长状态转群批处理等工作，并提供种猪制卡和种猪猪群结构分析报表。

生产性能：该模块主要功能是完成种猪日常生长、繁育等测定信息的登记和管理工作。

育种分析：本模块主要功能是对本系统的猪只进行育种分析。根据实际育种测定数据和生产数据，系统提供了方差组分剖分（计算测定性状遗传力、重复力、遗传相关等）、

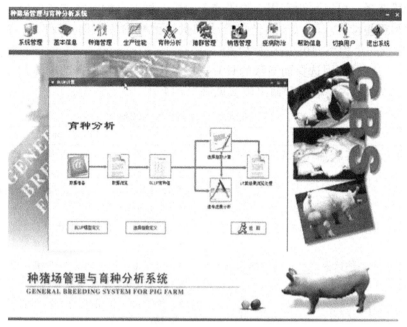

图 7 – 1　种猪管理与育种分析系统

多性状 BLUP 育种值的计算和复合育种值（选择指数）等经典的和现代的育种数据分析方法。满足了目前国内外的种猪育种工作的需要。为了用户实际育种工作的方便，系统提供了30 余种统计分析模型和从种猪性能排队到选留种猪近交情况分析等多达 24 种育种数据分析表，用户可直接使用于具体的育种工作中，使我们的种猪育种工作变得十分的简便。此外，系统还提供了数据与 EXCEL 和 HTML 文件格式的接口功能，方便用户公布自己的数据。

　　猪群管理：该模块主要完成猪只转群处理、存栏清点业务及其相关的业务基础信息定义以及各种转群报告、猪只存栏报表的查询统计工作 。

　　销售管理：该模块主要完成种猪及商品猪销售业务处理，及其相关的业务基础信息定义，各种销售分析报表查询统计工作。

　　疾病防治：该模块主要功能是记录猪只疾病和检疫信息，并提供相关信息的查询功能。

　　帮助信息：该模块的主要功能是介绍本产品的开发背景，并提供联机帮助文件《GBS用户操作指南》。

（三）选择效果估计软件

SelAction 是一个预测家畜和伴侣动物实际育种方案的选择反应和近交速率的计算机程序。程序允许用户在有限时间内以交互方式比较不同育种方案的选择反应和近交速率。程序利用确定性模拟方法，计算时间需求少，界面友好，因而可以作为一种交互式育种方案优化工具。SelAction 可以预测下列育种方案及其组合方案的选择反应：

1. 多性状选择　可以预测多达 20 个性状的育种方案的选择反应。

2. BLUP　可以预测基于动物模型 BLUP 选种的育种方案的选择反应。

3. 同胞和后裔信息　可以预测用同胞信息和后裔信息选种的育种方案的选择反应。

4. 多阶段选择 可以预测利用 2 阶段或 3 阶段选种的育种方案的选择反应。

5. 离散和重叠世代 可以预测世代分明和世代重叠群体的选择反应。对于世代重叠群体，每个性别的年龄类型可以多达 20 个。

6. 近交 可以预测因选择而导致的具有离散世代和多性状选择的群体的近交速率。SelAction 软件的主要输入和输出内容见表 7 – 14。

表 7 – 14　SelAction 软件的输入与输出

SelAction 的输入项	SelAction 的输出项
1. 性状数、性状名及其各性状的经济加权值	1. 所有性状的 Bulmer 平衡遗传参数
2. 所有性状的表型方差、遗传力、共同环境、遗传相关、表型相关和共同环境相关	2. 所有性状单位时间的选择反应（以时间和以经济为单位）；因对公畜选择和对母畜选择而导致的选择反应
3. 选留公畜数、选留母畜数、每头母畜的候选个体数，留种率	3. 每个性别和每个性状对总的选择反应的贡献（%）
4. 为候选个体育种值估计提供信息的亲属组（全同胞、半同胞和后裔）	4. 对于多阶段选择，以性状和以经济为单位，分别给出每一阶段公畜、母畜和总的选择反应
5. 各性状每个性别 – 年龄组的现有信息来源	5. 给出每一年龄组公畜和母畜选择的准确性和指数方差
	6. 每一年龄组选留的公畜数和母畜数；离散世代群体的近交速率

另外，通过利用 MTDFREML、PEST、BLUPF90 等软件估计育种值进而计算遗传趋势，也可以反映选择效果。

育种数据分析是一项复杂的技术工作，采用不同的方法和统计软件可能会产生不同的结果，应用上要根据具体的数据结构和实际育种需要选用相应的分析方法和计算软件。相信随着动物育种理论和方法以及计算机技术的进一步发展，各种遗传育种和统计分析软件的进一步开发，动物的遗传改良将会取得更大进展。

第五节　GPS 家禽育种数据采集与分析系统

GPS 家禽育种数据采集与分析系统是中国科技工作者自行研制开发的软件，适用于种禽的管理与家禽育种，系统主界面如图 7 – 2 所示，下面简单介绍软件的功能和使用方法。

一、系统管理

GPS 具有系统基本定义、系统安全维护、系统间通信和代码维护等功能。点击系统管理按钮，可以看到系统管理按钮的手指指向右侧，同时出现系统管理项目分类图，主要分成三类（图 7 -3）：系统基本定义、数据安全和高级修改功能。

（一）系统基本定义

是用户在使用本系统进行自己场数据登记前，必须根据各场情况首先定义好的一组代码参数。这些定义包括：控制登录进入系统的用户定义、控制用户场舍安排情况的公司定

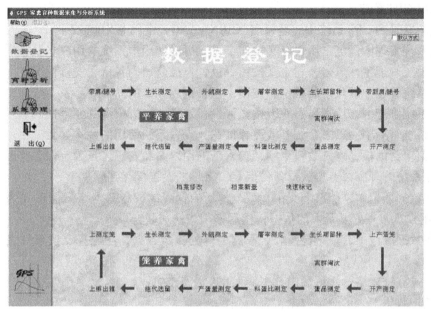

图 7-2　家禽数据采集与分析系统

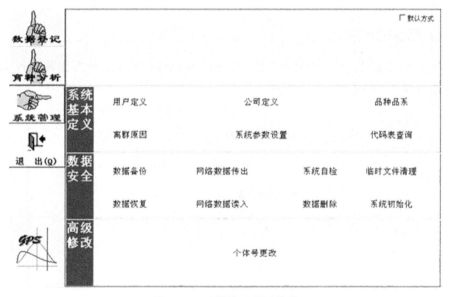

图 7-3　系统管理项目分类

义、控制用户饲养的家禽品种品系定义、控制系统所用参数的系统参数定义和登记数据用的离群原因代码定义等的设置。

（二）用户定义

系统可供多个用户使用，我们在此可以建立自己的用户群，分别为每个客户分配用户使用本系统的权利。

（三）建立自己场的数据

1. 在系统管理中，点击系统初始化按钮，进行系统初始化。

2. 退出 GPS 系统。

3. 重新登录到 GPS 系统中，登录名 XIBINWANG，密码 WXB0622。

4. 在系统管理中，点击用户定义按钮，设置可以使用本系统的用户名及密码。

5. 在系统管理中，点击公司定义按钮，设置自己公司内各个场安排情况。

6. 在系统管理中，点击品系定义按钮，设置饲养家禽的品种、品系。

7. 在系统管理中，点击离群原因按钮，设置定义的离群家禽的原因代码。

8. 在系统管理中，点击系统参数设置按钮，设置系统使用的基本参数。

9. 在菜单帮助项，点修改口令项，输入新的用户名和密码，点确定保存修改。

10. 在系统管理中，点击数据备份保存，将你的设置保存到软盘上。

11. 在数据登记中，档案新登中登记全部场内饲养的种禽基本档案信息（为了加快录入速度，用户现整理好要录入的数据，然后多个人快速联合录入）。

12. 在数据登记中，登记已经登记家禽个体的测定数据，注意：要按事件发生的先后顺序登记。

13. 下发登记表格，登记场内上一周发生的测定数据。

14. 登记收集上来的测定数据，登记到系统中。

15. 登记完毕本周数据后，用户需要进行选种、选配分析，指导实际育种工作（育种工作是长期不间断的）。

二、数据登记方法

点击数据登记按钮，可以看到数据登记按钮的手指指向右侧，同时出现育种测定数据采集流程图（图7-4）：

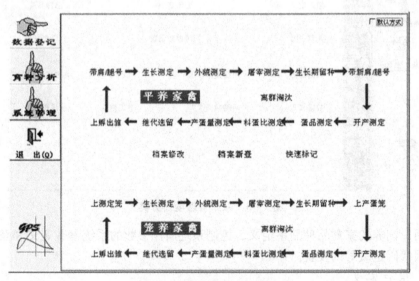

图7-4 育种测定数据采集

（一）育雏育成期进行生长发育性能测定的步骤

1. 平养家禽 先戴肩/腿号（翅号＞肩/腿号）并记录开始测体重，也可以不上肩/腿号而直接用翅号登记开测体重 →生长测定结束时登记结束测定数据，个体号可以根据开测时上的肩/腿号，也可以按翅号登记。

2. 笼养家禽 先上笼（翅号＞笼号）并记录开始测体重，在生长发育期进行单笼饲养的目的主要是为了进行料肉比测定，所以必然有上笼登记 →生长测定结束时登记结束测定数据，个体号可以根据开测时登记的笼号，也可以按翅号登记。

（二）产蛋期进行的性能测定步骤

1. 平养家禽 先戴肩/腿号（翅号＞肩/腿号）并作记录，由于产蛋期较长所以必须上肩/腿号而最好不用翅号登记产蛋期记录 →登记开产、蛋品、产蛋量和孵化测定记录（料蛋比测定需要上笼登记）→出雏登记并给小雏上翅号。

2. 笼养家禽 先上笼（翅号＞笼号）并作记录，最好不用翅号登记产蛋期记录→登记开产、蛋品、产蛋量、料蛋比和孵化测定记录 →出雏登记并给小雏上翅号。

（三）档案新登

用鼠标点击档案新登，即进入【个体档案登记】表单，利用此表单可以进行种禽历史档案登录，此档案是指已经离群但有育种数据的个体和当前在群的种禽。还可以进行新出生个体基本信息登录，这些信息是指翅号、性别、出生日期、出生重、出生场、品种品系、父亲个体号、母亲个体号。（不建议在此登记新生个体号，而应在出雏处登记）

（四）测定数据登记方法概述

1. 个体号录入与修改方法 育种测定数据是按个体逐一录入的，所以每条记录必然涉及个体号的录入，虽然我们定义了个体号是 11 位，但在实际数据录入中要录入 11 位，而且数据采集时也要求 11 位书写完整却是非常烦琐的。所以，本系统根据家禽育种管理的特点，巧妙地设计了 9 种数据录入方法，以满足用户的需要。

2. 平养情况 按生长测定的地点（场）、品种品系、出生年度、肩/腿号查询个体号。例如：在"个体号查询方法设置"是一场时，个体号录入情况为 AA－99－00023，是指生长测定地点在一场，品系代码为 AA，出生年度为 1999 年，肩/腿号为 23 的个体。

按产蛋测定的地点（场）、品种品系、出生年度、肩/腿号查询个体号。例如：在"个体号查询方法设置"是二场时，个体号录入情况为 AA－99－00023，是指产蛋测定地点在二场，品系代码为 AA，出生年度为 1999 年，肩/腿号为 23 的个体。

按当前地点（场）、品种品系、出生年度、肩/腿号查询个体号。例如：在"个体号查询方法设置"是二场时，个体号录入情况为 AA－99－00023，是指该个体当前饲养地点在二场，品系代码为 AA，出生年度为 1999 年，肩号为 23 的个体。

3. 笼养情况 按生长测定的地点（场、舍）、品种品系、出生年度、笼号查询个体号。例如：在"个体号查询方法设置"是一场 01 舍时，个体号录入情况为 AA－99－0023，是指生长测定地点在一场 1 舍，品系代码为 AA，出生年度为 1999 年，笼号为 23 的个体。

按产蛋测定的地点（场、舍）、品种品系、出生年度、笼号查询个体号。例如：在"个体号查询方法设置"是 二场 02 舍时，个体号录入情况为 AA－99－00023，是指产蛋测定地点在二场 2 舍，品系代码为 AA，出生年度为 1999 年，笼号为 23 的个体。

按当前地点（场、舍）、品种品系、出生年度、笼号查询个体号。例如：在"个体号查询方法设置"是 二场 02 舍时，个体号录入情况为 AA - 99 - 00023，是指该个体当前饲养地点在二场 2 舍，品系代码为 AA，出生年度为 1999 年，笼号为 23 的个体。

4. 通用情况（无论笼养还是平养均适用的查询方法） 按当前地点（场）、品种、出生年度、翅号查询个体号。例如：在"个体号查询方法设置"是 一场 时，个体号录入情况为 AA - 99 - 0023，是指生长测定地点在一场，品系代码为 AA，出生年度为 1999 年，翅号为 23 的个体。

按翅号查询个体号。例如：个体号录入情况为 00023，是指查询翅号为 23 的个体。

按个体号查询。例如：个体号录入情况为 01AA9900023，是指查询个体号为 01AA9900023 的个体。

（五）档案修改

档案修改目的是为了能够按个体逐只增改删个体测定数据，它的使用与前面登记方法相近。实际上仅使用档案新登和档案修改就可以登记系统中使用的全部测定数据，但因为这样登记速度慢所以建议通过前面内容所述处进行数据登记。

三、育种分析

点击育种分析按钮，可以看到育种分析按钮的手指指向右侧，同时出现育种分析流程图（图 7 - 5）。

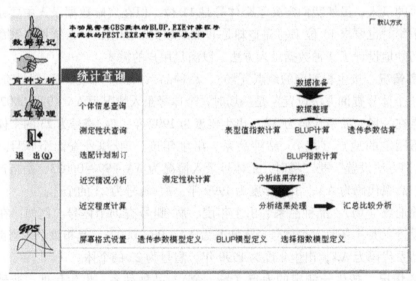

图 7 - 5　育种分析流程图

（一）统计查询

1. 个体信息查询 提供家禽卡、亲属及育种值汇总表。

2. 测定性状查询 提供种禽实际测定数据表，这些表主要用于测定数据的输出检查和制表存档。

3. 选配计划制订 选出遗传上优秀的种家禽是完成了育种工作的一半，另一半就是选配，选配计划制订提供了家禽的交配方案。

4. 种禽群体近交情况分析　群体近交分析，是从总体情况来分析各个场各种纯系禽的平均近交情况，范围从 0 到 1 之间。

5. 种禽近交系数的计算　当登记完场内全部家禽个体档案，并且已经运行正常后，用户需要计算全部纯系家禽的个体近交系数，系统正常使用后仅需一次计算，这以后系统将在孵化出雏中自动计算登记的后裔近交情况，而不需要再计算了。

（二）育种分析方法

介绍育种分析的方法：BLUP 育种值计算、选择指数分析、遗传参数分析、育种值水平比较（表 7 - 15）。

表 7 - 15　特征性状评分的权重构成

利用 BLUP 算法进行 测定数据分析	利用经典选择指数 进行测定数据分析	遗传参数分析	遗传比较分析
数据准备	数据准备	数据准备	数据准备
↓	↓	↓	↓
数据整理	数据整理	数据整理	数据整理
↓	↓	↓	↓
BLUP 计算	表型值指数计算	遗传参数估算	BLUP 计算
↓	↓		↓
EBV（BLUP）指数计算	分析结果处理		EBV（BLUP）指数计算
↓			↓
计算结果存档			汇总比较分析
↓			
分析结果处理			

1. 数据准备

单击数据准备 ｛xe"数据准备"｝，系统进入数据准备表单，此表单的主要功能是确定要对哪些个体进行遗传评估（个体出生日期范围，所在场品种是否仅在群个体、核心群个体，是否仅有测定值的个体），要对哪类性状进行评估，可以只选一类性状，也可同时选两类或两类以上的性状。

2. 数据整理

单击数据浏览检查 ｛xe"数据检查"｝，系统进入计算数据浏览表单。

3. BLUP 计算

在此，用户可对整理后的数据使用 BLUP 方法计算育种值。

4. 选择指数计算

在此，用户可对测定数据计算常规选择指数或计算 BLUP（EBV）指数。

5. BLUP 计算结果保存

6. BLUP 计算结果处理

对于经过 BLUP 计算后的数据，用户可以根据各个性状的育种值和选择指数选种。

7. 汇总比较分析

用户可以在此计算选定性状的年遗传进展、场间种禽水平比较和品系间的比较。

8. 遗传参数分析

通过方差分析的方法计算各个性状的遗传力、重复力、加性效应方差、残差效应方差等。

（三）育种数据选用及浏览表结构定义

这里用户可以设置在前面使用的育种分析临时表数据结构、显示变量项目、合成变量的计算公式等，只有被选用的变量才能在育种分析中使用。

第八章　家畜选配技术

由遗传学原理可知，对雌雄异体的动物，其后代的遗传基础是由父本和母本通过各自所产生的配子间结合而提供的遗传物质，从而使下一代的基因型及其遗传效应既受父本、母本各自影响，又受二者间遗传因素互作的影响。所以，要想取得理想的下一代，不仅需要通过选种技术选出育种价值高的亲本，还要特别注重亲本间的交配体制。所谓交配体制亦即雌雄亲本间的交配组合。

第一节　选配的概念、作用及分类

一、选配的概念及实质

选配是指人为确定个体或群体间的交配系统，有目的地选择公母畜的配对，有意识地组合后代的遗传型，再通过培育而获得良种或合理利用良种的目的。选配是对畜群交配的人工干预。

（一）随机交配、自然交配与选配的区别

随机交配是指在一个有性繁殖的生物群体中，任何一对雌雄个体不受任何选配的影响而随机结合，任何一个雌性或雄性的个体与任何一个异性个体的交配有相同的概率。

随机交配不等于自然交配。自然交配是将公母家畜混放在一处任其自由交配，这种交配方式实际上是动物的竞争选配在其中起作用，如粗野强壮的雄性个体，其交配的概率就高于其他雄性个体。

在畜牧实践中，家畜不可能存在随机交配。但就某一性状而言，随机交配的情况还是不少的。例如，对猪进行个体间选配时，通常不考虑双方的血型，如果血型与其他被选择的性状之间无相关，则就血型这一性状而言，可以认为是随机交配的。

随机交配的遗传效应是能使群体保持平衡。任何一个大群体，不论基因型频率如何，只要经过随机交配，基因型频率就或快或慢地达到平衡状态。如没有其他因素影响，一代一代随机交配下去，这种平衡状态永远保持不变。但在小群体中可能因发生随机漂变而丧失平衡，甚至丢失某些基因。在群体中频率高的基因一般不易丢失，频率低的基因则较易丢失。随机交配使基因型频率保持平衡，从而能使数量性状的群体均值保持一定水平。

随机交配的实际用途在于保种或在综合选择时保持群体平衡。

（二）选种与选配的关系

选种和选配的关系：选种是选配的基础，但选种的作用必须通过选配来体现，因此选种和选配是相互联系而又彼此促进的，选配验证选种、巩固选种，选种又可加强选配。利用选配有意识地组合后代的遗传基础，利用选种改变动物群体的基因频率。有了良好种源才能选配；反过来，选配产生优良的后代，才能保证在后代中选种。

（三）选配的作用

选配是对家畜的交配进行人为控制，使优良个体获得更多的交配机会，使优良基因更好地重组，促进畜群的改良和提高。具体作用有以下 5 个方面：

1. 创造必要的变异　因为选配就是要研究相配家畜间的遗传关系。交配双方的遗传基础不可能完全相同，它们所生的后代是父母双方遗传基础重新组合的结果，因此产生变异是必然的。为了某种育种目的而选择相应的公畜和母畜交配，就可能产生所需要的变异，也就为培育新的理想型创造了条件。这已为杂交育种的大量成果所证实。

2. 把握变异方向，并加强某种变异　当畜群中出现某种有益变异时，可通过选种将具有变异的优良公母畜选出，然后通过选配强化该变异。经过若干代的长期选种和选配，有益变异就可在畜群中更加明显和突出，最终形成该畜群独具的特点。有些品种或品系就是这样培育出来的。

3. 选配能加速基因纯化、稳定遗传性、固定理想型　遗传基础相似的公母畜相配，其后代的遗传基础通常与其父母出入不大。因此，在若干代中连续选择性状特征相似的公母畜相配，则该性状的遗传基础逐代纯合，性状特征也被固定下来。这亦为新品种或新品系培育的实践所证实。

4. 避免非亲和基因的配对　配子的亲和力主要决定于公母畜配子间的互作效应，在实际育种中我们可以通过交配试验选择配子间互作效应大的公母畜交配，使其产生优良的后代，满足家畜育种的需要。

5. 控制近交程度，防止近交衰退　细致地做好选配工作可防止畜群被迫近交。即使近交，选配也可使近交系数的增量控制在适当水平。

综上所述，合理、正确地运用选种和选配制度，不仅可以保持和巩固优秀性状，而且通过基因的分离和重组，还可以发展和产生更优异的性能，发挥选种和选配的创造性作用。通过选配，可以改变畜群的各种基因比例，使有利基因的频率在群体中迅速增加，利用选配，又能有意识地组合后代的遗传基础，应当说，选种是选配的基础，但其结果又必须通过选配才能具体体现。同时，合理选配能为进一步选种创造更好的条件。所以，选种与选配在家畜育种过程中具有不可分割的关系。

二、选配的分类

选配按其着眼对象的不同，可大体分为个体选配与种群选配两类，个体选配时，按交配双方品质的不同，可细分为同质选配与异质选配；按交配双方亲缘关系的不同，可区分为近交与远交。种群选配中，按交配双方所属种群特性的不同，可分为纯种繁育、杂交繁育两种类型。选配分类见图 8 - 1。

（一）个体选配

个体选配：以畜群中的个体为单位的选配方法，选配时主要考虑与配个体之间的品质关系和特点而进行的选配称个体选配。个体选配又可分为品质选配和亲缘选配。品质选配是根据雌雄个体间的品质对比进行选配，品质选配又可分为同质交配和异质交配两种。亲缘选配是根据雌雄个体间的亲缘关系远近进行选配，亲缘选配则可分为近亲交配、远亲交

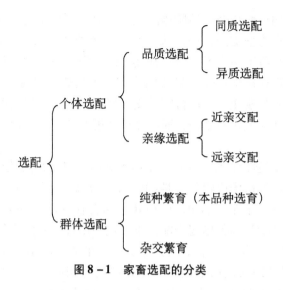

图 8 - 1 家畜选配的分类

配两种。

（二）种群选配

种群选配：以畜群为单位的选配方法研究与配个体所隶属的种群特性和配种关系，根据双方是属于相同的还是不同的种群而进行的选配。因此，在生产实践中种群选配分为纯种繁育与杂交两大类。

三、选配的原则

（一）目的明确

了解畜禽种群的现有水平和需要改进提高的性状，然后根据育种目标，在调查、分析个体和种群特性的基础上，制定出选配计划及方案，有计划地实现选配目的。

（二）公畜等级要高于母畜

在畜群繁育过程中，选留的公畜数量要比母畜数量少，最低限度是同等级的公母畜配种。

（三）相同或相反缺点的公母畜不能配种

（四）控制近交的使用

生产场中一般不使用亲缘选配，只有在杂交育种过程中固定优良性状及增加种群纯合基因时使用。同时要严格选种、控制近交代数，加强饲养管理等措施，防止近交衰退。

第二节 选配方法

一、品质选配

品质选配，又称选型交配。它所依据的是交配个体间的品质对比。所谓的品质是指一般品质，如体质、体型、生物学特性、生产性能、产品质量等方面的品质；也可指遗传品质（在数量遗传学上，指其 EBV 的高低），同时，既可以针对个体的单一性状，也可以针对个体的综合性状。如果两个个体品质相同或者相似，则其间的交配称为同质交配或者同型交配、选同交配、正选型交配，如：选饲料利用率高的公畜与饲料利用率高的母畜交配；如果两个个体间品质不同或不相似，则其间的交配称为异质交配或者异型交配、选异交配、负选型交配，例如选生长速度最快的公畜与生长速度最慢的母畜交配。品质选配，较之随机交配不同主要是改变了公母畜间的交配概率，因在随机交配时某种交配类型的概率是公畜与母畜相应基因型频率之积，而在品质选配时却不然。以质量性状猪的毛色性状为例说明：

例如，猪的白毛是显性性状，用 D 表示白毛基因；黑毛是隐性性状，用 d 来代表黑毛基因。当猪性成熟，产生精子或卵子（性细胞），纯合显性白毛（DD）产生的性细胞只含D，黑毛（dd）产生的性细胞只含 d，D 和 d 相结合在一起，外表为白毛的杂种（Dd）。杂种性成熟后，杂种公猪与杂种母猪交配，子二代中出现3/4 白毛，1/4 黑毛。

假设该猪群中黑毛在全部公猪中的频率为 S，在全部母猪中的频率也为 S，如果在群体中采用随机交配（即无论白毛还是黑毛猪都具有相同的交配概率），其后代群体黑毛猪的频率仍为 S（根据哈代–温伯格定律随机交配的大群体后代基因及基因型频率不变）（表 8 – 1）。

表 8 – 1　采用随机交配后代中白毛和黑毛的频率

基因型	表型	表型频率	后代的表型频率
DD	白毛	1 – S	1 – S
Dd	白毛		
dd	黑毛	S	S

当对该群体采用同质交配，同质交配的概率与随机交配将有所不同。此时若选择黑毛公猪（dd）与黑毛母猪（dd）交配，后代全部为黑毛，其频率为 1。若选择纯合白毛公猪（DD）与纯合白毛母猪（DD）交配，后代全部为白毛，其频率为 1。

当对该群体采用异质交配，此时选择黑毛公猪（dd）与白毛母猪（DD 或 Dd）交配，其后代毛色的分布见表 8 – 2。

表 8 – 2　根据表型采用同质交配或异质交配后代白毛和黑毛的频率

	基因型	表型	选择后亲代表型频率	后代的表型比例	
在公母猪间选择黑毛进行同质选配					
同质交配	种用公猪 dd	黑毛	1	黑毛（dd）	1
	种用母猪 dd	黑毛	1		
同质交配	种用公猪 DD	白毛	1	白毛（DD）	1
	种用母猪 DD	白毛	1		
同质交配	种用公猪 Dd	白毛	1	白毛（1DD∶2Dd）	3
	种用母猪 Dd	白毛	1	黑毛（1dd）	1
同质交配	种用公猪 DD	白毛	1	白毛（DD、Dd）	1
	种用母猪 Dd	白毛	1		
同质交配	种用公猪 Dd	白毛	1	白毛（DD、Dd）	1
	种用母猪 DD	白毛	1		

	基因型	表型	选择后亲代表型频率	后代的表型比例	
在公母猪间选择白毛与黑毛的异质选配					
异质交配	种用公猪 dd	黑毛	1	白毛（Dd）	1
	种用母猪 DD	白毛	1		
异质交配	种用公猪 dd	黑毛	1	黑毛（dd）	各0.5
	种用母猪 Dd	白毛	1	白毛（Dd）	
异质交配	种用公猪 Dd	白毛	1	白毛（Dd）	各0.5
	种用母猪 dd	黑毛	1	黑毛（dd）	

由此可见同质交配、异质交配与随机交配其对后代的影响不一样。交配概率不同，对下一代的基因型频率，甚至基因频率都会有影响，从而具有不同于随机交配的独特作用，产生独特用途。以下将对同质交配和异质交配的主要作用和用途做一详述。

（一）同质选配

1. 同质选配的方法

同质选配是以表型相似性为基础的选配方式。就是选用性状相同、性能表现一致或育种值相似的优秀公母畜来配种，以期获得与亲代品质相似的优秀后代。所谓的同质性，可以是一个性状的同质，也可以是一些性状的同质，即指所选的主要性状相同；并且只可能是相对的同质，绝对同质的性状和家畜是没有的。表型相似其实质是基因型相似或相同，交配双方愈相似，就愈有可能将共同的优秀品质遗传给后代。例如生长速度快的约克公猪与生长速度快的约克母猪交配，交配双方不一定有血缘关系。此种交配方法在于使亲本的优良性状相对稳定地遗传给后代，既可使优良性状得到保持和巩固，又可增加优良个体在群体中的数量。

2. 同质选配方法的优点

期望在后代群体中巩固发展与配双方共同的优良品质，因而有利于基因型的纯合一致。例如，在长白猪中选用生长速度快的公猪与生长速度快的母猪交配，能够获得生长速度快的后代。可见，同质选配的作用，主要是使亲本的优良性状稳定地遗传给后代，使具有这种优良性状的个体在畜群中得以增加。在育种实践工作中，为了保持某种富有价值的性状，增加群体中纯合基因型的频率，往往采用同质选配。例如，杂交育种到了一定阶段，出现了理想型就可采用同质选配，使理想型固定下来。

3. 同质选配的缺点

同质选配的缺点是不利产生新变异，或使种群内的变异性相对减小；有时可能使种畜的某些缺点得到强化；而且长期采用同质选配有可能导致无意识的近交，引起衰退现象，因为越是同质的个体，它们的亲缘关系往往越近。所以在选配过程中要特别加强选择，严格淘汰体质衰弱或有遗传缺陷的个体。

4. 同质选配的效果

在育种中应用同质选配的效果往往取决于对基因型判断的正确与否，如能正确判断基因型，根据纯合基因型选配，则可收到良好效果；或取决于选配双方的同质程度，愈同质者，则选配效果愈好；还取决于同质选配所持续的时间，连续继代进行，可加强其效果。

5. 同质交配的主要作用

（1）同质交配并不改变基因频率。但这需要两个条件；一是公畜群与母畜群的基因频率相同，公畜与母畜的使用频率相同；二是在交配前对于交配类型没有选择，在交配后对下一代的基因型也没有选择。

（2）同质交配改变基因型的频率，即纯合子的频率增加，杂合子的频率减少。所增加的纯合子频率的幅度等于所降低的杂合子的频率的幅度，而且各种纯合子的频率增加的幅度相同。

（3）遗传同型交配改变基因型频率的程度大于表型同型交配。

（4）连续进行同型交配，杂合子的频率不断降低，各种纯合子的频率将不断增加。最后，群体将分化为由纯合子组成的亚群。

（5）同质交配时，若同选择相结合，则将既改变群体的基因频率又改变群体的基因型频率，群体将以更快的速度定向达到纯合。

（6）同质交配对于数量性状，将不改变其育种值，但因杂合子的频率降低却有可能降低群体均值。

6. 同质选配在育种实践中的应用

（1）群体当中一旦出现理想类型，通过同质交配使其纯合固定下来并扩大其在群体中的数量。

（2）通过同质交配使群体分化成为各具特点而且纯合的亚群。

（3）同质交配加上选择得到性能优越而又同质的群体。

在育种工作中，纯种繁育，增加纯合基因型频率，须采用同质选配。

7. 采用同质选配应注意的事项

（1）尽量用性能最好的配最好的，不搞性能一般的配一般的，性能一般的配一般不能得到优秀的后代。

（2）选配双方只有共同优点，没有共同缺点。

（3）同质表型选配虽与同质遗传选配作用性质相同，但其程度却有不同。而且运用遗传同型交配，下一代的基因型可以准确预测，而表型同型交配因表型相同的个体基因型未必相同，故其下一代的基因型无法准确预测。因此，实践中应尽量准确地判断个体的基因型，根据基因型进行同质交配。

（4）同质交配是同等程度地增加各种纯合子的频率。因此，若理想的纯合子类型只是一种或者几种，那就必须将选配与选择结合起来。只有这样，才能使群体定向地向理想的纯合群体发展。

（5）同质交配将使一个群体分化成为几个亚群，亚群之间因基因型不同而差异很大，但亚群内的变异却很小。因此在亚群内要想进一步选育提高可能比较困难。

（6）同质交配因减少杂合子的频率而使群体均值下降，因此可能适于在育种群中应用，却不适于在繁殖群中应用。

（7）同质交配必须用在适当时机，达到目的之后即应停止。同时，必须与异质交配相结合，灵活运用。

8. 同质选配存在的问题

（1）虽然遗传同型交配较之表型同型交配更加准确、快捷，但是判断基因型并非易事。

（2）同质交配只能针对一个或者少数几个性状进行，因为要使 2 个个体在众多性状上同质是困难的。

（二）异质选配

1. 异质选配的方法

异质选配是以表型不同为基础的选配方式。异质选配分为两种情况：①单一性状品质不同的异质交配，是以优改劣为目的的异质选配，选择同一性状优劣程度不同的雌雄个体交配，期望后代的性状能得到较大程度的改良，提高群体生产水平。例如，选择细毛美利奴羊的公羊与粗毛藏绵羊母羊交配，以改良粗毛藏绵羊羊毛品质；②多个性状品质不同的异质交配，是以综合双亲优点为目的异质选配，选择具有不同优异性状的雌雄交配，以期将两个亲本的优异性状结合在一起，后代兼有双亲的优点。例如选择产仔数多的优良太湖母猪与生长速度快的优良长白猪交配。异质选配丰富了后代的遗传基础，创造新的类型，并提高后代的适应性和生活力。前一种是以优改劣，后一种是将两个或两个以上的优良性状结合在一起。

2. 单一性状品质不同的异质交配作用

（1）单性状的异质交配可改变下一代的基因频率。

（2）单性状的异质交配改变下一代的基因型频率，其中显性纯合子将全部消失，而隐性纯合子全部源于杂合子的存在。

（3）如果能够区分表型与基因型，进而淘汰杂合子而只保留两种纯合子间的异质交配即遗传异质交配，则下一代将全为杂合子。

（4）异质交配对于数量性状而言，可能提高群体的均值，尤其是在遗传异型交配下杂合子的频率最大，显性效应也将最大。

3. 多个性状品质不同的异质交配

如前所述，多个性状异质交配是选择具有不同优异性状的雌雄交配，目的是将两个或两个以上的优良性状结合在一起，以丰富后代的遗传基础，创造新的类型，并提高后代的适应性和生活力。

4. 多个性状品质不同的异质交配作用

（1）无论表型异质交配还是遗传异质交配，都有可能出现杂合子，这种杂合子将交配双方的优良特性集于一身而优于交配双方。但表型选配不像遗传选配那样仅有一种后代，而是可能出现另外三种基因型的后代。

（2）对于数量性状而言，在两个性状上均处于杂合状态，故可充分利用基因间的互作效应，从而使下一代的生产性能表现高于两个亲本。

综上所述，异质选配能综合双亲的优良性状；丰富后代的遗传基础；创造新的生产类型；提高后代的适应性和生活力。

5. 异质交配的应用

因为异质交配具有上述作用，所以育种实践当中主要将其用于下列几种情况：

（1）用好改坏，用优改劣。例如有些高产母畜，只在某一性状上表现不好，就可以选在这个性状上特别优异的公畜与之交配，给后代引入一些合意的基因，使其表型优良。

（2）综合双亲的优良特性，提高下一代的适应性和生产性能。

（3）丰富后代的遗传基础，并为创造新的遗传类型奠定基础。例如，在异质交配产生了 AaBb 的基础上，采用 AaBb×AaBb 同质横交，即有可能得到 AABB 纯合优秀类型。

6. 异质交配的注意事项

（1）不要将异质交配与"弥补选配"混为一谈。所谓"弥补选配"是选有相反缺陷的公母畜相配，企图以此获得中间类型而使缺陷得到纠正。如凹背的与凸背的相配，过度细致的与过度粗糙的相配等等，便属于此类。这样交配实际上并不能克服缺陷，相反却有可能使后代的缺陷更加严重，甚至出现畸形。正确的方式应是凹背的母畜用背腰平直的公畜配，过度细致的母畜用体质结实的公畜配。

（2）异质交配的主要目的是产生杂合子，因此准确判断基因型同样极为重要。

（3）在考虑多个性状选配时，就单个性状而言个体间可能是异质交配，但在整体上可能因综合选择指数相同而可视为同质交配。这也说明了二者间的辩证关系。

（4）异质交配也要注意适用场合及其时机。像同质交配多用于育种群一样，异质交配可能多用于繁殖群。而且一旦达到目的，即应停止或改用同质交配。

异质交配所存在的问题与同质交配一样，即判断基因型比较困难，并只能针对少量性状进行。

二、亲缘选配

（一）亲缘选配的概念

亲缘选配，是依据交配双方间的亲缘关系的远近进行的选配。育种学中将存在亲缘关系的个体间交配称近亲交配，简称近交；如果双方间不存在亲缘关系，就叫远亲交配，简称远交。并且常以随机交配作为基准来区分是近交还是远交。若交配个体间的亲缘关系大于随机交配下期望的亲缘关系，即称近交；反之则称远交。在育种学中，则通常简单地将到共同祖先的距离在 6 代以内的个体间的交配（其后代的近交系数大于 0.78%）称为近交，而把 6 代以外个体间的交配称为远交。此外，远交细究起来尚可分为两种情况：①群体间的远交。这种远交是指两个群体（品种或品种以上的群体）的个体间相交配，而群体内的个体间不交配。因为涉及到不同的群体，这种远交又称杂交。而且根据交配群体的类别，有时进一步分为品系间、品种间的杂交（简称杂交）和种间、属间的杂交（简称远缘杂交）；②群体内的远交。这种远交是在一个群体之内选择亲缘关系远的个体相互交配。其在群体规模有限时有重大意义，因在小群体中，即使采用随机交配，近交程度也将不断增大，此时人为采取远交、回避近交，可以有效阻止近交程度的增大，从而避免近交带来的一系列效应。图 8-2 是亲缘关系远近的示意图。

图 8-2 表明了育种中将品种间个体的交配称杂交，将种间或种间以上的类群间的个体交配称远缘杂交。需要注意的是品种内的品系间个体交配还是属纯繁范畴，而品种间的品系的个体交配才算杂交。

（二）近交选配

近交选配是使用亲缘关系很近的个体交配进行繁殖的一种制度，在家畜育种中，父女、母子、全同胞、半同胞等亲缘关系很近的这类个体间进行交配繁殖称为近交选配。近交个体有着关系密切的共同祖先，基因型彼此相似，因而近交与同型交配相似。

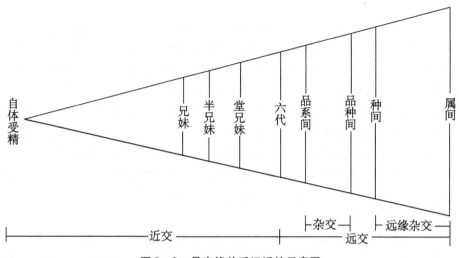

图 8-2　是亲缘关系远近的示意图

1. 近交程度

亲缘选配关键在于亲缘关系的远近。而对个体间的亲缘关系远近，可用下一代的近交系数予以度量。1948 年，Malecot 对近交系数给出了一个直观概念，即一个体同一基因座上的两个相同等位基因来自同一祖先的概率。近交系数用 F 表示。近交程度的分析在第三节讨论。

2. 近交的遗传效应

（1）近交使基因型纯合：近交可以使后代群体中纯合基因型的频率增加，增加的程度与近交程度成正比。根据遗传学原理，一对杂合基因型个体交配，其后代再逐代进行遗传同型交配，杂合基因型频率每世代减少一半，纯合基因型频率相应增加，即 0% 世代纯合体为 0%，一世代纯合个体为 50%，二世代纯合个体为 75%，三世代纯合个体为 87.5%，以此类推。在个体基因纯合的同时，群体被分化成若干各具特点的纯合子系，即纯系。一对基因的情况下，分化成两个纯合子系，即 aa 系与 AA 系；两对基因情况下，分化成四纯合子系，即 aabb 系、AABB 系、AAbb 系和 aaBB 系，以此类推。n 对基因可分化出 2^n 种纯合类型。我们可以在群体分化的基础上加强选择，达到固定某种基因型的目的。因此，在培育品种或品系过程中，常常应用近交来固定某些优良性状。如果在育种过程中，实行高度近交，例如，连续进行父女交配、母子交配、全同胞交配或半同胞交配，直至近交系数达到 37.5% 以上时，即成近交系。近交系可作为杂交亲本，近交系杂交通常都能产生强大的杂种优势，能大幅度提高畜牧业生产水平。但近交建系淘汰率大，成本很高，大家畜育种中基本没有使用近交系。

（2）导致近交衰退：近交衰退是指隐性有害纯合子出现的概率增加使家畜的繁殖力、生活力、生产性能及适应性等低遗传力性状的性能比近交前有所降低的现象叫近交衰退。

1）近交衰退的具体表现

①生长速度降低：主要是指与生长发育有关的性状发育或生长受阻，在畜牧生产中与畜牧生产产品相关的数量性状，例如：产奶量，产毛量，产肉性能等降低。

②繁殖性能减退：繁殖性能是一个综合性状，例如死胎、畸形率、成活率、产仔

数等。

③生活力及适应性下降：活力很难以数量指标来定义，但通过观察与客观的证据表明近交常常降低生命力，某些近交系显示，随着近交的增加，死亡率增加。而由于死亡造成的损失在非近交系中几乎没有多大的影响。从事于家畜近交的大多数育种工作者的观察表明，近交比非近交的动物对于危急的环境条件更加敏感。

遗传致死因子或其他畸形在许多近交试验中都有出现，而这样一些性状在遗传上总是隐性的，这些基因在非近交群中表现较低的频率，但他们总是保持隐藏或是未知的，通常总是被其等位的显性基因所掩盖。当近交时这种基因表现纯合子的可能性增加，这就象所有的基因当近交时纯合子频率增加一样，近交并不能产生隐性有害基因，而只是允许这些基因得到表现和证实。如猪的多趾，牛的上皮缺损，犊的弯腿等。

2）近交衰退的原因

①有害的隐性基因的暴露：一般病态的突变基因绝大多数都是隐性的，所以处于杂合状态时是不表现出病态或不利的性状。这些有害基因的作用可被显性的杂合子等位基因所掩盖，但经过一段近亲繁殖，纯合的基因（纯合子）比例渐渐增多，于是有害的隐性基因相遇成为纯合子而显出作用，出现了不利的性状，对个体的生长发育、生活和生育等产生明显的不利影响。例如，杂种动物所带有的不育的隐性基因往往被其显性的等位基因所掩盖，而不表达其不育的性状，但由于纯育，动物的纯合性逐渐增高，不育的现象也就表现出来了。

②多基因平衡的破坏：个体的发育受多个基因共同作用的影响，虽然其中每个基因的作用效应微小。对环境适应较好的野生或杂交动物，由于自然选择的作用有利于保存那些生物适应能力较强的基因组合，具有平衡的多基因系统，近交繁殖往往会破坏这个平衡，造成个体发育的不稳定。

③近交使群体基因纯合，基因的非加性效应减小：数量性状的表型值由加性效应、非加性效应和环境偏差共同作用，所以近交后群体的繁殖力、适应性抗病力和生活力等低遗传力性状表型值降低。

④从生理生化的角度看，近交后代所以出现生活力减退，大概是由于某种生理上的不足，或由于内分泌系统的激素不平衡，或者是未能产生所需要的酶，或者是产生不正常的蛋白质及其他化合物。有人对兔和鸡的研究发现，近交后代的血液中，红细胞数和血红素含量降低，红细胞直径变小。

3）影响近交效果的因素：近交衰退并不是近交的必然结果，即使引起衰退，其结果也不是完全相同的。近交衰退程度受家畜种类、群体纯度、个体特性、性状种类和生活条件差异等因素的影响。

①家畜种类：近交的衰退程度因家畜的种类不同而不同，神经类型敏感的家畜（如猪）比迟钝的家畜（如羊）衰退严重；小家畜、家禽在繁育过程中，由于世代较短、繁殖周期快，近交的不良后果积累较快，因此，易发生衰退现象。

②家畜的类型：肉用家畜近交的耐受程度高于乳用和役用家畜。其原因除神经类型外，可能在于肉用家畜营养消耗较小，在较高的饲养水平下，能缓解近交的不良影响。前者的父女交配，其生活力的降低程度大体与后者的堂兄妹交配接近。

③群体纯度：一般来说，群体基因纯度较差的群体，杂合体多，受非加性效应作用

大，故近交易引起衰退；反之，群体基因纯合程度大，受加性基因作用大，同时，排除了部分有害基因，所以衰退不明显。

④个体：个体间的近交效果差异很大，有的个体近交系数为10%左右时，已经出现明显衰退；而有的个体近交系数达20%甚至更高，却无明显的衰退迹象。即使是近交系数完全相同的同代仔畜或同窝仔猪中，有的出现衰退，有的个体不出现衰退，仿佛不是近交产生的。再就是畸形与生活力强弱也没有绝对联系，因为有的个体虽然很弱但并不表现畸形。另外，一般初产比经产母猪所生的近交后代较易出现衰退现象。

⑤性别：一般来说母畜对近交较敏感，公畜对近交的耐受程度大。因为公畜对后代只有遗传影响，而母畜除了遗传影响外，还在怀孕和哺乳时期，对后代有很大的母体效应。因此，在育种中，一般都是用近交程度高的公畜和近交程度低的母畜交配，现在用的顶交就是据此设计的。

⑥生活条件：饲养条件较好的家畜，环境条件适宜，可在一定程度上缓解近交衰退的危害。

⑦性状种类：近交对各个性状的影响也不同，一般来讲，遗传力高的性状（如胴体品质、毛长、乳脂率等）受加性基因作用大，近交衰退不严重；反之，受非加性基因作用大，易衰退。

4）近交衰退防止措施：近交虽有许多用途，但也存在不利之处，即有可能产生近交衰退。因此，应用近交时要特别注意防止衰退发生，只有这样才能发挥近交应发挥的作用。防止近交衰退可以采取以下措施。

①严格淘汰：严格淘汰是近交中被公认的一条必须坚决遵循的原则。无数实践证明，近交中的淘汰率应该比非近交时大得多。据一些材料报道，猪的近交后代的淘汰率一般达80%～90%。所谓淘汰，就是将那些不合理想要求的、生产力低下、体质衰弱、繁殖力差、表现出有衰退迹象的个体从近交群中坚决清除出去。其实质就是及时将分化出来的不良隐性纯合子淘汰掉，而将含有较多优良显性基因的个体留作种用。

②加强饲养管理：个体的表型受到遗传与环境的双重作用。近交所生个体，种用价值一般是高的，遗传性也较稳定，但生活力较差，表现为对饲养管理条件的要求较高。如果能适当满足它们的要求，就可使衰退现象得到缓解，不表现或少表现。相反，饲养管理条件不良，衰退就可能在各种性状上相继表现出来，如果饲养管理条件过于恶劣，直接影响正常生长发育，那么后代在遗传和环境的双重不良影响下，必将导致更严重的衰退。但需要注意的是，对于加强饲养管理应当辨证看待。在育种过程当中，整个饲养管理条件应同具体生产条件相符。如果人为改善、提高饲养管理条件，致使应表现出的近交衰退没有表现出来，将不利于隐性有害或不利基因的淘汰。

③适当控制近交的速度和程度：为慎重起见，近交的速度宜先慢后快，一般先进行半同胞交配，观察近交后代的表现，如效果好、不衰退，再加快近交速度。美国明尼苏达一号猪的育成，就是先慢后快的典型。在初期培育过程中，首先是用泰姆华斯与长白猪杂交，子一代实行半同胞交配，之后运用4～5头公猪进行小群闭锁繁育，缓慢的提高近交程度，当发现有一族母猪表现非常好时，便减少公猪头数，加大近交强度。当然，近交方式应根据实际情况灵活运用，可以先慢后快，也可以先快后慢。先快后慢的方式一般用于杂交育种中横交固定阶段的初期，因为此时对杂交的耐受力较强，让不良基因尽快纯合暴

露，然后转入较低程度的近交，从而避免近交衰退的积累。

④血缘更新：一个畜群尤其是规模有限的畜群在经过一定时期的自群繁育后，个体之间难免有程度不同的亲缘关系，因而近交在所难免，经过一些世代之后近交将达到一定程度。此外，无论什么群体在有意识地进行几代近交后，近交都将达到一定程度。为了防止近交不良影响的过多积累，此时可考虑从外地引进一些同品种同类型但无亲缘关系的种畜或冷冻精液，来进行血缘更新。为此目的的血缘更新，要注意同质性，即应引入有类似特征、特性的种畜，因为如引入不同质的种畜来进行异质交配，将会使近交的作用受到抵消，以致前功尽弃。

⑤灵活运用远交：远交即亲缘关系较远的个体交配，其效应与近交正好相反。因此，当近交达到一定程度后，可以适当运用远交，即人为选择亲缘关系远，甚至没有亲缘关系的个体交配，以缓和近交的不利影响。但是，同样应注意交配双方的同质性，以避免淡化近交所造成的群体的同质性。

（3）近交会降低群体的均值：基因型值等于加性效应值与非加性效应值之和，近交会增加纯合体数量，减少杂合体数量，群体的非加性效应值也相应减少，受非加性效应控制的性状就会退化，从而降低群体的平均值。

3. 近交用途

（1）揭露有害基因：近交增加有害隐性基因纯合的机会，因而有助于发现和淘汰其携带者，进而降低这些基因的频率。例如，猪的近交后代中，往往出现畸形胎儿，若能及时将产生畸形胎儿的公母猪一律淘汰，就会大大减少以后出现这种畸形后代的可能。此外，还可趁此时机，测验一头种畜是否带有不良基因，为选择把好质量关。

（2）保持优良个体血统：近交一方面增大了隐性有害基因的纯合概率，但同时也使优良基因纯合的概率增大，通过选择，就可能使优良基因在群体中固定。例如，当牛群中出现了一头特别优良的公牛，为了保住它的特性，并扩大它的影响，此时只有让这头公牛与其女儿交配，或让其子女互相交配，或采用其他形式的近交，才能达到这个目的。这也是品系繁育中所常用的一种手段。

（3）提高畜群的同质性：近交导致群体的纯合子比例增加，从而造成畜群的分化。随着近交程度的增加，分化程度越来越高。当 F = 1 时，畜群分化为诸多品系，品系内方差为 0，而系间方差为随机交配时的 2 倍，即系内基因型完全一致且纯合，而系与系间绝对不同。因此，如果结合选择，即选留理想的品系，淘汰不理想的品系，便可获得同质而又理想的畜群。这种方法尤其对于质量性状（如毛色、肤色、耳型等）的效果是很显著的。这些近交系可用于杂交，一般地说，各系内的一致性越高，系间的差异越大，则杂交后代的杂种优势越大。

（4）固定优良性状：近交可使基因纯合，因此可以利用这种方法来固定优良性状。换句话说，近交可使优良性状的基因型纯合化，从而能比较确实地遗传给后代，不再发生大的分化。值得指出的是，同质选配也有纯化基因和固定优良性状的作用，但和近交相比，其固定速度要慢得多，而且只限于少数性状，要同时全面固定就比较困难。同质选配大多只在生产性能和体型外貌上要求同质，而忽视或难以保障遗传上的同质，表现型虽相似，但不等于基因型相同，所以其作用是有限的。

（5）提供试验动物：近交可以产生高度一致的近交系，因而可为医学、医药、遗传等生物学试验提供试验动物。

4. 应用近交要注意的问题

近交是获得稳定遗传性的一种高效方法，育种中必须要用到。在培育新品种和建立新品系中，为了固定优良性状和提高种群纯度时都可用到近交。

（1）商品场严禁用近交：商品场以追求最大生产性能为主要目的，并不强调基因的纯合度，而近交会在不同程度上出现衰退，所以在以商品生产为目的的牧场要绝对避免家畜近交。

（2）体质健壮品质优良的公畜可利用近交：性能不良的种畜用于近交没有任何意思，反而会使畜群品质退化。近交的目的是固定优良基因，所以必须对种公畜进行严格选择，要确认其是不携带隐性不良基因的优秀个体，采取近交将其优良基因在群体中固定下来。

（3）长期封闭的地方品种可高度近交：这样的群体基因纯合程度比较高，对近交的耐受程度较大，例如，我国的太湖猪、金华猪在育种开始采用了较高程度家畜近交未发生危害，而且对优良基因的固定，起到了很好的作用。如果采用杂交育种，当出现理想型后，可用程度较高的同胞或父女交配，以加快畜群的同质化进程。

（4）合理使用近交：关于近交使用时间的长短和近交方式，原则上以达到育种目的适可而止，及时采用其他选配方法，以便使畜群保持旺盛的生活力。

三、纯种繁育（本品种选育）

纯种繁育简称纯繁，是指在同一种群范围内，通过选种选配、品系繁育、改善培育条件等措施，以提高种群性能的一种方法。其目的是当一个种群的生产性能基本能满足经济生产需求，不必作大的方向性改变时，用以保持和发展一个种群的优良特性，增加种群内优良个体的比重。同时，克服种群的某些缺点，达到保持种群纯度和提高种群质量的目的。

"纯种繁育"不同于"本品种选育"，两者都在同一种群范围内进行繁殖和选育，但所针对的种群特性不同。纯种繁育是针对培育程度较高的优良种群和新品种而言，目的是为了获得纯种；本品种选育是针对某一品种的选育提高而言，但并不强调保纯，为了提高性能，甚至可采用小规模的杂交，但前提条件是不能改变这个品种的主要特征和特性。

纯种繁育的作用：巩固种群遗传性（优良品质），使种群固有的优良性状得以稳定遗传下去，并迅速增加同类优秀个体的数量；提高现有种群品质，使种群的生产性能不断提高。

群体中的变异是选择有效的前提条件，纯种繁育的基础就在于种群内存在差异。任何一个品种纯是相对的，而变异是绝对存在的，尤其是培育品种，受人工选择的影响相对较大，性状的变异范围更大。群体内的异质个体间交配，后代中就会出现多种多样的变异，为选择提供了丰富的素材，从而也就为种群的不断发展提供了保证。

四、杂交繁育

（一）杂交的概念

在家畜育种中，杂交是指具有差异的群体的个体间的交配，即"异种群选配"。这种差异体现在表型、基因型或群体特性等三个方面。一般来说，不同品种间的个体交配称为杂交；不同品系间的个体交配称为品系间杂交；不同种或不同属间的个体间交配称为远缘杂交。

（二）杂交的作用

1. 杂交育种 通过杂交，实现遗传材料的重组，即使基因和性状重新组合，产生新的遗传型，使原来不在同一个群体的基因集中到一个群体中，原来分别在不同种群个体上表现出来的性状集中到同一个种群的个体上。所得的杂种，具有较多新的变异，通过选择培育出适合人们需要的类型，满足日益增长的物质生活的需要。

2. 杂交利用 通过杂交所得的杂种在生活力、适应性、抗逆性、生产性能等诸多方面优于纯种个体的特性，为家畜的商品生产提供了广阔的空间。有关这方面的具体内容请参看以后章节。

第三节　近交程度分析

一、近交程度的表示方法

畜牧学上用来衡量和表示近交程度的方法很多，常见的有罗马数字表示法、近交系数计算法和亲缘系数计算法三种。

罗马数字表示法是用罗马数字表示共同祖先在系谱中所处位置（世代数）来表示近交程度。首先，查看系谱中父系和母系双方有无共同祖先，如有，可用△、☆或√等符号将其标示出来（表8-3）。其次，用罗马数字分别写出共同祖先在母系和父系中出现的世代数，中间用一横线隔开（横线左端为共同祖先在母系中的世代数，横线右端为共同祖先在父系中的世代数）。第三，罗马数字写出后，按下列标准确定其近交程度。

嫡亲交配：横线两边数字之和为3或4。Ⅰ—Ⅱ，Ⅱ—Ⅱ，Ⅰ—Ⅲ，Ⅲ—Ⅰ。

近亲交配：横线两边数字之和为5或6。Ⅱ—Ⅲ，Ⅲ—Ⅱ，Ⅲ—Ⅲ，Ⅰ—Ⅳ，Ⅳ—Ⅰ，Ⅱ—Ⅳ，Ⅳ—Ⅱ。

中亲交配：横线两边数字之和为6至8。Ⅲ—Ⅳ，Ⅳ—Ⅲ，Ⅵ—Ⅱ，Ⅱ—Ⅵ，Ⅰ—Ⅵ，Ⅵ—Ⅰ，Ⅰ—Ⅴ，Ⅴ—Ⅰ。

远亲交配：横线两边数字之和在8或8以上。Ⅳ—Ⅳ，Ⅲ—Ⅴ，Ⅴ—Ⅲ，Ⅱ—Ⅵ，Ⅵ—Ⅱ，Ⅴ—Ⅴ，Ⅴ—Ⅵ，Ⅵ—Ⅴ，Ⅵ—Ⅵ，Ⅰ—Ⅶ，Ⅶ—Ⅰ。

上述四种亲缘交配中，近交程度最高的为全同胞交配（Ⅱ—Ⅱ，Ⅱ—Ⅱ）、母子交配（Ⅰ—Ⅱ）和父女交配（Ⅱ—Ⅰ）；其次为半同胞交配（Ⅱ—Ⅱ）；再次为祖孙交配（Ⅰ—Ⅲ或Ⅲ—Ⅰ）……

表8-3　特征性状评分的权重构成

			例如：　649号公羊				
Ⅰ（亲代）			128			255	
Ⅱ（祖代）		149		1105△	80&		1105△
Ⅲ（曾祖代）	6	1103☆	80&	110※	5	1103☆	19	110※

则有：1105 Ⅱ—Ⅱ；1103 Ⅲ—Ⅲ；80 Ⅲ—Ⅱ；110 Ⅲ—Ⅲ。

二、近交系数计算法

（一）近交系数的计算公式

根据通径系数原理，个体 x 的近交系数即是形成 x 个体的两个配子间的相关系数，用 F_x 表示。

$$F_x = \sum \left[\left(\frac{1}{2} \right)^{n_1+n_2+1} (1 + F_A) \right]$$

式中：F_x 表示个体 x 的近交系数；1/2 表示各代遗传结构的半数；

n_1 表示一个亲本到共同祖先的代数；n_2 表示另一个亲本到共同祖先的代数；

F_A 表示 x 个体双亲的共同祖先自身的近交系数；

$n_1 + n_2 + 1 = N$ 为亲本相关通径链中的个体数。

$\sum$ 表示通过祖先 A 把的个体 X 父亲和母亲连接起来的通径链路数的累加。

如共同祖先不是近交所生个体，即 $F_A = 0$，公式简化为：

$$F_x = \sum \left(\frac{1}{2} \right)^{n_1+n_2+1}$$

（二）典型近交后代的近交系数

1. 半同胞后代的近交系数

$$F_x = \left(\frac{1}{2} \right)^{1+1+1} = \frac{1}{8} = 12.5\%$$

2. 全同胞后代的近交系数

$$F_x = \left(\frac{1}{2} \right)^{1+1+1} + \left(\frac{1}{2} \right)^{1+1+1} = 25\%$$

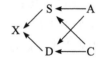

3. 亲子交配后代的近交系数

$$F_x = \left(\frac{1}{2} \right)^{1+0+1} = 25\%$$

4. 共同祖先自身是近交个体的情况

$$F_x = \left(\frac{1}{2} \right)^{1+1+1} \cdot \left[1 + \left(\frac{1}{2} \right)^{1+1+1} \right] = 14.06\%$$

5. 近交系数的迭代公式

（1）连续自交下，第 t 代个体的近交系数为：$F_t = \frac{1}{2}(1 + F_{t-1})$

（2）连续用全同胞交配，第 t 代个体的近交系数为：$F_t = \frac{1}{4}(1 + 2F_{t-1} + F_{t-2})$

（3）连续半同胞交配条件下，第 t 代个体的近交系数为：$F_t = \frac{1}{8}(1 + 6F_{t-1} + F_{t-2})$

（4）连续与同一个体回交情况下，第 t 代个体的近交系数为：$F_t = \dfrac{1}{4}(1 + 2F_{t-1})$

（三）近交系数步骤

例如，种畜 X 个体的横式系谱如图 8−3，求个体 X 的近交系数 F_x。

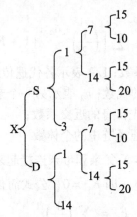

图 8−3　X 个体系谱

解：第一步：根据个体 X 的系谱找出 X 个体父母的所有共同祖先，共同祖先可用△、☆或√标记。寻找共同祖先的方法：共同祖先是在父系和母系同时出现的个体，但共同祖先的祖先不能算作近交个体父母的共同祖先。此题的共同祖先为 1 号和 14 号个体。14 号个体是共同祖先的原因是它不仅是共同祖先 1 号个体的母亲，同时还是 D 个体的母亲。7、15、10 和 20 号个体也同时在父系和母系出现，但它们都是共同祖先 1 号的祖先，所以不能再算作 X 个体的父母的共同祖先了。

第二步：绘制箭头式系谱。每个个体在图中只占一个位置，不涉及近交的个体不必绘出；箭头由共同祖先引出，通过各祖代指向其父、母，归结于个体 x，即成通径图（图 8−4）。

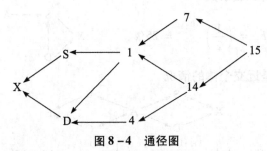

图 8−4　通径图

第三步：找出通径链。这里所要找的通径链是指通过共同祖先把近交个体的父亲和母亲连接起来的所有链。

通经链：$S \leftarrow 1 \rightarrow D$　$N = 3$；$S \leftarrow 1 \leftarrow 14 \rightarrow 4 \rightarrow D$　$N = 5$　N 值等于通径链上的个体数目。

第四步：计算共同祖先的近交系数。

共同祖先 14 为非近交个体，所以 $F_{14} = 0$；而共同祖先 1 为近交个体，下面计算 F_1：

采用上述找通径链的方法，可得：$7 \leftarrow 15 \rightarrow 14$　$N = 3$　这里 1 号个体的父母的共同祖先是 15 号，而 15 号是非近交个体，所以 $F_{15} = 0$。

根据近交系数的计算公式：

$$F_x = \sum \left[\left(\frac{1}{2} \right)^N (1 + F_A) \right]$$

所以：

$$F_1 = \left(\frac{1}{2} \right)^3 (1 + F_{15}) = 0.125$$

$$F_1 = \left(\frac{1}{2} \right)^3 (1 + F_1) + \left(\frac{1}{2} \right)^5 (1 + F_{14})$$

$$= 0.125 \times (1 + 0.125) + 0.031\,25 \times (1 + 0)$$

$$= 0.171\,875$$

第五步：计算 X 个体的近交系数。

答：X 个体的近交系数是 0.171 875。

（四）畜群近交程度估算法

畜群近交程度是以畜群的平均近交系数来表示。畜群平均近交系数的估算方法视群体大小而定。

1．小群体 分别求出各个体的近交系数 F_x，以各个体 F_x 的平均数来表示群体的近交系数。

2．大群体 随机抽取一定数量的家畜，逐个计算近交系数 F_x，以各个体 F_x 的平均数来表示群体的近交系数。

3．分类计算 将畜群中的各个体按近交程度分类，以各类近交系数的加权均值来表示群体的近交系数。

4．封闭群体 对于不再引进外血的闭锁畜群，其群体平均近交系数可采用下述方法进行估计。

当每代近交系数增量（ΔF）不变时，其近交系数计算公式为：$F_t = 1 - (1 - \Delta F)^t$

当每代近交系数增量（ΔF）有变化时，其近交系数计算公式为：

$$F_t = \Delta F + (1 - \Delta F) \cdot F_{t-1}$$

式中：F_t 为第 t 世代的畜群近交系数；F_{t-1} 为第 $t-1$ 世代畜群近交系数；

ΔF 为每代近交系数增量；t —世代数。

在不同留种方式下，每个世代的近交增量 ΔF 的计算方法：

（1）当各家系不等量留种时：$\Delta F = \dfrac{1}{8N_S} + \dfrac{1}{8N_D}$

其中：ΔF 表示畜群平均近交系数的每代增量；N_S 表示每代参加配种的公畜数；N_D 表示每代参加配种的母畜数。

（2）当各家系等量留种时：$\Delta F = \dfrac{1}{32N_S} + \dfrac{1}{32N_D}$

一般，当畜群中母畜数在 12 头以上时，可略去母畜的部分；为防止近交衰退的发生，提倡各家系等量留种。这样的群体每个世代的近交增量可用下式估算：

各家系内不等量留种：$\Delta F = \dfrac{1}{8N_S}$

各家系内等量留种：$\Delta F = \dfrac{1}{32N_S}$

三、亲缘系数估算法

在育种工作中，不仅需要了解群体内个体的近交系数，很多时候还要了解群内两个体的亲缘系数（R），亲缘系数又称为学院系数，是指两个个体间的遗传相关程度，也就是遗传相关系数。

亲缘系数与近交系数的区别可用图 8-5 表示，近交系数 F_X 反映的是组成 X 个体的两个配子间的相关程度，而亲缘系数 R_{SD} 体现的是 X 个体的两亲本间的遗传相关程度。个体间的亲缘关系分为直系亲属和旁系亲属两类。

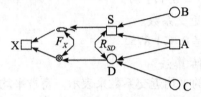

图 8-5　亲缘系数与近交系数的区别

（一）直系亲属间的亲缘系数

直系亲属是指某个体和祖先的关系，个体 X 与其某个祖先间的亲缘系数，计算公式为：

$$R_{XA} = \sum \left(\frac{1}{2}\right)^N \sqrt{\frac{1+F_A}{1+F_X}}$$

式中：R_{XA} 为 X 个体到其祖先 A 个体间的亲缘系数；N 为由个体 X 到其祖先 A 的世代数；

F_X 为 X 个体的近交系数；F_A 为 A 个体的近交系数；

$\sum$ 表示个体 X 到祖先 A 的通径链的路数累加。

例如：X、D、S、I 个体间的关系如下图，试计算 X 个体与 S 个体间的亲缘相关系数 R_{XS}。

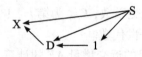

解：第一步：找出通径链。计算亲缘系数的通径链是指通过个体 X 的父亲或母亲把个体 X 和祖先连接起来的链。

$$S \rightarrow X \qquad\qquad n=1$$
$$S \rightarrow D \rightarrow X \qquad\qquad n=2$$
$$S \rightarrow I \rightarrow D \rightarrow X \qquad\qquad n=3$$

这里的 n 值等于通径链上的个体数减去 1。

第二步：计算祖先和个体的近交系数。这里祖先 S 为非近交个体，所以 $F_S = 0$；个体 X 为近交个体，计算方法按照前面介绍的方法计算，可得 F_X。

第三步：计算直系亲缘系数 R_{XS}。

$$F_X = \left(\frac{1}{2}\right)^{1+0+1} + \left(\frac{1}{2}\right)^{2+0+1} = 0.375, \quad F_S = 0$$

$$R_{XS} = \left[\left(\frac{1}{2}\right)^1 + \left(\frac{1}{2}\right)^2 + \left(\frac{1}{2}\right)^3\right] \cdot \sqrt{\frac{1+0}{1+F_X}} = 0.7461$$

注意：计算直系亲属间的亲缘系数时，通径链起于后代，止于祖先，中途不转换方向。

（二）旁系亲属间的亲缘系数

旁系亲属是指同一代上的两个个体之间的关系，旁系亲属间的亲缘系数计算公式为：

$$R_{SD} = \frac{\sum\left[\left(\frac{1}{2}\right)^N(1+F_A)\right]}{\sqrt{(1+F_S)(1+F_D)}}$$

式中：R_{SD} 表示个体 S 和 D 间的亲缘系数；

N 表示个体 S 和 D 分别到共同祖先的代数之和，即：$N = n_1 + n_2$；

F_S 表示个体 S 的近交系数；F_D 表示个体 D 的近交系数；

F_A 表示 S、D 的共同祖先的近交系数；

$\sum$ 表示通过祖先 A 把个体 S 和 D 连接起来的通径链路数的累加。

注意：个体的近交系数实际等于双亲的亲缘系数乘以 $\sqrt{\dfrac{(1+F_S)(1+F_D)}{2}}$。若双亲均为非近交个体，即 FS = FD = 0，则个体的近交系数等于其双亲亲缘系数的 1/2。

例如：半同胞亲缘关系如下图，半同胞的亲缘系数计算如下：

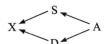

半同胞的亲缘系数为 $R_{SD} = \dfrac{\left(\frac{1}{2}\right)^2 \cdot (1+0)}{\sqrt{(1+0)(1+0)}} = \dfrac{1}{4} = 0.25 = 2F_X$

例如：全同胞亲缘关系如下图，全同胞的亲缘系数计算如下：

全同胞的亲缘系数为 $R_{SD} = \dfrac{\left[\left(\frac{1}{2}\right)^2 + \left(\frac{1}{2}\right)^2\right] \cdot (1+0)}{\sqrt{(1+0)(1+0)}} = \dfrac{1}{2} = 0.5 = 2F_X$

复习题

1. 解释下列名词

选配　　同质选配　　异质选配　　近交衰退

2. 同质选配有哪些用途？

3. 异质选配的作用有哪些？

4. 生产中何时应用近交？举例说明。

5. 近交衰退的防止措施有哪些？

6. 选配的作用是什么？

7. 已知 X 个体的系谱，如图 8-6 所示，求 F_X；R_{SD}；R_{X7}。

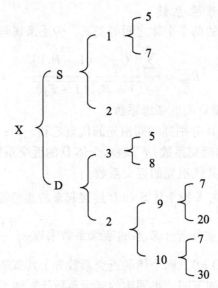

图 8-6 X 个体系谱

第九章 本品种选育技术

第一节 品种

一、品种的概念和特性

(一) 种和品种

1. 物种 (简称种) 物种 (简称种) 是指具有一定形态、生理特征和自然分布区域的生物类群,是生物分类系统的基本单位。一个种中的个体一般不与其他种中的个体交配,或由于地域原因导致的地理隔离,或由于生理原因即使交配不能产生后代或不能产生有生殖能力的后代,即生殖隔离。因此,种是生物进化过程中由量变到质变的结果,是自然选择的产物。同一种内的不同群体的迁移、长期的地理隔离和基因突变等因素,也会导致种的基因库发生遗传漂变,从而形成地域性的亚种或遗传进化性的变种。

2. 品种 品种是畜牧学上的分类单位,是指具有一定的经济价值,主要遗传性状的遗传性比较一致的一种家养动物群体,能适应一定的自然环境以及饲养条件,在产量和品质上比较符合人类的要求,是人类的农业生产资料。品种必须能适应一定的自然和人工饲养条件,在产量和品质上符合人类的要求,因此是人类的农业生产资料,是人工选择的历史产物,是畜牧学科中的重要概念。在有些家畜的品种中,还有称为品系的类群,它是品种内的结构形式。有的品种是从某一品系开始,逐渐发展形成的。一个历史很久,分布很广,群体很大的品种,也会由于迁移、引种和隔离等,形成区域性的地方品系。

随着生产的发展,形成品种的数量越来越多。据不完全统计,全世界目前共有各种家畜品种 2 337 个,其中,牛 1 000 个,猪 203 个,绵羊 160 个,山羊 20 个,家禽 232 个,兔 60 个,狗 400 个,鹿 12 个,马 250 个。

品种的好坏可直接影响畜牧业的生产水平。优良的品种,不但可在相似的条件下生产更多更好的产品,而且可大大提高畜牧业的劳动生产效率。因此,充分利用现有品种,并进一步选育提高,以及不断地培育新品种,是实现畜牧业现代化的一个重要组成部分,也是畜牧业中一项重要的基本建设。

(二) 品种应具备的条件

凡能称为一个品种的家畜,应具备如下特性:

1. 具有较高的经济价值 即具有一致的生产力方向,较高的生产力水平,这是品种最基本、最重要的条件。随着社会经济需要的改变,其生产力方向和生产力水平亦可发生相应的变化。例如,荷兰黑白花奶牛原为乳用方向,后来培育成为乳肉兼用型。

2. 来源相同　凡属一个品种的家畜，决不是一群杂乱无章的动物，而是有着共同的来源，例如，新疆细毛羊的共同祖先是哈萨克羊、蒙古羊、高加索羊及泊列考羊等四个品种。这就是说，同一品种的家畜，其血统来源是基本相同的，彼此间有着血统上的联系，故其遗传基础也非常相似。这是构成一个"基因库"的基本条件。

3. 特征特性相似　同一品种的家畜在体型结构、外貌特征和重要经济性状方面很相似，容易与其他品种相区别。例如，东北民猪是黑色毛，金华猪是"两头乌"，中国黑白花乳牛产奶量高，而海福特牛则产肉多。当然，不同品种在外貌特点的某些方面可能相似，但总的特征必然有区别。

4. 遗传性稳定，种用价值高　品种必须具有稳定的遗传性，才能将其典型的优良性状遗传给后代。这不仅使品种得以保持，而且当它同其他品种杂交时，能起到改良作用，即具有较高的种用价值。这是品种家畜与杂种家畜的最根本区别。

遗传性的稳定是相对的，要想保持它使之不变，要靠一整套选育措施，离开了人的选育，品种的优良性状就难以保存。任何一个品种，"变"总是绝对的，都有一个形成、发展和消亡的过程。有的品种，如荷兰牛、约克夏猪、美利奴羊等，虽然已存在了很长时间，但18世纪的荷兰牛与现代的荷兰牛就有明显的区别。如果它们同时存在，将会被判为两个品种，因为它们不仅体质外形有区别，生产性能也有差异，甚至连生产方向都有些改变。

5. 一定的结构　所谓一定的结构，是指一个品种是由若干各具特点的类群所构成，而不是由一些家畜简单地汇集而成。品种内的类群，由于形成原因的不同，可区分为以下几种：

（1）地方类型：同一品种由于分布地区各方面条件不同，形成若干互有差异的类群，就叫地方类型。例如，浙江金华猪，就有东阳型和金义型等地方类型存在。

（2）育种场类型：同一品种由于所在牧场的饲养管理条件和选种选配方法不同，所形成的不同类型，就叫作育种场类型。例如，同是东北细毛羊，在辽宁的小东种畜场、吉林的双辽种羊场和黑龙江的银浪羊场，就各具一格，各成一型。

（3）品系与品族：这是品种的主要结构单位。所谓品系是一群共同具有某种突出性状，能稳定地遗传的个体组成的动物类群。以优秀母畜为共同祖先的类群叫品族。一个品种内具有若干个优良的品系或品族，就能使品种得到更好的保持和提高。

6. 足够的数量　数量是质量的保证，头数太少不能成为一个品种。品种内个体数量多，才能保持品种的生命力，才能保持较广泛的适应性，才能进行合理选配而不致被迫近交。一个品种究竟应拥有多少头数才能符合要求，不同国家在不同时期对不同家畜的数量要求不相同。我国近年来各畜禽选育协作组根据各地实际情况，分别提出了一些数量标准，例如，规定新品种猪至少应有分属五个以上不同亲缘系统的50头以上生产公猪和1 000头以上生产母猪；绵、山羊新品种的特、一级母羊数应在3 000只以上等等。当畜群已基本具备以上条件，只是数量不够时，一般称为"品群"或"准品种"。

二、品种的分类

据不完全统计，到目前为止，人类已经驯化或驯养的动物共有40多个物种。在这些驯化的物种中，又有许多经自然和人工选择而形成的数以千计的品种，根据不同的目的，有许多不同的分类方法用于分析研究这些品种,例如,利用动物分类学方法,有哺乳动物和非哺乳动物、奇蹄和偶蹄、反刍与非反刍;根据动物的食物特性,有食肉、食草、杂食等,不一而足。但是,在畜牧业上,比较常用而且有实用的分类方法主要有3种,即按品种的改良程度、品种的体型外貌特征、品种的主要用途来分类。

(一)按培育程度分类

1. 原始品种 原始品种是在农业生产水平较低,长期选种选配水平不高,而又饲养管理粗放的情况下所形成的品种,例如,蒙古马和蒙古牛,它们终年放牧,气候恶劣,夏季酷暑,冬季严寒又缺料,在这种情况下,所受自然选择的作用较大。由于以上原因,原始品种的特点是:

(1) 晚熟,个体一般相对较小。

(2) 体格协调,生产力低但全面。

(3) 体质粗壮,耐粗耐劳,适应性强,抗病力高,如中国黄牛很少患肺结核病。

由此可见,原始品种虽有不少缺点,但也有它的长处,特别是对当地条件的良好适应性是非常宝贵的,这是培育能适应当地条件而又高产的新品种所需的原始材料。在改良提高原始品种时,首先要从改善饲养管理着手,然后再进行适当的选种选配或杂交,以改善其遗传基础。在讨论原始品种时,有必要把它同地方品种区别开来。原始品种可能是地方品种,如蒙古羊既是原始品种,又是地方品种。但不等于说地方品种都是原始品种,因为在地方品种中,也有不少培育程度较高,生产性能较好的,如金华猪、秦川牛、湖羊、伊犁马、关中驴、北京鸭、狼山鸡、狮头鹅等品种。

2. 培育品种(育成品种) 它是经过人们有明确目标选择和培育出来的品种。由于人们对它的育成付出了巨大的劳动,因此,其生产力和育种价值都较高。许多优良品种,如新疆细毛羊、黑白花乳牛等都属于这类品种。培育品种大多具有下述特点:

(1) 生产力高,而且比较专门化。

(2) 早熟,即能在较短时期内达到经济成熟,体型也较大。

(3) 要求的饲养管理条件高,同时也要求较高的选种选配等技术条件来保持和提高。

(4) 分布地区往往超出原产地范围:由于生产性能好,人们喜欢,也就保证了它的广泛分布。如黑白花乳牛、约克夏猪、长白猪、来航鸡等已遍布世界大部分地区。

(5) 品种结构复杂。一般说来,原始品种的结构只有地方类型,而育成品种因受到细致的人工选择,除地方类型和育种场类型外,还育成许多品系和品族。

(6) 育种价值高,与其他品种杂交时,能起到改良作用。

3. 过渡品种 有些品种虽不够培育品种,但比原始品种的培育程度高,人们称这一类品种为过渡品种。过渡品种往往很不稳定,如能进一步选育,就可很快成为培育品种。

当然,以上三类品种的划分是相对的,是有条件的。

(二)按生产力类型分类

1. 专用品种 由于人们的长期选择与培育,使品种的某些特性获得显著发展或某些组织器官产生了突出的变化,从而出现了专门的生产力,这就是专用品种。例如,养马业中有骑乘品种、挽用品种等;养牛业中有奶用品种、肉用品种等;养羊业中有细毛品种、半细毛品种、羔皮品种、裘皮品种、肉用品种等;养猪业中有脂肪型品种、瘦肉型品种等;鸡分为蛋用品种、肉用品种等。

2. 兼用品种（综合品种） 这类品种是指兼备不同生产用途的品种。属于这类品种有二：一是在农业生产水平较低的情况下形成的原始品种，它们的生产力虽然全面但较低；二是专门培育的兼用品种，如羊有毛肉兼用细毛羊品种、牛有肉乳兼用品种、鸡有蛋肉兼用品种。这些兼用品种，体质一般较健康结实，对地区的适应性较强，生产力也并不显著低于专用品种。

就是用这种分类法划分品种也不是绝对的，因为有些品种随着时代的变迁，其生产力类型会有变化。例如，黑白花牛素以产奶闻名，但以后有些地方育成了乳肉兼用黑白花牛；短角牛品种以肉用著称，但以后有些又形成了乳用短角牛和兼用短角牛品种。

（三）按体型外貌和特征

这种分类方法历史悠久，简单而实用，一直沿用至今。

1. 按体型大小 可将家畜分为大型、中型、小型三种。例如，马有重型（重挽马）、中型（蒙古马）、小型或矮马（国外的 pony 马和中国云南的矮马、阿根廷的微型马等）。家兔也有大型品种（成年体重 5kg 以上）、中型品种（成年体重 3～5kg）、小型品种（成年体重 2.5kg 以下）。猪也有小型猪（如中国的香猪）。

2. 按角的有无 牛、绵羊中根据角的有无分为有角品种和无角品种。绵羊还有公羊有角、母羊无角的品种。

3. 按尾的大小或长短 绵羊有大尾品种（大尾寒羊）、小尾品种（小尾寒羊）以及脂尾品种（乌珠穆沁羊）等。

4. 根据毛色和羽色 猪有黑、白、花斑、红等品种。某些绵羊品种的黑头、喜马拉雅兔的 8 黑都是典型的品种特征。鸡的芦花羽、红羽、白羽等也是重要的品种特征。

5. 根据鸡的蛋壳颜色 有褐壳（红壳）品种和白壳品种。

6. 骆驼的峰数 单峰驼、双峰驼。

三、品种的形成及影响

家畜的出现已有数千年至上万年的历史，但是，家畜的品种却不像家畜那样久远。在饲养家畜的实践中和人类的迁移过程中，家畜的数量随着饲养技术的改善而逐渐增多，分布也越来越广。于是，由于各地自然环境条件和社会经济条件的差异，以及因为交通不便等因素所导致的地理隔离，使得向各地迁移的小群体在一定时间后在体型外貌、适应性等方面出现差异，其中既有由于基因漂变造成的差异，也有自然选择和人工选择造成的差异。这时家畜品种的雏型开始出现，人们给这些各有特色的不同产地的家畜群体冠以不同的名称，以示区别，这就是最初的家畜品种。这些品种一般称为原始品种、地方品种或土种。对这些品种继续选择，向某一特定生产方向育种，就形成了生产性能更专一、经济效益更高的培育品种。例如，乳用、肉用、毛用、绒用、蛋用、兼用、役用、竞赛用、观赏用等品种。

一个品种不是固定不变的，会随着人工选择方向的变化而发生不同的变化。所以我们常常发现不同时代的同一品种无论从体型上、外貌上、生产性能上都有很大区别，导致品种发生这些变化的因素主要有社会经济条件和自然环境条件。

（一）社会经济条件

社会需求是形成不同用途培育品种的主要因素。例如，在工业革命之前的社会经济中，由于农业、军事的需要，养马业受到特别的重视，根据用途培育成了许多骑乘型、役用型品种。在机械工业充分发展以后，马在社会经济中的作用越来越小，用途也越来越有限。工业化所产生的大量城市人口，对乳、肉、蛋、绒、裘、革的需求越来越大，于是人类又定向地培育出了乳用、肉用、蛋用、毛用、绒用、裘皮用以及兼用型的家畜家禽品种。

社会经济因素是影响品种形成和发展的首要因素，在品种的形成和发展过程中，它比自然环境条件更占有主导性地位。市场需求、生产性能水平、集约化程度无不影响着品种的形成和发展，任何一个品种"变"是绝对的，都有一个形成、发展和消亡的过程。如世界上分布最广、产奶量最高、最典型的乳用家畜品种是黑白花牛，属大型乳用品种，原产于荷兰北部的西弗里斯兰省（West-Friesland）和德国的荷尔斯坦省（Holstein），所以这种黑白花牛也称为荷斯坦—弗里生牛（Holstein-Friesian）。这个品种最初为乳肉兼用型，自19世纪70年代输出到世界各国以后，从中又衍生出体型更大、产奶量更高的纯乳用型黑白花牛，并以美国和加拿大的乳用黑白花牛的产奶量为最高。而荷兰、德国为代表的欧洲黑白花牛则以乳肉兼用型为主。值得注意的是随着生产条件与市场需求的变化，欧洲各国又纷纷引进北美黑白花牛精液，以改变原欧洲黑白花牛的生产类型。应该指出19世纪与现代的黑白花牛相比就有明显的区别，如果它们同时存在将会判为两个品种，因为它们不仅体质外形有区别，生产性能也有差异，甚至连生产方向也有所变化。

另一分布于世界各地的家畜是美利奴细毛羊，原产于西班牙。现在全世界有许多细毛羊品种是由此而产生的，如澳洲美利奴羊、德国美利奴羊、前苏联美利奴羊、中国美利奴羊等。毛质最好、产毛量最高的是澳大利亚美利奴细毛羊，这也是人类有计划、有目的、精心培育出的新型细毛羊品种。有些国家从美利奴羊中进一步培育出兼用型、半细毛型、长毛型、乃至肉用型美利奴羊品种。而在澳大利亚，根据体重、羊毛长度和细度等不同又分为四种类型，即超细型、细毛型、中毛型和强毛型，其羊毛细度变动范围为 58～80 支。

肉用家畜品种的出现，也是社会需求所产生的结果。例如，目前世界上著名的牛、羊、猪、鸡等肉用品种，几乎都出自欧洲。这是由于欧洲的工业化出现最早、城市数量多、规模大、人口集中，因而对肉的需求量大，对肉的质量要求也高，从而促进了新的肉用品种的培育。例如，仅英国在 18～19 世纪的 100 多年中，就培育出 60 多个优良家畜品种。这些品种对世界家畜品种的培育和发展产生了重大影响。如约克夏猪原产于英格兰约克夏郡，从历史上看，老型约克夏猪与中国广东猪杂交曾选育出脂肪型的小型约克夏猪，再通过大型与小型约克夏猪杂交选育出兼用型的约克夏猪或中白猪。近年由于市场对瘦肉需求增加，瘦肉多的新型大约克夏猪得到发展，是当今世界最流行的母系猪种之一，分布遍及全球。由于饲养国家不同，分别被称为：美系（美国）、加系（加拿大）、法系（法国）、丹系（丹麦）大白猪等。

（二）自然环境条件

任何生命对生存环境都有一定的适应能力，这是生命在自然选择压力下逐渐积累的特性，人工选择产生的品种也不例外。影响品种形成的自然环境因素包括光照、海拔、温度、湿度、空气、水质、土质、植被、食物结构等。例如，高温干燥、植被稀疏的中东地区培育出了体型修长的轻型马（如阿拉伯马）。而低温湿润、植被茂盛的欧洲则多育成体型粗壮的重型马（如比利时重挽马、俄罗斯重挽马、法国阿尔登马和泼雪龙马等）。另外，牛的品种像温带的黄牛、热带的瘤牛、青藏高原的牦牛、河湖湿热地区的水牛等，都是在当地自然环境条件下育成的，有明显的地域适应性，如果人为地强行改变其生活环境，往往会因不适应新环境而患病或死亡。

温度、湿度、降水量等气候因素对品种特征有明显的直接或间接影响。例如，同一种家畜在温暖地区生活的群体，其体型较小，在寒冷地区生活的群体，其体型较大。这是因为同种恒温动物，主要是通过皮肤散热，因而动物的皮肤面积与躯干体积的比值，是衡量动物保温能力的重要参数。这个比值越大，越有利于散热；这个比值越小，就越有利于保温。同一种动物，体型越大，这个比值越小；体型越小，这个比值越大。

生活地区的海拔高度影响动物呼吸系统、循环系统的机能。把高原品种引入平原地区，或把平原品种引入高原地区，都会因为不适应环境而致病死亡。例如，把顿河马、黑白花奶牛、西门塔尔牛、秦川牛、来航鸡、北京鸭等引入西藏拉萨，强烈的高山反应使这些畜禽不能正常生活和生产，甚至死亡。秦川牛在那里丧失繁殖能力；鸡与鸭的孵化率仅为7%~8%。把海拔3 000m以上的青藏高原的牦牛引入到海拔1 500m的兰州，很难正常生活，而引入到湖南洞庭湖地区，当年全部死亡。一般来讲，高原品种的呼吸器官发达、血液中的血红素含量显著高于低地品种。这是品种在适应高原环境的过程中形成的生理性、机能性变化，而不是人工选择的结果。

阳光的强度和光照的时间也与品种特征有一定关系。例如，阳光强度、特别是紫外线的强度直接影响品种被毛的长度与颜色、皮肤色素分布与皮肤厚度。光照通过视觉和其他神经系统作用于动物的脑垂体，影响生长激素和生殖激素的分泌，进而影响动物的生长发育和生殖机能。例如，绵羊的发情配种季节是白昼逐渐变短的秋季，而马的发情季节则是在白昼逐渐变长的春季。鸡的增重、产蛋性能也与光照的长短有明显的关系。当把某一家畜品种从光照时间长的地区引入到光照时间短的地区时，其生理机能和生产性能会随之发生变化。这种变化经过一段时间可能会固定下来，使在新地区生活的家畜无论在内部机能，或者外部特征上都不同于原来的品种，久而久之就可能形成新的品系或品种。

四、识别品种的一般原则

育种的根本措施在于选种与杂交，而要做好选种与杂交工作，必须以对品种的了解为前提。现将了解和识别畜禽品种的要点做一简述。

（一）了解品种的分类地位

如能首先知道有关品种的分类地位，再来了解其具体特征特性，无疑就容易得多，而且这样也便于相互比较。例如，乳用牛和肉用牛这两大类生产方向不同的品种，它们在体质外形、生产性能和育种价值等方面都有很大差异。而同属于乳用方向的品种，虽存在品种间差异，但它们的共同点无疑较多。同样，不同培育程度的品种，在经济价值、育种价值以及今后的育种方式上，也是类间差别大，类内差别小。

（二）研究品种的原产地和育成史

研究原产地的社会经济、自然条件是为了了解该品种的地区适应性，以便决定是否引入和如何做好风土驯化工作。例如，林肯羊、罗姆尼羊等一些长毛肉用品种，原产于海洋性气候的英国农业地区，所以体内贮存养分的机能较不发达，适应性远比细毛羊差，如果引入到条件较差的地区，就易患胡萝卜素缺乏症和呼吸道疾病。

有些优良品种，当分布到世界各地后，由于各方面条件的差别，总要或多或少的产生一定的变异。为此，除应考虑原产地外，还要注意引入地条件。例如，我国现有的罗姆尼羊，就是从英国、澳大利亚、新西兰三国分别引入的，品种特征就不完全相同，其中以"英罗"的适应性反映较好。

研究品种的育成历史，一方面可从中学到有益的的育种经验；另一方面可知道该品种大致具有的遗传基础和稳定程度。很显然，育成历史较悠久的，其遗传稳定性一般较好。

（三）掌握品种特征和生产力特点

每一品种除有自己的平均生产力指标外，都具有一定的典型特征。据此可以识别品种。例如，长白猪体躯特长（长一两根肋骨），较早熟，是典型的瘦肉型；巴克夏猪耳竖背平，全身黑色，只在鼻端、尾端及四肢下部为白色，即所谓"六白"；荷兰牛个体较大，黑白花产乳量高但乳脂率较低；娟姗牛个体较小，产乳量中等，但乳脂率高，乳脂肪球也大，很适于制作黄油；澳洲美利奴羊的毛较长，光泽较好，油汗白色；罗姆尼羊能适应低洼沼泽地区生活；林肯羊体最大，毛最长，光泽也最好。

（四）查看种畜卡片或进行有关咨询

代表一个品种的特征特性是多方面的，而且也是在不断发生变化的。因此，在生产中要求准确无误地立即判断每个品种，有时是比较困难的。在这种情况下，最好查看其种畜卡片（品种证明），或详细询问有关人员，以助分辨和彻底弄清。

第二节　家畜品种资源与利用

一、中国家畜品种资源

中国是世界上畜禽遗传资源最丰富的国家之一，不仅物种、类群齐全，而且种质特性各异。我国畜禽遗传资源主要有猪、鸡、鸭、鹅、特禽、牛、羊、马、驴、骆驼、兔、梅花鹿、马鹿、貉、蜂等20个物种，共计576个品种（类群），其中地方品种（类群）426个，占品种资源总数的74%；培育品种73个，占品种资源总数的12.7%；引进品种77个，占品种资源总数的13.3%（表9-1，表9-2）。

（一）猪的品种

1. 猪的经济类型　猪的经济类型可分脂肪型、腌肉型和肉用型三种。

（1）脂肪型：脂肪型猪外形特点是体躯宽大，不长，躯体肥满，头颈较重，四肢短。体长与胸围之差不超2~3cm，皮下脂肪达4cm以上。过去国外养猪业以产脂肪为重点，这种体形是标准的脂肪型猪，如早期的巴克夏猪。近年来，国内外市场已不需要脂肪多的胴体，而需要瘦肉多的胴体，对脂肪型猪进行了改造，以肉用型代替过去的脂肪型。

（2）腌肉型：腌肉型猪以生产腌肉为主，外形特点与脂肪型相反，中躯较长，体长往往大于胸围15~20cm以上，背线与腹线平直，头颈部轻而肉少。前后肢间宽，躯干较深，腹较宽大。背膘薄，皮下脂肪厚度1.5~3.5cm。腿臀丰满，瘦肉多，瘦肉率在55%~60%以上。丹麦、爱尔兰、加拿大等国家，长期以来非常重视高质量的腌肉型猪生产，如丹麦培育的长白猪和英国培育的大约克夏猪，都属此类型。

（3）肉用型：肉用型猪以生产鲜肉为主，介于脂肪型和腌肉型之间。没有过多的脂肪，体质结实。背线呈弓形，颈短，躯干不长，但较宽。背腰厚，腿臀发达，肌肉组织致密，腹较紧，脂肪少。国外经改良后的杜洛克、汉普夏均属肉用型猪。

2. 中国猪的类型划分　我国幅员辽阔、资源丰富、地形复杂、气候多变，在长期自然生态环境的影响下，各地区各自形成适合本地区的猪种类型。可划分为：华北型、华中型、江海型、华南型、西南型和高原型。

（1）华北型：华北型猪主要分布在内蒙古、新疆、东北、华北、黄河流域和淮河流域。该地区气候寒冷、干燥少雨，农作物一季或两季，饲料条件不如华中和华南。这种条件下可促使猪的体质健壮，骨骼发达，体躯高大，背狭而长，四肢粗壮，头平，嘴长，耳大，额间皱纹纵横，皮厚多皱褶，毛黑色粗密，鬃毛发达。母猪繁殖力强，一般每胎产仔10～12头。按照个体大小和成熟的迟早可分大、中、小型，并分布于不同地区：一般山区和边远地区为大型，城市附近为小型，农村饲养中型。主要猪种有东北的民猪、西北的八眉猪和黄淮海黑猪等。

（2）华南型：华南型猪主要分布在云南的西南和南部边缘，广西、广东南部，福建东南部、海南省和台湾省。以上地区为热带或亚热带地区，草木繁茂，雨量充沛，青绿饲料极多，养猪条件最好，可培育出早熟易肥、皮薄肉嫩的优良猪种。华南猪背腰宽阔凹陷，肋弯曲，胸深，腹部疏松下垂拖地，后躯丰满，大腿肥厚，四肢短小，骨骼细致。头短而宽，嘴短，耳小直立，额部皱纹多横行，皮薄毛稀，毛色多为黑白花，性成熟早，母猪生后3～4月龄开始发情，母性好，护仔性强，一般每窝产仔猪8～9头。主要猪种有：两广小花猪、海南猪、滇南小耳猪、香猪等。

（3）华中型：华中型猪主要分布在我国中部各省，其北缘与华北型的南缘相接，南缘与华南型北缘相接，地区广阔，是粮、棉主要产区，饲料条件充足，青绿饲料丰富。华中型猪体型呈圆桶型，中等大小、背较宽、背腰下陷。耳稍大下垂，毛色多为黑白花，也有少量黑猪。性较早熟，母猪每胎产仔猪10～12头，主要猪种有：湖南大围子猪、宁乡猪、华中两头乌猪、浙江金华猪、广东大花白猪等。

（4）西南型：西南型猪分布在湖北西南部、湖南西北部、四川、贵州北部、云南大部分地区，属于云贵高原和四川盆地。由于地处高原和盆地，地理、气候及农作物差异较大，所以猪种在外形和生产性能方面也有明显差异。盆地的猪饲料丰富，可形成体形丰满、早熟易肥的肉脂兼用型猪。生长发育较快，母猪每胎产仔猪10头左右；生长在高原的猪则形成体质结实的腌肉型猪。主要猪种有：乌金猪、四川荣昌猪和内江猪等。

（5）江海型：江海型猪分布在华北和华中两类型交界的汉水和长江中下游地区。该地区土地肥沃，人口众多，交通便利，工农业发达。受华北型和华中型猪的影响，江海型猪种较杂，可分为两类：一类受华北型影响较大的中小型黑猪，耳大下垂，背腰凹陷，四肢粗壮，皮厚多皱褶；另一类受华中型影响较大，毛色向黑白花过渡。江海型主要品种有太湖猪、姜曲海猪等。

（6）高原型：高原型猪主要分布在西藏、青海、甘肃的南部，四川的阿坝藏族自治州和甘孜地区。该区气候寒冷，农作物生长期短。猪种表现背狭而微凹，腹小臀斜，四肢健壮有力，头狭嘴小直长，耳小直立，皮厚鬃毛粗密，毛为黑色、黑褐或黑白花；繁殖力低，母猪每胎产仔猪5～6头；生长缓慢，饲养一年体重20～25kg，2～3年体重35～40kg，是体型小的晚熟品种，如藏猪。

3. 猪的主要品种介绍

(1) 东北民猪：东北民猪由移民将河北与山东的小型和中型黑猪引入东北，经长期选育而成，属华北型猪。头大小适中，面直长，耳大下垂，背腰平直，四肢粗壮结实，后躯倾斜，乳头 7 对以上，全身被毛黑色。产仔数多而稳定，高者平均可达每胎 15 头左右，初生重 0.98kg，2 月龄断奶重 12kg 左右。300 日龄的肥育猪体重达 136kg，活重 90kg 时屠宰率达 69%。

(2) 藏猪：藏猪产于我国青藏高原海拔在 2 800 ~ 3 500 m 的广大藏区，包括西藏的山南、昌都地区、拉萨和四川省的阿坝、甘孜地区，云南省的迪庆和甘肃省的甘南。藏猪系高原放牧猪种，终年随牛羊混群或单群放牧，长期生活在交通闭塞、气候严寒、四季不分的高寒山区，以野果和植物根茎等为食。嘴长略尖，耳小直立，头狭长，额面直无皱纹。体躯窄，背腰微凸，后躯较前躯略高，腹线较平，鬃毛长而密，被毛多为黑色。

藏猪个体较小，据测定，成年母猪平均体长 85cm、胸围 73cm、体高 50cm、体重 33kg；公猪平均体长 85cm、胸围 64cm、体高 42cm、体重 26 kg。

藏猪生活于高寒山区中，以无污染、自然生长的食物为食，基本上属野生生活。具有皮薄、胴体瘦肉率高、肌肉纤维特细、肉质细嫩、野味较浓、适口性极好等特点。

(3) 金华猪：产于浙江东阳、义乌、金华等地。亦称为"两头乌"，即头及臀尾为黑色，体躯和四肢为白色。这种猪体型较小，耳大下垂，颈短，背腰宽而略凹，腹部圆而微下垂，四肢较短，臀倾斜，乳头多在 8 对以上。产于金华、义乌的猪体型较大，嘴筒长而直，额部无皱纹，四肢较高，生长慢。金华猪繁殖力强，产仔数平均每胎 12 头左右，初生重 0.73kg，2 月龄断奶重 9.5kg 左右，肥育猪 8 月龄体重达 76kg，屠宰率 72% 左右。金华猪肉质品质好，著名的金华火腿就是以金华猪为原料。

(4) 宁乡猪：宁乡猪主产于湖南省宁乡县，属华中型猪种。全身丰满呈圆桶形，头大小适中，额有深浅不一的横行皱纹，耳小下垂，颈较短宽，有垂肉，背腰宽而凹陷，腹大下垂，四肢粗短，乳头 6 ~ 7 对，产仔数平均 11 头，初生重 1.0kg，2 月龄断奶重 12kg。适宜屠宰体重为 70kg 左右，屠宰率达 70%。

(5) 太湖猪：太湖猪属于江海型猪种，产于江浙地区太湖流域，是世界上繁殖力最强，产仔数最多的著名猪种。依产地不同分为二花脸、梅山、枫泾、嘉兴黑、米猪、沙乌头和横泾共 7 个类型。

太湖猪体型中等，被毛稀疏，黑或青灰色，四肢、鼻均为白色，腹部紫红，头大额宽，额部和后区皱褶深密，耳大下垂，形如烤烟叶。四肢粗壮、腹大下垂、臀部稍高、乳头平均 17.27 个（二花脸）。太湖猪以高产仔性能蜚声世界，尤以二花脸、梅山猪最高。初产平均 12 头，经产母猪平均 16 头以上，最高记录产过 42 头；太湖猪性成熟早，公猪 4 ~ 5 月龄精子的品质即达成年猪水平。母猪两月龄即出现发情。据报道，75 日龄母猪即可受胎产下正常仔猪。太湖猪护仔性强，泌乳力高，起卧谨慎，能减少仔猪被压。仔猪哺育率及育成率较高，初生重 0.7kg，仔猪 45 日龄断奶窝重在 100kg 左右，2 月龄断奶重 9kg 左右，6 月龄体重约为 65 ~ 70kg。适宜屠宰体重为 75kg 左右，屠宰率为 67%。

(6) 内江猪：内江猪原产于四川省内江县（现为重庆市内江地区），属西南型猪种，全身被毛黑色，体型较大，体躯宽而深，前躯尤为发达。头短宽多皱褶，耳大下垂，颈中等长，胸宽而深，背腰宽广，腹大下垂，臀宽而平，四肢坚实。内江猪可分为三个类型：

早熟种饲养 12 个月体重可达 125kg；中熟种饲养 12 个月体重可达 150～180kg；晚熟种饲养 2 年体重可长到 250kg。母猪繁殖力较强，每胎产仔 10～20 头，初生重 0.78kg，2 月龄断奶达 13kg，肥育猪 7 月龄体重可达 90kg，屠宰率 68% 左右。

（7）里岔黑猪：里岔黑猪为山东胶州市育成的我国较早的瘦肉型猪，最大的特点是比本地猪多一对肋骨；母猪产仔 10 头以上，育肥猪 6 月龄可达 90kg 左左右，好饲养，抗病力强，肉质鲜美，瘦肉率达 53% 左右。

（8）哈尔滨白猪：哈尔滨白猪是培育品种，体型大，结构匀称，体质坚实，毛色全白，头中等大，嘴中等长，两耳直立。乳头 6～7 对，平均每胎产仔 11～12 头，育肥后屠宰率达 72%，胴体品质好，肥瘦比例适当，肉质细嫩适口。

（9）上海白猪：上海白猪是培育品种，额宽面平或微凹，嘴长短适中，耳中等大、略向前倾，胸深，背腰宽平，腹部较大，后腿肌肉丰满，被毛色白而细，乳头 7 对以上。平均产仔数 11.6 头左右，初生重约 1kg；2 月龄断奶重 14.9kg。肥育猪 196 日龄体重达 85kg。胴体瘦肉率为 51% 左右。成年公猪体重 235kg，母猪 180kg。

（10）新金猪：新金猪是培育品种，原产于辽宁省新金县。由巴克夏公猪与当地土种母猪杂交，经过选育而成。体质健壮，发育匀称，结构良好，被毛黑色有"六白"特征。头中等大小，嘴长中等，耳微向前，颈短而粗厚，胸宽深，背腰平宽，长短适度，臀部丰满，四肢健壮。平均每胎产仔 8 头，初生重 1.1kg，50 天断奶猪重 9.1kg。早熟易肥，产肉多，饲养 9～10 个月体重达 125kg，屠宰率高达 80%。

（11）约克夏猪：约克夏猪为引进品种，原产于英国约克夏郡及其邻近地区。有大中小三种类型，现在仅大约克夏较为普遍，小型约克夏已绝迹，中型约克夏亦很少见。大约克夏猪（又称大白猪）是腌肉型的代表品种。该品种生长迅速，瘦肉多，繁殖力高，是世界上著名品种。不少国家都从英国引入该品种，并将其培育成适合于本国条件的品系，如前苏联大白猪，美国约克夏猪等。大约克夏全身被毛白色，头颈较长，嘴长而直，额部宽广，面微凹，两耳向前直立；躯体宽广而长，背腹平直，全身肌肉发达，大腿丰满。成年公猪体重 300～500kg，母猪 200～350kg。在较好的饲养管理条件下，大约克夏初产母猪平均每窝产仔 11 头左右，两个月断奶时可育成 9～10 头，断奶个体重 15～19kg，断奶窝重约 150～180kg；6 月龄体重可达 90kg，肥育期日增重 625g，屠宰率为 72% 左右，背膘厚 2.7cm，眼肌面积 34.9cm^2，瘦肉率 58%。大约克夏猪具有产仔多，生长快，瘦肉率高等优点，用作父本与我国地方猪种杂交均取得良好的杂交效果。

（12）长白猪：长白猪为引进品种，原产于丹麦。全身被毛白色，体躯呈楔形，前轻后重，头小鼻梁长，两耳大多向前伸，胸宽深适度，背腰长，背线微呈弓形，腹线平直，后躯丰满，乳头 7～8 对。平均产仔数 11 头，胴体瘦肉率 65%，背膘较薄。在杂交配套生产商品猪体系中既可以用作父系，也可以用作母系；我国目前饲养的长白猪主要来自丹麦，养猪行业通常叫做施格的猪种就是从比利时引进的长白猪。

（13）杜洛克猪：杜洛克猪原产于美国东部的新泽西州和纽约州等地。全身被毛呈棕红色，体躯高大，粗壮结实，全身肌肉丰满平滑，后躯肌肉特别发达，头较小，颜面微凹，鼻长直，耳中等大小，向前倾，耳尖稍弯曲，胸宽而深，背腰略呈拱形，腹线平直，四肢强健，蹄黑色。经产母猪平均窝产仔数 9.78 头，母性较强，育成率高，且以生产鲜肉能力强而著称。杜洛克是生长发育最快的猪种，胴体瘦肉率在 60% 以上，屠宰率为

75%，成年公猪体重为 340～450kg，母猪 300～390kg。

（二）牛的品种

作为农业动物的牛有普通牛、瘤牛、牦牛和水牛四个品种。中国黄牛一直被中外学者认为是瘤牛（有肩峰）与普通牛（无肩峰）的混血种，南方黄牛在系统发育过程中受瘤牛的影响大，北方黄牛受普通牛的影响大，中原黄牛介于两者之间。

按用途分类，牛可分为奶牛、肉牛和兼用牛。我国牛大多数的培育品种多是在引进品种改良的基础上培育而成，适应我国饲养条件，但生产水平与引进品种仍存在差距；引进品种生产水平高，但饲养条件要求也很高。

1. 我国地方品种

（1）秦川牛：秦川牛是我国黄牛五大良种之一，产于"八百里秦川"的陕西关中地区，属大型役肉兼用品种，体格高大、体质强健，前躯较后躯发达。毛色有紫红、红、黄三种，以紫红和红色者居多、公牛体高 1.4m，体重 595kg，母牛体高 1.2m，体重 385kg。秦川牛肉用性能也较好，犊牛出生重公母分别为 24.4kg 和 20.9kg，周岁体重分别为 243kg 和 226kg。经肥育的 18 月龄公牛体重达 409.8kg，325 天肥育期平均日增重 590g，屠宰率为 56%，净肉率 48%。

（2）延边牛：延边牛是我国黄牛五大良种之一。它主要产于吉林省延边朝鲜族自治州的延吉、和龙、汪清、珲春及毗邻各县，分布于黑龙江的牡丹江、松花江、合江三个地区的宁安、海林、东宁、林口、桦南、桦川、依兰、勃利、五常、尚志、延寿、通河等地，辽宁省宽甸县沿鸭绿江一带朝鲜族聚居的水田地区。属役肉兼用品种，体质结实，结构匀称，皮厚有弹性。毛色多为黄色，公母牛体高分别为 1.31m 和 1.22m，体重分别为 466kg 和 365kg；生产性能：18 月龄肥育公牛日增重为 813g，屠宰率 57%，净肉率 47%。

（3）鲁西牛：鲁西牛是我国黄牛五大良种之一。它主要产于山东省西南部的菏泽、济宁地区，即北至黄河，南至黄河故道，东至运河两岸的三角地带。属大型役肉兼用品种，毛色由浅黄到棕红，以黄色为最多（70%）。18 月龄肥育公牛屠宰率为 55%，净肉率 46%，该牛皮薄骨细，肉质细致，大理石花纹明显，抗结核病和焦虫病的能力强。公母牛体高分别为 1.4m 和 1.2m。

（4）南阳牛：南阳牛是我国黄牛五大良种之一。它产于河南省南阳地区，体格高大、行动迅速，头方正而轮廓清晰。口方、耳大、角短。公牛角以"萝卜头角"居多，母牛角细短。前躯发达，肩峰高耸隆起 8～9cm。毛色有黄、红、黄白三种，以黄牛较多。面部、腹下和四肢下部毛色较浅。公牛、母牛体高分别为 1.54m 和 1.3m，体重分别为 700kg 和 500kg；南阳牛肉用性能良好，经肥育的 18 月龄公牛日增重为 813g，屠宰率为 55%，净肉率 46%。

（5）晋南牛：晋南牛是我国黄牛五大良种之一。它产于山西省西南部汾河下游的晋南盆地，包括运城和临汾。属大型役肉兼用品种，体躯高大结实。毛色以枣红为主，公牛、母牛体高分别为 1.3m 和 1.1m，体重为 607kg 和 339kg；18 月龄阉牛屠宰率为 53%，净肉率 44%。

（6）蒙古牛：蒙古牛原产于蒙古高原地区，广布于内蒙古、黑龙江、新疆、河北、山西、陕西、宁夏、甘肃、吉林、辽宁等省、市、自治区。该牛头短而粗重，角长、向上前方弯曲、呈蜡黄或青紫色，角质致密有光泽，角间线短，角间中点向下的枕骨部凹陷有沟。毛色为黑、黄、狸或烟熏色。胸扁而深，背腰平直，后躯短窄，尻部倾斜。乳房基部大，结缔组织少，但乳头小。四肢短，蹄质坚实。从整体看，前躯发育比后躯好。皮肤较厚，皮下结缔组织发达。产奶量 500kg，乳脂率 5%，屠宰率为 53%。

（7）牦牛：牦牛是生活在海拔 3 000m 以上高山草原地区的特有牛种。全世界牦牛总头数 1 300 万头，90% 的牦牛在中国。中国牦牛分布在青藏高原、甘肃西南、四川西部、云南北部和新疆等地。外貌特征：牦牛体躯强壮，全身被毛粗长，毛色以黑色较多，其次为黑白花色、灰色和白色。公牛体重 300～400kg，母牛 200～300kg；生产性能为乳、肉、毛、皮、役兼用，一般泌乳期产奶量 450～600kg，乳脂率 6.8%，屠宰率为 54%。牦牛毛是我国传统特产，公牦牛剪毛量每年每头 1.76kg，母牦牛 0.45kg。

①麦洼牦牛：产于四川省阿坝藏族自治州红原县瓦切、麦洼及若尔盖县包座一带。大小适中，绝大多数有角，额宽平，额毛丛生，公牦牛角粗大，颈粗短。母牦牛角较细、短、尖，角形不一，颈较薄，前胸发达，胸深，肋开张，背腰平直，腹大不下垂，尻部较窄略斜，体躯较长。四肢较短，蹄较小，蹄质坚实。前胸、体侧及尾着生长毛，尾毛帚状。

②九龙牦牛：主要产于四川省甘孜藏族自治州的九龙县及康定县南部的沙德区，中心产区位于九龙县境内九龙河西之大雪山东西两侧的斜卡和洪坝。外貌特征：头较短，额毛丛生、卷曲，颈粗短，有肩峰，前胸发达开阔，肋开张，胸极深，腹大不下垂，背腰平直，体形呈矩形者多，后躯较短，发育不如前躯，尻欠宽而略斜。尾根着生较低，尾短，尾毛丛生帚状。四肢、腹侧、胸前裙着地，四肢相对较短，前肢直立，后肢弯曲有力。蹄小，蹄叉紧，蹄质坚实。毛色整齐，全身黑毛者多。

③青海高原牦牛：产于青海南部、北部两高寒地区，包括果洛藏族自治州和玉树藏族自治州两个州的十二个县，黄南藏族自治州的泽库县和河南蒙古族自治县，海西蒙古族藏族哈萨克崐族自治州的天峻县和格尔木市唐古拉山公社，海北藏族自治州的祁连县和海南藏族自治州的兴海县西的公社，大多在海拔 3 700m，甚至 4 000m 以上的高寒地区。

④天祝白牦牛：产于甘肃省天祝藏族自治县，以该县的西大滩、抓喜秀龙滩（汉语称永丰滩）和阿沿沟草原为主要产地。

⑤西藏牦牛：产于西藏自治区的亚东、斯布、嘉黎等地区。

2. 兼用品种

（1）西门塔尔牛：西门塔尔牛原产地为瑞士西部的阿尔卑斯山区河谷地带。原是瑞士奶、肉、役兼用品种，在世界各地分布很广，我国引入后与本地品种杂交，最终育成并定名为中国西门塔尔，体格粗壮结实，身躯长，肌肉丰满，四肢粗壮，乳房发育中等。泌乳力强，被毛浓厚，额部和颈上部有卷毛，毛色多为黄白花或红白花。腹、腿和尾帚为白色，鼻镜、眼睑为粉红色。成年公牛体重 1 000～1 300kg，母牛为 650～800kg，产奶和产肉性能都比较好，年均产奶量 4 000～5 000kg，乳脂率为 3.9%，胴体瘦肉多，脂肪少，肉质好，屠宰率为 55%～60%。

（2）辛地红牛：辛地红牛原产于巴基斯坦的辛地省，是巴基斯坦和印度著名的奶、役兼用品种，分布于热带和亚热带地区，我国南方一些地区有饲养。体型紧凑，被毛细短而光滑，多为暗红色，也有深浅不同的褐色。头稍长，额凸，耳较大且向前下垂，颈垂特别发达。公牛的包皮较长且下垂，肩峰高且宽大，体躯肌肉丰满，尻斜，而且狭窄。母牛乳房发育良好，乳头中等大小，乳腺较发达。成年公牛体重 400~500kg，母牛 300~400kg。平均产奶量 1 000，最高达 1 500kg，饲养好的可达 1 800kg~2 500kg，最高达 3 100kg，乳脂率 4.8% 左右。

（3）草原红牛：草原红牛原产于吉林、辽宁、河北及内蒙古等地，分乳、肉兼用和肉、乳兼用两种类型。头清秀，角细短，呈蜡黄色，胸宽深，背腰平直，全身肌肉丰满，乳房发育良好。被毛为深红色。成年公牛体重约 825kg，母牛约 485kg，平均产奶量 2 000~2 500 kg，最高个体产奶量达 4 500kg，乳脂率 4%。产肉性能较好，肉质地好，屠宰率 50% 以上，净肉率 42%。

（4）三河牛：三河牛产于内蒙古呼伦贝尔盟大兴安岭西麓的额尔古纳右旗的三河（根河、得尔布尔河、哈布尔河）地区，体型高大，结构匀称，肌肉发达，乳房发育良好。毛色大多数为红（黄）白花。成年公牛体重 1 050kg，母牛 550kg。平均产奶量 2 800kg，乳脂率 4% 以上。产肉性能良好，瘦肉率高，肉质好，屠宰率为 50%~55%，净肉率 45%~48%。三河牛适应性强，耐粗饲，耐高寒，抗病力强，宜放牧饲养。

（5）短角牛：短角牛是英国培育的肉乳兼用牛，也是我国最先引进的牛种。200日龄体重 209kg，300 日龄 314kg，400 日龄 412kg，500 日龄 500kg。成年公牛体重 913~1 041kg，母牛 600kg。屠宰率 65%，胴体肌肉占 59%，18 个月牛肥育后屠宰率可达 72%。

3. 乳用品种

（1）中国荷斯坦牛：中国黑白花牛 1995 年改名为中国荷斯坦牛，它是由世界许多国家引进的荷斯坦牛、爱尔夏牛、娟姗牛、更赛牛、西门塔尔牛、瑞士褐牛、柯斯特罗姆牛和雅罗斯拉夫牛与我国本地黄牛进行杂交改良，经过多年选育而形成的，是我国培育的奶牛品种，目前分布在全国各地。其具有明显的乳用特征，毛色为黑白花，额部多数有白斑，角体蜡黄，角尖黑色，体质结实，结构匀称，乳房大，附着好，乳头大小适中，分布均匀，乳静脉大而弯曲。成年公牛体高 150cm，体重 850~1 000kg；母牛体高 129~133cm，体重 600~700kg。产奶性能好，母牛年平均产奶量为 5 000~8 000kg，乳脂率 3.4% 以上，性成熟早，有良好的繁殖性能，适应性强，饲料利用率高。

（2）娟姗牛：娟姗牛原产于英吉利海峡的娟姗岛，目前分布于美国、加拿大、新西兰和澳大利亚等国。娟姗牛为小型奶用品种，体型小，头小而清秀，额部凹陷，两眼突出，乳房发育良好，毛色为不同深浅的褐色。成年公牛体高 123~130cm，体重 500~700kg；母牛体高 113cm，体重 350~450kg。平均产奶量 3 000~3 500kg，乳脂率高，平均乳脂率为 5%~6%，乳脂色黄，风味良好。娟姗牛性成熟较早，一般 15~16 月龄开始配种。

4. 肉用品种

（1）夏洛来牛：夏洛来牛原产于法国的夏洛来地区及涅夫勒省，体型大、毛白色或乳白色，头小而短，全身肌肉发达。成年公牛体高平均 142cm，体重 1 100~1 200kg；母牛体高 132cm，体重 700~800kg。产肉性能好，肉品质好，胴体瘦肉多，肉嫩味美。屠宰率一般为 60%~70%，净肉率为 80%~85%。

（2）安格斯牛：安格斯牛原产于英格兰的阿伯丁和安格斯地区，故又称为阿伯丁—安格斯牛，是早熟的中小型肉用牛品种。头小额宽，背腰平直，臀部发育良好，四肢短，皮薄而有弹性，全身被毛黑色，有光泽，成年公牛体重 800~900kg，母牛 500~600kg。早熟、胴体品质好，肉嫩味美，屠宰率一般在60%～65%。安格斯牛性情温顺，耐粗饲，繁殖力强，适于放牧饲养。

（3）利木赞牛：利木赞牛原产于法国中部的上维埃纳、克勒兹和科留兹等省，是欧洲重要的大型肉用牛品种。体型高大，头短额宽，肌肉丰满，被毛为黄红色，深浅不一。成年公牛体高140cm，体长172cm，体重950～1 200kg；母牛体高130cm，体长157cm，体重600～800kg。生长发育快，早熟。产肉性能高，肉品质好，肉嫩，瘦肉多而脂肪少。屠宰率一般为63%～71%。

（4）皮埃蒙特牛：皮埃蒙特牛原产于意大利波河平原的皮埃蒙特地区，体型中等，皮薄骨细，双肌肉型明显，全身肌肉丰满，后躯特别发达，被毛灰白色。成年公牛体高140cm，体重800kg；母牛体高130cm，体重500kg。早期增重快，皮下脂肪少，肉质好，经育肥的皮埃蒙特牛屠宰率为70%～73%，净肉率66%，瘦肉率达84%。

（5）海福特牛：海福特牛原产于英国的海福特县，体躯宽深，肌肉丰满，四肢短，背腰宽、平、直，肌肉充实。臀宽大丰满。被毛暗红，具"六白"特征（即头、颈垂、腹下、四肢下部及尾帚为白色）。生产性能：早熟，增重快，饲料转化率高。200日龄的海福特牛活重可达311kg。日增重1.12kg；400日龄体重可达480kg，一般屠宰率为60%～65%，肉质优良，呈大理石状。

（三）羊品种

目前世界上绵羊品种近600个，山羊品种约150个，我国登记的羊品种53个，其中绵羊地方品种15个，培育品种7个，引入品种8个，山羊地方品种20个，培育品种2个，引入品种1个。

1. 绵羊品种

（1）新疆毛肉兼用细毛羊：新疆细毛羊是我国培育的第一个毛肉兼用细毛羊品种，1954年在新疆维吾尔自治区巩乃斯种羊场育成。成年种公羊平均体重93.6kg，平均剪毛量12.4kg，平均净毛量6.3kg，平均毛长11.2cm；成年母羊平均体重48.2kg，平均剪毛量5.6kg，平均净毛量2.9kg，平均毛长8.7cm；育成公羊平均体重43.6kg，平均剪毛量4.8kg，平均净毛量2.4kg，平均毛长8.2cm；后备公羊平均体重53.1kg，平均剪毛量7.4kg，平均净毛量3.9kg，平均毛长10.1cm；育成母羊平均体重37.4kg，平均剪毛量4.7kg，平均净毛量2.4kg，平均毛长8.2cm。羊毛细度60～64支。新疆细毛羊体格结实，适应性强，繁殖率高，产羔率平均132%左右，屠宰率46%，净肉率40.7%。

（2）东北细毛羊：东北细毛羊原产于我国东北三省，是我国培育的第二个毛肉兼用细毛羊品种。体质结实，结构匀称，胸宽深，背平直，体躯长，后躯丰满，被毛纯白，毛丛良好，适应性强，耐粗饲。种公羊平均体重95.5kg，平均剪毛量14.1kg，平均毛长9.1cm；成年母羊平均体重50.6kg，平均剪毛量5.6kg，平均毛长7.0cm；育成公羊平均体重50.0kg，平均剪毛量6.4kg，毛长9.3cm；育成母羊平均体重38.8kg，平均剪毛量5.7kg，毛长9.3cm。东北细毛羊的净毛率约30%，屠宰率48%，净肉率34%，产羔率124%。

（3）内蒙古细毛羊：内蒙古细毛羊是经过二十多年的精心培育，于1976年经内蒙古自治区命名的毛肉兼用的细毛羊品种，分布于我国内蒙古自治区锡林郭勒盟十个旗（县）。内蒙古细毛羊成年公羊平均体重91kg，成年母羊体重45.9kg，公羊平均剪毛量8.5kg，母羊平均剪毛量 4.8kg，羊毛平均长度为 7cm，净毛率为 42.2%，屠宰率为 45%～55%，产羔率为 115% 左右。

（4）中国美利奴羊：中国美利奴羊以澳洲美利奴为父本，与波尔华斯羊、新疆细毛羊、新疆军垦细毛羊杂交育成。该品种分为新疆型、新疆军垦型、吉林型和内蒙古科尔沁型共四个类型，分别分布于新疆、吉林和内蒙古等省区。该品种的羊毛产量和质量均已达到国际同类细毛羊的先进水平，是我国目前最为优秀的细毛羊品种之一。中国美利奴羊体质结实，公羊多数具螺旋形角，颈部有 1～2 个横皱褶或发达的纵皱褶，母羊也有发达的纵皱褶，公母羊躯干部均无明显的皱褶。中国美利奴羊具有广泛的适应性，在正常饲养条件下成年公羊剪毛后体重为 70kg，母羊为 40kg；净毛量公羊为 5.5kg，母羊为 3kg。育成羊剪毛后体重公羊为 38kg，母羊为 32kg，净毛量分别为 3kg 和 2.5kg，产羔率为 120%，屠宰率为 48%。

（5）青海毛肉兼用半细毛羊：青海毛肉兼用半细毛羊分布于我国青海省海晏、乌兰等十四个县和两个种羊场。由新疆细毛羊、藏羊、茨盖羊和罗姆尼羊杂交培育而成，毛被品质和生产性能在各地差异很大。成年公羊平均体重 83.0kg，平均剪毛量 6.0kg，毛长 11.6cm；成年母羊平均体重 31.8kg，平均剪毛量 2.7kg，毛长 9.1cm。育成公羊平均体重 56.6kg，平均剪毛量 4.4kg，毛长 11.4cm；育成母羊平均体重 24.1kg，平均剪毛量 2.3kg，毛长 9.5cm。被毛细度以 56～58 支为主。

（6）小尾寒羊：小尾寒羊是我国优良绵羊品种之一，成熟早，早期生长发育快，体格高大，肉质好，四季发情，繁殖性强。分布于我国河南省新乡、开封地区，山东省菏泽、济宁地区以及河北省南部和江苏省北部地区。小尾寒羊体躯高，四肢长，前后躯都较发达，脂尾短，一般都在飞节以上。公羊有角，呈三棱螺旋状，母羊有角、无角各半。头颈较长，被毛白色居多，全身有黑、褐斑，被毛为多种类型毛组成，其中绒毛占 73.6%。山东省鲁西小尾寒羊是小尾寒羊的优秀种群，成年公羊体重为 95kg，成年母羊体重为 48.7kg，剪毛量公羊平均为 3.5kg，母羊平均为 2kg，毛长公羊平均为 13cm，母羊为 11.5cm，净毛率为 63%。正常放牧条件下日增重公羔为 160g，母羔为 115g，营养充足的条件下日增重可达 200g 以上。周岁育肥公羊宰前活重平均为 72.8kg，屠宰率 55.6%，净肉重平均为 33.4kg，净肉率达 45.8%。小尾寒羊性成熟早，5～6 月龄即可发情，当年可产羔。母羊常年发情，部分母羊一年可两产或三产，产羔率依胎次的增加而提高，产羔率为 260%～270%。

（7）东北半细毛羊：东北半细毛羊主要分布在我国东北三省东部地区，即辽宁的抚顺、本溪、丹东、旅大四市十二县，吉林省的延边、吉林、通化地区，黑龙江省的合江、牡丹江和松花江东部。东北半细毛羊是以考力代羊进行杂交培育的半细毛羊品种。成年公羊平均体重 56.2kg，剪毛量 4.9kg，毛长平均 9.6cm；成年母羊体重 43kg，剪毛量 3.8kg，平均毛长 8.5cm，产羔率 104%，屠宰率 50% 左右。

（8）蒙古羊：蒙古羊是粗毛羊品种，分布很广，除内蒙古自治区外，东北、华北和西北各省区都有，数量最多。由于分布很广，各地自然条件和选育要求不同，生产性能差异较大。乌珠穆沁羊是蒙古羊中肉脂性能较好的，分布在内蒙古锡林郭勒盟东、西乌珠穆沁旗，公羊有半螺旋形角，鼻部隆起，耳大下垂，母羊多无角或有小角，头颈多为黑色或褐色，体格大，比一般蒙古羊高 30%～40%，公羊平均体重 74.4kg，母羊 57.3kg。一年剪毛两次，成年公羊平均剪毛量 1.6kg，母羊 1.0kg。脂尾大，呈椭圆形，公羊脂尾长 28cm，宽 36cm，母羊脂尾长 22cm，宽 28cm，去皮后脂尾脂肪重 2~7kg，个别的达 10kg 以上。秋季屠宰率 49.7%、净肉率 33.9%。六月龄羯羊平均体重 36.2kg，胴体重 18kg，屠宰率 49.7%，肉质鲜嫩多汁，精肉多，易消化。

（9）藏羊：藏羊是粗毛羊品种，主要分布于我国青海省和西藏自治区，甘肃省南部、四川省西北的阿坝、凉山和甘孜自治州，云南省、贵州省亦有分布；藏羊适应高寒地区，产区冬春草场海拔在 3 000m 左右，夏季草场在海拔 3 500~5 000m。藏羊身体灵活，行动敏捷，边走边吃，采食力极强。藏羊分为草地型和山谷型两类。牧区的藏羊称为草地型，体格高大，体躯长，呈长方形，公母羊均有角，角长而扁平，向左右伸展，头和四肢多为黑色或黄褐色，体躯被毛为白色。成年公羊平均体重 50kg 左右，剪毛量 1.5kg，成年母羊平均体重 38.5kg，剪毛量 1kg。毛被组成为绒毛占 41.7%，两型毛占 20.3%，粗毛占 35.2%，干死毛占 2.8%，平均细度 34μm，毛辫长 18~20cm，弹性大，光泽好，是制造长毛绒和地毯的上等原料，称为西宁毛，在国际市场具有较高的声誉。

（10）哈萨克羊：哈萨克羊是粗毛羊品种，产于新疆维吾尔自治区以及甘肃、青海与新疆维吾尔自治区毗邻的地区。其体躯宽大，公羊有大的螺旋形角，母羊多无角，四肢高，适于远牧。脂尾分成两瓣高附于腿部，形似"W"，不具尾尖，属肥臀羊。毛色杂，多为黄褐色，死毛含量高达 13%。哈萨克羊成年公羊平均体重 62.5kg，剪毛量 1.7kg，母羊平均体重 48.0 kg，剪毛量 1.5kg，产羔率 102%，屠宰率 49% 左右。

（11）滩羊：滩羊是裘皮羊品种，以生产二毛裘皮闻名，主要分布于我国宁夏自治区中部，以罗平、贺兰和银川等地的毛皮最好。体格中等，公羊有角，母羊一般无角，尾长下垂达飞节以下，体躯毛色绝大多数为白色，头、眼周围及两颊多有斑点或斑块。成年公羊平均体重 47kg，成年母羊 35kg，被毛由有髓毛、两型毛和绒毛组成，成年公羊毛股长 8.0~15.5cm，成年母羊为 8.5~14.0cm。剪毛量成年公羊春秋毛分别为 1.0~1.4kg 和 0.6~1.2kg，成年母羊相应为 0.5~1.4kg 和 0.2~0.6kg，净毛率在 65% 以上，产羔率为 100.3%。滩羊肉质细嫩，品质好，无膻味，屠宰率 45%。滩羊二毛被毛股结实，光泽悦目、保暖、结实、轻便。

（12）湖羊：湖羊属羔皮羊品种，是我国特有的羔皮用绵羊品种，也是世界上少有的白色羔皮品种。主产区在浙江省嘉兴和江苏省太湖地区。湖羊头颈狭窄，耳大下垂，无角，体躯呈扁长型，全身被毛白色，成年公羊体重 40~50kg，成年母羊为 35~45kg，净毛量成年公羊为 2.0kg，成年母羊为 1.2kg，毛被以绒毛和有髓毛为主。产羔率为 235.2%，屠宰率 55%，母羊泌乳性能良好，泌乳期 4 个月产奶 130L。湖羊羔皮品质以出生 1~2 日龄剥取的为最好，称为"小湖羊皮"。皮板薄而轻柔，毛色洁白如丝，具有波浪形花纹，美观、光耀夺目，在国际市场被誉为"软宝石"，是我国传统的出口商品。羔羊出生 60 天以内宰剥的皮称为"袍羔皮"，皮板薄而轻，毛细软，光泽好是上等的裘皮原料。

（13）卡拉库尔羊（三北羊）：卡拉库尔羊为羔皮羊品种，原产于前苏联中亚细亚的荒漠地区，是一个古老的羔皮羊品种，所产羔皮在国际市场享有很高的声誉。在我国，引进的卡拉库尔羊称为三北羊。成年公羊体重 48~56kg，剪毛量 3kg 左右，母羊体重 40~48kg，剪毛量 2kg 左右，为混型毛，毛长 8~13cm，净毛率 70% 左右，产羔率 105%~

110%。卡拉库尔羊在出生后 1~3 天内屠宰，羔皮具美丽的卷曲，光泽鲜亮，皮板结实耐用，除黑色的羔皮外，还有灰色的（苏尔色），是价格最高的羔皮，其特点是在同一根毛纤维上毛根色深，毛尖色浅，如银色苏尔毛根近似黑色，而毛尖为银灰色，浅色部分约占毛长的 1/3~1/4。卡拉库尔羊羔皮的主要特征是有不同类型的花卷，根据花卷的形状、结构、大小、光泽、丝性和皮板厚薄、大小等进行羔皮等级评定。

（14）萨福克羊：萨福克羊属肉用羊品种，是英国于 1830~1850 年由南丘羊和诺福克羊杂交育成的。体躯强壮、高大，背腰平直，头及四肢为黑色且无毛。具有适应性强、生长速度快、产肉多等特点，适于作羊肉生产的终端父本。萨福克成年公羊体重可达 114~136kg，母羊 60~90kg，毛纤维细度 30~35μm，毛纤维长度 7.5~10cm，产毛量 2.5~3.0kg，产羔率 140%。用其作终端父本与长毛品种半细毛羊杂交，4~5 月龄杂交羔羊体重达 35~40kg，胴体重 18~20kg。

2. 山羊品种

（1）萨能奶山羊：萨能奶山羊属奶山羊品种，原产于瑞士，我国从 30 年代开始引进，现普及较广，已发展成为我国奶山羊的基础品种。萨能奶山羊遗传性稳定，与当地山羊杂交可显著提高产奶量，是发展我国奶山羊的重要途径。该品种羊乳用体型明显，白色被毛，外貌清秀，多数无角，背平直，后躯发达，乳房发育良好。成年公羊体重 80~90kg，成年母羊 50~60kg，泌乳期 8~10 个月，年产奶 600~1 200kg，最高为 3 080kg，乳脂率 3.2%~4.0%，产羔率为 160%~180%。

（2）吐根堡山羊：吐根堡山羊属奶山羊品种，原产瑞士吐根堡地区，我国部分城市也引入这一品种。吐根堡山羊被毛成年为棕黄色，四肢下部、腹部和尾部两侧为灰白色，公、母羊一般无角，体躯发育好，颌下有粗硬的须，公羊躯干长，母羊皮薄，骨细，颈长，后躯发育良好，乳房发达，富有弹性，乳头长短适中，泌乳期长，可达 10 个月左右，成年公羊体重 60~80kg，成年母羊 45~55kg，年产奶量 550~600kg，平均日产乳量 2~3kg，优良的日产乳量可达 3.6~4.5kg，最高纪录年产乳量为 2 610kg，乳脂率 3.5%~4.0%；吐根堡山羊繁殖力高，产羔率在 175%~190%。

（3）崂山奶山羊：崂山奶山羊属奶山羊品种，产于山东省青岛市，是萨能奶山羊和本地山羊杂交选育而成的地方良种。分布于青岛、烟台和威海等地。全身白色，体型匀称，被毛细短，多数无角，公羊前胸宽阔，母羊后躯发达，乳房发育良好。成年公羊平均体重 70kg，母羊 50kg。泌乳期 8~10 个月，年产奶量 600kg 以上。

（4）辽宁绒山羊：辽宁绒山羊属绒山羊品种，主要分布于辽宁省盖县及辽东半岛中部地区。体格较大，颈短粗，后躯发育好，四肢健硕，头小，额顶有长毛，颌下有髯，公母羊都有角，公羊角粗大，向后外方伸展，颈宽厚，背平直，后躯发育好，尾短瘦上翘，被毛白色，光泽好，为粗毛和绒毛组成。辽宁绒山羊产绒量多，质量好，体格大，产肉多，放牧性能好，能适应炎热和寒冷气候，耐粗饲，产绒量公羊平均 570g，最高 1 000g 以上，产毛量 470g，绒毛细度 16.4μm，长度 5.9cm，母羊产绒量平均 490g，产毛量 400g，绒毛细度 17.1μm，长度 5.2cm，成年公羊体重 50~55kg，母羊平均体重 44.9kg。屠宰率为 50.6%，5~6 月龄性成熟，1.5 岁配种，产羔率为 140.55%。在全国推广中，改良效果较好，如其与新疆山羊杂交后，杂种 1、2、3 代周岁母羊的产绒量分别提高 53.9%、81.2% 和 92.8%。

（5）内蒙古白绒山羊：内蒙古白绒山羊属绒山羊品种，产于内蒙古阿拉善左、右旗。羊只全身白色，体质结实，公羊有粗大的角，母羊角细小，呈倒八字形，背腰平直，体躯深而长，四肢端正，尻微斜，尾上翘，被毛白色，外层粗毛较长呈丝光，内层绒毛厚密。成年公羊平均体重 52kg，母羊平均体重 30～45kg，产绒量公羊平均 385g，母羊平均 290g，高产公羊产绒量可达 800g 以上，母羊达 500g 以上，公羊绒毛细度为 14.6μm，绒长 5.5cm；母羊绒毛细度为 14.0μm，绒毛长 5cm。肉质好，细嫩、多汁，净肉脂肪分布均匀，屠宰率 40%～50%，产羔率平均 105%。内蒙古白绒山羊常年生活在贫瘠的荒漠、半荒漠草原，适应性强、耐粗饲，易饲养。

（6）安哥拉山羊：安哥拉山羊是世界著名的毛用山羊品种，原产于土耳其的安哥拉高原，所产羊毛，国际市场称为马海毛，其价格是美利奴羊毛数倍，属高档毛纺原料。安哥拉山羊全身白色，有角，额面平直，耳大下垂。安哥拉山羊成年公羊体重 45～55kg，体高 60～65cm，母羊体重 32～35kg，体高 51～55cm，剪毛量公羊 4.5～6.0kg，母羊 3～4kg，净毛率为 5%～75%，毛辫长，全年总长 30cm 左右，半年剪毛一次，毛长 15cm，毛强度大，纺织性能好，细度为 40～46 支纱，属同质毛。安哥拉山羊适应性强，性情温顺，耐高燥及寒暑变化强烈的地区放牧，但不适于潮湿低地饲养，其优点是剪毛量高，质量好；缺点是体格小，肥育性能不高，屠宰率低，繁殖力不高，多数为单胎。

（7）中卫山羊：中卫山羊属裘皮类山羊品种，主要产于宁夏回族自治区的中卫县及毗邻地区。中卫山羊全身被毛多数为纯白色（约占 75%），少数纯黑，公母羊均有角，公羊角粗长，母羊角很小。被毛分两层，外层为长而有光泽和波浪形弯曲的粗毛，类似安哥拉山羊羊毛，内层为柔软、光滑、纤细的绒毛。公母羊颌下都有须，额前有一束毛。成年公羊体重为 45～50kg，母羊 30～35kg，屠宰率 46.4%，产羔率 106%，成年羊每头每年平均抓绒 126g，剪粗毛 260g，毛长 20cm，细度为 54.2μm，光泽悦目，可做地毯、长毛绒、毛毯原料。中卫山羊以生产裘皮闻名，中卫山羊裘皮为生后 35 天左右，毛股长达 7～8cm 时屠宰剥取的羔皮，中卫山羊裘皮与滩羊裘皮极为类似，通常很难分辨。一般来说，中卫山羊裘皮较滩羊二毛皮薄，纤维密度也较稀，毛发金光（滩羊裘皮毛发玉光），手摸时略较滩羊皮粗糙，商业上称为沙皮毛。

（8）济宁羔皮山羊（济宁青山羊）：济宁羔皮山羊属羔皮用山羊品种，以山东省菏泽地区郓城县所产最为著名，主要分布于荷泽地区和济宁地区，皖北、苏北、豫东等地也有分布。济宁羔皮羊成年公羊体重 43.9～81.5kg，成年母羊体重 27～60kg，去势羔羊平均屠宰率 46.7%，生长快、成熟早，五个月即能配种，繁殖能力强，具有多胎性。一般都是二年三胎或一年两胎，每胎大多为 2～3 羔、最多可产 7 羔，产羔率平均为 227.5%～270.3%。济宁羔皮山羊的羔皮又称猾子皮，是羔羊出生后 1～3 天屠宰剥取的毛皮。皮板薄而轻，猾子皮花纹美丽，依毛细短紧密程度和弯曲弧度的大小分为波浪形、流水形和片花形等几种花纹。羔羊出生 1～3 天的羊毛长度，肩部平均 1.9cm，密度 1056.3 根/cm²。青猾子皮为黑白相间生长，黑色和白色各占一半时呈现天然的正青色，黑色多于白色时为铁青色，白色多于黑色时为粉青色，这些颜色是人工不能染成的。济宁青山羊每只成年羊可产绒毛 50 ~ 70 g，产粗毛 230 ~ 330g。

（9）布尔山羊：布尔山羊属肉用品种，也被译为波尔或包尔山羊，原产于南非的好望角地区，是目前世界上惟一被公认的肉用山羊品种。肉用体型结构好，体躯为白色，头部为红色或褐色，并有一条白色毛带，颈、胸、腹部有红色或褐色斑点，有的全身为棕红色。被毛短或中等长，光泽好，无绒毛。角突出，耳宽下垂。胸宽深，背腰平直，肋骨开张良好，体躯呈圆桶状，主要部位肌肉丰满，体躯圆厚而紧凑，四肢短而壮。性成熟年龄为 6 月龄，每 2 年产 3 胎，产羔率为 160% ~ 220%，绝大多数为多羔，60% 为双羔，15% 为三羔，可使用 10 年，且四季发情；6 月龄即可达到 30kg 体重出栏上市，被认为是生产羔羊肉的理想品种，肉质好，胴体瘦而不干，厚而不肥，色泽纯正，膻味小，多汁鲜嫩；屠宰率高，肉骨比为 4.7∶1，骨仅占 17.5%。良种布尔山羊屠宰率高于绵羊，且随年龄增长而增高，8 ~ 10 月龄为 48%，2 岁龄、4 岁龄和 6 岁龄时分别为 50%、52% 和 54%；抗病力强，不感染蓝舌病和抗肠毒血症，对体内外寄生虫的抵抗力强，也未有氢氰酸中毒的病例。

（四）鸡的品种

鸡是养禽业中最常见的一种，按用途可分为蛋用型、肉用型和兼用型三个类型。

1. 蛋鸡品种 蛋用型鸡体型较小，成年公鸡体重约 2kg，母鸡约 1.5kg，产蛋量较高，年平均产蛋 200 枚以上，高水平饲养条件下可超过 300 枚；蛋重 60g 左右；鸡冠发达、红润；性情活泼好动，行动敏捷；胆小，易受惊；采食量较小。我国自己培育的蛋鸡品种较多，各地都有地方品种鸡，对当地的自然条件和饲养水平适应性较强，但产蛋性能偏低。改革开放以来，我国培育了一些生产水平比较高的蛋鸡配套系，也引入了一些外来品种鸡，如来航鸡。

（1）北京油鸡：北京油鸡原产地为北京郊区海淀、地安门、德胜门一带，是我国独有的地方肉鸡品种。北京油鸡全身羽毛黄色，具有凤冠、毛嘴、毛腿、黄嘴、黄腿、黄皮肤、胸部丰满、肉质细嫩、味美等特点，体型中等，成年公鸡体重 2.5 ~ 3kg，母鸡 2 ~ 2.5kg，年产蛋 120 枚左右，蛋重 60g。

（2）仙居鸡：仙居鸡原产地为浙江省台州地区。该品种鸡体型结实、紧凑，秀丽、小巧，性格活泼，动作灵敏，易受惊。羽色有黄、白、黑、花和紫色等，颈部多为黄色、肉色或青色等。成年公鸡体重 1.25 ~ 1.5kg，母鸡 0.75 ~ 1.25kg，年平均产蛋 218 枚，最高为 269 枚。第二年度的产蛋量为第一年的 82.7%。开产日龄在 140 天以内，蛋重 42 ~ 45.6g。

（3）来航鸡：来航鸡原产于意大利，1835 年由意大利来航港运往美国继而输送到英、法、德国等地而得名，是世界著名的蛋用鸡品种。全身羽毛白色，羽毛紧贴身体，体型小而清秀，冠大而鲜红，喙、胫、皮肤均为黄色，性情活泼好动，适应性、觅食力强，易受惊，无就巢性；年平均产蛋量 200 枚以上，平均蛋重 54 ~ 60g，蛋壳白色。成年公鸡平均体重 2kg，母鸡 1.5kg。

2. 肉鸡品种 与蛋用型鸡相比，肉鸡品种体型较大。胸部、腿部肌肉发达，生长速度快，50 日龄体重可达 2kg。成年公鸡体重约 4.4kg，母鸡约 3.5kg。产蛋量较低，年平均产蛋量160枚左右，蛋重60g左右。鸡冠不发达、性情憨厚，行动迟缓，采食量大。我国的肉用型品种鸡比较多，有的品种对当今世界著名肉用鸡种的培育作出了重要贡献，如我国的九斤黄鸡输出国外以后，对美国芦花洛克鸡、洛岛红鸡、英国的奥品顿鸡的培育都发挥了重要作用。我国的地方品种肉鸡，虽具有肉用品种的特点，但与国外肉用品种相比，生长速度较慢，饲料消耗较多；但我国的地方品种也有其自身优点，如适应当地饲养条件，对当地气候、水土、饲料等条件都非常习惯，在较低饲养水平条件下也能较好的生长，体质健壮，抗病力强。同时地方品种鸡的羽色、味道都深受我国居民青睐，故在活鸡市场上，地方品种销售行情更好。

（1）北京黄羽肉鸡：为北京市畜牧兽医研究所培育的我国肉鸡新品种。该品种是以肉质优良著称的北京油鸡和其他黄羽肉鸡杂交选育而成，具有北京油鸡的特点——骨骼纤细，皮肤细密，肉质细嫩，味道鲜美，黄羽、黄脚、黄皮肤，适合我国内地及港澳地区居民的消费习惯。90日龄商品鸡平均体重1.5kg，饲料转化率3.1~3.3。

（2）白洛克鸡：属洛克品种的变种之一，白羽，单冠，喙、胫、皮肤皆黄色，体重较大，年产蛋150~160枚，蛋壳褐色。1937年开始从兼用型向肉用型改良，经改良后早期生长快，胸、腿肌肉发达，羽毛洁白，成为现代杂交肉鸡的专用母系。

（3）白科尼什鸡：原产于英国的康瓦耳，其特点是白羽（显性），豆冠，喙、胫、皮肤皆黄色，胸宽，腿壮，胸、腿肌肉发达，体重大，成年公鸡4.5~5.0kg，母鸡3.5~4.0kg。

（4）配套系肉鸡

1）爱拔益加肉鸡（AA鸡）：为美国爱拔益加育种公司培育的四系配套白羽肉鸡。其是我国肉鸡业中使用较普遍的外来肉鸡品种之一，适应性较好。其父母代人舍母鸡年产蛋181枚，产蛋率64%，产雏鸡155只，产蛋期成活率92%，产蛋期末体重3.4~3.9kg；商品代鸡8周龄体重2.99kg，料重比2.1:1，生长速度快，饲料利用率高。

2）艾维茵肉鸡：为美国艾维茵育种公司培育的三系配套白色肉用鸡。商品鸡8周龄体重2.5kg，料重比为2:1。

3）罗曼肉鸡：为德国罗曼育种公司培育的四系配套白羽肉鸡。适应性强，体型大，生长快，饲料报酬高。商品代肉鸡日增重，1周龄为16g，2周龄为29g，3周龄为39g，4周龄达47g，5~9周龄达50g；8周龄体重2.3kg，料重比为2.2:1。

4）明星肉鸡：为法国伊莎育种公司培育的五系配套白羽肉鸡，其中C系为母系父本，具有矮小型基因，故父母代的母鸡体型较小，比正常鸡小15%，能减少饲料消耗。到商品代，母鸡又恢复了正常体型。商品代鸡生长快，饲料报酬高，8周龄体重2.3kg，料重比为2.1:1。

5）星布罗肉鸡：为加拿大雪佛育种公司培育的四系配套白羽肉鸡，其商品鸡7周龄平均体重达2kg，料重比为（1.9~2.0）:1。父母代种鸡产蛋率40%~60%水平，种蛋受精率可达90%，出雏率达85%~90%。

3. 兼用型品种 我国养鸡历史悠久，土地辽阔，各地自然和社会条件差异较大，经过各地劳动人民历代选择培育，形成许多地方鸡种，这些鸡种多为兼用型品种，它的体型、体重、产蛋量、蛋重、采食量等表现均介于蛋用型和肉用型鸡之间。

（1）狼山鸡：原产我国江苏省如东、南通地区，1872 年开始，先后输入英国、德国和美国等国家，对现在使用的世界著名肉鸡品种的培育作出过重要贡献。1883 年在美国被承认为标准品种。因从南通地区的狼山港出口而得名。狼山鸡分为黑色狼山鸡和白色狼山鸡两个类型。该品种鸡的外貌特点是：颈部挺立，尾羽高耸，背成 U 字形，胸部发达，体高腿长，威武雄壮，羽毛光泽好。狼山鸡耐粗饲，适应性和抗病力强，胸部肌肉发达，肉质味道好。成年公鸡体重 3.5 ~ 4.0kg，母鸡 2.5 ~ 3.0kg，年产蛋量约 170 枚，蛋重 57g。

（2）丝毛乌骨鸡：又名泰和鸡，医学上称乌骨鸡。根据其外貌某一特征给予的称呼则更是名目繁多，如：绒毛鸡、羊毛鸡、狮毛鸡、松毛鸡、白绒鸡、绢丝鸡、竹丝鸡、黑脚鸡、丛冠鸡、龙爪鸡、白凤鸡等；根据原产地又称武山鸡、泰和鸡。该鸡在广东、福建等省也有少量分布。泰和鸡具有丛冠、缨头、绿耳、胡须、丝毛、毛脚、五爪、乌皮、乌肉、乌骨十大特征，故称"十全"、"十锦"。泰和鸡全身羽毛洁白无瑕疵，体型娇小玲珑，体态紧凑，外貌奇特艳丽，在国内外享有盛誉，尤其以药用、滋补、观赏闻名于世。泰和鸡外貌十大特征齐全，遗传性能稳定，品质纯正，是世界稀有珍禽，是我国宝贵的品种资源，曾是历代进贡皇室之珍品，现已列为国际标准品种。

泰和鸡体型较小，成年公鸡体重 1.3 ~ 1.5kg，成年母鸡体重 1.0 ~ 1.25kg。公鸡开啼日龄 150 ~ 160 天，母鸡开产日龄 170 ~ 180 天；年产蛋 100 枚左右，蛋重 40 g 左右，蛋壳呈浅白色，蛋形指数 74 左右。母鸡就巢性强，在自然情况下，一般每产 10 ~ 12 枚蛋就巢 1 次，每次就巢在 15 天以上。泰和鸡外貌奇特，营养丰富，是优良品种。

（五）鸭的品种

我国优良的鸭种主要有北京鸭、绍兴鸭、金定鸭、高邮鸭、昆山大麻鸭等。引进优良鸭种有樱桃谷鸭、卡叽—康贝尔鸭、狄高鸭等。

1. 北京鸭　北京鸭原产于北京西郊玉泉山一带，是世界著名的肉用鸭标准品种，具有体型大、生长发育快、肥育性能好、肉味鲜美以及适应性强等特点。北京鸭性情温驯，好洁，合群性好，适于集约化饲养。北京鸭性成熟早，开产日龄为 150 ~ 180 天，产蛋量 180 枚，高产可达 260 枚，蛋重 90g；无就巢性，雏鸭 50 日龄可达 1.75 ~ 2kg。填肥 56 日龄可达 2.5 ~ 2.75kg，65 日龄可达 3.3 ~ 3.25kg，料肉比 3∶1。

2. 绍兴鸭　绍兴鸭原产于浙江省绍兴地区，具有体型小、耗料少、产蛋多、适于圈养的特点，是我国优良的小型蛋用麻鸭品种。分为两个类型，红羽绿翼梢类型性情温驯，适于圈养；白颈圈白翼梢类型性情较躁，适于放牧。绍兴鸭早熟，一般 130 日龄开产，每年平均产蛋量 250 ~ 300 枚，平均蛋重 70g。蛋壳光滑厚实。圈养条件下料蛋比 2.75∶1。

3. 金定鸭　金定鸭原产于福建省厦门地区，属蛋用型麻鸭品种。早熟高产，100 ~ 120 日龄开产，年平均产蛋量 260 ~ 300 枚，平均蛋重 70g。金定鸭勤于觅食，适应性强，适于海滩、水田放牧饲养。

4. 高邮鸭　高邮鸭原产于江苏省高邮、宝应、兴化等地，为大型麻鸭，蛋肉兼用品种，善产双黄蛋而闻名。具有体型大、生长快、善潜水、觅食能力强、耐粗饲等特点。高邮鸭一般 180 日龄开产，平均年产蛋 160 ~ 180 枚，蛋重 75 ~ 80g。幼雏生长快，在放牧条件下 60 日龄体重可达 1.5 ~ 2kg，肉质鲜美。

5. 樱桃谷鸭 樱桃谷鸭是英国樱桃谷农场以北京鸭和埃里斯伯里鸭为亲本杂交选育而成的配套系鸭种。我国先后从该场引进 L2，SM 配套系种鸭。樱桃谷鸭的外形与北京鸭大致相同，体躯稍宽一些。樱桃谷鸭商品代肉鸭 49 日龄活重 3.3kg，全净膛屠宰率 72.5%，料肉比 2.6∶1。

6. 卡叽—康贝尔鸭 卡叽—康贝尔鸭由印度跑鸭与法国鲁昂鸭杂交，再与绿头野鸭公鸭杂交选育而成。母鸭 130 ~ 140 日龄开产，500 日龄产蛋量 270 ~ 300 枚。蛋重 70g，蛋壳白色。雏鸭 2 月龄体重 1.5 ~ 1.8kg。

（六）鹅的品种

我国优良的鹅品种有狮头鹅、浙东白鹅、四川白鹅、太湖鹅、豁眼鹅等，从国外引进良种鹅有莱茵鹅、朗德鹅等。

1. 狮头鹅 狮头鹅原产于广东省饶平县、澄海县，为亚洲惟一的大型鹅种。成年公鹅活重 10kg 以上，母鹅 9 ~ 10kg；一般 5 ~ 6 月龄开产，产蛋季节为每年 9 月至翌年 4 月，母鹅在此期间有 3 ~ 4 个产蛋期，每期产 6 ~ 10 枚蛋，每产完一期蛋即就巢孵化。雏鹅初生重 130g 左右。在较好的饲养条件下，60 日龄活重可达 5kg 以上。肉用仔鹅 70 ~ 90 日龄上市。狮头鹅是生产鹅肥肝的理想鹅种，3 ~ 4 周肥肝可达 800g。

2. 浙东白鹅 浙东白鹅主要产于浙江省象山、定海等县。成年公鹅平均活重 5kg。母鹅一般 5 ~ 6 月龄开产。母鹅每年有 3 ~ 4 个产蛋期，每期产蛋 8 ~ 12 枚，每产完一期蛋即就巢孵化，浙东白鹅早期生长速度较快，雏鹅初生重平均 95g，在放牧条件下，60 日龄活重 3.5kg，70 日龄活重 3.7kg。

3. 太湖鹅 太湖鹅为小型鹅种，原产于江苏、浙江两省的太湖流域。早期生长快，仔鹅 80 ~ 100 日龄体重可达 3 ~ 4kg。肉质鲜美，是生产肉用仔鹅的优良品种，母鹅 5 月龄开产，年产蛋 60 ~ 80 枚。

4. 豁眼鹅 豁眼鹅属小型鹅种、主要分布在山东、辽宁、吉林、黑龙江、四川等地。该品种在山东称为五龙鹅，在辽宁省称为昌头鹅，在吉林省和黑龙江省称为疤拉眼鹅。早期生长迅速，5 月龄平均体重可达 3.5kg。母鹅 8 ~ 9 月龄开产，无就巢性，年产蛋 120 ~ 180 枚，蛋重 120 ~ 140g。

5. 莱茵鹅 莱茵鹅原产于德国莱茵州，以产蛋量高著称。该品种适应性强，食性广。体型中等，成年公鹅体重 5 ~ 6kg，母鹅 7 ~ 8 月龄开产，年产蛋量 50 ~ 60 枚，蛋重 150 ~ 190g。在适当条件下，肉用仔鹅 8 周龄体重可达 4 ~ 4.5kg，适于大型鹅场生产商品肉用仔鹅。

6. 朗德鹅 朗德鹅原产于法国西南部的朗德地区，是当今世界上最适于生产鹅肥肝的鹅种。该品种仔鹅生长迅速，8 周龄体重可达 4.5kg。成鹅经填肥后体重可达 10kg 以上。母鹅年产蛋 35 ~ 40 枚，蛋重 180 ~ 200g，繁殖力较低。朗德鹅羽绒产量高，对人工拔毛的耐受性强，每年可拔毛 2 次，平均每只年产羽绒 0.4kg。在适当条件下，经 200 天填肥后肥肝重可达 700 ~ 800g。

表 9-1　国内部分畜禽品种一览表

畜别	品种名称	类别	原产地	生产力类型
猪	民猪	地方品种	东北三省	肉脂兼用
	太湖猪	地方品种	江、浙太湖流域	肉脂兼用
	华中两头乌	地方品种	湖北，湖南、江西，广西	肉脂兼用
	宁乡猪	地方品种	湖南	脂用
	大花白猪	地方品种	广东	脂肉兼用
	金华猪	地方品种	浙江	腌用
	内江猪	地方品种	四川	脂肉兼用.
	荣昌猪	地方品种	四川	肉脂兼用
	两广小花猪	地方品种	广东、广西	脂用
	滇南小耳猪	地方品种	云南	脂用
	哈白猪	培育品种	黑龙江	肉脂兼用
	新金猪	培育品种	辽宁	肉脂兼用
	东北花猪	培育品种	东北三省	肉脂兼用
	新淮猪	培育品种	江苏	肉脂兼用
	上海白猪	培育品种	上海	肉脂兼用
	北京黑猪	培育品种	北京	肉脂辣用
	伊犁白猪	培育品种	新疆	肉脂兼用
	三江白猪	培育品种	黑龙江	肉用
	湖北白猪	培育品种	湖北	肉用
牛	乌珠穆沁牛	地方品种	内蒙古	肉乳役兼用
	蒙古牛	地方品种	内蒙古	非专门化
	秦川牛	地方品种	陕西	役肉兼用
	南阳牛	地方品种	河南	役用
	鲁西牛	地方品种	山东	役肉兼用
	晋南牛	地方品种	山西	役肉兼用
	延边牛	地方品种	吉林	役用
	南方牛	地方品种	长江流域以南各省	役用
	黑白花牛	培育品种	全国各地	乳用，乳肉兼用
	三河牛	培育品种	内蒙古	乳肉兼用
	草原红牛	培育品种	内蒙古、河北、吉林	乳肉兼用
绵羊	新疆细毛羊	培育品种	新疆	毛肉兼用细毛羊
	东北细毛羊	培育品种	东北三省	毛肉兼用细毛羊
	内蒙古细毛羊	培育品种	内蒙古	毛肉兼用细毛羊
	寒羊	地方品种	河南，河北、山东	半细毛
	同羊	地方品种	陕西	半细毛
	乌珠穆沁羊	地方品种	内蒙古	肉脂兼用，粗毛羊
	蒙古羊	地方品种	内蒙古	肉脂兼用，粗毛
	阿勒泰羊	地方品种	新疆	肉脂兼用，粗毛
	西藏羊	地方品种	青藏高原	粗毛
	哈萨克羊	地方品种	新疆	肉脂兼用，粗毛
	湖羊	地方品种	浙江、江苏	羔皮用
	滩羊	地方品种	宁夏	裘皮用

畜别	品种名称	类别	原产地	生产力类型
山羊	成都麻羊	地方品种	四川	兼用
	中卫山羊	地方品种	宁夏	裘皮用
	内蒙古白绒山羊	地方品种	内蒙古	绒肉兼用
	青山羊	地方品种	山东	羔皮用
	辽宁绒山羊	地方品种	辽宁	肉绒兼用
	马头山羊	地方品种	陕西、湖北、湖南	肉用
马	蒙古马	地方品种	内蒙古	乘挽兼用
	乌珠穆沁马	地方品种	内蒙古	乘挽兼用
	河曲马	地方品种	甘肃、青海、四川	乘挽兼用
	西南马	地方品种	云、贵、川	驮乘兼用
	哈萨克马	地方品种	新疆	乘用、乘挽兼用
	伊犁马	地方品种	新疆	乘挽兼用
	三河马	地方品种	内蒙古	乘挽兼用
家禽	仙居鸡	地方品种	浙江	蛋用
	浦东鸡	地方品种	上海	肉蛋兼用
	庄河鸡	地方品种	辽宁	肉蛋兼用
	惠阳鸡	地方品种	广东	肉用
	寿光鸡	地方品种	山东	肉蛋兼用
	北京油鸡	地方品种	北京	肉蛋兼用
	狼山鸡	地方品种	江苏	肉蛋兼用
	九斤黄	地方品种	北京	肉用
	丝毛鸡	地方品种	江西、福建等	药用
	金定鸭	地方品种	福建	蛋用
	高邮鸭	地方品种	江苏	肉蛋兼用
	北京鸭	地方品种	北京	肉蛋兼用
	狮头鹅	地方品种	广东	肉用
	太湖鹅	地方品种	江苏、浙江	肉蛋兼用

表9-2　国外部分畜禽品种一览表

种名	品种名	原产地	生产类型
猪	长白（兰德瑞斯）	丹麦	腌肉型
	约克夏（大白）	英国	腌肉型
	汉普夏	美国	鲜肉型
	杜洛克	美国	肉用（原为脂用）
	波中	美国	肉用（原为脂用）
	巴克夏	英国	脂肪用
	皮特兰	比利时	肉用
	泰姆沃斯	英国	肉用
	吉上白	美国	肉用

种名	品种名	原产地	生产类型
绵羊	美利奴	西班牙	细毛
	澳洲美利奴	澳大利亚	细毛
	德国美利奴	德国	毛肉兼用、细毛
	泊列考斯	法国	肉毛兼用
	南丘	英国	中毛、肉用
	雪洛普	英国	中毛、肉用（肥羔）
	牛津	英国	中毛、肉用
	汉普夏	英国	中毛、肉用
	萨福克	英国	中毛、肉用（肥羔）
	多塞特	英国	中毛、肉用
	考力代	新西兰	中毛、肉毛兼用
	波尔华斯	澳大利亚	兼用、细毛型
	茨盖	罗马尼亚	中毛、半细毛
	雪福特	英国	中毛
	林肯	英国	长毛、半细毛
	考茨沃	英国	长毛
	莱斯特	英国	长毛
	边区莱斯特	英国	长毛、半细毛
	罗姆尼	英国	长毛、半细毛
	德拉斯代尔	新西兰	地毯毛、兼用
山羊	安哥拉	土耳其	毛（马海毛）用
	克什米尔（绒山羊）	蒙古、中亚	绒用
	吐根堡	瑞士	乳用
	萨能	瑞士	乳用
	阿尔卑（阿尔派）	瑞士、法国	乳用
	奴比亚	苏丹	乳用
	拉美查	西班牙	乳用
普通牛	荷斯坦	荷兰、德国	乳用、乳肉兼用
	爱尔夏	英国	乳用
	更赛	英国	乳用
	娟姗	英国	乳用
	瑞士褐牛	瑞士	兼用
	乳用短角	英国	乳用
	西门塔尔	瑞士	兼用
	海福（海福特）	英国	肉用
	安格斯	英国	肉用
	短角	英国	肉用
	夏洛来	法国	肉用
	利木赞	法国	肉用
	契安尼娜	意大利	肉用
	玛契加娜	意大利	肉用
	罗马诺拉	意大利	肉用
	肉牛王	美国	肉用
	波罗格斯	美国	肉用
	墨累灰	澳大利亚	肉用
	邦斯玛拉	南非	肉用

种名	品种名	原产地	生产类型
水牛	尼里—拉维水牛	巴基斯坦、印度	乳役兼用
	摩拉水牛	巴基斯坦、印度	乳役兼用
马	阿拉伯马	中东地区	乘用
	纯血马	英国	乘用、竞技
	摩根马	美国	乘用
	比利时重挽马	比利时	挽用
	阿尔登马	法国	挽用
	泼雪龙马	法国	挽用
鸡	白来航鸡	意大利	蛋用
	洛岛红鸡	美国	兼用
	新汉县鸡	美国	兼用
	奥品顿鸡	英国	兼用
	澳洲黑	澳大利亚	兼用
	芦花洛克	美国	兼用
	洛克	美国	兼用
	浅花苏塞斯	英国	兼用
	科尼什	英国	肉用
火鸡	青铜火鸡	英国	肉用
	贝兹维尔小型白	美国	肉用
	宽胸大型白	美国	肉用
鹌鹑	日本鹌鹑	日本	蛋用
鸽	王鸽	美国	肉用
鸭	康贝尔	英国	蛋用

二、品种资源的利用

品种资源的利用，主要有直接利用和间接利用两种。

1. 直接利用　我国的地方良种以及新育成的品种，大多具有较高的生产性能，或在某一方面有突出的生产用途，它们对当地自然条件及饲养管理条件又有良好的适应性，因此均可直接利用于生产畜产品。引入的外来良种，生产性能一般较高，有些品种的适应性也较好，也可直接利用。

2. 间接利用　这是我国目前更为广泛的利用方式。

（1）作为杂种优势利用的原始材料：在开展杂种优势利用时，对母本的要求主要是繁殖性能好、母性高、对当地条件的适应性强。我国地方良种，大多都有具备这些优点。对于父本的性能要求，主要是有较高的增重速度及饲料利用率，以及良好的产品品质，因此外来品种一般可用作父系。当然，不同品种间的杂交效果是不一样的，应从中找出最有效的杂交组合，供推广使用。

（2）作为培育新品种的原始材料：培育新品种时，为了使新育成的品种对当地的气候条件和饲养管理条件具有良好的适应性，通常都利用当地优良品种或类型与外来品种杂交。例如，培育三江白猪就是采用长白猪与东北民猪杂交，培育草原红牛是采用短角牛与蒙古牛杂交。

第三节 本品种选育

一、本品种选育的概念和意义

（一）本品种选育的概念

本品种选育是指在同一品种内，通过选种选配、品系繁育、改善培育条件等方式提高品种性能的一种培育方法。

当某品种基本能满足市场需要，但仍存在一些不足时即可采用本品种选育。对本品种选育中无法克服的弱点，可引入适量外血（1/4～1/8）加以改良。在不引入外血的情况下，本品种选育的进展较慢。

本品种选育的基础在于品种内存在着差异。任何品种都不是完全纯一的群体，它存在着类群间和个体间的差异。特别是比较高产的品种，由于受到人工选择的作用较大，品种内异质性更大。这就为本品种选育，不断选优提纯，全面提高品种的质量提供了可能。同时，一个品种即使是品质很高的良种，一旦放松选育工作，就会受到自然选择、遗传漂变、突变等的作用，使群体向野生型方向发展，导致品种退化。可见，为了巩固和提高品种的优良性能，进行本品种选育是十分必要的。

（二）本品种选育的意义

1. 保持和发展品种的优良特性 一个品种能基本满足国民经济发展的需要，说明控制优良性状的基因在该品种群体中有较高的频率，但若不能开展经常性的选育工作，优良基因的频率就会因遗传漂变、突变和自然选择等作用而降低，甚至消失，从而导致品种的退化。通过本品种选育，能够使优良基因的频率始终保持较高的水平，甚至得到进一步提高，从而使品种的优良特性得到保持和发展。

2. 保持和发展品种的纯度 任何一个品种都不可能在所有的基因位点上达到基因型的完全一致，这就为本品种选育提供了遗传基础，同时也使本品种选育成为十分必要的育种手段。通过本品种选育，可以保持和提高群体基因的纯合程度，从而为直接使用或培育新品种及杂种优势利用提供高质量的品种群。

3. 克服品种的某些缺点 任何一个品种都不可能十全十美，或多或少都存在着一些缺点，有的缺点甚至还较严重。通过品种内的异质选配，就能以优改劣，克服品种的某些缺点；若品种内的异质选配不能奏效，还可以通过引入杂交来引进相应的优良基因，从而加快选育进程。

4. 提高本品种的生产性能 品种的生产性能总能通过选择手段不断提高，这正是本品种选育的最终目的。

国内外育种实践证明，应用本品种选育，不仅可以迅速提高地方品种的生产性能，而且还能使培育品种的性能继续得到提高。例如，广东大花白猪、四川内江猪、荣昌猪、浙江金花猪等都是我国的地方品种，自80年代开展系统的本品种选育以来。它们的生长速度、饲料报酬和一些外形缺陷都得到了明显的改善。北京黑猪是杂交育成的新品种，育成后经10年的本品种选育，育成期和肥育期的平均日增重分别提高了20%和62.24%。

一些世界著名的优良品种育成以后，也都曾利用本品种选育使其性能得到进一步提高。丹麦长白猪经 1926~1980 年 50 余年的选育，主要生产性能都有了较大增长，日增重提高了 17.82%，饲料利用率投高了 21.54%，背膘厚减少了 33%，A 级胴体百分率由 40% 提高到 93% 以上。

（三）本品种选育的前提

1. 必须是一个定名的品种 作为一个品种有其必须具备的条件，即遗传基础相似；性状及适应性相似；遗传性稳定；具有一定的结构和足够的数量；种用价值高。在这样的品种内才能开展本品种选育。如果面对一个杂种山羊群体则谈不到本品种选育。

2. 品种内存在差异 任何一个品种，纯是相对的，没有一个品种的基因型会达到绝对的一致。不论是高产的选育品种，还是性能低而全的原始（地方）品种，它们的性状变异都有较大范围，当彼此间有差异的个体交配后，通过基因重组，后代中必然出现多种多样的变异。有变异，选择才能发挥作用，选择才能收到效果。因此，品种内有变异是开展本品种选育的根据。

二、本品种选育的基本原则

1. 明确选育目标，始终不渝 选育目标制约着选育效果，目标一旦确定就应始终不渝。

2. 正确处理一致性和异质性问题 品系内应具有高度的一致性，表现为品种特征特性。品系间应具备异质性，因没有一定的内在差异，就没有发展前途。

3. 辨证地对待数量与质量问题 不纯粹追求数量，在保证一定数量的基础上，以提高质量为主。

三、本品种选育的基本任务

保持和发展一个品种已有的优良特性，增加品种内优良个体的比重，克服该品种的某些缺点，达到保持品种纯度和提高整体质量的目的。

本品种选育和纯种繁育的区别：纯种繁育是在品种内进行繁殖和选育，其目的是获得纯种。本品种选育的含义更广，不仅包括育成品种的纯繁，而且包括某些地方品种、类群的改良和提高，并不强调保纯，有时可采用小规模的杂交。

近些年来，我国对广东大花白猪、四川内江猪、荣昌猪、浙江金华猪等开展了较系统的选种工作，提高了生长速度和饲料报酬；秦川牛、南阳牛等良种黄牛，通过选育加大了体型，增加了役用力和产肉性。实践证明，通过加强本品种选育，可以迅速提高地方良种和培育品种的质量。例如，我国育成的新疆细毛羊，在 1954 年该品种育成时，成年公羊平均剪毛量为 7.3kg，毛长为 7.0cm. 成年母羊平均剪毛量为 3.9kg，毛长 6.8cm。经过40 多年的选育，到 1999 年，成年公羊的平均剪毛量达到 12.8kg，毛长 11.3cm。成年母羊的平均剪毛量为 7.3kg，毛长为 9.0cm。选育的结果是平均剪毛量提高 47%~61%，毛长提高 20.3%~45.8%。

鉴于上述作用，本品种选育可以广泛用于地方良种、新品种以及育成品种的改良提高。

我国幅员辽阔，品种资源丰富，必须充分贯彻"本品种选育和杂交改良并举"的方针，加速畜禽品种的改良提高，促进畜牧业的发展。

四、本品种选育的基本措施

1. 加强领导，建立选育结构 我国地方品种数量多，分布广。在开展选育工作时，必须加强领导，建立选育机构。首先进行调查研究，详细了解品种的主要性能、优点、缺点、数量、分布、形成的历史条件等，然后在此基础上确定选育方向，拟定明确的选育目标，制定选育方案。

2. 建立良种繁育体系 良种繁育体系一般由育种场、良种繁殖场、一般繁殖场三级组成。育种场集中进行本品种选育工作，指导群众育种工作，培育大量优良纯种公母畜，分期分批推广，装备各地的良种繁殖场。良种繁殖场的主要任务是扩大繁育良种，供应给一般的饲养场。一般的饲养场主要饲养商品家畜，提供大量的优质的畜产品。

3. 健全性能测定和严格选种选配 育种场必须固定技术人员，定期按全国统一的技术规定，及时、准确地做好性能测定，建立健全种畜档案，实行良种登记制度，定期公开出版良种登记薄，以推动选育工作。

选种选配是本品种选育的关键措施。地方品种的优良公畜数量少，在选种时，应适当多留一些，并给予良好的培育条件。除根据本身资料外，还可通过同胞及后裔成绩选留。选种时，还应针对每个品种的具体情况突出重点，集中选择几个主要性状，以加大选择强度。选配时，各场可采取不同方式，在育种场的核心群中，为了建立品系可采用不同程度的近交；在良种繁殖场和一般饲养场应避免近交。

4. 科学饲养与合理培育 任何畜禽品种都是在特定条件下培育而成，需要良好的饲养条件和科学的管理，才能发挥其高产性能。各场应供给充足的营养全面饲料，创造适宜该品种生长发育的环境条件。因此，在本品种选育时，应把加强饲草饲料基地建设，改善饲养管理，进行合理的培育放在重要地位。

5. 开展品系繁育 一般来说，地方品种中由于地理和血缘上的隔离，往往形成若干不同类型，可根据不同类型品种特点开展品系繁育，以加快选育进程。

6. 适当导入外血 经过上述选育措施之后，仍进展不快，为了针对性地克服本品种的严重缺点，则可考虑采用引入杂交。

我国的地方品种很多，各具特点，根据选育程度大体可分为3类，虽然它们的基本选育措施相同，但根据不同类型，每类的选育措施各有侧重。

第一类，选育程度较高，如滩羊、湖羊、北京鸭、泰和鸡等。它们都是经过长期精心选育，特别是经过长期闭锁繁育和近交，其性状比较整齐稳定。其选育措施主要是在保存其优良基因和性状的基础上，开展品系繁育，扩大品种内差异，进行系间杂交，从而进一步提高其生产性能。

第二类，选育程度稍低，我国大多数地方品种属于此类。由于缺乏长期的精心选育，闭锁繁育不甚严格，因此群体中基因型很不一致，生产性能参差不齐。其选育措施主要是在群体内选择优良个体组成核心群，开展闭锁繁育或近交繁育，固定优良性状，以便保存和增加优良基因。对于混杂严重的地方品种，则以整理提纯为主进行选育工作。

第三类，杂交育成的新品种和新品群，如新疆细毛羊、哈白猪、新淮猪、北京黑猪等新品种，其共同特点是生产性能较高，适应性较好，但纯度不太高，类型不很一致。对此，选育措施的重点是：通过严格的选种选配，提高其纯度和遗传稳定性；加强品系繁育，使品种内的异质性系统化，再通过系间杂交，提高其品质。对于数量太少的种群，则应加强扩大繁殖。

第四节 引进品种选育

一、引入品种选育的意义

引入品种是指从其它地区引入到本地来的品种，包括从国外引进和国内其它地区引进的品种。

把外地或外国的优良品种、品系或类型引入当地，直接推广或作为育种材料的工作，就叫做引种。根据国民经济的需要，引入品种对实现畜禽良种化，促进畜牧业生产的发展具有重要意义。我国引入品种，一是作为杂交亲本；二是直接经济利用。

如果不了解引入品种特性就盲目引种，或者在引进之后培育不当，造成引入品种性能不高甚至退化死亡，就不可能为我所用，在改善家畜品质与提高经济效益方面发挥应有的作用。因此，慎重地引入品种，加强引入品种选育，是十分重要的。

二、引入品种的特点

1. 适应性与耐粗饲能力往往较差，当新环境的自然条件或饲养管理条件不适合时，性能表现并不一定优良，甚至造成退化和死亡。

2. 生长较快，体格较大，早熟，性能水平较高，生产用途比较专门化（瘦肉猪，乳用牛，肉用鸡，蛋用鸡，长毛兔，半细毛羊）。但在某些方面也有缺点（如繁殖性能低，产仔数少，猪肉的品质不够好）。

3. 品种结构比较完善，有些商品畜禽是若干品系配套合成的，对育种技术和培育条件的要求较高。

三、引入品种选育的基本措施

（一）引种与风土驯化

1. 引种 是指把外地或外国的优良品种、品系或类型引入当地，直接推广或作为育种材料的工作。引种时可直接引入种畜，也可引入良种公畜的精液或优良种畜的胚胎（受精卵）。

2. 风土驯化 指引入家畜适应新环境条件的复杂过程。其标准是引入品种、品系、类型等的家畜，在新的生态环境条件下，不仅能生存、繁殖、正常地生长发育，并且还能保持其原有的基本特征和特性。

风土驯化的途径：

（1）直接适应：在迁入区的新环境条件与原产地的条件基本一致情况下，引入个体及其后代逐渐适应新环境条件的过程。

（2）定向地改变遗传基础：当迁入地区环境条件与原产地环境条件差异较大，超越了引入品种的适应范围，导致引入种畜发生种种不良反应，此时可通过选择的制订合理选配制度，淘汰不适应的个体，留下适应性较好的个体进行繁殖，从而逐渐改变引种群中的基因频率和基因型频率，使引入种群在基本保持原有特性的前提下，遗传基础发生改变。

上述两条途径不是彼此孤立的，往往最初是通过直接适应，以后由于选择的作用和交配制度的改变，使其遗传基础发生定向改变。

3. 引种与风土驯化的意义　根据动物的生态分布，各种动物都有其特定的分布范围，它们只能在特定的生态环境中生活。当野生动物驯化成家畜后，在人类的积极干预下，其分布范围尽管扩大了，各种家畜，尤其是不同品种的分布仍不平衡。随着国民经济的发展，为了迅速改善当地原有畜群结构或改良品种性能，常需从外地引入优良品种，甚至引入亲朋的畜种，以满足人们日益增长的多样化需要。引入品种或畜种，必须要经过风土驯化才能稳定和保持其原有的特征、特性。因此，引种是随社会经济条件的发展而产生的行为，风土驯化是引种的后续工作。

（二）引种时应注意的问题

鉴于自然条件对品种特性有着持久的和多方面的影响，在引种工作中必须采取慎重态度。在引种前，首先应认真研究引种的必要性，必须切实防止盲目引种。在确定需要引种以后，必须做好以下几个方面的工作。

1. 正确选择引入品种　选择具有良好的经济价值、育种价值和适应性的品种，先引少量观察，经实践证明其经济价值及育种价值良好，又能适应当地的自然条件和饲养管理条件后，再大批引入。

2. 慎重选择个体　在引种时对个体的挑选，除注意品种特性、体质外形以及健康、发育状况外，还应特别加强系谱的审查，注意亲代或同胞的生产力高低，防止带入有害基因和遗传疾病。引入个体间一般不宜有亲缘关系，公畜最好来源于不同家系。

此外，年龄也是需要考虑的因素，由于幼年有机体在其发育的过程中比较容易对新环境适应，因此，从引种角度考虑，选择幼年健壮个体，有利于引种的成功。

随着冷冻精液及胚胎移植技术的推广，采用引入良种公畜精液以及良种母畜的胚胎的办法，既可节省引种成本和运输费用，又可利于引种的成功。

3. 妥善安排调运季节　在引入家畜调运时间上应注意原产地与引入地季节差异。若由温暖地区引至寒冷地区，宜夏季调运；若由寒冷地区引至温暖地区，则宜冬季调运。

4. 严格执行检疫制度　引入品种应隔离观察三个月以上，再检疫，确保安全后才投入使用。切实加强种畜禽检疫，防止疫病传入。

5. 进行良种登记　要了解原产地的饲料和饲养特点，携带种畜的血统卡片和有关资料，以便种畜引入后能更好的选育和利用。

（三）引入品种选育的主要措施

1. 集中饲养　同一品种的引入种畜，应相对集中饲养，建立以繁育该品种为主要任务的育种场，以利风土驯化和开展选育工作。这是引入品种选育工作中极为重要的一点。因为外来品种的引进头数往往较少，如果刚引进就仓促地分散饲养，不但难于养好，而且也容易被迫近交，从而引起退化现象。良种群的大小，可因畜种而不同。根据闭锁繁育条件下近交系数增长速度的计算，一般在良种群中需要保持 50 头以上的母畜和 3 头以上的公畜，才不致由于其近交系数的增长而引起有害影响。

2. 慎重过渡 引种后的第一年是关键性的一年，为了避免不必要的损失，必须加强饲养管理。每一品种都有一定的适应范围，在为引入品种提供必需的环境条件的同时，要加强引入品种的适应性锻炼。例如，从国外引进的良种猪，其原产地的饲料多为精料型，而且蛋白质含量较高，应慢慢增加青料比例，使之逐渐适应我国的饲料类型。同时，还应逐渐加强其适应性锻炼，提高其耐粗性、耐热性、耐寒性和抗病力。

3. 有点有面，逐步推广 在集中饲养过程中要详细观察引入品种的特性，研究其生长、繁殖、采食习性、放牧及舍饲行为和生理反应等方面的特点。要详细做好观察记录，为饲养和繁殖提供必要的依据。在经过一段时间风土驯化，摸清了引入品种的特性后，才能逐渐推广到生产单位饲养。良种场应做好推广良种的饲养繁殖技术指导工作。

4. 严格选种，以适应性为选择重点 对新环境的适应性不仅品种间存在着差异，而且个体间也有不同。因此在选种时应注意选择适应性强的个体，淘汰那些不适应的个体。在选配时，为了防止生活力下降和退化，应避免近亲交配。此外，为了使引入品种对当地环境条件更容易适应，也可考虑采取级进杂交的方法，使引入品种的成分逐代增加，拉长迁移的时间，缓和适应过程。

5. 开展品系选育 品系选育是引入品种选育中一项重要的措施。目的是改进引入品种的缺点，稳定并提高其生产性能，使之更符合当地的要求；通过系间交流种畜，防止过度近交；综合不同系统（如长白猪的英系、法系、日系等）的特点，建立我国自己的综合品系。

6. 加强组织领导，开展选育协作 及时交流经验，进行良种登记，开展评奖活动，以得到利用引入品种的最佳效果。

第五节　家畜保种

一、世界性的家畜遗传资源危机

（一）危机的表现

一个品种中汇集着各式各样的优良基因，它们能在一定的环境中发挥作用，使品种表现出各种为人类所需要的优良性状，因此，一个品种就是一个特殊的基因库。它不仅可以直接用于畜产品生产，而且还是培育优质高产品种和利用杂种优势的良好素材。然而，目前世界畜牧业的特点是，许多发达国家都面临着严重的品种资源危机。之所以严重，是因为某些基因一旦丧失则永远不复存在，再高超的技术也不可能复制出绝灭了的物种。

家畜遗传资源已经严重丢失，主要表现在以下几个方面：

1. 地方品种急剧减少，甚至处于完全灭绝的趋势 例如，欧洲畜牧协会（EAAP）遗传学会曾指出，1984 年在欧洲 30 个国家所调查的 1 263 个品种中，有 241 个品种有灭绝的危险，其中包括牛、马、猪、绵羊和山羊。20 世纪英国已消失的家畜品种有 23 个，目前处于濒危的品种有 57 个，其中已得到经费资助保存的仅有 24 个品种。在法国现有的 80 个主要品种中，濒危的已有 31 个。在意大利近 20 多年中，消失牛品种 24 个，目前濒危的牛品种 7 个。

2. 品种高度高一化　如猪品种，欧洲基本上是大约克和长白猪的天下；在北美，除上述品种外，多数是杜洛克和汉普夏。奶牛品种是黑白花奶牛一统天下，其次是乳肉兼用型品种——西门塔尔牛。鸡的蛋用品种基本上只有白壳蛋、褐壳蛋两大类型和一些合成品系；肉用鸡几乎都是白洛克和科尼什等少数品种的杂交种。

（二）家畜遗传资源枯竭的原因

1. 在发达国家中，只饲养少数目前经济上有利的高产品种及其杂交种，进而排挤了目前无竞争能力的低产品种。

2. 在一些发展中国家，为了满足对动物蛋白质需求的不断增长，大量利用发达国家中的高产品种与当地的地方品种盲目杂交，以致造成地方品种灭绝。

3. 是"现代理论"的影响，即繁育家畜的基本原则是不顾家畜的遗传优势，只顾后代在当前能产生高额利润的现实。

目前，世界家畜遗传资源的枯竭已难以适应复杂多变的自然经济条件，难以适应社会经济需求的不断变化，难以避免因基因过于纯化而带来的遗传灾难（如遗传疾患的危害）。因此，对家畜遗传资源的保护已受到世界各国的高度重视，于 1992 年 6 月在联合国环发大会上，包括中国在内的 167 个国家共同签署了《生物多样性公约》，1996 年我国正式成立了"国家畜禽品种遗传资源委员会"，可见我国对畜禽遗传资源多样性保护的重视程度。

二、保种的概念、意义和任务

（一）家畜遗传资源保护的概念与任务

家畜的遗传资源又叫种质资源、品种资源或基因资源，因此，保存家畜遗传资源又叫保种。具体地说，保种就是妥善保存现有畜禽的种群（品种、品系、品族、类型或其它种群），使之免遭混杂和灭绝。严格地说，保种是妥善保存现有畜禽种群的基因库，使其中所有的基因都不丢失，无论它目前是否有利。因此，保种的任务就是使畜禽种群内的所有基因都得到妥善保存，不得混杂和丢失，更不能灭绝。

保种是当前家畜育种工作中一项十分重要的任务。在国外，发达国家和发展中国家都面临着不同程度的品种资源危机问题。我国品种资源虽然较丰富，很多品种早已为世界瞩目，但如果不果断地、及时采取保护措施，也会造成品种资源的危机。目前濒危的地方品种已达 47 个，已经说明了问题的严重性。为了满足培育新品种，都需要认真加以保护。就是一些生产性能很低，但抗逆性很强，能适应某些特殊生态环境的原始品种，也应当加以妥善保存。

（二）保种的意义

1. 保持遗传基础的多样性，克服可能出现的育种"极限"单一品种长期闭锁繁育，迟早会失去育种反应（选择反应），使选择无效。在这种情况下，储备的非育种种群可能具有很大价值。

2. 可以用来改良培育品种，以提高其抵抗力和适应性。在某种意义上来说，世界已进入用土种改造培育品种的时代。

3. 保存基因型多样性，以适应复杂多变的社会。经济发展的需要，包括人类对畜产品口味、嗜好和工艺要求改变的需要；新饲料在畜牧业中应用的需要；适应于改变了的环境条件的需要；对新疾病遗传稳定性的需要等。例如，鸡矮小型基因 dw（性染色体上）和 td（常染色体上）对工厂化养禽业的贡献，西非对抗家畜睡眠症的牛群基因资源的开发等都展示了美好的前景。

4. 抵抗遗传灾难。品种单一化导致许多遗传资源丧失，抗病能力越来越弱，一旦发生流行病，便会给生产造成严重损失。例如，对结核、马传贫、鸡马立克氏病及各种焦虫病、各种锥虫病的易感性均与品种有关。品种的单一性，导致许多遗传资源丧失；抗性不良基因纯合水平的增高，更加增加了流行病发生的危险性。

5. 保存和研究地方品种，可以揭示进化、驯养、驯化、自然选择和人工选择过程的机制，为野生动物的驯养、驯化并形成新的家畜品种创造条件。

6. 家畜品种是文化遗产，一个品种的形成与特定地区的历史和传统文化有关，因此，保存品种具有历史教育价值和旅游观赏价值。

三、家畜保种的原理

（一）保种的群体遗传学原理

根据群体遗传学理论，一个群体要保持平衡状态，必须具有足够的数量，群内实行随机交配，且不受突变、选择、迁移和漂变等的影响。而实际上，任何一个家畜种群都达不到理想状态（传代中群体大小不变）的群体数量，也不可能完全随机交配，特别是小群体，任何基因都有可能消失。导致基因消失的主要因素是遗传漂变和近交，而影响漂变和近交的主要因素有群体有效含量、留种方式和公母比例。

1. 群体有效含量（N_e）　一个品种就是一个基因库，对动物品种保存就是要达到一个基因也不丢失，为此保留足够数量的个体是必要的。数量少了，这个基因库就不容易保存好。因为近交系数与繁殖群体的大小成反比，繁殖群体越大，近交系数随世代上升的速度越慢，对保种越有利。但由于经济和管理上的原因，不可能保存非常多的亲本，那么，为了保种，就应该考虑保留一个适宜规模的群体，在生产中多采用总个体数（NC）或有繁殖能力的个体数（Nb）来表示。但这种表示方法即使在总头数相同的前提下，也可因公母比例的不同，使其在遗传上的影响相差甚大。为了便于相互比较，群体遗传学中，则是采用有繁殖能力的有效个体数（Ne），即群体有效含量来表示。所谓群体有效含量，是指在近交增量的效果上群体实际头数所相当的"理想群体"的头数，而理想群体是指规模恒定、公母各半、没有选择、迁移、突变，也没有世代交替的随机交配群体。显然，群体有效含量愈大，近交系数增加也愈慢，可见，要保持一个品种的优良性状不丢失，必须保持群体有适当的有效含量。群体有效含量与公母比例和留种方式关系密切。同样数量的群体，公畜数量愈多，群体有效含量愈大；相反，公畜数量愈少，有效含量愈小。

群体有效含量是指群体中有繁殖能力的有效个体数，用群体的调和平均数表示。理想状态下（群体规模恒定、公母各半、随机交配、群体间无迁移、世代间无交叉等），群体在传代过程中其大小不变。但实际上群体大小常常是波动的，有时波动还很大。因此，群体有效含量用群体调和均数来表示。

设连续世代 1、2、3、…、t 中，群体实际大小（每代参加繁殖的家畜数）为 N_1、N_2、

N_3、…、N_t，则第 t 世代群体有效含量可表示为：

$$\frac{1}{N_e} = \frac{1}{t}\left(\frac{1}{N_1} + \frac{1}{N_2} + \frac{1}{N_3} + \cdots + \frac{1}{N_t}\right)$$

群体有效含量越少，近交越难避免，遗传漂变越严重。因此，增加群体有效含量是防止基因流失的有效途径。换句话说，要确保种群基因不严重丢失，必须保证群体有合适的有效含量。群体有效含量又受留种方式和公母比例的影响。

2. 留种方式对群体有效含量的影响　留种方式会影响群体有效含量，影响群体近交系数增量，影响基因丢失的概率。

（1）公母数量不等，随机留种：将所有家系合在一起随机选留种用个体的情况下，群体有效含量为繁殖群中两性数目调和均数的 2 倍，即：

$$N_e = \frac{2N_s N_D}{N_s + N_D}$$

每代近交系数增量为：$\triangle F = \frac{1}{2N_e} = \frac{1}{8N_s}\frac{1}{8N_D}$

闭锁繁育第 t 世代的近交系数为：$F_t = 1 - (1 - \triangle F)^t \Rightarrow t\frac{\lg(1 - F_t)}{\lg(1 - \triangle F)}$

N_e 为群体有效含量，N_s 和 N_D 分别为繁殖公畜和繁殖母畜数。

（2）公母各半，随机留种

$$N_e = \frac{4N}{2 + \sigma_k^2}$$

式中：N_e 为群体有效含量；N 为群体实际含量；σ_k^2 为家系含量方差（≈ 2）。

当群体总数保持不变，即每对父母平均留下两个后代，在随机留种的情况下，各家系留下的后代数符合普瓦松分布，此时家系含量的方差等于每对父母的平均后代数 2，此时：$N_e = 4N/(2 + 2) = N$，即当群体中两性数目相等时，在随机留种的情况下，群体有效含量等于繁殖群体实际含量。

（3）公母各半，各家系等数留种

$$N_e = 2N$$

如果在每个家系后代中等量留种，此时家系含量的方差为 0，则：$N_e = 4N/(2 + 0) = 2N$，即群体有效含量为两性数目相等的实际群体数的 2 倍。故在实际保种过程中，为了使有限群体中保持最大可能的有效大小，对各家系实行等量留种是一种有效措施。

（4）公少母多，各家系等比例留种：育种或生产中，各家系等量留种在经济上不合算。公母畜数的差异越大，群体有效含量就越小，近交率就越大。故应按适当比例留种，即留种的个体数和性别比例仍保持各家系相同，一般每个家系按 1♂、3♀ 的比例留种，此时各家系含量方差仍然为 0，群体有效含量为：

$$\frac{1}{N_e} = \frac{3}{16N_s} + \frac{1}{16N_D} \Rightarrow N_e = \frac{16N_s N_D}{3N_D + N_s}$$

从上述分析可知，留种方式不同，群体有效含量有很大差异。

3. 性别比例对群体有效含量的影响　性别比例对群体有效含量有严重影响。例如：按公少母多，各家系等比例留种：

公畜数 N_s	母畜数 N_D	$N_e = \dfrac{16N_s N_D}{3N_D + N_s}$
3	3	12
3	9	14.4
3	30	15.48
3	300	15.95

由此可见，保种群中应考虑适当的性别比例，否则遗传信息会从数量少的性别中流失。从近交角度考虑，保种应适当延长世代间隔，世代间隔短会加速遗传信息漏失。

4. 保种群规模的确定 要保持一个优良品种的特性，必须有一个合理的保种群体含量，当然，群体含量愈大，对保种愈有利。但是从经营管理角度讲，群体的增大，要增加相应的饲养管理设施，会给保种工作带来许多困难。保种究竟需要多大的群体，即需要有多少头母畜，才不致因近交出现衰退现象呢？这是值得重视的问题。育种实践告诉我们，保种群体含量的大小与群体的公母比例、留种方式、每世代控制的近交系数增量密切相关。确定基础群最低含量的方式下：

（1）确定每世代近交系数的增量。基础群在繁殖过程中，必须使其中每一世代的近交系数增量，不要超过使畜群可能出现衰退现象的危险界限。一般认为，家畜每世代近交系数的增量不应超过 0.5% ~ 1%；家禽则不应超过 0.25% ~ 0.5%。否则，就有可能出现不良现象。

（2）确定群体公母比例。群体中公畜数过少，比如，只留 2 ~ 3 头，是难以保持品种不因近交而造成退化的。群体必须有适当的公母比例。根据实际情况，各种家畜保种的公母比例是：猪、鸡 1 : 5，牛、羊 1 : 8，较为合适。

（3）计算最低需要的公母数量。确定了群体的适宜近交系数增量和公母比例后。可按下列公式计算一个基础群所需的最低公畜数量，然后再按比例求母畜数。

在随机留种时，计算需要公畜数的公式是：Ns = n + 1/△F × 8n

在家系等量留种时，计算公畜数公式是：Ns = 3n + 1/△F × 32n

公式中，Ns 为最低需要的公畜数，n 为公母比例中的母畜数，△F 为每世代适宜的近交系数增量。

例如，某一品种猪群，在保种过程中，确定每世代近交系数增量为 0.01（1 %），公母比例为 1 : 5。试问：（1）实行随机留种群体需要多大？（2）实行家系等量留种群体又应有多大？

解：（1）已知 △F = 0.01，n = 5，将数据代入随机留种计算公畜数的公式是：

$$Ns = 5 + 1/0.01 \times 8 \times 5 = 15（头）$$

这就是说，基础群至少需要有 15 头公猪，按公母比例为 1 : 5，还需要有 75 头母猪。

（2）将已知 △F 和 n 的数据，代入家系等量留种计算公畜数的公式是：

$$Ns = 3 \times 5 + 1/0.01 \times 32 \times 5 = 10（头）$$

即按家系等量，基础群需要 10 头公猪和 50 头母猪。

（二）保种的原则

1. 保证纯种繁育。

2. 保持家畜的遗传多样性和表型多样性。

3. 在相应的生态条件下，采用随机小群保种或同一品种有多个地方保种，即"群体分割，多点保护"。

（三）保种的条件

1. 应在与之相应的生态条件下保种。

2. 一个品种不能只保存在一个地方，而要保存在多个不同点上，即所谓的"群体分割"，"多点保种"。例如，民间的群众保种，分散养在许多地方，各处都有公母（禽），从而形成品种的多点保种。

3. 保证被保存的种群在若干世代内基因频率保持不变，避免选择、杂交、突变、迁移、遗传漂变等因素的影响。

（四）保种的标准

1. 群体近交系数不上升或缓慢上升。

2. 性状遗传力保持稳定。

3. 种群优良基因不消失。

4. 生产力水平保持稳定。

四、保种的方法

保种的方法很多，按保种对象所处的地域可分为原地保种和异地保种，按保种的技术手段又可分为活体保种和生物技术保种。原地保种按其严格的定义，是指大多数家畜活群体在原有环境条件下保存。异地保种是指采用一定的生物技术在异地保存家畜的基因组或基因，如精液、胚胎、卵子和 DNA 的低温保存等。原地保种主要指活畜保种，异地保种主要指生物技术保种，也不排除上述两种分类方法上的交叉。如精液和胚胎的冷冻保存也可用于原地保种；一些活动物在小型试验场或笼子内保存也可用于异地保种。

（一）活畜保种法

保存并繁殖活体动物，对濒危动物的保种常用此法，其首要任务是扩大群体，保存现有的遗传多样性和表型多样性（采用纯繁、各家系等数留种）。一般应采取以下措施：

1. 划定良种基地。在良种基地中禁止引进其他品种的种畜，严防群体混杂。

2. 建立保种核心群（良种基地中设置足够数量的保种群）。大家畜公畜数 10 头以上，小畜禽公畜数 20 个以上，母畜数多于公畜数。在良种基地中应建立足够数量的保种群。保种群的规模，视畜种、资金、栏舍等条件而异。一般来说，如要求保种群在 100 年内近交系数不超过 0.1，则猪、羊、禽等小家畜的群体有效含量应在 200 头（设世代间隔为 2.5 年）牛、马等大家畜的群体有效含量应在 100 头（设世代间隔为 5 年）。

3. 实行每个家系等比例留种。即在每一世代留种时，实行每一公畜后代中选留 1 头公畜，每一母畜的后代中选留等数母畜。

4. 制订合理的交配制度。在保种群体中实行避免全同胞、半同胞交配的不完全随机交配制度，或采取非近交的公畜轮回配种制度，可以降低群体近交系数增量也可以采用划分亚群，并结合亚群间轮回交配的方式。

5. 适当延长世代间隔，以延缓近交率的增长。

6. 外界环境条件相对稳定，控制污染源，防止基因突变。

7. 一般不实行选择，在不得已的情况下，才实行保种与选育相结合的所谓"动态保种"。

活畜保种的优点是：一是能够继续进行品种评价，如对生产性能、环境适应性进行研究；二是环境条件改变时，可结合选育实行动态保种，保持种群在进化上的优势。但这种保种方法需要有专门的组织机构，计划性较强，保种的费用较高。

（二）生物技术保种法

随着生物技术的发展，尽管目前超低温冷冻方法保种还不能完全替代活畜保种，但作为一种补充方式，仍具有很大的实用价值，特别对稀有品种或品系，利用这种保存方法可以较长时期地保存大量的基因型，免除畜群对外界环境条件变化大的适应性改变。生殖细胞和胚胎的长期冷冻保存技术、费用和可靠性在不同的家畜有所不同。一般情况下，超低温冷冻保存的样本收集和处理费用并不是很高，特别是精液的采集和处理是相对容易和低廉的，而且冷冻保存的样本也便于长途运输。对于生产性能低的地方品种而言，这种方式的总费用要低于活体保存。利用这种方式保存遗传资源，必须对供体样本的健康状况进行严格检查，同时做好有关的系谱和生产性能记录。

DNA 基因组文库作为一种新型的遗传资源保存方法，目前基本上处于研究阶段，随着分子生物学和基因工程技术的完善，可以直接在 DNA 分子水平上有目的的保存一些特定的性状，即基因组合，通过对独特性能基因或基因组定位，进行 DNA 序列分析，利用基因克隆，长期保存 DNA 文库。这是一种最安全、最可靠、维持费用最低的遗传资源保存方法，可以在将来需要时，通过转基因工程，将保存的独特基因组合整合到同种、甚至异种动物的基因组中，从而使理想的性能重新回到活体畜群。

体细胞的冷冻保存可能是成本最低廉的一种方式，但是需要克隆技术作为保障。1996年英国报道成功的克隆羊"多利"，以及随后相继报道在鼠、兔、猴等动物的体细胞克隆成功事例，至少为畜禽资源保存提供了一条新的途径，即利用体细胞可以长期保存现有动物的全套染色体，并且将来可以利用克隆技术完整的复制出与现有遗传素质一致的个体，即使现有的特定类型完全灭绝，将来也可以利用同类、甚至非同类动物个体作为"载体"，来重新恢复。然而，到目前为止，这种方式还不能真正用于畜禽遗传资源的保存。

现主张系统保种：以畜种为单位，按性状分系统进行保存，将保种与选育相结合，在保种中选育，选育中保种，保住优良性状，选育改善不良性状。

第十章 品系繁育技术

品系繁育是较高级的育种方法，不管是纯种繁育，还是杂交育种以及杂种优势利用，均要用到品系繁育。

品系是品种内部的结构单位，即品种是由若干个优良品系组成的。品系也可单独存在，由来自不同品种杂交合成的品系，不属于任何一个品种。品系群体比品种的规模小得多，所以较易达到高产纯合的要求。品系繁育则是通过建立品系、利用品系促使品种不断提高和发展的一种育种方法。

第一节 品系作用和类别

一、品系的概念和类别

（一）品系的概念

品系一词在畜牧生产和畜牧科学中应用已久，但在长期育种实践中随着品系的发展，人们对他的认识也在不断深化。品系既可以在品种内部选育而成，作为品种的结构单位，也可通过杂交培育，单独存在，不从属任何一个品种。从概念上说，品系有狭义和广义之分。狭义的品系是指来源于同一头卓越的系祖，并且有与系祖类似的特征、特性和生产力的种用高产畜群，符合该品种的基本方向，同时，个体间有一定的亲缘关系。这里所指的品系是建立在系祖个体基础上的，因而又称之为单系，即从单一系祖建立的品系。广义的品系是指一些具有突出优点，并能将这些突出优点相对稳定的遗传下去的种畜群。这里所指的品系是建立在群体基础上的，范围较宽，它既包含单系，也包括地方品系、近交系和专门化品系。

作为品系必须具有下列条件：

1. 突出的优点 这是品系存在的先决条件，也是品系的基本标志。品系必须具有某种独特的经济性状，而其他性状也不能低于品种的平均水平，这是品种长期存在和发展的基础。否则，这个品系就失去了存在的价值。

2. 相对稳定的遗传性 标记品系特点的性状，必须具有遗传优势，能够稳定遗传。否则没有育种价值，也就失去了存在的必要。

3. 血统来源相同 品系内个体有一个或多个共同祖先。

4. 一定的结构和数量 品系是一个具有一定规模的群体，在进行自群繁育时能够稳定地保持其突出的优点，不致迫使进行不适度的近交而导致品系退化。品系内要包含一定的结构，如家系和亲缘群等不同类群，这是品系的异质性，是品系存在和发展的重要条件。

（二）品系的类别

品系不是一开始就有的，是畜牧生产发展到一定水平后才出现的。由于畜牧业发展的阶段不同，品系的类别也有从低级到高级、从简单到复杂的变化。从历史发展看，大体有以下 5 种：

1. 地方品系 由于各地自然条件、饲养管理条件和社会经济条件等不同，人们对家畜的要求和种畜的选留标准也就不同，从而在同一品种内形成一些具有不同特点的地方类群。这种在同品种内经长期选育而形成的具有不同特点的地方类群称为地方品系。

我国的畜禽地方品种几乎都有地方品系，而且数量越多、分布越广的品种，其地方品系也就越复杂。例如，太湖猪包括分布于金山、松江一带的枫泾猪；分布于武进、江阴一带的二花脸猪；分布于靖江、泰兴一带的礼士桥猪；分布于启东、崇明一带的沙乌头猪；分布于嘉兴地区的嘉兴黑猪；分布于上虞等地的海北大头猪等多种地方品系。

地方品系形成很慢，育种价值较低，特点也不如单系那样明显，但他的数量大，维持时间长。

2. 单系 单系是指来源于同一头卓越系祖（公畜），并且具有与系祖相似的外貌特征和生产性能的高产畜群。

单系一般是人们有意识精心培育的。当人们发现了一头特别优秀的种公畜，就以该种公畜为中心，采用同质选配和近交，并以该种公畜为理想标准选留其后代，从而扩大理想型个体的数量，同时也巩固了该种公畜的优良特性，结果就使原来个体所特有的优良品质转变为群体所共有的特点。

单系往往以少数几项生产性能或外貌特征为标志，而且在培育过程中采用较高程度的近交及连代继承，因此，其形成速度快、特点鲜明、遗传性稳定，但因遗传基础狭窄而持久力较差。单系一般以系祖的名字来命名。如哈白猪中有一个品系的系祖是 2 - 6 号，该品系就称为 2 - 6 号品系。

3. 近交系 20 世纪 30、40 年代，在玉米自交系间进行杂交，产生强大杂种优势，其产量大大超过一般杂种，特别是双杂交的巨大成功，使自交系风靡一时。后来，这一方法逐步推广到养禽业、养猪业中。但家畜不能自交，只能用高度近交来培育近交系。

近交系指用连续 4~6 代的全同胞或半同胞交配，建立的品系叫近交系。通常其群体的平均近交系数一般在 37.5% 以上，有时达到 50%。但近交系数的高低并不是近交建系的目的，关键在于能否在系间杂交时产生人们所期望的杂交效果。在养鸡业中，利用近交系杂交生产蛋、肉产品，取得了一定效果。

实践已经证明，在家畜中进行这样的高度近交，会很快导致明显的衰退。淘汰率特高，要建立一个近交系，需要付出很大的代价。除养禽业应用较多，养猪业有一定程度运用外，其他养畜业很少采用。

4. 群系 人们在长期的生产实践中发现，单系受系祖的水平限制难以进一步提高畜群的生产水平，而且由于受到个体的繁殖力和近交衰退的影响，建系过程较长，遗传改进速度较慢，不能适应畜牧生产发展的需要。20 世纪 40 年代以后，随着遗传力学说的应用，人们认识到个体表型选择对中等以上遗传力的大部分经济性状，都具有较好的选择效果，于是出现了从群体到群体的建系方法即群体继代选育法。通过选集基础群和闭锁繁育等措施，使畜群中分散的优秀性状得以迅速集中，并转而成为群体所共有的稳定性状。这样形成的品系称为群系，也就是多系祖品系。与单系相比，群系的建立速度不仅快，规模也较大，并且有可能使分散的优秀性状在后代集中，从而使其群体品质超过任何一个祖先。由于群系的遗传基础较为丰富，保持时间也较单系长，因此受到人们的普遍重视，并获得迅速推广。

5. 专门化品系和合成系　专门化品系是在 20 世纪 60 年代中期出现的。它根据畜禽的全部选育性状可以分解为若干组的原则（如肉畜的生产性能可以分解为母畜的繁殖性能以及后代的肥育和屠宰性能两大组），而建立各具一组性状的品系，分别作为父本和母本，然后通过父母本品系间杂交，以获得优于常规品系的畜禽。例如，在肉畜中既要建立繁殖性能高的母本品系，也要建立生长速度快、饲料报酬高和肉质好的父本品系，两者杂交后，就能获得杂种优势明显而且在这几方面都表现良好的畜群。由于这种品系不仅各具特点，而且专门用于与另一特定的品系杂交，所以称为专门化品系。专供做父本的称父本品系，专供做母本的称母本品系。

做法是建立具有某一突出性状的品系，然后通过配合力测定，确定父本品系和母本品系，两者杂交就可获得经济价值高的商品畜禽，能大大提高生产力。作母本的专门化品系一般要求繁殖性能好，可用亲缘建系法；作父本的专门化品系要求生长快、胴体品质好，一般可采用群体继代选育建系法。

近几年来国外在商品猪、鸡生产中，为了提高育种的竞争能力，尽早更新产品，又提出用"合成系"选育方法，生产新的品系和配套组合。合成系是由两个或两个以上的品系杂交，选育出具有某些特点并能遗传给后代的品系。

利用合成系的方法有三个优点：一是合成速度快。由于合成系重点突出主要的经济性状，不追求体型外貌或血统上的一致性，因而育成快，一般经过 2~3 代的选育，即可育成一个系。而通常育成一个蛋鸡纯系需 4~5 代的时间。二是与纯系配套效果好。因为合成系的亲本一般选择有一定特点的、生产性能高的作为亲本，再与另一高产品系配套时，就可能结合不同亲本的优点。三是在合成系育成以前就可利用，具有三元杂交方法相似的优点，即可以大量利用杂种母畜作母本。

二、品系繁育的作用

品系繁育是指围绕品系而进行的一系列繁育工作，其内容包括品系的建立、品系的维持和品系的利用等，品系繁育的主要作用在于加速现有品种的改良、促进新品种的育成和充分利用杂种优势。

（一）加速现有品种的改良

1. 利用品系繁育可以增强优秀个体或群体的影响，使个别优秀个体的特点迅速扩散为群体共有的特点，甚至使分散于不同个体上的优良性状迅速集中并转变为群体所共有的特点，增加群内优秀个体的数量，从而提高现有品种的质量。

2. 利用品系繁育可以将多个经济性状分散到不同品系（或品系群）中去选育，使各个性状均能获得较大的遗传进展、且在遗传上容易稳定，从而提高原有品种的性能水平。

3. 利用品系繁育可以使品种内不同品系间既保持基本特征上的一致，又使少数性状存在有较大差异，从而使原有品种在不断的分化建系和品系综合过程中得到改进与提高。

4. 利用品系繁育可使品系内保持一定程度的亲缘关系，而品系间存在相对的血缘隔离，从而使品种既保持了遗传的稳定性，又避免了近交衰退的危害。

（二）促进新品种的育成

品系繁育不仅可用于纯种繁育，也可用于杂交育种。当杂交育种的早期（杂交创新阶段）出现理想型个体时，就可以采用品系繁育，迅速稳定优良性状，并形成若干基本特征相似又各具特点的品系，建立品种的完整结构，促进新品种的育成。

（三）充分利用杂种优势

通过品系繁育，可以建立若干个具有突出优点、表型一致、基因型纯合的品系，这些品系不但具有较高的经济价值，而且也是杂种优势利用的良好亲本。几年来专门化品系和合成系的出现更提高了品系间杂交的效果。因为在建立专门化品系时，事先已经有计划的安排和进行父母本品系之间的分工合作，在建系过程中又检验了它们的配合力，所以当父本品系和母本品系杂交时，就表现出强大的杂交优势，从而获得理想的商品用系间杂种。特别是在多品种杂交群基础上建立的专门化品系（合成系），这种专门化品系之间以及近交系之间杂交所产生的后代，就是"杂优畜群"。目前，系间杂交猪和杂交鸡等发展迅速，几乎取代了一般的品种间杂种。

三、品系繁育的条件

在一个品种内，无论品系是如何形成和发展的，品种和品系的群体有效大小要足够大，才能长期存在。对于有目的的人工建系进行品系繁育来说，建系之初至少要满足以下几个条件。

1. 家畜的数量　家畜群体很小是无法进行品系繁育的，要有足够的数量，不过因畜种不同和饲养条件上的差异，上述数量可视具体情况而定。如果品系繁育的目标是建立几个近交系，则建系所需的基础群可以适当缩小。

2. 家畜的质量　品系繁育的目的，是提高和改进现有品种的生产性能，充分利用品系间不同的遗传潜力来产生杂种优势。所以，每个品系除了要有较好的综合性能外，而且各自要有某一方面较突出的优良特征。如果畜群中有个别出类拔萃的公畜和母畜，就可以采用系祖建系法建系。如果优秀性状分散在不同个体身上，还可以用近交建系或群体继代建系法来建系。

3. 饲养管理条件　品系繁育的目标能否按期实现，种畜的饲养管理水平也很重要。例如，舍饲家畜的饲料配方与饲喂方法，环境卫生是否能保证种畜的正常发育和配种繁殖；放牧家畜如何组群，怎样实现配种方案，如何选择种畜和记录系谱资料等。

4. 技术与设备　品系繁育过程涉及到畜牧业生产过程中的方方面面，要求有统一的组织协调工作，先进而充分的理论根据，完整而严密的技术配合工作，还应有必需的仪器设备等。

第二节　建立品系的方法

进行品系繁育首先要建立品系。目前应用的建系方法较多，但归纳起来可分为系祖建系法、近交建系法和群体继代选育法。

一、品系的建立方法

（一）系祖建系法

系祖建系法是一种古老的建系方法，目前在大家畜育种中仍然采用此法进行品系繁育。这种建系的方法就是：选择一头卓越的个体（一般是种公畜）作为系祖，选留其最优秀的后代（能够完整的继承并遗传系祖品质的个体）作为继承者，通过选配（一般是中亲交配），把系祖的优良品质变为群体所共有的稳定特性，形成类似系祖品质的单系。其建系要点是：

1. 发现和选择系祖　系祖就是在一定的育种阶段中最优秀的个体。它不但具有符合建系要求的某种突出性状，而且其他性状也要达到品种标准水平。在有计划的品系繁育中，理想型系祖的产生主要是通过有计划地选种选配、加强对选配后代的培育等措施而实现的。凡准备做系祖的公畜都必须经过综合品质评定。只有个体品质优良，通过后裔测定和测交，证明它确实能将优秀性状稳定地遗传给后代，且无不良基因者，才可做系祖。

2. 进行合理选配　系祖与大量优秀母畜配种才能发挥其遗传作用。选定的母畜必须与系祖同质，生产性能高于系祖的后裔测定成绩，母畜与系祖以及母畜之间可有不同程度的亲缘关系。建系初期通常用同质选配，尽量与系祖选配同型母畜，进行非亲缘交配，以后根据实际情况也可以辅以必要的异质选配。在后代群体性状比较理想时，再采用比较温和的近交（如中亲交配），促使品系逐渐纯合。有时根据畜群和性状的具体情况，也可采用较重的近交，一旦出现明显的衰退现象，应随即转为非亲缘交配。所以在建系过程中，亲缘交配和非亲缘交配往往是交替使用的。

3. 培育和选择继承者　对系祖的全部后代要进行认真地鉴定，将其中最符合系祖类型特点的个体，纳入品系群。对拟做系祖继承者的公畜还要进行后裔测验，确认育种价值高的公畜才能真正做系祖的继承者。为此，系祖后代群体不能太小，而且要多留后备公母畜，并为它们提供适宜而稳定的培育条件。只有这样，才能提高选择强度，精选系祖的继承者和供同质选配的母畜。

4. 杂交组合试验　待品系基本建成体系之后，应进行品系间的杂交组合试验，从中选出一般配合力和特殊配合力强的亲本，留在生产上发挥更大的作用，以达到把不同品系优点结合、创造新的综合品系和提高品系综合性能的目的。育成新的品系一般应具有良好的杂交效果。

该方法简单易行，群体规模小，可在小牧场中进行，性状也容易固定。此法的缺点是：由于受到系祖遗传基础窄的限制，育成的品系性能不会有较大幅度的提高，过分的强调温和的亲缘配种，没有发挥近交的积极作用，以致于不能及时地在群内稳定与提高优秀系祖的性能；选择继承者比较困难，往往因选不到理想的继承者而影响育种进展；品系的育成时间不定，对育种效果缺乏预见性。

（二）近交建系法

近交建系法的特点是利用连续的高度近交（如亲子、全同胞或半同胞交配），促使优秀性状的基因迅速纯合。它与系祖建系法的区别不仅是近交程度不同，而且近交方式也不相同。它不是围绕一头优秀个体，而是从一个基础群开始高度近交。

1. 建立基础群

（1）基础群规模：高度近交极易导致生活力衰退、繁殖性能和生产性能过低，因而淘汰率很高。这就要求有一个足够大的基础群。一般来说，母畜越多越好，公畜则不宜过多，以免近交后群体中出现的纯合类型过多，影响近交系的建成。为此，公畜还应力求同质，且相互间有亲缘关系。

（2）基础群质量：组成基础群的个体必须严格选择。它们不仅具有优良高产基因，而且选育性状也应相同。公畜应是经过后裔测定和测交证明确属优秀且不带隐形有害基因的个体。母畜最好来自已经生产性能测定的同一家系。

（3）基础群分群：由于连续高度近交，淘汰率很高，危险性太大，可考虑基础群内再分小群，分别形成若个支系，然后综合最优秀的支系建立近交系。

2. 近交方式

英、美等国几乎都是采用联系的全同胞交配来建立近交系，近交系数保持在37.5%以上，家畜甚至达到50%以上。培育小鼠和大鼠近交系，其近交系数更高，要求全同胞交配20代以上。

建立近交系时，应根据具体情况灵活运用各种近交。既要考虑亲本个体品质的优秀程度与纯合程度，还要注意配偶间的关系。若个体品质较好或血统来源较混杂，可以采用较高程度的近交；反之，则采用较缓和的近交。开始时也可以提高，以后则通过分析上一代的近交效果来决定下一代的选配方式。如果上一代近交效果好，即后代品质优于上一代，则可继续对优秀后代进行较高程度的近交，以便迅速巩固优良性状。如果出现了明显的衰退现象，则应暂时停止近交或降低近交程度，也可以进行一次血缘更新。

3. 选择

在建立近交系时，最初几个世代一般不进行选择，仅淘汰个别严重退化的个体。因为初期群体中杂合子频率较高，而且某些杂合子与纯合子表型相同。若进行选择，往往容易选留杂合子，反而不利于基因的纯化。同时还会使分离出来的纯合子类型减少，很可能错失某些优良的纯合类型，若在最初几个世代不加选择，任其分离，待分化出明显不同的纯合子时，再按选育目标进行选择，这样容易选准，而且选出来的大多已具备了一定的纯度，如此可大大提高建系的效果。当然也应注意观察是否出现优良的性状组合，一旦发现，就应立即选出来大量繁殖，以提高建系效率和未来近交系的品种。

值得指出的是，在根据表型值来选择近交后代时，不宜过分强调生活力，因为杂合子往往因具有杂种优势而表现出较强的生活力和较高的生产性能。

与近交建系相比，近交建系的优点是：（1）由于发挥了近交的积极作用，性状容易固定，建系速度快，效果显著；（2）建系的遗传基础宽，后代可分化的类型增多，符合选育目标所要求的品系类型容易发现和培养，而且品系性能提高的潜力很大；（3）不存在选种上的困难，近交到一定代数后只淘汰不符合目标的不良个体，而且未必都是代代选择，育种效果由近交代数决定，有较强的时间观念和较高的预见性；（4）培育的品系纯度高，品系维持时间长。缺点是：（1）近交过程中淘汰率较高，造成人力、物力严重浪费；（2）基础群的数量和质量要求较高，一般大家畜难以满足基础群的要求，一般牧场也难以满足建系的其他条件；（3）风险性较大，在基础群不大的情况下，可能抵挡不了近交衰退所带来的淘汰，有可能中途停止，建系的成功率较低。

（三）群体继代选育法

群体继代选育法首创于加拿大，是从选择基础群开始，然后闭锁繁育，根据品系繁育的育种目标进行选种选配，逐代重复进行这些工作，直至育成符合品系标准、遗传性稳定、整齐均一的群体。它的基本特点是：

（1）0世代畜群就开始全封闭，故组建基础群特别重要。

（2）强调选种，故而品系形成后畜群性能水平可能超过基础群。

（3）以表型选择为主，适用于遗传力中等以上性状的选育。

（4）加速核心群更新，缩短世代间隔，世代尽量不重叠。

1. 组建基础群　基础群是异质还是同质群体，既取决于素材群的状况，也取决于品系繁育预定的育种目标和目标性状的多少。当目标性状较多而且很少有方方面面都满足要求的个体时，基础群以异质为宜，建群以后通过有计划的选配，把分散于不同个体的理想性状汇集于后代；如果品系繁育的目标性状数目不多，则基础群以同质群体为好，这样可以加快品系的育成速度，减轻工作强度，提高育种效率。

如果基础群达到一定规模，就不会因群体有效含量太小而在育种过程中被迫近交，也不至于因群体太小而不能采用较高的选择强度，从而降低品系的育成速度。一般来说，基础群要有足够的公畜，且公母畜比例要合适。例如，一般认为，猪的公母数量以每世代100头母猪和10头公猪为宜，鸡则以1 000只母鸡和200只公鸡为宜。有些情况下，因条件所限，数量可以适当减少。

为保证基础群具有更广泛的遗传基础，群体内个体间要无亲缘关系。如果限于条件，也应力求大部分个体不是近交个体，或近交系数尽可能低些。作为基础群的公畜要求更严格，而且，至少各公畜之间没有亲缘关系，以免早期逼迫进行高度近交。

2. 闭锁繁育　基础建立后，将畜群严格封闭起来，作为0世代实行闭锁繁育。一世代畜群均来自0世代的基础群，以后各世代均按照基础群的数量和公母比例组建继承畜群，至少在品系建成之前的4~6世代内不能引入任何外来种畜。封闭后，基础群内的近交系数随世代自然上升，逐步使群体趋向纯合。基础群经过4~6个世代选育后，使原来有一定差异的群体成为具有共同优良特点的优秀群体。

在选配方案上，采用不同家系间的随机交配，避免有意识的近交。实际上不可能真正做到随机，为了防止近交程度过高，还需要有意识的避免全同胞等嫡亲交配，尤其是当基础群较小时，更应竭力避免。当畜群不大或选配技术水平不高时，以采用随机交配为好；当畜群较大或选配技术水平较高时，可以在上一代选配效果的基础上，重点进行个体选配，即对那些质量已符合品系标准的优秀个体，采用同质选配或近交，以便固定优良性状，使个体更加纯合。

由于闭锁群内各世代群体含量不变，所以基本上采用家系等量留种法，而不是择优留种法。这种选种方式的畜群近交系数增量较低。

3. 严格选留　在品系建立过程中要遵循以下几个方面：

（1）每世代在出生时间、饲养条件和选种标准上保持一致：每世代的后备家畜尽量争取集中在短时期内出生，并在同样的管理条件下成长和生产，然后根据本身及全同胞或半同胞的生产性能进行严格选种，而且在选种标准和方法上代代保持一致，所以称之为继代选育法。

（2）种畜的选留要"多留精选"：种畜的选留应使各阶段的选择强度随年龄的增加而加大。幼年时期受母体影响较大，又缺乏生产性能等客观指标依据，体质外形也尚未定型，选种的准确性自然较差，所以仅淘汰个别很差的个体，待养到能准确地选择时，再进行大量淘汰。

（3）要特别照顾家系：在各家系等量留种情况下，一般每一家系都留有后代，除非某一家系内全部成员普遍差或出现遗传上的缺陷，才被全部淘汰。在择优留种情况下，对优秀家系可多留一些，但不应过多排挤其他家系。对经过一二代繁殖之后，确认为表现不好，性能不高的家系可以淘汰。

（4）缩短世代间隔：在建系过程中要缩短世代间隔，加速遗传进展。由于后裔测定所需的时间长，一般不采用，而是用本身生产性能测定和同胞测定以加速世代更替。对于猪、肉鸡、肉牛、绵羊、兔等，种公畜禽的性能可以进行本身性能测定，这样既可缩短世代间隔，也能准确的选择种公畜禽，确保畜禽一代好于一代。在猪、禽，采用本身和同胞测定，可以做到一年一个世代。

群体继代选育法与系祖建系法相比，它不局限于某一优秀系祖的遗传基础，而是提高继代选育集中多个系祖及基础群的优点。因而育成的品系，其主选性状不只是停留在某个系祖的水平上，而且可以大大超过基础群。同时由于重视了世代选育，建系速度也较快。与近交建系法相比，一是基础群的性质不同。群体继代选育法所要求的基础群个体间无血缘关系或亲缘关系较远，因而群体的遗传基础较近交建系法的基础群更广泛，而且由于群体继代选育法不要求群体的同质性，因而基础群的建立较容易，各类家畜均易满足建系时群体规模的要求。二是建系过程中，交配方式不同，群体继代选育法强调随机交配，不提倡近交，因而近交衰退现象减少，对继代种畜的选留比较容易，因而建系的成功率较高。群体继代选育法由于克服了系祖建系法和近交建系法的不足，既可以纯种为基础建系，也可以在若干品种杂交的基础上建立合成系。由于该方法所要求的群体和投资都比较小，深得我国家畜育种工作者的欢迎。20多年来在我国各地各类畜禽的品系繁育中均被广泛采用。

但是群体继代选育法也存在一些缺点：首先，在一个小群内闭锁繁育的遗传基础太窄，如采用家系选择，几代以后留下的多数是最初一两头公畜的后代，容易发生近亲繁殖；其次，如要保持多个血统，则每个血统的选择差太小，几代以后生产性能很难再有明显的提高。可以看出，上述几种品系繁育的方法各有优缺点，采用哪种建系方法要根据实际情况灵活运用，在实际建系过程中也不排除将上述几种方法结合运用的可能。

二、品系的鉴定与维持

当畜群选育到一定程度后，应根据品系具备的条件，采用一定的程序、方法和标准对其进行鉴定验收，以确定其是否能成为一个品系。

（一）品系的鉴定

1. 鉴定程序 品系育成后，可作为科研成果向有关管理及技术部门提出鉴定申请，召集协作单位鉴定，写出科研报告，邀请专家进行鉴定，根据鉴定结果，向主管部门申报奖励或认可证书。

2. 确定鉴定群 应根据品系建立的不同方法确立鉴定群。如用群体继代选育法就以 6 世代为鉴定群；若采用性能与亲缘相结合的方法，则以选育过程中形成的品系群为鉴定群。鉴定头数的多少，按有关协作组的规定如下：

（1）鉴定群含量：猪：公 4 头，母 30 头以上；牛：公 4 头，母 20 头以上；鸡：公 6～8 只，母 60 只以上。

（2）选育群（选育过程中扩繁的品系群）转为生产群：在鉴定时的总数（包括直接推广数）一般猪 100 头以上；牛 60 头以上；鸡 1 000 只以上。

（3）品系群内的公、母畜卡片均应齐全，各项记录填写完整。

3. 现场测定

（1）详细测定、记录标志品系特点的主要性状：亦可请有关部门主持测定，形成材料，提交鉴定委员会。

（2）对主要选育性状应尽量进行总体鉴定：如果抽样，则猪 20 头以上，牛 10～20 头，鸡 60 只以上。

（3）随机测定肥育性能：猪：4 头公猪的 8 窝后裔，从每窝中抽测 2～3 头，以去势公猪为主；肉牛：4 头公牛的 20 头后裔；肉鸡：8 只公鸡的 80 只后裔。

（4）采用现场测定与档案资料审查相结合的办法进行鉴定审查。

4. 鉴定指标

（1）技术经济指标：要求推广已达到选育指标的种畜总数：猪 500 头以上，抽测 35 头以上的生产性能。牛 200 头以上，抽测 12 头。鸡 5 000 只以上，抽测 300 只。

以鉴定群与原始群（基础群）在主要性状上的差异估测技术经济效益。

用杂交效果明显的杂交组合估计优势效益。

（2）品系群纯度和遗传稳定性：畜群纯度一般以近交系数和亲缘系数为标志。要求群体平均近交系数达到 12.5% 以上或亲缘系数不低于 25%。

遗传稳定性可通过比较群内个体表型特征（如毛色、体型、耳型、头型等等）的相似性程度作出判断。还应通过比较不同世代主要性状的变异系数来确定。

（3）饲养管理的相对稳定：要求保持品系选育过程中饲养管理条件的相对稳定，尤其是饲粮类型、营养水平和管理制度不应有太大的变化。

（二）品系的维持

品系育成后，由于群内近交程度随世代推移而不断上升，致使品系能否较长时间的生存成为突出问题。为了使品系保持较长时间，以便充分地利用它们发展生产，可采取以下措施：

1. 扩大畜群数量 扩大品系群的数量，可降低每代近交增量，防止品系因近交增量过大而发生衰亡。为了加大群体有效含量，有利用品系的维持，可以考虑多留些公畜。在实践中，猪一般在原系群数量的基础上扩大一倍，即可较好的维持品系。

2. 控制选配 系内选配时尽可能选择亲缘关系较远的公母畜交配，如果留种群较大，对留种家畜实行随机交配；如果留种群较小，可以实行避免全同胞或半同胞交配的不完全随机交配制度，以降低群体的近交率。

3. 各家系等量留种 为使近交系数递增减慢，在选留种畜时，最好采用各家系等量留种，尽量避免采用完全随机留种。

4. 延长世代间隔　在每代近交增量一定的条件下，延长世代间隔相当于降低年平均近交系数，因而可延长品系存在的年限。延长世代间隔，关键在于延长公母畜的使用时间，而且后备种畜必须在亲代年龄较大时才能留种，即加大后备种畜与亲代之间的年龄差。

5. 扩大后代群体的变异　加强选种选配，培育继承者，多建立一些支系，丰富系群结构。

　　品系维持阶段不是消极的，而应积极加强选育，要继续测定，选择提高。品系维持是为了一定时期内充分利用。事实上，当今世界品系选育总是遵循"品系的建立→品系利用→新品系的产生→旧品系的灭亡"这样一个规律。一个国家或一个公司，不断培育新品系，也并不断淘汰那些相形见绌的老品系。一个品系形成之后又消亡，或被另一个新品系取代，这是品系发展的基本规律。品种质量的提高就是在新老品系间的更新与交替中实现。

第十一章 杂交育种及育种新技术

第一节 杂种优势的利用

一、杂交

（一）杂交的概念

纵观畜牧业的发展历史，杂交是畜牧生产的一种主要方式。在遗传学上，一般把两个基因型不同的纯合子之间的交配叫做杂交。在畜牧业生产中，杂交是指不同种群（种、品种、品系或品群）之间的公母畜的交配。不同品种或品系杂交的后代叫杂种，不同属、种之间杂交的后代叫远缘杂交。由于不同种属间的遗传结构差异较大，所以远缘杂交能产生杂种优势很强的后代，可以用来生产强壮有力的役用畜，也可用于培育畜禽新品种。我国劳动人民早在 2 000 多年前就开始采用驴马杂交生产骡。但是远缘个体之间往往存在着不可（或不易）杂交性和杂种不育性，如骡便不能繁殖。应用最多的还是品种内的杂交，尤其是杂种优势在玉米中的应用以及杂种优势理论的完善，带动了畜牧业的杂种优势利用。在畜牧业发达国家，商品猪、肉用仔鸡、蛋鸡、肉牛、肉羊等都广泛采取杂交，利用杂种优势生产理想的畜禽。

（二）杂交的作用

1. 能够综合双亲性状，育成新品种

根据数量遗传学育种原理，杂交后可以选择和培育优良品种（品系），给畜禽育种工作带来了更大的空间。通过杂交，基因和性状实现重新组合，使原来分属不同群体的基因集中到一个群体中，使原来分别在不同种群个体身上表现出来的性状集中到同一种群个体上。所获得的杂种，既具有较多的新变异，有利于选择，又有较大的适应范围，有助于培育，因而是培育新品种和建立新品系的良好素材。如高产品系与抗病品系杂交，就可以育成既高产又抗病的新品系。

2. 改变家畜的生产方向

当某一品种的生产性能不能满足经济发展的需要，或生产类型需要改变时，可采用杂交方法。例如，用瘦肉型品种的种公猪与脂肪型品种的地方母猪杂交，可把脂肪型猪改良成瘦肉型猪。同样，也可将役用牛改为肉用、乳用或兼用牛，用细毛羊与粗毛羊杂交以生产毛用或毛肉兼用羊等。

3. 产生杂种优势，提高生产水平

根据畜牧业生产实践，在猪的杂交利用中，杂交可增产 10% ~ 20%，杂种猪比亲本品种在生长速度和饲料利用率方面要高 5% ~ 10%，在产仔数、成活率和断奶窝重等方面分别高 8% ~ 10% 、22% 和 25% 。

利用经济杂交产生的杂种优势进行肉羊生产是肉羊业发展中最成功的经验。波尔山羊改良羊的初生重比本地羊高 30% ~ 40% 。在同等饲养管理条件下，6 月龄波尔山羊杂交羊体重在 17.5 ~ 20kg，日增重一般在 200g 左右，与本地羊相比分别提高 40% 和 38.5% ，杂种优势十分明显。

（三）杂交的遗传效应

杂交是近交的逆向过程，因此其遗传效应与近交的遗传效应也相反。

1. 杂交使杂合子比例增加

杂交是指不同纯合子之间的异型交配。两个纯合子之间异型交配，F_1 代必然全部杂合。对群体来说，可以提高杂合基因型频率，降低纯合基因型频率。

2. 杂交提高群体非加性均值

加性效应值和非加性效应值构成了数量性状的基因型值。纯合基因型累加作用产生加性效应，而非加性效应则包括显性效应和互作效应两部分。全部的显性效应和大部分的互作效应都存在于杂合基因型中。随着群体中杂合基因型频率的升高，群体的非加性效应值升高，因此，群体的表型平均值也得到提高。

3. 杂交使群体趋于一致

杂交使个体的基因型杂合化，却使群体一致性增强。杂交使群体杂合基因型频率增加，即增加了相互之间差异不大的杂合子在群体中的比率，加大了群体的一致性。现代畜牧业，多采用纯系间杂交，得到完全一致的 F_1 代。F_1 代个体间表现出整齐度高，生长发育和生产性能方面差异小的特点，因而商品畜禽规格一致，有利于畜牧业生产实现商品化和工厂化。

简言之，杂交是获得高产畜禽的有效途径，是提高畜产品的产量和质量、提高畜牧业生产效率的重要手段，已经在品种改良中起到了巨大作用，并将为新品种的培育开辟广阔的前景。

但是，杂交的结果并不是一定好于亲本性能。杂交的成败，杂种优势的大小，关键取决于杂交亲本的培育和杂交组合的选择。只要认真地对杂交亲本进行选优和提纯，科学地进行杂交组合，并对杂种给予良好的饲养管理，则杂种优势将会充分地表现出来。

二、杂种优势

（一）杂种优势的表现及利用

1. 杂种优势的概念

所谓杂种优势，是指不同种群（品种、品系或其它类群）杂交所产生的杂种在生活力、生长势和生产性能等方面优于两个亲本种群平均值的现象。

2. 杂种优势的表现

杂种优势是生物界的一种普遍现象。凡能进行有性生殖的生物，无论是低等还是高等，都可见到杂种优势现象。杂种优势是杂交过程中产生的，但并不是任何两个亲本杂交所产生的杂种或杂种的所有性状都有优势。杂种是否有优势，其表现程度如何，主要取决于杂交用的亲本群体的质量以及杂交组合等是否恰当，受制于遗传与环境的互作，包括营养水平、饲养制度、环境温度、卫生防疫体系等因素。如果亲本群体缺少优良基因，亲本群体纯度很差，双亲本群体在主要经济性状上基因频率差异很小或基因非加性效应小，或不具备充分发挥杂种优势的饲养管理条件等，都不能产生理想的杂种优势。

由于某些非等位基因间存在负的效应，杂交有时也会出现不良的效应，杂种的基因型值就会低于双亲的平均值，这种现象可称之为"杂种劣势"。总的来说，"劣势"现象远少于"优势"现象。另外，所谓优劣也是相对的，合乎育种目标的谓之"优"，不合乎育种目标的就是"劣"。总之，不同种群杂交所产生的杂种表现优劣不一。

所以，从群体间关系来看，杂种优势的表现是群体特性的表现，不同群体间杂交将会有不同的杂种优势。从各类性状来看，不同的性状在杂交时有不同的杂种优势效应。低遗传力的性状，如繁殖力和生活力等，在杂交时往往杂种优势水平较高；高遗传力的性状，如胴体性状、体质外貌等，在杂交时往往杂种优势水平很低，甚至全无；而遗传力中等的性状，如生长速度等，其杂种优势水平往往也是中等。

3. 杂种优势利用现状

杂种优势利用涉及杂交亲本种群的选优提纯、杂交组合的选择和杂交工作的组织；既包括纯繁，又包括杂交。由此可见，杂种优势利用乃是从培养亲本种群一直到为杂种创造适宜的饲养管理条件等一整套措施。在猪、鸡、兔等小家畜中，杂种优势利用已日益成为主要的繁育方法，杂交已在畜牧业中得到广泛应用。

在养鸡业中，随着养鸡生产走向专门化，肉用型鸡（肉鸡）和蛋用型鸡（蛋鸡）已形成两大独立的生产体系，蛋鸡育种和肉鸡育种也成为基本独立的领域。通过研究大量不同类型的杂交组合发现，品种间或品系间杂交可获得理想的杂种优势，品种间杂交和系间杂交已成为鸡育种中利用杂种优势的主要形式，已形成了"专门化品系选育—配合力测定—二品系或三品系甚至四品系杂交"等环节有机结合起来的一套完整的杂种优势利用繁育体系。

养猪业中的杂种优势利用经历了一个不断深化、不断扩大的过程。由开始时的试验探索、盲目杂交，到有计划杂交。实施有计划杂交过程中，经历了二元杂交，三元杂交到配套系杂交三个阶段。从最初的利用个体杂种优势，进而利用母本杂种优势，现又进一步利用发掘父本杂种优势，使杂交效益不断提高。目前在养猪业中已形成"专门化品系选育—配合力测定—二品系或三品系杂交"的繁育体系。我国现提倡"母猪一代杂种化，公猪高产品系化，肥猪三系杂种化"的杂种优势利用体系。这是一个根据养猪生产特点、广泛利用杂种优势、充分发挥增产潜力的正确方针。包括我国在内的世界上经济发达国家和大多数发展中国家，目前杂交猪占商品猪的比例已在90%以上。

我国肉牛的育种工作还以二元轮回杂交、三元轮回杂交为主。但是应该看到，肉牛育种在取得一定的基础以后，也将会转向以杂种优势利用为主。奶牛和绵羊目前开展杂种优势利用的还不太多。如果利用生产方向相同的品种或品系间杂交，产生具有一定杂种优势程度的商品代，将是很有前途的。

（二）杂种优势的遗传基础

1. 显性学说

显性学说由 Bruce 等于 1910 年首先提出，此后 Jones（1917）更进一步加以补充。该假说认为：显性基因多为有利于个体的基因，有害、致病以及致死基因大多是隐性基因；显性基因抑制和掩盖隐性基因，从而使隐性基因的不利作用难以表现；显性基因在杂种群中会产生累加效应。如果两个种群各有一部分显性基因而非全部，并且有所不同，则其杂交后代可出现显性基因的累加效应。当两个遗传组成不同的近交系杂交得到 F_1 时，各杂合位点上的显性等位基因就可掩盖其相对的不利隐性等位基因的作用，从而以长补短，使 F_1 表现出高于亲本的优势来。

但是，这一学说在其解释实际杂种优势现象时存在两个问题，不能同实际情况相符，所以不能完全解释杂种优势的机理。

2. 超显性学说

超显性学说亦称杂合性说或等位基因互作说，由 Shull 和 East 分别于 1908 年提出，East 于 1936 年又作了进一步的阐述。该假说认为等位基因间没有显隐性关系；杂种优势是等位基因间相互作用的结果，来自杂合性本身。由于具有不同作用的一对等位基因在生理上相互刺激，使杂合子比任何一种纯合子在生活力和适应性上都更优越。例如，设一对等位基因 A、a，那么 Aa > AA 和 Aa > aa。East 认为，每一基因座上有一系列的等位基因，而每一等位基因又具有独特的作用，因此基因在杂合状态时可提供更多的发育途径和更多的生理生化多样性，杂合子在发育上即使不比纯合子更好，也会更稳定一些。后来一些学者认为，不仅等位基因间存在互作，非等位基因间也存在各种类型的互作，在这种情况下，杂种优势还可能增强。

超显性学说虽然提出得很早，但长期缺乏直接的实验证据而不被重视，直到后来发现了一些实验证据才逐渐被人们所接受。譬如其对玉米杂交所表现的高度杂种优势的解释，比显性学说更圆满。

3. 遗传平衡学说

杂种优势的遗传成因非常复杂，显性学说和超显性学说在对杂种优势的成因解释上都不是完美的和全面的。遗传平衡学说的中心思想是把显性学说和超显性学说综合起来解释杂种优势，认为杂种优势往往是显性和超显性共同作用的结果。有时一种效应可能起主要作用，有时则可能是另一种效应起主要作用。畜禽经济性状多为数量性状，由多基因控制。在控制一个性状的许多对基因中，有的是不完全显性、有的是完全显性、有的是超显性、有的基因之间有上位效应、有的基因之间缺乏上位效应。因此，杜尔宾（1961）认为："杂种优势不能用任何一种遗传原因解释，也不能用一种遗传因子相互影响的形式加以说明。因为这种现象是各种遗传过程相似作用的总效应，所以根据遗传因子相互影响的任何一种方式而提出的假说均不能作为杂种优势的一般理论。尽管其中一些假说，特别是上述两种假说都与一定的试验事实相符，无疑包含一些正确的看法。但这些假说都只是杂种优势理论的一部分"。

近些年来，许多研究和进展都对这一观点给予了更多的支持和佐证，尤其是随着分子遗传学研究的深入，发现在 DNA、RNA、氨基酸序列、蛋白质结构等各种不同水平上均发现有大量多态现象，基因间存在复杂的关系。各种多态现象可以增强群体的适应能力，保持旺盛的群体生活力，是维持群体杂种优势的一个重要因素，故可认为是对超显性学说的支持；基因间复杂的相互关系，使得人们难以明确区分显性、超显性、上位等各种效应。因此，杂种优势的遗传基础还需要大量的科学实验和生产实践来发现和验证。

（三）杂种优势的度量及实质

1. 杂种优势的计算

杂种优势常用杂种优势量或杂种优势率来度量。

假设两品种（品系）A、B 之间杂交，产生杂种 AB，则对任意一个数量性状而言，F_1 杂种优势量（H）即为 AB 杂种群体均值超过 A、B 两个亲本群体均值平均的部分，即：

$$H = \overline{y}_{AB} - \frac{1}{2}(\overline{y}_A + \overline{y}_B)$$

其中，H 表示杂种优势量，$\overline{y}_{AB}$ 是 AB 杂种群体的均值，$\overline{y}_A$ 为 A 亲本群体的均值，$\overline{y}_B$ 为 B 亲本群体的均值。

杂种优势也可以用相对值—杂种优势率（H％）来表示，即杂种优势量与两个亲本群体均值的比值，具体如下：

$$如下：H\% = \frac{H}{\frac{1}{2}(\overline{y}_A + \overline{y}_B)} \times 100\% = \frac{2H}{y_A + y_B} \times 100\%$$

【例 11 - 1】A、B 两品种细毛羊的毛长为 11.94cm 和 10.93cm，A 与 B 品种杂交 F_1 代平均毛长 14.63cm，那么：

F_1 的杂种优势量为：

$$H = \overline{y}_{AB} - \frac{1}{2}(\overline{y}_A + \overline{y}_B)$$

$$= 14.63 - \frac{1}{2}(11.94 + 10.93) = 3.195（cm）$$

杂种优势率为：

$$H\% = \frac{H}{\frac{1}{2}(\overline{y}_A + \overline{y}_B)} \times 100\% = \frac{2H}{y_A + y_B} \times 100\%$$

$$= \frac{3.195 \times 2}{11.94 + 10.93} \times 100\% = 13.97\%$$

对于实际杂交情况，由于母体效应、性连锁以及父母本群体因选择强度不同导致基因频率差异等原因，同样两个种群间的正交与反交所得到的杂种平均生产性能可能不同。假设正交 A×B 杂种群体平均值为 $\overline{y}_{AB}$，杂种优势量为 $\overline{y}_{AB} - \frac{1}{2}(y_A + y_B)$；反交 B×A 杂种群体平均值为 $\overline{y}_{BA}$，反交所获得的杂种优势量为 $\overline{y}_{BA} - \frac{1}{2}(\overline{y}_A + \overline{y}_B)$，为了消除正反交影响，对杂种优势量和杂种优势率按下式度量：

$$H = \frac{1}{2}(\overline{y}_{AB} + \overline{y}_{BA}) - \frac{1}{2}(\overline{y}_A + \overline{y}_B)$$

$$= \frac{1}{2}(\overline{y}_{AB} + \overline{y}_{BA} - \overline{y}_A - \overline{y}_B)$$

$$H\% = \frac{H}{\frac{1}{2}(\overline{y}_A + \overline{y}_B)} \times \frac{\overline{y}_{AB} + \overline{y}_{BA} - \overline{y}_A - \overline{y}_B}{y_A + y_B} \times 100\%$$

正、反交所获得的杂种优势量分别与用正反交平均所求的杂种优势量的差异为：

$$H_{AB} - H = \overline{y}_{AB} - \frac{1}{2}(\overline{y}_{AB} + \overline{y}_{BA}) = \frac{1}{2}(\overline{y}_{AB} - \overline{y}_{BA})$$

$$H_{BA} - H = \overline{y}_{AB} - \frac{1}{2}(\overline{y}_{AB} + \overline{y}_{BA}) = \frac{1}{2}(\overline{y}_{AB} - \overline{y}_{BA})$$

只有 $\bar{y}_{AB} = \bar{y}_{BA}$ 时，用正交和反交所求的杂种优势量相同，杂种优势率同理。

由上可见，杂种优势量和杂种优势率度量了杂种优于亲本群体平均的程度。杂种优势量和杂种优势率越高，杂种就越优于亲本。需要注意的是，杂种的绝对表现既取决于杂种优势，又取决于杂交亲本的纯繁成绩。

2. 杂种优势的实质

据第二章知，数量性状的表型值可以剖分为两个部分（忽略遗传与环境的互作），即：

$$y = G + E$$

其中，y 为表型值，G 为基因型值、E 为环境效应值。而 G 可进一步剖分为加性效应 A、显性效应 D 和上位效应 I 三个部分；E 则可进一步剖分为母体效应 m，父体效应 p 及随机环境效应 e 三个部分。于是：

$$y = A + D + I + m + p + e$$

据此，各亲本群及杂种群的群体均值为（随机环境效应的平均值为零）：

$$\bar{y}_A = \bar{A}_A + \bar{D}_A + \bar{I}_A + \bar{m}_A + \bar{P}_A$$

$$\bar{y}_B = \bar{A}_B + \bar{D}_B + \bar{I}_B + \bar{m}_B + \bar{P}_B$$

$$\bar{y}_{AB} = \frac{1}{2}\bar{A}_A + \frac{1}{2}\bar{A}_B + \bar{D}_{AB} + \bar{I}_{AB} + \bar{m}_B + \bar{P}_A$$

$$\bar{y}_{BA} = \frac{1}{2}\bar{A}_A + \frac{1}{2}\bar{A}_B + \bar{D}_{BA} + \bar{I}_{BA} + \bar{m}_A + \bar{P}_B$$

由此，正交所估计的杂种优势量为：

$$\bar{H}_{AB} = \bar{y}_{AB} - \frac{1}{2}(\bar{y}_A + \bar{y}_B)$$

$$= \left[\bar{D}_{AB} - \frac{1}{2}(\bar{D}_A + \bar{D}_B)\right] + \left[\bar{I}_{AB} - \frac{1}{2}(\bar{I}_A + \bar{I}_B)\right] + \frac{1}{2}(\bar{m}_B - \bar{m}_A) + \frac{1}{2}(\bar{P}_B - \bar{P}_A)$$

同理，反交以及正反交的杂种优势量为：

$$\bar{H}_{BA} = \left[\bar{D}_{BA} - \frac{1}{2}(\bar{D}_A + \bar{D}_B)\right] + \left[\bar{I}_{BA} - \frac{1}{2}(\bar{I}_A + \bar{I}_B)\right] + \frac{1}{2}(\bar{m}_A - \bar{m}_B) + \frac{1}{2}(\bar{P}_B - \bar{P}_A)$$

$$H = \frac{1}{2}(\bar{D}_{AB} + \bar{D}_{BA} - \bar{D}_A - \bar{D}B) + \frac{1}{2}(\bar{I}_{AB} + \bar{I}_{BA} - \bar{I}_A - \bar{I}_B)$$

由此可知，杂种优势主要同显性效应和上位效应有关。杂种的显性和上位效应越大，杂种优势越高；亲本群的显性和上位效应越大，杂种优势却越低；在忽略上位效应时，亲本群的纯合度越好，杂种优势越大。当然，不论正交或是反交，其杂种优势除显性和上位效应外，还包含着一定的母体效应和父体效应。

三、提高杂种优势的措施

杂交所产生的杂种必须要从亲本获得优良的、高产的、显性和上位效应大的基因，才能产生显著的杂种优势。因此，杂交亲本的选优提纯是获得杂种优势的基础环节，这个环节好坏直接关系到杂种优势效果。杂交亲本的选优提纯主要涉及亲本的选择、初选和选育三方面。

（一）亲本群的选择

家畜品种数目众多、特点各异。例如，国内猪种有地方品种 48 个、培育品种 12 个、主要引入品种 6 个（《中国猪品种志》）。这些猪种约占世界猪种总数的 1/3，具有各种优秀的生产性能，如繁殖力最高的太湖猪和民猪，产肉力最高的皮特兰和兰德瑞斯，既有适于各种恶劣条件的地方品种，又有适合工厂化养猪的培育品种和引进品种。中国地方品种与引进品种间的主要区别在于：地方品种适应性强，耐粗饲、耐寒、耐热、耐高原环境等，而引进品种大多对饲养管理环境要求较高；地方品种大多产仔数高、背膘厚、瘦肉率低、生长较慢，但肉质鲜嫩、口味鲜美、很少发生应激反应而产生 PSE 肉；而引进品种背膘薄、瘦肉率高、生长速度快，但多肉质粗硬、口味不佳、常见 PSE 肉。可见地方猪种和引入猪种各具特色。因此如果二者之间杂交，当可充分利用互补效应，产生杂种优势。

但是，家畜品种一般分布较广、变异较大，从而使其提纯工作难以做得理想。而种群不纯，种群间的基因频率差异不能太大，杂种优势不可能显著；种群不纯，杂种的一致性差，杂交效果很不稳定，不能达到商品的规格化；种群不纯，个体选种选配时，错选的可能性大。另外，作为一个品种，家畜品种的培育难度大、时间长，难以适应现代化生产对快速改良的需要。而且一个品种的培育工作不可能在一个牧场内进行，而各场的选种工作、饲养管理条件又不可能完全相同，从而难以调动各牧场的积极性。

随着畜牧业的发展，品系开始显示越来越强的优越性。品系是指从各种基础上育成的、具有一定特点、能够稳定遗传、拥有一定数量的种群。品系可以在一个品种内部育成，也可以直接育成，不隶属于任何一个品种，如配套系。育成方法包括近交、杂交、合成等各种手段。品系的培育工作在一个牧场内就可进行；培育一个品系要比培育一个品种快得多；品系的范围较小，因而种群的提纯比较容易。而亲本群纯度高，不但能提高杂种优势和杂种的整齐度，而且能够提高配合力测定的正确性和准确性。品系因为具有一系列的优点，已被越来越多地用于杂交之中，尤其是在鸡、猪等家畜中。目前，畜牧业发达的国家，养鸡业已基本上采用品系杂交，养猪业也在迅速向品系杂交过渡。

（二）对母本群的要求

在杂交中，对各种群因其担负的角色不同而有不同的要求。根据这些要求可对需要的种群进行初步的选择。

1. 因为母畜的需要量大、来源问题很重要，所以母本种群应选择在本地区数量多、适应性强的品种或品系，便于饲养管理、易于推广。特别是一些繁殖力低的畜种，如牛、羊等，更需要以当地品种作母本。

2. 母本种群既决定了一个杂交体系的繁殖成本，又作为母体效应影响着杂种后代在胚胎期和哺乳期的成活和发育，影响杂种优势的表现，因此母本种群的繁殖力要高，泌乳能力要强，母性要好。例如，生产瘦肉型三元杂交猪杜长大和杜长太猪时，祖代母本大约克夏猪和太湖猪，都具有繁殖力高、母性好、泌乳力强的特点。

3. 在不影响杂种生长速度的前提下，母本种群的体格不一定要太大，以免浪费饲料。目前有些国家选用小型鸡作为杂交母本；我国也已重视仙居鸡的选育，这种鸡体型小，产蛋多，是一个理想的杂交母本。

前面两点应根据实际情况灵活应用。例如在上海地区开展杂种优势利用工作，本地的枫泾猪适应性强，繁殖性能好，是一个理想的母本品种。但这项工作若在辽宁地区开展，枫泾猪猪源不畅，适应性也不强，直接用以作母本就不一定合适。可以利用辽宁黑猪作母本，以生产繁殖力和适应性都良好的杂种母猪。

（三）对父本群的要求

1. 应选择生长速度快、饲料利用率高、胴体品质好的品种或品系作为父本。这些性状的遗传力一般较高，故种公畜若具有这方面的优良特性，可遗传给杂种后代。具有这些特性的一般都是经过高度培育的品种，如长白猪、大白猪、夏洛来牛、西门塔尔牛、科尼什鸡等，或者精心选育的专门化品系。

2. 父本群的类型应与对杂种的要求相一致。如要求生产乳用型杂种牛，应选择乳用型品种牛为父本，如黑白花奶牛；生产瘦肉型猪时，应选择瘦肉型品种，如大约克夏或杜洛克猪作父本。

3. 父本的适应性和种畜来源问题可放在次要地位考虑。因为父本饲养数量较少，适当的特殊照顾耗费不大。因而一般多用外来品种作为杂交父本。

4. 若进行三元杂交，第一父本还要考虑繁殖性能与母本品种有良好的配合力，第二父本为终端父本，要考虑其能否在生产性能上符合杂种指标的要求。例如，在用引进的杜洛克猪、长白猪和大约克夏猪进行三元杂交生产瘦肉型商品猪时，长白猪和大约克夏猪都可作为第一父本；又因为二者都具有较高的繁殖力，所以也可作为母本。但是长白猪的适应性不如大约克夏猪，因此，常用长白猪作为第一父本，大约克夏猪做母本。第二父本则选用适应性强、育肥性好、饲料利用率高的杜洛克猪，而且杜洛克猪的繁殖性能不如长白猪和大约克夏猪。

（四）亲本群的选育

亲本群的选育主要包括选优和提纯两方面。选优是通过选择使亲本群体原有的优良、高产基因的基因频率尽可能增大；提纯是通过选择和近交使得亲本群体在主要经济性状上纯合子的基因型频率尽可能增加，个体间差异尽可能缩小。亲本群体愈优，杂种的加性效应水平愈高，杂交效果愈好；亲本群体愈纯，杂种一代群体杂合体频率将愈大，杂种优势就愈明显。选优与提纯并不是截然分开的两个措施，是相辅相成、可以同时进行和同时完成的。选优提纯在杂种优势利用中的作用是一个"水涨船高"的关系，亲本选优提纯愈好，杂种性能也会愈高。

选优提纯的较好方法是品系繁育。品系繁育的优点是品系比品种小，容易选优提纯，有利于缩短选育时间，有利于提高亲本群体的一致性，更适应现代化生产的要求。例如，在玉米和鸡、猪生产中，由于事先选育出优良的近交系或纯系，然后进行科学的杂交，从而获得了强大杂种优势，取得了显著的生产效果。

（五）选定最佳杂交组合

在获得优良的杂交亲本群体后，还要通过杂交试验，即配合力测定（下一节介绍），选出品种或品系间的最佳杂交组合，以便确定本地区杂种优势利用的主要配套品种或品系。通过试验，各地根据当地的具体情况，确定了畜牧生产中最优的杂交组合，获得了最大的杂种优势。例如，商品猪的生产中，北京地区选出了杜×（长×北）的杂交组合（即杜洛克猪、长白猪和北京黑猪），上海筛选出的较佳组合是杜×（长×太）（杜洛克猪、长白猪、太湖猪），而杜×（长×大）（杜洛克猪、长白猪、大白猪）杂交组合在全国大部分地区推广应用的效果都很好。

（六）建立科学的杂交繁育体系

杂种优势利用涉及的范围广、影响深，不仅是一项技术性工作，还是一项组织性工作，尤其是建立杂交繁育体系。所谓杂交繁育体系，就是为了开展整个地区的杂种优势利用工作，而建立的一整套合理组织机构，包括建立各种性质的牧场，确定各牧场的规模、经营方向、协作关系等，达到一个地区范围内统一规划、分工合作，以提高整体杂种优势利用的效果。

目前的杂交繁育体系，通常用宝塔形状来形象说明其结构和层次（图 11 - 1）。杂交繁育体系主要有三级杂交繁育体系和四级杂交繁育体系两种。

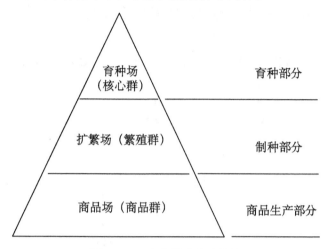

图 11 - 1　金字塔式育种结构

1. 三级杂交繁育体系

如果实行两品种杂交，可建立三级杂交繁育体系，即建立育种场核心群、扩繁场繁殖群和商品场商品群三级。

育种场的任务是不断地选育原有杂交亲本和培育新的杂交亲本，对其公母畜要进行科学测定与连续高强度的选择，以便获得持久累加的效应和最大的年遗传进展。育种场核心群数量很少，在本品种总头数比例很小，但在本品种和商品畜禽的遗传改良中起到核心作用。

扩繁场的任务主要是进行纯种繁殖，扩繁核心群的种畜，为商品场提供父母代亲本。扩繁场的种畜来自育种场的核心群。

商品场的主要任务是生产杂交商品畜群，饲养商用后代，作为商品上市。商品场可根据本地区确定的杂交组合，主要用扩繁场繁殖群提供的父母本品种种畜进行杂交（少部分来自核心群），并饲养其杂种后代进行商品生产。

2. 四级杂交繁育体系

开展三品种或以上杂交的地区要建立四级杂交繁育体系。即在三级杂交繁育体系的基础上加建一级杂种母本繁殖场杂交繁殖群。

第一层次是育种场核心群。三品种杂交要有 3 个核心群，每个核心群分别繁殖一个优良亲本品种。

第二层次是扩繁场的纯繁群（纯种扩繁群）。由于一般只让母系设立纯繁群，故第二层次又被称为母本纯繁群。其任务是扩繁核心群的种畜，以满足杂交对母本种畜的需要。

第三层次是杂种母本繁殖场杂交繁殖群。其任务是专门生产杂种母本，并推广 F_1 仔母畜。

第四层次是商品场商品群。其任务是由杂种母本繁殖场提供的杂种母畜作母本，由纯种扩繁场提供第三个品种作父本或利用配种站的另一公畜品种，进行三品种杂交，并饲养三品种杂种进行商品生产。一般商品场有两种形式：一种是自己根本不养种畜，只养商品代，如肥猪、肉用仔鸡等；另一种是自繁自养商品家畜、家禽。

育种场、扩繁场和商品场是相互联系的，因而形成一个完整的繁育体系。虽然各级场的任务不同，但目标是一致的，都是为商品生产服务。商品场的产品表现出的生产性能水平，是鉴定育种场和扩繁场种畜品质的最好依据，也是评定选育效果的标准。

生产上常涉及曾祖代、祖代、父母代和商品代等概念，以四元杂交为例，用图 11-2 说明之。

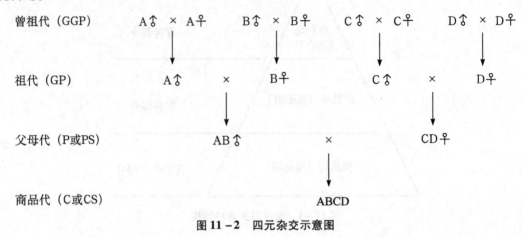

图 11-2 四元杂交示意图

第二节 杂交育种

一、杂交效果预估

开展杂种优势利用与许多其它育种活动一样，应尽力做到有的放矢，周密布置。在确定参与杂交的亲本时，更应考虑到究竟用哪两个品种杂交，它们之间能否有杂种优势，有多大杂种优势。种群间的准确杂交效果，必须通过杂交试验才能最终确定。但是家畜的种群繁多，杂交试验耗费巨大、实验周期长，因此在进行杂交试验之前，需要有个大致估计，只有那些通过预测认为希望较大的组合才正式予以试验。

（一）影响杂交效果的因素

根据杂种生产性能的剖分（$\bar{y}_{AB} = \frac{1}{2}\bar{A}_A + \frac{1}{2}\bar{A}_B + \bar{D}_{AB} + \bar{I}_{AB} + \bar{m}_B + \bar{P}_A$）、杂种优势遗传机理以及大量实践经验，可知影响杂交效果的主要因素如下：

1. 杂交种群的平均加性基因效应

杂种的生产性能在遗传上既受基因的非加性效应影响，又受基因的加性效应影响。而杂种的平均加性基因效应等于两亲本种群平均加性基因效应的均值，所以亲本种群的平均加性基因值越高，杂交效果越好。

2. 种群间的遗传差异

遗传差异反映的是种群间基因频率的差异。如果基因具有部分显性、完全显性、超显性及上位效应，同时这些效应像大多数情况下所表现的那样具有好的作用，则杂种将出现杂种优势。而且种群间的遗传差异越大，杂种优势也往往较大。一般说来，分布地区距离较远，来源差别较大、类型、特长不同的种群间杂交，可以获得较大的杂种优势。因为这样的种群在主要性状上，基因频率差异往往较大，而杂种优势也较大。一般来说，引进品种与本地品种的杂种优势比国内品种之间的要大。

3. 性状的遗传力

性状的遗传力越低意味着这个性状受非加性基因效应（包括显性效应和上位效应）影响的程度就越大，近交时衰退比较严重。当杂交所产生的杂合子的比例增加时，群体均值也就有较大的提高，杂种优势表现明显，如受胎率、繁殖率、成活率、断奶体重、产仔数、产蛋率等经济性状。而遗传力高的性状则主要受基因的加性效应影响，非加性效应程度很低，因此即使杂交使得杂合子比例增高，也不会带来多大的杂种优势。

4. 种群的整齐度

群体的整齐度（变异系数）在一定程度上反映其成员的纯合性，在一定程度上反映不同群体间的遗传差异性。除纯系的一代杂种以外，群体的变异系数一般是与杂种优势的大小成反比的。因此，整齐度高的种群，其杂交效果一般也较好。

5. 母体效应

杂种后代除受遗传影响之外，还受环境影响。环境效应可进一步剖分为母体效应 m，父体效应 p 及随机环境效应 e 三个部分。所以母体在产前产后对后代提供的生活条件，即母体效应不同，最终的经济效益也不同。

6. 非线性的杂种优势

有些性状与利润的关系是非线性的，使子代的平均利润不等于双亲的平均利润，而是可能高于双亲的平均利润。如每头屠宰猪的某些成本费与每窝的育成头数成反比，其关系属非线性。

7. 父母组合

杂种优势父本与母本对利润的贡献有时不均等，则父母杂交组合的利润不等于父母的平均数，即使在没有其他成分的条件下，这种情况也有可能发生。例如，在利润函数的公式中，母本的性能决定着繁殖成本，而母本和父本的基因型共同决定着子代的生产效率。

当然根据以上所做的估计还是很粗糙的，不可能区分差别不大的杂交组合的效果，有时甚至也会估计错误。长期以来人们总想探索出一种可以比较精确地预测杂种优势的方法，有的想利用血型与生产力的关系，有的则努力寻找杂种在某些生理生化指标上的特点，有的利用计算遗传距离来预测，但均没有一种完善的实验方法，这是和杂种优势遗传机理没有完全弄清楚有直接关系。

（二）配合力测定

配合力是指种群通过杂交能够获得的杂种优势程度，即杂交效果的大小。通过亲本种群的表型值及其他的一些信息虽然可以对杂交效果作出初步预测，但要找到最宜杂交方案和对更复杂的杂交方式下杂种性能进行预估，还需进行具体的杂交试验以估计杂交效果，选择理想的杂交组合。

1. 配合力的种类及概念

1942 年，Spraque 等提出了两种配合力，即一种叫做一般配合力；另一种叫做特殊配合力。

一般配合力是指一个种群与其它一系列种群杂交所能获得的平均效果。例如，种群 A 与种群 B、C、D、…杂交所得各种 F_1 某一性状的平均成绩，即为 A 种群的一般配合力，记作 $F_{1(A)}$。如果一个品种与其它各品种杂交经常能够得到较好的效果，就说明它的一般配合力好。如引进品种大约克夏猪与世界上许多品种猪杂交效果都很好，因此被广泛应用于猪的杂交育种中。一般配合力的遗传学基础是基因的加性效应，因为显性偏差和上位偏差在各杂交组合中有正有负，在平均值中已相互抵消。

特殊配合力是指两个特定种群之间杂交所能获得的超过一般配合力的杂种优势。它的基础是基因的非加性效应，即显性效应与上位效应。这两种配合力可用图 11-3 加以说明。假设 A 种群的一般配合力为 $F_{1(A)}$，B 种群的为 $F_{1(B)}$，A、B 两种群的特殊配合力为 $F_{1(AB)} - \dfrac{1}{2}$ （$F_{1(A)} + F_{1(B)}$）。

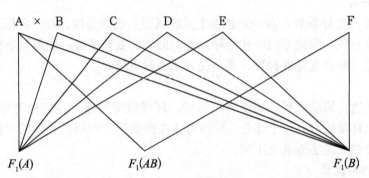

$F_1(A)$：A种群与B、C、D、E、F…各种群杂交产生的一代杂种的平均表型值；
$F_1(B)$：B种群与B、C、D、E、F…各种群杂交产生的一代杂种的平均表型值；
$F_1(AB)$：A种群与B种群的一代杂种的平均表型值。

图 11-3　两种配合力概念示意图

实际上，一般配合力所反映的是杂交亲本群体平均育种值的高低，所以一般配合力主要通过纯繁选育来提高。遗传力高的性状，一般配合力的提高比较容易；反之，遗传力低的性状，一般配合力较不易提高。特殊配合力所反映的是杂种群体平均基因型值与亲本平均育种值之差，其提高主要应通过杂交组合的选择。遗传力高的性状，各组合的特殊配合力将不会有很大差异；反之，遗传力低的性状，特殊配合力可以有很大差异，因而有很大的选择余地。

2. 配合力的表示方法

通常通过杂交试验进行配合力的测定，主要是测定特殊配合力。特殊配合力一般以杂种优势率表示：

$$H = \frac{\overline{F_1} - \overline{P}}{\overline{P}} \times 100\%$$

式中：H 为杂种优势率；$\overline{F_1}$ 为杂种一代的平均值（即杂交试验中杂种组的平均值），$\overline{P}$ 为亲本种群的平均值（即杂交试验中各亲本种群纯繁组的平均值）。

【例 11-2】某两品种猪一次杂交试验结果如表 11-1 所示，试计算平均日增重的杂种优势率。

表 11 – 1 　某两品种猪杂交试验结果

组别	头数	肥育期平均日增重（g）
A × A	5	467.2
B × B	5	423.6
A × B	5	481.7

解：根据表中数据可知：

$$\overline{F} = 481.7 \qquad \overline{P} = \frac{1}{2}(423.6 + 467.2) = 445.4$$

则平均日增重的杂种优势率为：

$$H(\%) = \frac{\overline{F} - \overline{P}}{\overline{P}} \times 100\% = \frac{481.7 - 445.4}{445.4} \times 100\% = 8.15\%$$

多品种或多品系杂交试验时，亲本平均值应按各亲本在杂种中所占的血缘比例进行加权平均。

【例 11 – 3】某三品种杂交试验结果如表 11 – 2 所示，试计算日增重的杂种优势率。

表 11 – 2 　三品种猪杂交试验结果

组别	平均日增重（g）
A × A	521.3
B × B	489.2
C × C	536.7
C × AB	553.2

解：在三品种杂种中，亲本 C 占 1/2 血缘成分，亲本 A、B 各占 1/4 成分，因此：

$$\overline{P} = \frac{1}{4}(521.3 + 489.2) + \frac{1}{2} \times 536.7 = 520.975$$

则平均日增重杂种优势率为：

$$H(\%) = \frac{\overline{F_1} - \overline{P}}{\overline{P}} \times 100 = \frac{553.2 - 520.975}{520.975} \times 100 = 6.19\%$$

3. 进行配合力测定时应注意的问题

配合力测定的目的就是要鉴别出具有高的一般配合力的亲本以及高的特殊配合力的杂交组合，因此杂交组合实验应科学和高效。杂交组合实验总的要求是应遵循四个重要原则，即：对照、随机、重复（样本含量），以及均衡的原则。均衡的原则即是一致的原则，即试验中除处理因素外，所有试验组均处在同样的非处理因素条件下，如参试对象本身、外界条件、测试条件等均应均衡一致，以消除非处理因素对试验的影响。

在进行配合力测定时应注意以下问题：

（1）参试组数　为了节省人力、物力，应尽量压缩测定任务，不必测定的杂交组合尽量不测。凡估计与目的要求相差太远的组合，就不必列入测定任务；适合做母本的就作母本，适合做父本的就作父本，不必每种组合都进行正反交，这样可减少一半测定任务。一般情况下，只设亲本纯繁对照组与正交组合即已足够。正交组合不宜过多，应在推断、论证和周密调查研究基础上只让极少的正反杂交组合参试。

（2）每组试畜头数　每组试畜要有足够数量。这是因为样本愈大，抽样误差愈小，所得结果愈能代表总体情况；重复数较多，能够降低试验误差。但也不能盲目追求大样本，造成人、财、物的浪费。一般情况下，每组样本含量≥30即可。

（3）试畜的产生　注意实验组与对照组样本应具有对各自总体的代表性，符合随机抽样的原则。为此，要求杂交亲本种群本身的标准差小，各组合（含纯繁组）样本的内部构成比（如性别比例）应符合总体的性质。应坚持试验设计式的杂交组合试验，并有经过论证的杂交组合试验设计方案。

（4）创造一致的对比条件　预试期各组应相同；各组试畜的性别、起始体重、出生胎次、试畜的出生日期等要尽量一致；各组所处的条件，如栏别、饲料、饲养水平、饲养方式、饮水条件等要力求一致，各组畜栏可插花式地安排，饲养方式宜用不限量自由采食方式（设自动饲槽）；测定同一指标时，尽量由同一人来做，否则易造成人为误差。

二、产生杂种优势的杂交方式

在杂种优势利用当中，最终商品畜的整个生产过程可能涉及不同数量的种群、不同数量的层次以及不同的种群组织方法。换言之，即可能采用不同的杂交方式。而不同的杂交方式具有不同的特点和功能。若按种群间的交配方法分类，杂交方式分为固定杂交和轮回杂交两大类。固定杂交又称专一性杂交、定型杂交或不连续杂交，包括二元杂交、回交、三元杂交和四元杂交。轮回杂交又称为连续杂交，包括两品种轮回杂交、三品种轮回杂交等。若按种群类型分类，杂交方式分为品种间杂交、品系间杂交和顶交。现将主要类型介绍如下。

（一）二元杂交

二元杂交，又称简单杂交或单杂交，是两个种群（品种或品系）杂交，一代杂种无论是公是母，都不作为种用继续繁殖，而是全部用作商品（图11-4）。

二元杂交方式优点是生产比较简单，特别是在选择杂交组合方面比较简单，只需做一次配合力测定，收效迅速，能充分发挥个体杂种优势，对于提高产肉力、产蛋力都有显著效果。缺点是在杂交组织工作上却较麻烦，因为除了杂交以外尚需考虑两个亲本群的更新补充问题。通常人们对父本种群的公畜采取购买的办法解决，而对母本种群的更新补充则需要纯繁解决。为此，一个从事这种工作的牧场，除了进行杂交以外，还要同时做纯繁工作，以补充杂交用的母本；如

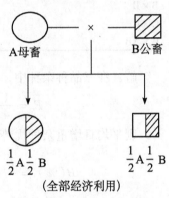

图11-4　二元杂交模式图

果父本也由本场繁殖，还需要有一个父本种群的纯繁群，否则就得经常从外场采购公畜或利用配种站的公畜。此外，这种杂交方式另一大缺点，是未能获得父本或母本杂种优势，尤其不能充分利用母本种群繁殖性能方面的杂种优势。因为在该方式之下，用以繁殖的母畜都是纯种，杂种母畜不再繁殖。而就繁殖性能而言，其遗传力一般较低，杂种优势比较明显。因此，不予利用将是一项重大损失。

（二）回交

回交是指两个种群杂交，所生杂种母畜再与两个种群之一杂交，所生杂种不论公母一律用作商品。因为母本杂种优势一般比父本重要，所以，回交中常用杂种母畜做母本，回交后可获得100%母本在繁殖性能方面的杂种优势。因为回交后杂种的非加性效应有一半在回交后因一半基因座的纯合而丧失，所以只能获得50%的个体杂种优势。例如，以长白猪作为父本、民猪作为母本杂交，所得二元长民杂种母猪再与长白猪杂交，所生的二代杂

种一律育肥出售，这种杂交即为回交（图11-5）。

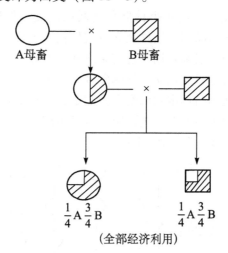

A母畜 × B母畜

$\frac{1}{4}$A$\frac{3}{4}$B $\frac{1}{4}$A$\frac{3}{4}$B

（全部经济利用）

图11-5　回交模式图

（三）三元杂交

三元杂交是用两个种群杂交，所生 F_1 杂种母畜再与第三个种群的公畜杂交，所生二代杂种全部用作商品（图11-6）。这种杂交方式优点是在杂种优势的利用上大于二元杂交。即在整个杂交体系下，除个体杂种优势利用外，二元杂种母畜在繁殖性能方面的杂种优势得到利用，二元杂种母畜对三元杂种的母体效应也不同于纯种；同时三元杂种集合了三个种群的差异和三个种群的互补效应，因而在单个数量性状上的杂种优势可能更大。三元杂交的不足是在组织工作上，要比二元杂交更为复杂，因为它需要有三个种群的纯种畜源。这种杂交方式主要用于肥猪生产。世界许多国家（包括我国）多采用杜洛克猪、长白猪和大约克夏猪三元杂交生产商品猪。具体是，在猪的生产中，用长白猪与大白猪先行杂交，所生二元杂种母猪再与杜洛克公猪杂交，所生三元杂种不论公母一律育肥出售，即是一种三元杂交。

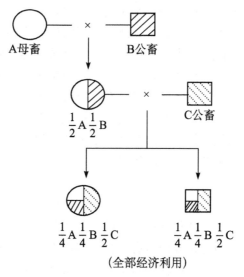

A母畜 × B公畜

$\frac{1}{2}$A$\frac{1}{2}$B   C公畜

$\frac{1}{4}$A$\frac{1}{4}$B$\frac{1}{2}$C $\frac{1}{4}$A$\frac{1}{4}$B$\frac{1}{2}$C

（全部经济利用）

图11-6　三元杂交模式图

(四) 双杂交

双杂交,又称四元杂交,是用4个种群分别两两杂交,然后两种杂种间再次进行杂交,产生四元杂种全部供作商品用。这种杂交方式最初用于杂交玉米生产,目前在畜牧业中主要用于鸡。鸡的双杂交一般都是用于近交系之间。首先通过高度近交建立近交系,用轻度近交保存近交系;同时进行各近交系间的配合力测定,选择适于作父本和适于作母本的单杂交鸡;最后进行各父本与母本间的配合力测定,选择最理想的四系杂交组合。因此选定杂交组合后,需要分两级生产杂交鸡,第一级是生产父本和母本的单杂交种鸡,第二级是生产双杂交商品鸡,具体过程如图11-7。

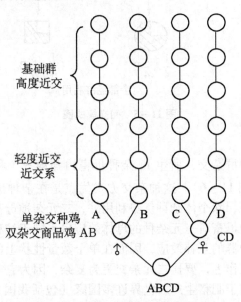

图11-7 鸡近交系双杂交示意图

这种杂交方式的优点是:①遗传基础更广,显性优良基因有更多的互补机会和更多的互作类型,因此可能有较大的杂种优势;②在利用个体杂种优势的同时,既可以利用杂种母畜的优势,也可以利用杂种公畜的优势。杂种公畜的优势主要表现在配种能力强、可以少养多配及使用年限长等方面;③由于大量利用杂种繁殖,纯种就可以少养。纯种饲养成本要高于杂种饲养,特别是对近交系而言;④第一次杂交所产生的杂种,除用于做第二次杂交用的父本或母本外,剩余下来的母畜或公畜可以做育肥用,而杂种的肥育性能要比纯种好。三元杂交的第一次杂交所产生的杂种公畜同样也可以做肥育用,效果好于纯种。双杂交的缺点是组织工作更加复杂,因为涉及到4个种群。但在家禽中同时保持几个纯种群比较容易,所以实际采用这种杂交方式的较多。

(五) 轮回杂交

轮回杂交是用两三个或更多个种群轮流作为父本杂交,杂交用的母本种群除第一次杂交是用几个种群中的一个之外,各代均用杂交所产生的杂种母畜,各代所产生的杂种除了部分用于继续杂交之外,其他母畜连同所有公畜一律用作商品。其目的是要做到在若干年内全部使用自己生产的母畜,而又能获得一定程度的杂种优势。图11-8和图11-9是常用的二元轮回和三元轮回杂交的示意图。轮回杂交的优点是:①除第一次杂交外,母畜始终都是杂种，利用了母畜繁殖性能的杂种优势；②这种杂交方式只需要每代引入少量纯种公畜或利用配种站的种公畜，而不需要自己维持几个纯繁群，在组织工作上方便；③对于单胎家畜，采用这种杂交方式最为合适，因为繁殖用母畜需要较多，杂种母畜也需用于繁殖。而二元杂交不利用杂种母畜繁殖，三元杂交也需要经常用纯种杂交以产生新的杂种母畜，对于繁殖力低的大家畜均不适宜；④每代交配双方都有相当大的差异，因此始终能产生一定的杂种优势。

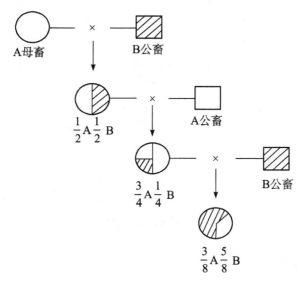

图 11 - 8　二元轮回杂交模式图

这种杂交方式的缺点是：①代代需要变换公畜，即使发现杂交效果好的公畜也不能继续使用。公畜在使用一个配种期后，或淘汰，或闲置几年，直到下一个轮回才能使用。因此，造成很大浪费。克服的办法是使用人工授精或者几个畜场联合使用公畜，每个公畜在一个畜场使用后，转到另一个或几个畜场循环使用；②难以进行配合力测定，特别是在第一轮回的杂交期间，配合力测定必须在每代杂交之前，但是这时相应的杂种母畜还没有产生，为了进行配合力的测定，必须在一种类型的杂种母畜大量产生前，先生产少数供测定用的该类型杂种母畜。但在完成第一轮回的杂交以后，只要方案不变，就不一定再作配合力的测定。

（六）顶交

顶交是指用近交系的公畜与无亲缘关系的非近交系母畜交配，主要用于近交系的杂交。近交系的母畜一般生活力和繁殖性能都差，不适宜作母本，因此采用非近交系的母畜。但用非近交系作母本，容易因种群内的纯合程度较差而使后代发生分化，从而难以得到规格一致的产品。弥补的办法是父本要高度提纯，即使母本群的纯度稍差一些，影响也不会太大；另一个办法是改用三系杂交，先用两个近交系杂交生产杂种母畜，再用另一近交系公畜杂交。

总之，上述各种杂交方式特点不同，适用场合也不同。在实际的杂交当中，应根据具体情况确定所选用的杂交方式。

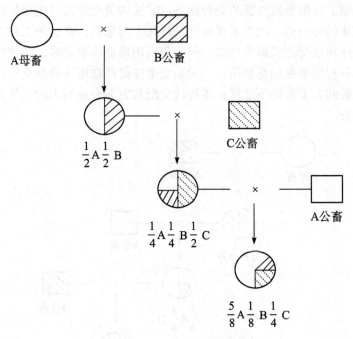

$\frac{1}{2}A\frac{1}{2}B$

C公畜

$\frac{1}{4}A\frac{1}{4}B\frac{1}{2}C$

A公畜

$\frac{5}{8}A\frac{1}{8}B\frac{1}{4}C$

图11-9 三元轮回杂交模式图

三、杂交育种步骤

开展杂交育种工作，必须在全面调查研究基础上，根据国民经济需要，结合当地自然经济条件和原有品种特点，制定一个切实可行的育种方案，确定育种方向、育种指标和育种措施，然后，根据育种方案有计划地进行。杂交育种一般分为以下四个阶段：

1. 育种目标和方案确定阶段

这是育种工作极其重要的一个环节。在杂交开始之前，要有明确的指导思想，要确定杂交用几个品种，选择哪几个品种，杂交的代数，每个参与杂交的品种在新品种血缘中所占的比例等。通过充分的讨论明确后，可以提高育种工作效率、缩短育种时间、降低育种成本。这些确定的育种目标和育种方案，在真正的育种实践中，还要根据实际情况进行修订与改进，灵活掌握。

2. 杂交创新阶段

通过杂交手段来达到创造新的理想型为目的的阶段，简称为杂交创新阶段。品种间的杂交使两个品种基因库的基因重组，杂交后代中会出现各种类型的个体，通过选择理想型的个体组成新的类群进行繁育，就有可能育成新的品系或品种。

要创造新类型必须要明确具体的理想型的要求，所用品种及杂交方式必须有助于理想型的创造。杂交的所用品种及个体越具有理想型的要求，创造理想型的时间也就可能越短。除了选定杂交品种以外，每个品种中与选配个体的选择、选配方案的制定、杂交组合的确定等都直接关系到理想后代能否出现。因此有时可能会需要进行一些实验性的杂交。

对杂种要严格地进行选种选配，要避免近交，要有计划地将杂种按类型分成几个没有亲缘关系的小群，并进行小群内同质选配，为建立品系打下基础。由于杂交需要进行若干世代，所用杂交方法，如引入杂交或级进杂交，都要视具体情况而定，即理想个体一旦出现，就应该用同样方法生产更多的这类个体，在保证符合品种要求的条件下，使理想个体的量达到满足继续进行育种的要求。

3. 自繁定型阶段

这一阶段的任务是：停止杂交，而进行理想杂种个体群内的自群繁育，稳定后代的遗传基础，并对它们所生后代进行培育，以期使目标基因纯合和目标性状稳定遗传。从而获得固定了的理想型。在这里，主要采用同型交配方法，有选择地采用近交。近交的程度以未出现近交衰退现象为度。

在选择理想型杂种准备自群繁育的过程中，对特别具有某一重要优点且相当突出的个体，应考虑建立品系和品族。要选择一定数量的与其品质相同的理想型个体与之相配，并研究分析它们的后代。这一阶段，以固定优良性状，稳定遗传特性为主要目标。同时，也应注意饲养管理等环境条件的改善。

4. 扩群提高阶段

这个阶段的任务是：大量繁殖已固定的理想型，迅速增加其数量和扩大分布地区，培育新品系，建立品种整体结构和提高品种品质，完成一个品种所应具备的条件，使已定型的新类群，增加数量、提高质量。

前一阶段虽然培育了理想型群体或品系，由于数量上较少还不能避免不必要的近交，在数量上还没有达到成为一个品种的起码标准，存在退化变质的可能。另外，数量的不足，难以提高质量，只有数量多才有利于选种和选配发挥更好的作用，达到提高品种的水平。因此，在这一阶段要有计划地进一步繁殖和培育更多的已定型的理想型。

前一阶段刚刚建立的品系，时间较短，一般都是独立的。为了建立新的更好的品系以健全品种结构和提高质量，应该有目地将各品系的优秀个体配合，使它们的后代兼有两个或几个品系的优良特性。一方面可以提高品种的质量；另一方面进一步优化品种结构，从而达到新品种的要求。

前一阶段的工作，一般都是在育种场内进行的。现在理想型的数量多了，需要向外地推广以便更好地扩大数量和发挥理想型群体的作用。为了使之具有较强的适应性，也需要向外地推广，使其受到锻炼。

这一阶段开始时，定型工作虽已结束，但是为了加速新品种的培育和提高新品种的质量，还应继续作好选种、选配和培育等一系列工作。但是不再强调同质选配，而且应避免再用近交，方法上应该是纯繁性质的，杂交一般是不许可的。

通过以上阶段形成的品种，经过有关单位鉴定验收，认为符合品种条件时，即正式成为新品种。

第三节　畜禽育种新技术

随着生产力水平提高，家畜的遗传基础得到改进。要在较高的遗传基础上持续不断地改进家畜的结构，单靠经典的育种手段和方法，收效越来越小。现代家畜育种技术、方法和制度随着各种生物新技术、新理论，交叉学科和边缘科学成果的丰富而日益得到改进，呈现出一种多元的趋势。

一、DNA 标记辅助选择和渗透育种

选择是育种中最重要的环节之一。传统育种选择方法是通过表型性状间接对基因型进行选择，这种选择方法存在周期长、效率低等许多缺点。从遗传的角度讲，最有效的选择方法应是直接依据个体基因型进行选择，DNA 标记的出现为这种直接选择提供了可能。

（一）DNA 标记辅助选择（MAS）

1. 分子遗传标记

传统的形态、细胞和生化标记由于多态位点少、易受环境影响，已不能满足遗传研究需要。近年来，以 DNA 为基础的遗传标记已被越来越多的应用到家畜遗传育种之中。目前，已有几十种分子遗传标记被用于遗传结构、基因连锁和个体鉴定等研究中。根据其形式和发展历程，可将这些分子标记分为三大类：第一类是以分子杂交为基础的第一代分子标记，代表是 RFLP；第二类是以 PCR 为基础的第二代分子标记，代表是 SSR，还包括 RAPD、SSCP、AFLP、PCR - RFLP 等；第三类是以基因序列为基础的第三代分子标记，代表是 SNP。

DNA 分子标记的优点是具有数量多、稳定性高、适合于高通量筛选、可以对基因直接选择、易于进行自动化和规模化分析等。因此，通过对目的基因进行分子标记选择，从而实现对重要经济性状的标记辅助选择。

2. DNA 标记辅助选择的特点

经典的数量遗传学认为：数量性状由微效多基因共同决定，数量性状基因型值是决定该性状的许多基因加性效应的总和。然而近些年的研究发现，一些重要经济性状是由一个或几个主基因起决定性作用，其表型效应呈不连续分布，且较少受环境影响。如绵羊的布鲁拉基因对产羔率的效应。布鲁拉基因为显性基因，该基因座纯合子母羊，产羔数平均达 3.7 只，杂合子母羊产羔数平均 2.2 只，而不携带该基因的母羊产羔数平均只有 1.2 只。在其他家畜也发现有类似的现象，如夏洛来牛的高产肉率是由于存在双肌基因；具有裸颈基因的家禽有最好的耐热性等。

借助 DNA 分子标记达到对目标性状基因型选择的方法称为分子标记辅助选择。DNA 标记辅助选择育种是利用与重要经济性状连锁的 DNA 标记或功能基因来改良动物品种的现代分子育种技术。目前在家畜育种中，是基于表型信息和系谱信息进行个体遗传评定的。BLUP（尤其是动物模型 BLUP）方法成为利用这些信息进行育种值估计的最佳手段，但在有的情况下这种基于 BLUP 的选择仍不能取得理想的效果。例如，低遗传力的性状和阈性状，表型信息中所包含的遗传信息很少，除非有大量的各类亲属的信息，否则很难对个体做出准确的遗传评定；对于限性性状而言，一般只能根据其同胞和后裔的成绩来对不能表达性状的个体进行评定。如果仅利用同胞信息，则由于同胞数有限，评定的准确性一般较低，如果利用后裔信息，而且后裔数很多（如在奶牛中的情形），评定的准确性可以很高，但世代间隔延长，每年的遗传进展相对降低。至于胴体性状，一般是通过同胞或后裔测定，由于性状测定的难度和费用都很高，测定的规模受到限制，评定的准确性和世代间隔均受到影响。上述个体遗传评定中遇到的问题，可以通过现代的分子标记辅助选择得到巧妙的解决。如果已知所要评定的性状有某些 QTL（即主效基因）存在，可以直接测定它们的基因型，或者虽不能测定它们的基因型，但知道它们与某些标记呈紧密连锁的关

系，那么我们就可以测定这些基因或标记的基因型。将这些分子标记信息用到个体的遗传评定中，将提高遗传评定、育种值估计的准确性，加快遗传进展、缩短育种周期、提高生产效率。因此，标记辅助选择的特点如下：

（1）分子标记辅助选择还可应用于对非加性效应基因的选择—已知位点选择。已知位点选择是选择具上位效应和显性效应的基因。只要证明生理或分子效应的位点按孟德尔方式遗传并能在个体识别，就可直接选择这些对生产性能有较大影响的位点或将它们包含在选择指数中，达到直接选择的目的。

（2）MAS 可以在品种内、品种间或品系间使用，尤其在选择低遗传力性状、限性性状和生长后期表达性状时，其选择效果取决于标记基因与 QTL 之间连锁的状况，二者之间连锁不平衡的程度越高，辅助选择的作用就越大。据估计，在家系内，对于要进行后裔测定的留种畜（禽）先使用标记辅助选择预选，再进行后裔测定，可提高选择反应 10% ~ 15%；而家系间应用包含多个标记和性状信息的选择指数，可提高选择反应达 50% ~ 100%。但目前测定标记基因、取样及检测的成本较高，家畜育种上更多地是使用"已知位点"，选择那些由主效基因影响的生产性能，对于多基因决定的性状，重点是检测和选择大效 QTL。

1992 年，国际上第一种基因标记开始应用于农业动物品种改良。目前，加拿大全部猪种都经过至少一种基因标记辅助的改良，美国和英国 70% 的猪种经过至少二种 DNA 标记的选择改良，而鸡、牛的商业化中分别至少应用了 6 种 DNA 标记或功能基因标记。同时涌现了一些依赖于基因或 DNA 标记技术的分子育种公司，一些曾经依赖于常规育种技术的大型育种公司也纷纷建立了自己的分子标记育种部。

我国科学家在动物分子育种技术的研究方面也取得了一大批国际公认的成绩。如在牛的"双肌"基因、高产奶量基因、流产基因、奶蛋白量基因；猪的高产仔数基因、高温应激综合征基因、肉质基因、脂肪蓄积基因；鸡的矮小基因、快慢羽基因、白血病抗性基因等方面都已发明了相应的 DNA 标记或基因标记技术，多数还获得了自主的知识产权。2000 年在科技部的支持下，我国启动了"973"国家基础研究重点发展规划项目"动物遗传育种与克隆的分子生物学基础研究"，大大推动了我国 DNA 标记辅助育种的研究进展。北京市种禽公司和中国农业大学在"高产蛋鸡新配套系的育成及配套技术的研究与应用"项目中使用大量的 DNA 标记辅助技术；华中农业大学在"中国瘦肉猪新品系 DIV 系优良种猪培育"项目中使用高温应激综合征基因标记选择技术，都培育出了具有优良特色的品种或品系，这些项目分别在 1999 年、2000 年获得了国家科学技术进步二等奖。

2001 年 9 月 18 日，美国专利局授予了我国第一个关于畜禽 DNA 标记的专利 – "DNA Markers for Pig Litter Size"。实际上，利用该 DNA 标记培育猪新品种的工作已经在我国多个国家级猪育种场开展，并取得了良好的效果。江西省猪育种中心利用猪促卵泡素基因和雌激素受体基因，经过 3 个世代的标记辅助选择，在 2001 年使整个种群的产仔数提高了 0.8 头，如果要利用传统选择方法达到这种遗传进展则至少需要 20 年以上。2001 年，国家计委在农业生物技术示范工程项目中重点资助了江西省种猪场的"中国超级猪的培育"计划。

此外，中国农业大学发现鸡细胞外脂肪酸结合蛋白基因（EX – FABP）的突变影响腹脂重、生长激素基因（GH）影响屠体分割重，类胰岛素生长因子基因（IGF－Ⅱ）影响屠体性状，酪氨酸酶基因（TYR）是影响黑色素沉积量遗传位点。华中农业大学、华南农业大学等发现 MC4R 基因对猪的生长和瘦肉率性状有显著的影响。2001 年全年，我国在畜禽 DNA 标记方面申请的发明专利达到 15 项之多。

（3）分子标记辅助选择虽然有很大优点，但也存在一定的不足，例如：有的基因中可能存在多个突变位点，这些突变都可引起该基因的有利效应，牛的双肌基因就是这种典型的情况。我们在对基因进行检测时，往往只是针对一个突变位点，当在该位点上没有检测到有利突变时就不予考虑，这就可能会漏掉那些在其他位点上有有利突变的个体。当然，我们如果能发现所有的突变位点并同时检测，就可避免这种情况发生。

对标记辅助选择影响更大的是另外一种情况，即我们确定的候选基因或 DNA 标记是否真正影响性状或与影响性状的 QTL 始终处于紧密连锁状态。如果在我们用于连锁分析的群体中，该基因或标记与真正影响性状的 QTL 处于连锁不平衡状态；而在另一个应用群体中，该基因或标记可能与 QTL 处于另一种连锁状态，这样就非常容易导致判断的失误。

（二）渗透育种

使用常规选育技术进行渗透育种，需要用被渗透的品种对杂种一代进行多次回交，逐代选择，才能剔除不需要的供体品系基因。在动物渗透育种中，如果能找到与被渗透基因连锁的标记，或利用广泛分布于基因组的 DNA 标记作为标记，就可以加快回交群体中携带有渗入性状的被渗透品种基因组的恢复，从而减少回交的代数。目前进行标记辅助渗透育种，可以利用两种遗传标记方式：一是利用遗传标记对欲渗入基因的基因型已能精确的知道；二是利用遗传标记来选择或排除某特定背景的基因型。

节粮小型蛋鸡的选育是渗透育种的一个典型例子，它的育成是利用了鸡性染色体上的一个矮性化基因（dw）。dw 基因是一个生长激素受体基因的缺陷型，造成长骨变短、生长受阻，但产蛋等繁殖性状基本正常。将 dw 基因导入肉鸡杂交配套系父母代母本，使父母代母本为矮小型，可节省饲料和提高饲养密度。而矮小型母鸡与普通型公鸡杂交的后代，不论公母都是普通型，可用于正常的商品肉鸡生产，法国伊沙公司的明星鸡就是采用这一制种方法生产的。中国农业大学自 1990 年起就开始把"明星鸡"中的 dw 基因引入"农大褐"中型褐壳蛋鸡，选育出有 90% 以上蛋鸡血统的节粮小型蛋鸡。用这种小型鸡作为父系与普通型褐壳蛋鸡杂交，后代商品母鸡为矮小型褐壳蛋鸡；如与普通白壳蛋鸡杂交，后代商品母鸡为矮小型浅褐壳蛋鸡。实验结果表明，这 2 种商品鸡比普通型蛋鸡的体重降低 20% ~ 25%，可提高饲养密度 25% ~ 30%，虽然总蛋重减少 1.0 ~ 1.2kg，但可节省饲料 8 ~ 10kg，料蛋比可达 2.0∶1，所以总的经济效益仍然大大高于普通蛋鸡。

二、转基因动物育种

（一）概述

动物转基因技术是在 DNA 重组技术的基础上发展起来的，是将外源 DNA 导入性细胞或胚胎细胞并产生出带有外源 DNA 片段动物的一种技术（图 11－10）。1982 年，Palmiter 等人应用微注射方法将大鼠生长激素基因（rGH）导入小鼠基因组中获得了世界上第一只体重为正常小鼠2倍以上的"超级鼠"。这项研究的成功,极大地鼓舞了科学家利用转基因技术探索改良畜禽品种的热情。目前转基因育种研究已经走过了二十几个春秋,相继诞生了转基因兔、转基因羊、转基因牛、转基因猪和转基因鸡等,取得了可喜的成绩和经济效益。常用的转基因方法有显微注射法、逆转录病毒载体导入法、胚胎干细胞介导法、精子载体法和原生殖细胞介导法等。

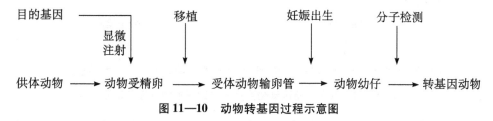

图11—10 动物转基因过程示意图

(二) 转基因育种

转基因育种是通过向受体动物转移有重要功能的基因或一组功能相关的基因来提高动物的生产性能的育种技术。该技术在改良畜禽生产性状、提高畜禽抗病力及利用畜禽生产非常规畜牧产品等方面显示了广阔的应用前景。前面提到的DNA标记辅助选择技术虽然有很多优点,但它不能创造变异,也不能够在不同物种间进行优良功能基因的转递,而转基因技术则能够达到这个目标,因此,DNA标记辅助选择技术与转基因育种技术有很强的互补性,合称为分子育种技术,并将成为未来动物品种改良的关键技术。虽然各类转基因家畜相继诞生,但至今并没有形成新的畜牧产业。转基因技术真正用于动物育种,尚需要很长的时间。

生长激素(GH)基因是动物转基因研究中适用最早,也是迄今使用最为频繁的基因。转GH基因猪、羊、鱼的问世及其对经济性状的提高给人们以极大的鼓舞。如国内研究的转基因猪的饲料利用率提高了17%,但胴体脂肪仅为对照猪的50%,提高了生长速度和瘦肉率。澳大利亚研究的转基因山羊羊毛增产5%,美国研究的转基因大马哈鱼,鱼生长速度提高11~37倍,上市时间缩短2~4年;转虹鳟生长激素基因鲶鱼增产20%~40%。

目前人们希望转基因动物主要应用于家畜育种的4个方面:

①利用转生长发育调控基因,提高家畜的生长发育潜力。如转生长激素基因动物一般均能获得不同程度的生长力提高。

②利用转外源基因给家畜引入新的代谢途径,增加、提高或改善家畜利用某种物质或营养成分的能力。如澳大利亚将大肠杆菌和沙门氏菌的CysE和Cysk基因转入绵羊,希望绵羊获得利用含硫化合物直接合成半胱氨酸的能力。

③利用转基因技术改善畜产品品质,如修饰乳蛋白结构、增加乳中的营养物质组分、提高牛乳营养价值。由于牛的繁殖周期长,投资成本高,转基因牛的难度非常大,所以转基因牛现在更多地应用于生产一些需要量大的珍贵药物。目前,大多数国家如美国、荷兰、日本、中国等利用转基因奶牛作为生物反应器,成功克隆出能生产人类血红蛋白、促红细胞生成素、岩藻糖转移酶基因、凝血因子、干扰素、对囊纤维化病有治疗作用的蛋白质基因等(图11-11)。

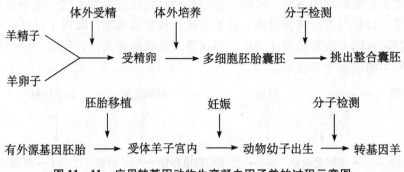

图 11–11 应用转基因动物生产凝血因子羊的过程示意图

④利用转基因提高家畜抗性—抗病力和适应性。中国工程院院士殷震等将抗病毒基因导入猪，获得抗猪瘟个体。美国研究将抗冻蛋白基因转人鲤鱼也获得表达。抗原蛋白（PrP）基因的转基因肉牛的选育成功给疯牛病的防治带来了新的途径。2004 年美国、日本科学家培育出免患"疯牛病"的转基因牛胚胎，同年世界首例首头抗疯牛病转基因体细胞克隆牛犊在中国高青降生。

（三）转基因动物的不足

转基因动物技术有可能成为未来提高和改良家畜经济性状的高效育种手段，然而这一技术目前尚存在诸多问题需要解决，目的基因的构建较难、外源基因整合率极低等，导致转基因动物生产的低效率。除此之外，转基因动物还可能带来负面效应，其最主要的危险来自于由外源基因整合、运用载体 DNA 和转基因表达所带来的副作用。这些副作用包括诱发基因组多个位置上的突变，转基因整合后造成某些致癌基因的激活、正常染色体基因的失活。比如在应用反转录病毒作载体以及转基因的非生理性表达时。尤其值得注意的是，转基因动物体内激素的超常分泌作用，例如，人类的生长激素基因在鼠中表达后，可引起鼠的生长速度提高，乳腺发育提前，母鼠繁殖力降低甚至不育等负效应。

三、MOET 育种

（一）概述

所谓 MOET 是超数排卵（Multiple Ovulation）和胚胎移植（Embryo Transfer）等综合生物技术的缩写，是用超数排卵和胚胎移植技术选择和扩大优良种畜的育种方法。它在牛的育种中首先得到应用。它有两种形式，一是供体母牛集中在一个畜群中，称为核心 MOET 育种方案；另一种是供体牛仍在原来牛群内，但分散在胚胎收集和移植中心周围，称为非核心 MOET 方案。根据选择时间的不同，在选择方法上又分为青年型 MOET 方案和成年型 MOET 方案，其主要差异是：青年型 MOET 方案是在母牛本身尚无产奶记录之前，依据系谱资料选择供体牛，而成年型 MOET 方案则是在母牛本身已完成第一个泌乳期时，主要依据本身的成绩选择种母牛。

MOET 技术可以大大提高母牛的繁殖力，因此它主要用于奶牛、肉牛、绵羊等单胎动物的育种方案。目前，美国的胚胎移植已成为一项专门的产业，每年对奶牛和肉牛都要进行数千次的移植。世界各国每年牛胚胎移植可能远超过 35 万头。其他家畜胚胎移植数量相对较少，全世界绵羊和山羊主要进出口的胚胎数量为牛的 5%～10%。在国外，应用 MOET 技术，使优秀母牛资源得到了充分利用。应用 MOET 技术生产大量后裔测定公牛，加拿大已占 58%，美国、法国分别占 50%。我国在应用 MOET 技术方面也取得了较大进展，如：选育高产荷斯坦奶牛和建立中国西门塔尔牛开放育种核心体（ONBS）。在"八五"期间，作为国家科技攻关专题，在北京市中心良种场实施了 MOET 核心群育种方案，经过 5 年的努力，建立了由 270 余头优秀 ET 母牛组成的核心群。

MOET 育种方案和常规育种方案的比较结果表明，MOET 技术可提高生长和胴体性状的选择反应达 30%～100%。与胚胎冷冻相结合，MOET 育种技术可以用于与未来商业价值有关的稀有基因型的增殖和保存，强化那些专门用于检测有害和不理想隐性等位基因携带者的测交，还可利用那些因年龄、伤残或疾病造成不育的母畜来生产后代，或肉牛生产双犊。

（二）奶牛 MOET 核心群育种方案

建立"MOET 核心群"，可将核心群育种的优点和胚胎移植等生物技术的优势在育种中有机地结合起来。该育种方案最主要的特点是在一个场群内，集中一定数量的优秀母牛，形成一个相对的闭锁群；群内完全通过胚胎移植、胚胎分割等现代繁殖技术进行繁殖，高强度地利用最优秀的公牛和母牛，主要育种目标是培育出用于全群的种公牛。青年公牛的选择不再使用耗时过长的后裔测定，公牛评定的主要信息是祖先成绩、半同胞组成绩和实施 MOET 特有的全同胞组成绩。这样选择的准确性虽然有所下降，但却大大缩短了世代间隔，进而加快牛群的遗传进展，提高育种效益。我国"八五"期间将把奶牛 MOET 核心群的建立作为科技攻关项目，制定出 MOET 核心群育种体系总体流程（图 11－12）和 MOET 核心群育种规划系统。该系统的建立，使我国在奶牛育种中应用胚胎生产技术的研究步入世界先进行列。MOET 综合育种方案的优点还在于，可以充分应用优秀母牛的遗传优势，提高母牛的选择强度。

（三）MOET 育种方案应注意的问题

1. 在核心群内集中测定的是遗传力为中等的生产性状，而对低遗传力性状，如繁殖力和抗病力等，则仅靠 MOET 核心群内的测定还不够。解决的途径有两种：其一，探索一些遗传力高、测定简单，且与上述性状紧密相关的间接选择性状；其二，在核心群外建立一个一定规模的"测定群"，目的是得到核心群中被测后备牛较大规模的半同胞组，当半同胞组达 200 头以上时，低遗传力性状的选择是有效的。此外，从数量遗传学观点出发，核心群饲养管理条件应基本接近一般牛场水平，避免由于基因与环境的互作效应所带来的偏差。

2. MOET 育种体系大大缩短了世代间隔。虽然青年型 MOET 育种体系的世代间隔更短，但由于其近交风险太大，人们往往更倾向于成年型 MOET 核心群育种体系。如果能定期导入一定数量的外部冷冻精液，将核心群开放或半开放，则不仅降低了近交风险，同时也可由此提高核心群内的遗传变异度。为了避免未来世代的近交积累，在封闭的核心群实施 MOET 技术时，应注意适当扩大供体母畜的数目。

3. 冷冻精液和人工授精技术的使用在家畜改良中为优秀种公牛的基因得以在短期内迅速扩展起到了极大的作用。超数排卵和胚胎冷冻、移植技术则在很大程度上弥补了优良种母牛繁殖力低的缺点。根据中外报道，MOET 技术成功率一般为中等水平。目前胚胎移植的非手术采卵和非手术移植已成功应用于牛，而超数排卵技术成为牛胚胎技术是否有经济效益的关键。研究发现，当卵巢上无主导卵泡或将其去除后，再进行超数排卵能获得更多的可移植胚胎。此外，牛胚的体外生产体系的建立和胚胎性别的鉴定研究都到了实用阶段，而胚胎克隆、体细胞核移植无性繁殖羊和牛的成功都将对动物育种和人类医学产生不可估量的影响。

4. MOET 育种技术由于实施费用很高，致使在欧美各国 MOET 技术在奶牛育种中应用的范围也是极有限的。至于八十年代初建立的一些"胚胎公司"也因成本高、销路有限而经营不甚景气。由于 MOET 技术的成本高，在我国广大农区普及有一定的困难。许多研究结果表明，若在现行的借助人工授精技术为主要手段的育种方案（简称 AI 育种方案）中，仅在少部分种母牛中应用 MOET 技术，即可获得良好的育种成效。根据模型计算结果，仅在种子母牛（即公牛母亲）中应用 MOET 技术的"MOET 综合育种方案"渴望比相应的 AI 育种方案每年提高 10%的遗传进展。若在母牛母亲中也应用 MOET 技术，全群的遗传进展可提高 30%以上。

四、动物克隆技术

"克隆"是英文单词"clone"的音译，其含义是指无性繁殖，即由同一个祖先细胞分裂而形成的纯细胞系，这个细胞系中每个细胞的基因彼此是相同的。动物克隆就是不经过受精过程而获得动物新个体的方法，即通过无性繁殖由一个细胞产生一个和亲代遗传性状一致，形态非常相像的动物。克隆动物就是经过动物克隆技术获得的动物，即不经过生殖细胞而直接由体细胞获得新的动物个体。哺乳动物克隆技术，实际上是一种哺乳动物核移植技术，它的基本过程是通过显微操作等实验室手段，将发育到一定阶段的核供体（胚胎细胞或体细胞）中的细胞核移植到相应阶段的核受体（去核的原核胚或成熟卵母细胞）进行体外重组，通过重组胚的胚胎移植，达到大量生产遗传同质哺乳动物的一种生物工程技术。如用未分化的胚胎细胞进行核移植称为胚胎细胞克隆（embryoniccillcloning）；用已分化的体细胞（即非生殖细胞）进行核移植称之体细胞克隆（somaticcellcloning）。动物克隆技术对于家畜育种工作乃至动物生产均具有重要意义。

科学家们很早就尝试进行动物克隆的研究。1938 年，德国胚胎学家 Spemann 即认为，如果能用细胞核移植的方法，将不同发育阶段的细胞核，转移到除去了核的卵子中，对研究细胞核和细胞质的关系具有重要的意义。1962 年，英国剑桥大学的 Gurdon 进行了蛙胚胎核移植，获得成年蛙。我国已故著名科学家童第周教授曾于 20 世纪 60~70 年代进行鱼类细胞核移植工作，获得属间和种间移核鱼，使我国鱼类核移植研究居世界领先水平。早期的动物克隆研究均是用两栖类和鱼类作材料，直到 20 世纪 80 年代，哺乳动物克隆的研究才逐渐开展起来。

（一）动物克隆研究的三个阶段
根据供核体细胞的不同和生物技术的发展，可将动物克隆研究分为三个发展阶段：

1. 胚胎细胞克隆阶段
1981 年，Imensee 和 Hoppe 报道他们用小鼠的正常囊胚或孤雌活化囊胚的内细胞团细胞作为供核体，直接注入去掉雌雄原核的受精卵胞质中，重构胚体外发育到桑葚胚或囊胚后移植寄母子宫，获得了克隆小鼠，这是在哺乳类第一次用胚胎细胞进行核移植获得成功。1983 年，美国科学家利用核移植技术结合细胞融合方法获得了克隆小鼠，此项工作真正拉开了哺乳动物克隆的序幕。1986 年，英国的 Willadsen 用绵羊的 8～16 细胞阶段的胚胎细胞作供体进行核移植，首次应用电融合的方法克隆出一只小羊。此后，其他科学家也相继成功地克隆出小鼠、绵羊、牛、兔、猪和猴等。我国科学家在利用胚胎细胞作为核供体来产生克隆动物的研究方面一度处于国际先进水平，新疆畜牧科学院、西北农业大学、东北农业大学等利用胚胎细胞克隆生产出了克隆牛、克隆羊和克隆猪；特别是在 1995 年，获得过 45 只再克隆的胚胎克隆山羊，是当时世界上最大的胚胎克隆羊群体。另外，我国科学家还成功开展了胚胎细胞克隆兔和小鼠等研究。以上这些克隆实验中所用供核细胞均属发育至不同阶段的胚胎细胞。

2. 同种体细胞克隆阶段

1997 年 2 月，英国罗斯林研究所 Wilmut 等人宣布他们用 6 岁成年羊的高度分化的乳腺细胞进行了核移植，成功地获得了克隆羊"多莉"。这是第一次用成年体细胞作为供核细胞，此项实验的成功说明高度分化的成年动物的体细胞可在适当条件下发生逆转恢复全能性。这是生物技术史上具有划时代意义的重大突破，是克隆技术的一个里程碑，也改写了部分生物学的理论。1998 年 5 月，美国科学家 Robl 的研究组利用胎儿成纤维细胞克隆出了 3 头牛，而且携带了转移的基因。1998 年 7 月，日本科学家 Dato 等用牛的输卵管细胞克隆出了 8 头小牛。1998 年 7 月，美国夏威夷大学 Yanagimachi 领导的研究小组获得小鼠卵丘细胞进行克隆再克隆小鼠成功的结果。1999 年 6 月，Yanagimachi 的研究小组又利用成年雄性小鼠尾尖的成纤维细胞为供核体细胞成功地克隆出了一只雄性小鼠，这也是第一只供体细胞不是来源于雌性动物被克隆的动物。此后，同种体细胞克隆山羊、猪、猫和兔也都相继诞生。我国体细胞克隆山羊和克隆牛不论雌的还是雄的也都已获得成功，在同种体细胞克隆研究中，所用供核体细胞为高度分化的体细胞。

3. 异种体细胞克隆阶段

异种体细胞克隆是将一种动物的体细胞核移植到另一种动物的去核（遗传物质）卵母细胞中。由于濒危物种的个体数量少，很难提供用于克隆的卵母细胞和代孕受体，这就促使科学家提出了异种克隆的设想。异种克隆研究面临着许多问题，如体细胞核能否在异种卵胞质中去分化并支持早期胚泡发育、异种核质能否相容、异种重构胚能否着床并进行全程发育等问题。这些问题的探讨有利于充实细胞生物学、发育生物学、生殖生物学、免疫学和信号传导等研究领域的理论。1999 年，中国科学院动物所将成年大熊猫体细胞作为供核体细胞移植到去核日本大耳白兔卵母细胞中，成功地构建异种重构胚，体外培养获得孵化囊胚。染色体分析和 DNA 检测均表明重构囊胚的细胞核来自大熊猫，细胞质中含有大熊猫的线粒体 DNA。2001 年，他们将重构胚移植寄母子宫，获得了着床的重大进展。2002 年，不仅异种重构胚能够在异种寄母子宫中着床，而且还能发育，这是异种克隆大熊猫研究中攻克的最后一个难题。2000 年，Lanza 等人从死亡的濒危牛上制备出供核体细胞，移入普通牛卵母细胞，受体最长怀孕至 202 天流产，但证明所有克隆牛胎儿的基因型均与供体细胞一致。2001 年，Lol 等将死亡的欧洲盘羊的颗粒细胞移入盘羊的卵母细胞构建异种重构胚，移植受体后获得一头正常的体细胞克隆欧洲盘羊，为频危动物保护提供了重要借鉴。

1999 年 10 月中科院发育所和扬州大学合作成功地克隆出转基因体细胞克隆山羊；同

年，中国台湾省畜产研究所在克隆猪上取得了成功；2000年6月西北农林科技大学再次成功获得了体细胞克隆山羊"元元"和"阳阳"，标志着我国动物体细胞克隆技术的崛起。2001年，我国在体细胞克隆牛方面也取得了突破性进展。2001年10月克隆奶牛在深圳市绿鹏公司转基因动物繁殖基地诞生。2001年11月山东莱阳农学院的科学家成功地克隆了2头健康的日本黑牛"康康"和"双双"。2002年3月至5月，中国科学院动物研究所和中国农业大学的科学家们已经能够在国内成功生产体细胞克隆牛胚胎，并已开始了较大规模的体细胞克隆胚胎的移植试验，其各项技术指标均已接近或达到国际先进水平。

（二）胚胎细胞克隆在家畜育种中的应用

尽管胚胎克隆还有许多技术问题有待研究，但可预期在不远的将来，这一技术将达到应用水平。与胚胎干细胞培养、体外受精和胚胎冷冻保存等技术结合，胚胎克隆技术在家畜育种中将会有广泛的应用。

1. 与胚胎分割相比，胚胎细胞克隆可以获得更多的胚胎，进一步提高胚胎移植和MOET核心群育种体系的效率。从理论上讲，一个32细胞期的供体胚胎经过两次克隆，可以生产1 024个胚胎。即使按照当前尚未完全成熟的技术水平，一次获得6个可用胚胎的超排处理，通过胚胎克隆后再移植，至少也可获得$10n$个后代，与常规的胚胎移植相比，具有显著的生物学意义和经济效益。

2. 通过胚胎克隆可以获得数量很大的遗传同质的同卵多胎个体，因此，可以非常方便地进行遗传参数的估计、育种值的估计、重要遗传效应的研究等，加速遗传进展。

3. 通过胚胎克隆技术的实施，可以在MOET核心群育种体系中，迅速建立多个具有特定基因组合的纯系，用于品系杂交育种。

4. 将经过测定的、具有优良特性的家畜通过胚胎克隆方法迅速推广到生产中去，从而提高动物生产的总体水平。

（三）体细胞克隆的潜在应用

随着体细胞克隆技术的发展，它与人类生产和生活的关系也就愈发密切，在医学领域、畜牧业和保护濒危动物上显示出极大的发展潜力。

1. 在医学上的应用—治疗性克隆

克隆技术与基因疗法的结合，使得全面、彻底、高效的治疗遗传疾病成为可能。"治疗性克隆"是指通过核移植技术构建来源于病人体细胞的胚胎，待胚胎发育至囊胚阶段后取出内细胞团，在体外培养胚胎干细胞，然后通过定向诱导胚胎干细胞，使其分化成病人所需要的细胞类型，然后将这些细胞再移植到病人身上；或通过组织工程构建病人所需要的组织或器官，移植给病人，来替代或补充病变或受到损伤的细胞、组织和器官，实现对疾病的治疗，如治疗帕金森氏病和糖尿病等。正在进行的利用克隆猪提供人类器官的研究，即是先把引起人类对猪器官免疫排斥反应的基因敲除后，将人类基因整合到猪细胞的基因组中，克隆出可供人类器官移植用的带有人类基因的猪器官。

2009年2月，由山东省干细胞工程技术研究中心与烟台毓璜顶医院共同合作，成功获得了人类体细胞克隆胚胎。经过鉴定，获得的人类体细胞克隆囊胚的鉴定结果与供体细胞的遗传信息相同，线粒体DNA定量实验结果与人IVF来源的胚胎细胞没有差异。这项成果不但应用人类成纤维体细胞获得克隆胚胎，更重要的是应用帕金森病患者外周血的淋巴细胞作为供体细胞，也成功地获得了囊胚，这使得下一步治疗性克隆研究向前迈进了一大步。

2. 在畜牧业上的应用

（1）通过体细胞克隆获得的遗传同质动物，是比胚胎克隆更好的遗传学研究材料。不仅可以准确估计群体遗传参数、预测个体育种值和研究一些重要的遗传效应，还可用于估测群体的遗传进展。目前多采用数量遗传学方法推测群体的遗传进展，但其结果与实际值相差较多。如果应用体细胞克隆进行试验设计，将一组体细胞克隆生产的胚胎分为两部分，一部分先冷冻保存待用；另一部分胚胎直接移植到受体生产，经几个世代的选育后的后代，与冷冻保存胚胎移植后代同时饲养，通过这两组动物在各生产性状上的差异，就可精确地计算出该群体的遗传进展。

（2）体细胞克隆技术也可以影响动物生产。如通过体细胞克隆，可最大限度地增加高产优秀个体在生产群中"复制品"的数量，提高畜群的总体生产水平；通过体细胞克隆建立的遗传同质群体，在饲养管理条件一致的情况下，可以标准化生产，充分发挥其遗传潜力。

动物的基因改良通过体细胞克隆从离体培养的体细胞到成功地生产动物的技术，为动物的基因改良提供了新的机遇。在体细胞克隆技术基础上，我们可以应用基因定位整合技术对内源基因进行精确的修饰，这种技术发展到它的高级阶段，就会像设计机器一样，人为地设计动物的生命。

3. 在遗传资源保护上的应用

通过体细胞克隆，并结合其他胚胎生物工程技术，可以建立最佳遗传资源保护模式。不仅可以对那些由于种种繁殖障碍导致濒危的物种实现繁殖与扩群，保持物种生存，还可以克隆生产胚胎并冷冻保存优良家畜品种资源。迄今所采用的保种方案均存在各种各样的缺点："小群活体保种"方案既耗费大量的资金，又极易在保种过程中发生基因漂变；"精液冷冻保存"方案仅能保存优良基因型的一半，不能保存品种资源全部的优良特性；"胚胎冷冻保存"方案虽然保存的是基因型，但都是未经验证的未知基因型，为了尽量不丢失重要生物学特性，只能尽量增加保存胚胎的数量。

而通过体细胞克隆进行保种，首先对现存种群的遗传结构和性能进行分析判断后，仅对其中最具代表性的典型个体进行克隆和保存，因此这种保种方案最为可靠、灵活、经济。对于正在使用的家畜优秀品种来说，畜群中出现的出类拔萃个体，如果通过体细胞克隆以冷冻胚胎的方式保存起来，建立一个名副其实的"基因型库"，既便于创造新的优秀基因型，又可以保护优良品种的遗传多样性，避免了常规育种过程中的基因型分离、减半，甚至消失。

综上所述，遗传和繁殖两种技术互为依托，各自以对方为本身发展的条件。先进的育种值评估方法为应用繁殖技术鉴定出真正遗传上优秀的个体；而繁殖技术的发展则为迅速扩大这些个体提供了必不可少的重要载体和工具。地区间的基因交流使有大量同源基因（血缘相关）的个体在各地出现，它们在不同环境下的表现进一步促进了对种畜进行更精确评价的新方法的发展，推动了评估方法发展的价值，使其不断完善、充分提高。

第十二章　家畜育种规划

在家畜家禽的育种生产实践过程中，经常涉及育种规划。育种规划的基本任务是根据特定的育种目标，制定育种方案并使其实现"最优化"。为此，需要重点分析各种育种措施可能实现的育种成效及其影响因素，选择最优育种方案，最终实现预期的育种目标。育种规划是配置资源、技术、方法和措施的系统工程，主要包括下述几方面过程：生产与育种背景条件的调查、育种目标的确定、育种方法的选择、遗传学和经济学参数的估计、生产性能的测定、育种值的估计、选种与选配方案的制定、遗传进展传递模型的确定，以及候选育种方案的制定。

第一节　家畜育种目标的确定

一、育种目标

张沅等（2001）将家畜育种目标定义为："通过各种育种措施的实施，在育种群中培育出优良的家畜品种、品系，或选育出优秀的种畜个体，并在全群中使用它们，使其遗传优势得到传递和扩展，以期在未来的生产条件和市场需求下，在生产群中获得最大的经济效益。"

因此，育种工作是在育种群中定量地评定育种目标；育种目标不仅仅满足现有的需要，还要适应未来一定时间内发展的需要；育种的成效最终是以生产群作为评估标准。

二、综合育种值

在一个育种群体中，育种工作通过对具有经济意义的性状进行选择，提高有利基因在群体中的频率。在确定育种目标时，应重点考虑那些经久地作用于畜牧生产效益的性状。

由于育种过程中，目标性状不是单一的，往往包含几个或多个性状，因此确定育种目标时借助综合育种值来表达，以便育种目标更好地定量化，以货币为单位，表示整体育种目标的价值。

三、育种目标性状

育种过程中，育种目标性状数量越多，每个性状获得遗传改进的程度就会下降，其计算工作量将成几何级数上升。因此在综合育种值中，只能包括一定数量的目标性状，才能保证达到理想的育种成效。常根据以下标准选择目标性状：

1. 性状的经济意义要很大。因为育种的最终结果是获得最大的经济效益，因此育种目标的经济意义直接影响育种的效益。例如，猪的背膘厚和日增重、蛋鸡的产蛋量和蛋重、细毛羊的毛细度和产毛量、奶牛的乳蛋白率和泌乳量等。选择目标性状时应注意，不能过分强调经济意义不明显的体貌特征，如毛色、耳型等；但借助于功能性的体貌特征，如奶牛的乳房和蹄腿、猪的肢蹄结实度等可以提高选种的效率。

2. 性状的遗传变异要足够。家畜育种是通过各种方法和措施，不断改进家畜的遗传组成，即提高加性遗传标准差的过程，因此需要足够的遗传潜力。

3. 两性状间有遗传相关程度较高时，二者取其一。由于综合育种值中不易包括更多的目标性状，所以当生产性状间遗传密切相关时，仅将其中之一包括在育种值中即可。如猪的背膘厚和瘦肉率之间高度相关，实际育种中将背膘厚或瘦肉率任何一个作为育种目标，都可以同时选择另一目标。

4. 性状测定应简单易行。在保证育种成效的前提下，应挑选测定比较简单的性状作为育种目标性状，以降低育种成本，提高育种效率。

在确定育种目标时还要考虑动物生产市场的竞争形势，遗传改进的价值应体现在与之相关的动物生产的销售市场效应上。在考虑畜群的竞争力时应注意性状间的负相关，确定育种目标仅需要直接根据性状生产效益中的经济重要性，以尽量发展自己的优势为目标。

四、性状的经济加权系数

（一）生产函数法估计经济加权系数

常采用生产函数法估计家畜育种规划中繁育体系性状的经济加权系数。建立生产函数公式的基本原则是仅考虑由于育种群获得的遗传进展所导致的生产群效益提高的部分。通过对特定的育种－生产系统进行经济分析，分别配合出各性状的经济加权系数计算公式。经济加权值表达了其他性状保持不变，目标性状每提高一个单位时的生产效益的变化情况。经济加权系数是线性的，与综合育种值公式相一致。在育种实践中，性状的经济加权系数不需频繁地修改，可在一定时期内继续使用。

对于杂交繁育体系，在推导经济加权系数时，还要考虑各有关群体在杂交方案中所处的位置。例如，给予杂交方案中公猪系繁育性状的权重要远小于母猪系；相反，给予公猪系肉用性状的加权要比母猪系更多。表12-1中列出了不同繁育方法各纯系育种目标中，除了经济加权系数外对于生产性状（P）和繁殖性状（R）权重的相对关系（张沅2001）。对于一个群体来说，生产性状与繁殖性状的相对权重，完全取决于这个群体在育种方案中的作用。例如，某长白猪群体，在一个二元杂交繁育体系中作为母猪系，肉用性状与繁殖性状的权重比为0.5:1，但若利用该群体作为改良地方品种杂交中的公猪系时，上述两类性状的权重比将变成1:0.5，至少也应是1:1。

表12-1 不同繁育方法中生产性状与繁殖性状的相对重要性

繁育方法		A*		B		C		D	
		P	R	P	R	P	R	P	R
纯种繁育	AA	1	1						
二元轮回杂交	ABrot	1	1	1	1				
二元杂交	AB	1		0.5	1				
回交	A（AB）	1.5	1	0.5	1				
三元杂交	A（AC）	1		0.5	1	0.5	1		
四元杂交	（AB）（CD）	1		1	1	0.5	1	0.5	1

＊代表参加繁育体系的各纯系；引自张沅（2001）

（二） 边际效益估计经济加权系数

经济加权系数还可以通过目标性状的边际效益来确定。边际效益是指当性状值超出群体均数一个单位时的边际产出与边际投人之差。根据该定义，通过对每个性状表现的经济学分析，分别建立各目标性状的边际效益函数，然后将有关的经济参数代人函数中，即得到性状的边际效益。

第二节　群体遗传进展的估计

育种过程中，育种群体可能获得的遗传进展，取决于被选种畜所具有的遗传优势和它们可实现的世代间隔。种畜所具有的遗传优势，可以通过其影响因素的函数关系计算得来。

一、群体的平均遗传进展

在家畜育种实践中，往往根据育种方案的需要，将种畜分为不同的种畜组。各种畜组的育种目标、选择措施和在育种中的作用各不相同。例如，在奶牛育种中，通常将育种群划分为 4 个种畜组：选育后备公牛的种公牛；选育后备公牛的种母牛；选育后备母牛的种公牛；选育后备母牛的种母牛。在估算整个育种群的遗传进展时，需综合地考虑各个种畜组的遗传优势和世代间隔。不同畜种，可以依据各自的育种方案建立有针对性的遗传进展估算公式。

如果在一个育种方案中，各个种畜组间存在着互作效应，单独地仅考虑一个种畜组，或某一个选择阶段的育种措施时，往往给育种规划带来错误的判断。

二、导致遗传进展估计偏高的因素

在规模很大的群体中，经过连续数代的选择，并不会导致群体可利用的遗传加性方差明显地降低，也不会出现因高强度的选择所造成的近交衰退。所以可以连续多世代使用同一个计算遗传进展的公式，以保证较为精确地获得各个种畜组的遗传进展估计值。但实际育种过程中，往往没有规模很大的育种群体，因此导致遗传进展估计偏高。

1. 育种群体的有限规模

对几个候选育种方案进行评估时，若群体结构相似，即使其群体有效规模较小，也不会影响不同育种方案育种成效的排序。

在估计群体遗传进展时，往往由于一些影响因素事先并未予以考虑，造成不正确地使用公式，进而导致遗传进展估计偏高。例如：影响群体遗传进展的要素之一是选择强度。计算选择强度时的基本假设是，选择在一个无穷大的群体中进行。在家畜的实践中，育种群体都是有限规模的。例如：我国大部分原种猪场每一品种仅有 500～800 头基础母猪，猪场间基本没有合作，导致其有效群体规模十分有限。即使在联合育种工作做得很好的奶牛，其种公牛的选择也只是在一个十分有限规模的公牛群中进行。若简单地按无穷大群体估计有限群体的遗传进展，可能导致遗传进展估计偏高。

2. 选择

在有限规模群体中，选择对育种群内的可利用遗传变异影响很大。高强度的持续选择，使家系间的方差降低，部分加性遗传方差也随之下降。家系间方差的下降，对使用亲属表型信息估计育种值的可靠性产生影响。选择对遗传进展的影响在第一世代尤为明显，经过几个世代后，其影响降低。在遗传进展计算公式中，无法消除上述选择带来的影响，将导致遗传进展估计偏高。

3. 近交

近交对群体内遗传变异的影响较小。一般仅在小群体的育种规划时，才考虑近交对群体遗传变异的负效应。近交对于育种工作的影响，主要是近交衰退效应，直接导致种畜个体生活力和生产性能下降。因此，与估计遗传进展相比，近交使群体的实际遗传进展大幅度下降。

三、应用计算机模拟估计选择效应

在育种规划中，使用遗传进展计算公式，可以估计出各育种措施短期的遗传进展，并以此作为评估各候选育种方案的标准之一。但真正实现的遗传进展与计算的结果通常有较大的差异。尤其实施选择方案的最初几个世代，遗传进展出现强烈的波动起伏。因此，近年来许多有关选择理论的研究，倾向于使用计算机模拟研究，即蒙特卡罗模拟技术（Monte-Carlo Simulation）。

应用计算机模拟技术，研究选择效应对育种成效的作用，主要从基因和个体两个水平进行。育种过程的计算机模拟研究，可以避免近交和选择对加性遗传变异以及育种值估计可靠性的影响，避免了遗传进展估计偏高的缺点。但是，育种过程的计算机模拟研究具有很高的技术难度，尤其需要大量的计算机编程和计算工作量。因此，育种的计算机模拟研究更适用于小群体，较少的性状，或特殊的遗传效应研究。

第三节　育种效益的估计

在实践中，育种成本的大小是选定并实施任何一个育种方案时必须要考虑的关键因素。一个主要依据遗传进展估计值"优化"的育种方案，应具有尽可能低的育种成本。即，在育种方案的评估方法中，还需要引入经济学指标，通过"投入—产出分析"，估算特定育种方案可能实现的育种产出和可能发生的育种投入，二者之差就是该方案的估计育种效益。

一、估计育种产出量的方法

育种产出量，是指在育种群中获得的遗传进展，被传递到生产群中发挥作用，并产生高于一般正常生产水平的产值。所以，在估算育种产出时，应将育种群中的各相关单位，如种畜场、各育种组织以及有关的育种设施等，与生产群一起视作一个完整的"育种—生产体系"。以这个体系为基础，通过"投入—产出分析"，最终得到育种产出的估计值。

根据家畜育种学原理，育种群中对种畜的一次选择所获得的遗传进展，至少要考虑种畜对畜群4~6个世代的影响。育种规划中，估算育种产出量的主要方法是基因流动法。基因流动法最早出现于20世纪70年代，它是一种用矩阵运算方式，表达选择周期种畜的基因或者说种畜的遗传优势，在世代交替中对畜群产生影响过程的统计方法。

二、估算育种成本的方法

在家畜育种规划中，候选方案育种成本的估算，包括方案实施所涉及的育种群、生产群，以及所有的参与育种、生产的组织和单位。估算育种成本的两条基本原则是：不考虑规划对象内个人间、部门间和组织间的经济往来；以及各有关育种组织内，单独开展的与育种方案无关的工作。

育种规划中的育种成本是指实施超出正常生产活动之外的特殊育种措施所发生的投入费用。例如，肉用家畜的肉用生产性能测定中，动物正常的饲料消耗不能计到育种成本中。而只将性能测定中需要单独饲喂的设施和人工费用，测定饲料超出正常饲料成本的部分，以及饲料成分分析等费用计到育种成本中。

育种成本一般分为固定成本和可变成本两部分。固定育种成本是指用于种畜上的一般育种工作，但又不包括在特定的育种措施中的费用。固定育种成本的高低主要取决于种畜，即所谓的"主动育种群"的规模。一般来说，大规模的畜群固定育种成本的负担相对低于小规模群体。生产性能测定占据可变育种投入的大部分。固定育种投入和各项可变育种投入组分都采用贴现值的方式相加，其总和为总的育种投入量。

三、计算育种的效益

育种效益是育种总产出量与育种总投入量之差。与多性状综合遗传进展和单个性状的遗传进展相比，育种效益是育种规划的更重要的评估指标。

育种效益也服从一般经济活动的"增量递减"的规律。随着育种措施的规模和强度的提高，所获得的边际产出量逐渐降低，当边际产出量等于边际投入量时，可望获得最大的育种效益。从遗传上达到最理想的育种成效，但在经济上不一定最合算。

尽管育种效益是一个十分重要的评估指标，但它不是唯一的育种规划评估指标。育种规划的最优化过程需要采用多个标准进行评估，在以经济学指标评估育种方案的同时，还应在一定范围内考虑遗传育种学评估指标。

第四节　遗传进展的传递

家畜育种工作的核心任务是：在育种群中，通过选种、选配等育种措施的实施，每年获得累加性的遗传进展。同时，育种工作的另一项任务是采取措施使育种群的遗传进展尽快地传递到生产群中发挥作用。这个传递过程的速度和效率，也是衡量育种方案优劣的重要指标之一。

评价遗传进展传递的效率，可以使用两个评价指标，即遗传差距和时间差距。遗传差距是指生产群家畜与同一时刻育种群种畜在遗传水平上的差距。当这个遗传差距用每年的遗传进展为单位时，则得到以年为单位的数值，即为时间差距。

图 12-1 是遗传进展传递的 6 种基本模型。除了上述 6 种传递模型外，在育种实践中还有许多其他的模式。各传递模型的时间差距和遗传差距均不同，各模型的适用性主要取决于畜种特异的繁殖率。模型 I 和 II 适用于繁殖力高的畜种，如鸡和猪的繁育体系；模型 III 是一个典型的使用人工授精技术的奶牛育种 - 生产体系；模型 IV 适于使用自然配种的绵羊生产体系；模型 V 和 VI 实际上是杂交繁育体系的模式。不同畜种在不同模型中育种群 1 头母畜相对于繁殖群和生产群规模母畜头数有很大差异，结果见表 12-2。

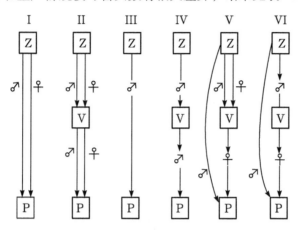

图 12-1　遗传进展传递模型

（引自张沅 2001）

表 12-2　不同畜种在不同模型中育种群 1 头母畜相对于繁殖群和生产群规模母畜头数

模型	畜群	牛	羊	猪	鸡
I	生产群	1.0	1.7	11	54
II	繁殖群	1.0	1.7	11	54
	生产群	2.1	4.6	121	2 983
III	生产群	30	38	104	486
IV	繁殖群	30	38	104	486
	生产群	1 004	1 519	11 232	237 048
V	繁殖群	1.0	1.7	8	9
	生产群	2.1	4.6	96	471
VI	繁殖群	15	14	9	9
	生产群	15	24	95	497

（引自张沅 2001）

如果对于提供给下一层次畜群的种畜，即由育种群向繁殖群或生产群，或由繁殖群向生产群提供的种畜，进行任何附加选择时，可以缩小生产群与育种群的遗传差距和时间差距。但由于育种群不会从生产群或繁殖群中引入种畜，所以对提供给繁殖群和生产群种畜的附加选择，对于育种群的累加性遗传进展不起任何作用。所以，育种规划中明智的育种策略是将有限的经费集中在育种群的系统选育措施上，加快其遗传进展，提高全群的遗传水平。

育种规划过程是一个完整的系统工程，由许多前后有序、互相衔接的规划工作阶段构成。育种方案的规划和实施过程中，涉及很多育种组织，如畜牧技术推广中心、育种协会、人工授精站、性能测定站、遗传评估中心等。在育种规划和实施过程中，这些组织的人员主要分为两类，一类是各育种组织的管理人员，他们与育种方案实施有直接利益关系。另一类是为育种规划工作提供科学方法的专家。完整的育种规划工作不仅包括育种方案的优化筛选，还包括组织落实方案的实施，并通过实施，验证方案的可行性，对方案做进一步的修改与完善。

实 训 指 导

实训一 鸡伴性性状观察与遗传分析

一、实训目的

掌握鸡的染色体特征及伴性遗传规律，并且利用鸡的伴性遗传规律建立自别雌雄品系，通过正确的品系间杂交，使雏鸡出壳后即可自别雌雄。

二、实验原理

雌雄鉴别在现代鸡生产中是必不可少的环节，以前采用翻肛法来鉴别，该方法技术性强。随着近代养鸡业及遗传育种学的发展，利用伴性遗传规律，建立了自别雌雄品系，使自别的准确率和效率大大提高。其原理是：鸡的性染色体构型是 ZW 型，公鸡为 ZZ 型，母鸡为 ZW 型，凡是伴性基因都位于 Z 染色体上，因此，伴性遗传总是伴随着 Z 染色体的分离和重组而表现出来，例如，金色与银色、快羽与慢羽、芦花与非芦花等。

（一）金、银色羽伴性性状自别雌雄原理

金色、银色是受伴性基因控制的，银色为显性，金色为隐性，利用金色公鸡和银色母鸡交配，则后代所有的金色雏鸡为母雏，银色为公雏，其遗传图为：

$$P \quad \begin{matrix} Z^s Z^s(\male) \\ 金色公鸡 \end{matrix} \quad \times \quad \begin{matrix} Z^S W(\female) \\ 银色母鸡 \end{matrix}$$

$$F_1 \quad \begin{matrix} Z^S Z^s(\male) \\ 银色公雏 \end{matrix} \quad \begin{matrix} Z^s W(\female) \\ 金色母雏 \end{matrix}$$

（二）快、慢羽伴性遗传性状自别雌雄原理

快羽、慢羽受位于 Z 染色体上的一对基因控制，慢羽为显性，快羽为隐性。用快羽公鸡和慢羽母鸡交配，子代快羽均为母鸡，而慢羽为公鸡，其遗传图为：

$$P \quad \begin{matrix} Z^k Z^k(\male) \\ 快羽公鸡 \end{matrix} \quad \times \quad \begin{matrix} Z^K W(\female) \\ 慢羽母鸡 \end{matrix}$$

$$F_1 \quad \begin{matrix} Z^K Z^k(\male) \\ 慢羽公雏 \end{matrix} \quad \begin{matrix} Z^k W(\female) \\ 快羽母雏 \end{matrix}$$

（三）芦花羽色的伴性遗传原理

芦花羽是由 Z 染色体上显性芦花基因 B 控制，它的等位基因 b 纯合时为非芦花，若用非芦花公鸡和芦花母鸡交配则雄鸡全部芦花，而雌鸡全部非芦花，其遗传图为：

$$P \quad \begin{array}{c} Z^b Z^b(\eth) \\ \text{非芦花公鸡} \end{array} \times \begin{array}{c} Z^B W(\female) \\ \text{芦花母鸡} \end{array}$$

$$F_1 \quad \begin{array}{c} Z^B Z^b(\eth) \\ \text{芦花公雏} \end{array} \qquad \begin{array}{c} Z^b W(\female) \\ \text{非芦花母雏} \end{array}$$

三、材料材料

1. 材料：芦花鸡、罗曼母代鸡。

2. 仪器：放大镜、解剖板、孵化器、照蛋灯等。

四、方法步骤

1. 按上面的杂交组合进行杂交，所产蛋进行记录后，将不同的杂交组合分开孵化。实训前孵出雏鸡（杂交前需将公、母隔离两周后再进行杂交，雏鸡要分群戴翅号）。

2. 将雏鸡放在实验台上，用肉眼观察其特征，根据羽色、羽速或芦花与非芦花来确定初生雏的公母。

（1）银色与金色羽：银色羽初生雏为白色或银灰色，金色羽初生雏为金黄色。

（2）快羽与慢羽：家禽翅膀上面有主翼羽，在主翼羽的上面覆盖的一层称覆主翼羽，在主翼羽后面的称付翼羽，在付翼羽上面的称为覆付翼羽。快羽和慢羽主要是根据鸡出壳48h内其主翼羽和覆主翼羽的相对长度而定的。慢羽分为 4 种：主翼羽和覆主翼羽等长；主翼羽短于覆主翼羽；主翼羽未长出；主翼羽稍长于覆主翼羽。

（3）芦花与非芦花：芦花成鸡的特征是羽毛呈黑白相间的横斑条纹，非芦花无横斑条纹。雏鸡为芦花羽时，绒羽为黑色，头上有乳白色或黄色斑点。非芦花雏鸡头顶上没有浅色斑块。上述杂交组合产生的子代小鸡中凡属具有黑色绒羽、头顶有黄色斑点者一定是雄鸡，否则为雌鸡。

3. 将已进行雌雄鉴别的雏鸡进行解剖，观察其生殖腺，以验证利用伴性原理鉴定的准确程度。

4. 留一部分雏鸡进行饲养，并戴上翅号，做好记录，7 周后观察验证。

五、实训考核

1. 叙述鸡自别雌雄的遗传学原理。（30 分）

2. 能够根据伴性遗传规律制定自别雌雄的品系杂交组合方案。（40 分）

3. 能够对雏鸡做出正确的性别鉴定。（30 分）

实训二　动物组织基因组 DNA 的提取

一、实训目的

（一）了解提取动物细胞基因组 DNA 的原理及要求。

（二）学习动物基因组 DNA 提取的常用方法。

二、实训原理

真核生物的 DNA 是以染色体的形式存在于细胞核内，因此，制备 DNA 的原则是既要将 DNA 与蛋白质、脂类和糖类等分离，又要保持 DNA 分子的完整。提取 DNA 的一般过程是将分散好的组织细胞在含 SDS（十二烷基硫酸钠）和蛋白酶 K 的溶液中消化分解蛋白质，再用酚、氯仿和异戊醇的混合液抽提分离蛋白质，得到的 DNA 溶液经乙醇沉淀，使DNA 从溶液中析出。

蛋白酶 K 的重要特性是能在 SDS 和 EDTA（乙二胺四乙酸二钠）存在下保持很高的活性。在匀浆后提取 DNA 的反应体系中，SDS 可破坏细胞膜、核膜，并使组织蛋白与 DNA分离，EDTA 则抑制细胞中 Dnase（脱氧核糖核酸酶）的活性；而蛋白酶 K 可将蛋白质降解成小肽或氨基酸，使 DNA 分子完整地分离出来。通过研磨和 SDS 作用破碎细胞；苯酚和氯仿可使蛋白质变性，用其混合液（酚、氯仿、异戊醇）重复抽提，使蛋白质变性，然后离心除去变性蛋白质；RNase 降解 RNA，从而得到纯净的 DNA 分子。

三、实训材料

1. 材料与仪器 猪新鲜肌肉组织、高速冷冻离心机、烘箱、冰箱、水浴锅、微量移液器、高压灭菌锅。

2. 试剂和器材 生理盐水、十二烷基硫酸钠（SDS）、三羟甲基氨基甲烷（Tris）、乙二胺四乙酸（EDTA）、饱和酚、氯仿、异戊醇、无水乙醇、75% 乙醇、蛋白酶 K、RNase酶；手术剪刀、镊子、吸水纸、微量取液器、研钵、1.5ml 离心管、一次性手套、1.5ml离心管架、记号笔。

3. 试剂配制

（1）Tris – HCL 1mol/L，pH 值为 8.0，50ml

配制方法：

40ml 双蒸水，6.057g 固体 Tris 放入烧杯中溶解，用浓盐酸调 pH 值到 8.0，转移到50ml 容量瓶中，加入双蒸水定容，摇匀后，转到准备好的输液瓶中，贴上标签，高压灭菌后，降至室温，4℃保存备用。

（2）生理盐水：0.85% NaCl 100ml

配制方法：

在 20ml 双蒸水中溶解 0.85g 固体 NaCl，加水定容至 100ml，摇匀后，转到准备好的输液瓶中，贴上标签，高压灭菌后，降至室温，4℃保存备用。

（3）EDTA 0.5mol/L，pH 值为 8.0，50ml

配制方法：

将 9.08g 的 EDTA·Na_2·$2H_2O$ 溶解于 40ml 双蒸水，用 1g 的 NaOH 颗粒（慢慢逐步加入）调 pH 值到 8.0，用 50ml 容量瓶定容，如果 EDTA 难溶，先加 NaOH 溶解，然后逐步加 EDTA·Na_2·$2H_2O$。

（4）TES 缓冲液（释放 DNA）100ml

配制方法：

将 0.584 4g 的 5 mol/L NaCl 溶解于 80ml 双蒸水，在分别加入 1ml 的 0.5mol/L EDTA、

0.2ml 的 Tris – HCl（pH 值 = 8.0），定容至 100ml，摇匀后，转到准备好的输液瓶中，贴上标签，高压灭菌后，降至室温，4℃保存备用。

（5）10% SDS（变性剂 破细胞壁）100ml

配制方法：

将 10g 的十二烷基硫酸钠（SDS）溶解在 80ml 双蒸水中于 68℃加热溶解，用浓 HCl 调至 pH 值 = 7.2，定容至 100ml，摇匀后，转到准备好的输液瓶中，贴上标签，4℃保存备用。

（6）蛋白酶 K（降解蛋白质）：20mg/ml 无菌三蒸水溶解。

（7）RNA 酶（降解 RNA）

配制方法：

将胰 RNA 酶（RNA 酶 A）溶于 10mmol/L 的 Tris·HCl（pH 值 = 7.5）、15mmol/L NaCl 中，配成 10mg/ml 的浓度，于 100℃加热 15min，缓慢冷却至室温，分装成小份存于 –20℃。

（8）氯仿：异戊醇 = 24∶1 100ml

按 24∶1 的比例加入氯仿、异戊醇，摇匀，转到准备好的瓶中，贴上标签，4℃保存备用。

（9）TE 缓冲液（溶解 DNA）pH 值 = 8.0 50ml

配制方法：

将 0.5ml 的 10mmol Tris – HCl（pH 值 = 8.0）、0.1ml 的 0.5mol/L EDTA（pH 值 = 8.0）加入到 50ml 的容量瓶中，调 pH 值 = 8.0 定容至 50ml 摇匀后，转到准备好的瓶中，贴上标签，高压灭菌后，降至室温，4℃保存备用。

四、实验步骤

1. 取猪新鲜肌肉组织，用生理盐水洗去血污，剪取约 0.5g 组织，放入 1.5ml 离心管中，剪碎。

2. 加入 0.45ml TES 混匀，再加入 50ul SDS（10%），5.0ul 蛋白酶 K（20mg/ml），充分混匀后，于 56℃保温 4~6h，每 2h 摇 1 次。

3. 放置到室温，加入等体积饱和酚（500ul），颠倒混匀，10 000r/min 离心 10 分钟，分离水相和有机相，小心吸取上层含核酸的水相到一个新的 1.5ml 离心管中。

4. 加入等体积酚∶氯仿∶异戊醇（25∶24∶1），颠倒混匀，10 000r/min 离心 10 分钟，取上层转移到新的 1.5ml 离心管中。

5. 加入等体积氯仿∶异戊醇（24∶1），颠倒混匀，10 000r/min 离心 10 分钟，取上层清液到一个新的 1.5ml 离心管中。

6. 加入 2.5 倍体积的 –20℃预冷的无水乙醇沉淀 DNA，观察现象。

7. 12 000 r/min，离心 10 分钟，弃乙醇。

8. –20℃保存的 75% 乙醇洗涤，10 000 r/min 离心 5 分钟，去乙醇，55℃干燥 DNA。

9. 加入适量 TE 溶解 DNA（具体依 DNA 的多少而定），–20℃保存备用。

五、注意事项

1. 抽提每一步用力要柔和，防止机械剪切力对 DNA 的损伤。

2. 在加入细胞裂解缓冲液前，细胞必须均匀分散，以减少 DNA 团块形成。

3. 取上层清液时，注意不要吸起中间的蛋白质层。

4. 乙醇漂洗去乙醇时，不要荡起 DNA。

5. 离心后，不要晃动离心管，拿管要稳，斜面朝外。

6. 造成提取的 DNA 不易溶解的原因：不纯，含杂质较多；加溶解液太少使浓度过大。沉淀物太干燥，也将使溶解变得很困难。

7. 酚/氯仿/异戊醇抽提后，其上清液太黏不易吸取，含高浓度的 DNA，可加大抽提前缓冲液的量或减少所取组织的量。

六、实训考核

1. 能够叙述 DNA 提取的原理和一般程序。（20 分）
2. 能够正确的配制所用的各种试剂。（20 分）
3. DNA 提取的操作过程准确无误。（40 分）
4. 能够在规定的时间内成功提取出 DNA。（20 分）

实训三　核酸琼脂糖凝胶电泳

一、实训目的

了解 DNA 琼脂糖凝胶电泳技术的原理，掌握有关的技术和识读电泳图谱的方法。

二、实训原理

琼脂糖凝胶电泳是常用的用于分离、鉴定 DNA、RNA 分子混合物的方法，这种电泳方法以琼脂凝胶作为支持物，利用 DNA 分子泳动时的电荷效应和分子筛效应，达到分离混合物的目的。DNA 分子在高于其等电点的溶液中带负电，在电场中向阳极移动。在一定的电场强度下，DNA 分子的迁移速度取决于分子筛效应，即分子本身的大小和构型是主要的影响因素。DNA 分子的迁移速度与其相对分子量成反比。不同构型的 DNA 分子的迁移速度不同，共价闭合环状的超螺旋分子（cccDNA）、开环分子（ocDNA）和线形 DNA 分子（IDNA）三种不同构型分子进行电泳时的迁移速度大小顺序为：cccDNA > IDNA > ocDNA。

核酸分子是两性解离分子，pH 值为 3.5 是碱基上的氨基解离，而三个磷酸基团中只有一个磷酸解离，所以分子带正电，在电场中向负极泳动；而 pH 值为 8.0 ~ 8.3 时，碱基几乎不解离，而磷酸基团解离，所以核酸分子带负电，在电场中向正极泳动。不同的核酸分子的电荷密度大致相同，因此对泳动速度影响不大。在中性或碱性时，单链 DNA 与等长的双链 DNA 的泳动率大致相同。

三、实训材料

1. 实训中提取的产物

2. 试剂

（1）5 × TBE：Tris 碱 54g，硼酸 27.5g，EDTA – Na$_2$ · 2H$_2$O 4.65g，加 ddH$_2$O 至 1 000ml。

（2）0.5×TBE：取 5×TBE 作 10 倍稀释。

（3）溴化乙锭液：10mg/ml。

（4）6×载样缓冲液：0.25% 溴酚蓝，40% 蔗糖水溶液。

3. 器材

（1）电泳系统：电泳仪、水平电泳槽、制胶板等。

（2）紫外透射仪。

四、实训内容

1. 称取 0.5g 琼脂糖，置于 200ml 锥形瓶中，加入 50ml 0.5×TBE 稀释缓冲液，然后置微波炉加热至完全溶化，溶液透明。稍摇匀，得胶液。冷却至 60℃ 左右，在胶液内加入适量的溴化乙锭至浓度为 0.5μg/ml。

2. 取有机玻璃制胶板槽，用透明胶带沿胶槽四周封严，并滴加少量的胶液封好胶带与胶槽之间的缝隙。

3. 水平放置胶槽，在一端插好梳子，在槽内缓慢倒入已冷至 60℃ 左右的胶液，使之形成均匀水平的胶面。

4. 待胶凝固后，加入少量电泳缓冲液，小心拔起梳子，撕下透明胶带，将凝胶放入电泳槽内（注意：近加样孔的一端朝向负极）。往电泳槽中加入 0.5×TBE 电泳缓冲液，液面高出胶面 1~2mm。

5. 把待检测的样品，按 1μl 加样缓冲液（6×）加 5μl 待测 DNA 样品的比例在洁净载玻片上小心混匀，用移液枪加至凝胶的加样孔中。加样缓冲液使样品具有一定的颜色，易于加样及判断电泳时 DNA 的位置，同时加样缓冲液中的甘油、蔗糖等与 DNA 混合可提高样品的密度，使 DNA 样品能均匀地沉到加样孔底。用微量进样器将混合后的 DNA 样品加入加样孔中。每一个加样孔加 4~5μl，记录点样顺序及点样量。

6. 接通电泳仪和电泳槽，点样端放阴极端，并接通电源，调节稳压输出，电压最高不超过 5V/cm，开始电泳。根据经验调节电压使分带清晰。

7. 观察溴酚兰带（蓝色）的移动。当其移动至距胶板前沿约 1cm 处，可停止电泳。

8. 染色：把胶槽取出，小心滑出胶块，水平放置于一张保鲜膜或其他支持物上，放进 EB 溶液中进行染色，完全浸泡约 30min。（若胶内或样品内已加 EB，此步骤可省略）

9. 在紫外透视仪的样品台上重新铺上一张保鲜膜，赶去气泡平铺，然后把已染色的凝胶放在上面。关上样品室外门，打开紫外灯（360nm 或 254nm），通过观察孔进行观察。

五、注意事项

1. 电泳中使用的溴化乙锭（EB）为中度毒性、强致癌性物质，务必小心，勿粘染于衣物、皮肤、眼睛、口鼻等。所有操作均只能在专门的电泳区域操作，戴一次性手套，并及时更换。

2. 预先加入 EB 时可能使 DNA 的泳动速度下降 15% 左右，而且对不同构型的 DNA 的影响程度不同。所以为取得较真实的电泳结果可以在电泳结束后再用 0.5μg/ml 的 EB 溶液浸泡染色。若胶内或样品内已加 EB，染色步骤可省略；若凝胶放置一段时间后才观察，即使原来胶内或样品已加 EB，也建议增加此步。

3. 制作凝胶时不要形成气泡，如果产生气泡需在凝胶液未凝固之前及时清除，否则，需重新制胶。

4. 以 0.5×TBE 作为电泳缓冲液时，溴酚兰在 0.5%~1.4% 的琼脂糖凝胶中的泳动速度大约相当于 300bp 的线性 DNA 的泳动速度，而二甲苯青 FF 的泳动速度相当于 4Kb 的双链线形 DNA 的泳动速度。

六、实训考核

1. 能够叙述琼脂糖凝胶电泳技术的原理。（15 分）
2. 能正确组装和使用电泳设备。（25 分）
3. 灌胶和加样。（20 分）
4. 染色和结果观察。（20 分）
5. 能在规定的时间内取得正确的结果。（20 分）

实训四　目的基因多聚酶链式反应

一、实训目的

1. 了解引物设计的一般要求。
2. 理解 PCR 基因扩增在分子生物学实验技术中的重要性。
3. 掌握 PCR 基因扩增的基本原理和操作技术。

二、实训原理

1985 年由 mullis k. b. 及其同事设计并研究成功多聚酶链式反应（Polymerase Chain Reaction，PCR）基因扩增技术，即在体外对半保留复制实行模拟。聚合酶链式反应的原理类似于 DNA 的天然复制过程。其特点是利用耐热的 DNA 聚合酶，将引物和目标 DNA 混合，经过高温变性、低温退火和适温延伸三个过程，并以此为周期进行循环，将目标 DNA 在短时间内扩增至 2 倍。

1. 变性： 在高温（93~95℃）下，待扩增的靶 DNA 受热变性，双链间的氢键断裂而形成两条单链 DNA 模板，即变性阶段。

2. 退火： 在低温（40~60℃）情况下，两条人工合成的寡核苷酸引物与单链 DNA 模板以碱基互补的原则结合，形成部分双链，即退火阶段。

3. 延伸： 在 72℃ 条件下，耐热 DNA 聚合酶以单键 DNA 为模板，在引物的引导下，利用反应混合物中的 4 种单核苷酸为底物，以引物 3′ 端为合成的起点，沿模板以 5′→3′ 方向复制出互补 DNA，即引物的延伸阶段。

这样，每一条双链的 DNA 模板，经过一次变性、退火、延伸三个步骤的热循环后就成了两条双链 DNA 分子。如此反复进行，每一次循环所产生的 DNA 均能成为下一次循环的模板，每一次循环都使两条人工合成的引物间的 DNA 特异区拷贝数扩增一倍，PCR 产物得以 2n 的批数形式迅速扩增，经过 25~30 个循环后，理论上可使基因扩增 109 倍以上，实际上一般可达 106～107 倍。

典型的 PCR 反应体系由：模板 DNA、反应缓冲液、dNTP、MgCl$_2$、两个合成的 DNA 引物、Taq DNA 聚合酶等组成。

三、实训材料

1. 材料与器材　实训中提取的基因组 DNA、微量移液器及吸头、硅烷化的 PCR 小管、PCR 扩增仪、台式高速冷冻离心机、凝胶成像系统、电泳系统。

2. 试剂

（1）10×buffer：500mM KCl，100mM Tris－HCl（pH 值＝9.0），0.1% 明胶

（2）MgCl$_2$：2.5mM

（3）4×dNTP：1mM

（4）引物（猪 hal 基因引物1：5′TCCAGTTTGCCACAGGTCCTACCA3′，引物2：5′ATTCACCGGAGTGGAGTCTCTGAG3′）：10pM

（5）模板：20ng/μl

（6）Taq 酶：5u/μl

四、操作方法

1. 在无菌的 200μl Eppendorf 管中配制 25μlPCR 反应体系。

反应物	体积
10×buffer	2.5μl
4×dNTP	2.5μl
MgCl$_2$	2.5μl
Taq 酶	1μl
引物	2μl
模板 DNA	4μl
灭菌双蒸水	10.5μl
总体积	25μl

2. 上述反应体系混匀，稍加离心。

3. 编辑设定 PCR 扩增程序，按照以下条件进行扩增，做 25～30 个循环。

94℃预变性	4 分钟
94℃变性	1 分钟
58℃退火	1 分钟
72℃延伸	1 分钟
72℃延伸反应	10 分钟
4℃保存	

4. 电泳检测扩增结果。

五、注意事项

1. 试剂湿热灭菌，小管分装，防止污染。

2. 所用的 PCR 扩增管、微量移液器的吸头都要灭菌。

3. 试剂混合时要在超净工作台中，戴上一次性手套，防止污染；要离心混匀。

4. 每次反应都要设置阴性和阳性对照。

5. 根据引物的融解温度设定退火温度，防止出现非特异性扩增产物。

六、实训考核

1. 能够叙述出 PCR 的基本原理。（15 分）

2. 能够根据目的基因设计引物。（30 分）

3. 正确的配制所需试剂。（20 分）

4. 能够正确使用 PCR 仪。（20 分）

5. 能在规定时间内取得正确的结果。（15 分）

实训五　数量性状遗传力估算

一、实训目的

了解遗传力在家畜育种中的重要指导作用，学习数量性状遗传力的估算方法。

二、实训原理

遗传力是指群体某一性状的表型方差（或表型变异量）中遗传成分所占的比重，又称遗传率。它可分为广义遗传力和狭义遗传力。广义遗传力就是遗传方差占总表型方差比率。在广义遗传力中，其遗传方差实际上是包括了加性方差，显性方差和上位方差三个组成部分，但其中只有加性方差即育种值方差是固定遗传的，为更精确地预测亲子代间的相似程度，在遗传力的估算中，应在遗传方差中去掉显性和上位方差。这就是狭义遗传力即育种值方差占表型总方差的比率。狭义遗传力表示可固定遗传的变异比例，不仅反映亲属相似程度，而且也可表示表型值与育种值的符合程度。在不同选择方法和方案的比较中，遗传力是决定选择响应的关键因素。因而，作为重要的群体遗传参数，遗传力是数量遗传和育种研究的首要目标之一。遗传力的公式是 $h^2 = V_A/V_P$，式中 h^2 表示性状的遗传力，V_A 代表育种值方差，V_P 代表表型值方差。由于育种值不能直接度量，因此，育种值方差只能用亲属的表型值资料间接估计，常用的方法有母女回归法和半同胞相关法。

三、实训材料

1. 家畜某性状的生产记录

2. 计算器或电脑

四、实训内容

1. 母女回归法

计算公式：$h^2 = 2b_{op}$

式中：h^2 代表性状的遗传力

b_{op} 表示女儿对母亲的回归系数

【例 5 - 1】 一奶牛群母牛的乳脂率记录见表 5 - 1，利用该资料估算奶牛乳脂率的遗传力。

表 5 - 1　某奶牛群部分母牛乳脂率的记录资料

母女对	种公牛 A		种公牛 B		种公牛 C	
	P	O	P	O	P	O
1	3.6	3.7	3.4	3.7	3.2	3.6
2	3.8	3.6	3.2	3.3	3.5	3.4
3	3.3	3.5	3.8	3.5	3.8	3.5
4	3.2	3.5	3.6	3.5	3.7	3.5
5	3.6	3.8	3.5	3.8	3.2	3.6
6	3.4	3.3	3.7	3.5	3.5	3.5
7	3.7	3.9	3.3	3.4	3.3	3.1
8	3.2	3.3	3.5	3.7	3.7	3.4
9			3.4	3.6	3.6	3.5
10			3.6	3.6		
ni	8		10		9	
ΣP	27.8		35		31.5	
ΣO	28.6		35.6		31.1	
ΣP^2	96.98		122.8		110.65	
ΣO^2	102.58		126.94		107.65	
ΣOP	99.64		124.66		108.85	

（1）资料整理

将资料按种公牛分组，以母女记录配对的形式列成上表。

（2）计算公牛内平方和、乘积和

$N = 84$，$\Sigma\Sigma P = 94.30$，　$\Sigma\Sigma O = 95.30$，　$\Sigma\Sigma P^2 = 330.43$，　$\Sigma\Sigma O^2 = 333.17$，

$\Sigma \dfrac{(\Sigma P)^2}{n_i} = 329.335$，　$\Sigma \dfrac{(\Sigma O)^2}{n_i} = 381.5663$，　$\Sigma\Sigma OP = 333.15$，

$\Sigma \dfrac{\Sigma P \Sigma O}{n_i} = 332.835$

则：

$$SS_{w(p)} = \Sigma\Sigma\ (P - \overline{P}_i)^2 = \Sigma\Sigma P^2 - \Sigma \frac{(\Sigma P)^2}{n_i} = 330.43 - 329.355 = 1.075$$

$$SP_w = \Sigma\Sigma\ (P - \overline{P}_i)\ (O - \overline{O}_i) = \Sigma\Sigma OP - \Sigma \frac{\Sigma P \Sigma O}{n_i} = 335.07 - 332.835 = 0.315$$

（3）计算遗传力

$h^2 = 2b_{op} = 2 \times\ (SP_w / SS_{w(p)})\ = 2 \times\ (0.315 / 1.075)\ = 0.59$

奶牛乳脂率的遗传力为 0.59。

2. 半同胞相关法

半同胞是指同父异母或同母异父的兄弟姐妹。动物生产中，种公畜数远少于母畜，因此更多的情况是同父异母的半同胞资料，特别是单胎动物更是如此。

半同胞相关法估计遗传力的公式：$h^2 = 4r_{HS}$

式中：h^2代表性状的遗传力

$4r_{HS}$代表半同胞相关系数

半同胞相关系数的计算公式：

$$r_{HS} = \frac{MS_S - MS_W}{MS_S + (n_0 - 1)MS_W}$$

式中：MS_S为公畜间均方

MS_W为公畜内均方

n_0为女儿数

例5-2：某牛群中4头公牛女儿的一月龄体重资料记录见表5-2，根据此资料计算该性状的遗传力。

表5-2 某牛群中4头公牛女儿的一月龄体重资料

公牛	一月龄半同胞女儿体重（kg）								n_i	Σx	Σx^2	x_i
A	42	45	43	51	47	40	41		7	309	13 729	44.14
B	45	42	38	47	48	46	50	45	8	361	16 387	45.13
C	52	56	49	42	44	46	50	53	8	392	19 366	49.00
D	42	49	54	47	40	46			6	278	13 006	46.33
合计									29	1340	62 488	184.60

（1）资料整理

资料按种公牛分组，列成上表形式。

（2）计算平方和、自由度、均方及n_0

$$SS_S = \Sigma \frac{(\Sigma x)^2}{n_i} - \frac{(\Sigma x)^2}{\Sigma n_i} = \left(\frac{309^2}{7} + \frac{361^2}{8} + \frac{392^2}{8} + \frac{278^2}{6} \right) - \frac{1340^2}{29} = 101.693$$

$$SS_W = \Sigma\Sigma x^2 - \Sigma \frac{(\Sigma x)^2}{n_i} = 624\ 88 - \left(\frac{309^2}{7} + \frac{361^2}{8} + \frac{392^2}{8} + \frac{278^2}{6} \right) = 469.065\ 5$$

$$n_0 = \frac{1}{S - 1} \left(\Sigma n_i - \frac{\Sigma n_i^2}{\Sigma n_i} \right) = \frac{1}{4 - 1} \left(29 - \frac{7^2 + 8^2 + 8^2 + 6^2}{29} \right) = 7.344\ 828$$

$$df_S = S - 1 = 4 - 1 = 3 \qquad df_w = 29 - 4 = 25$$

则：

$$MS_S = \frac{SS_S}{df_S} = \frac{101.693}{3} = 33.897\ 71$$

$$MS_W = \frac{SS_W}{df_w} = \frac{469.065\ 5}{25} = 18.762\ 62$$

（3）计算半同胞相关系数

$$r_{HS} = \frac{MS_S - MS_W}{MS_S + (n_0 - 1)MS_W} = \frac{33.897\ 71 - 18.762\ 62}{33.897\ 71 + (7.344\ 828 - 1) \times 18.762\ 62} = 0.098\ 959$$

（4）计算遗传力

$$h^2 = 4r_{HS} = 4 \times 0.989\ 59 = 0.40$$

该性状的遗传力即为 0.40。

五、注意事项

1. 随着家畜性状不同，遗传力的差别较大。

2. 遗传力高的性状，选择较易，遗传力低的性状，选择难些。对于遗传力较高的性状，在杂交的早期世代进行选择，收效比较显著。不然，以后期选择为主。根据各性状的遗传力进行选择，可提高选择效果，预期选择响应，缩短育种年限。

3. 遗传力的大小是对群体而言的，而不是用于个体。

六、实训考核

能够根据所给资料在规定的时间内计算出遗传力得 100 分；规定时间在教师的指导下完成的得 60 分，在规定时间内不能完成的得 0 分。

某猪场 3 头种公猪的仔猪育肥期平均日增重记录见表 5 - 3，请计算日增重的遗传力。

表 5 - 3　3 头种公猪的仔猪育肥期平均日增重记录

公猪	母猪	仔猪平均日增重（g）				
A	1	395	407	411	403	
	2	384	396			
	3	410	381	395	391	
	4	405	388	396		
B	5	382	403	391	395	405
	6	397	424	406	396	418
	7	403	383	394	380	
	8	402	382	395	393	
C	9	423	410	409	397	
	10	405	395	412		
	11	385	404	395	387	
	12	419	392	405		

实训六　家畜部位识别和家畜体尺测量

一、实训目的

1. 通过部位识别，要求能认真掌握家畜体表各部位的名称、起止范围、外部形态和内部结构，为以后的体尺测量和外形鉴定打好基础。

2. 通过体尺测量，要求能准确掌握各体尺的起止点和测量方法，以及注意事项。

二、实训材料

（一）动物：牛、马、猪等家畜数只。

（二）测量工具：测杖、卷尺、卡尺（圆形测定器）、量角仪等。

三、实训步骤

（一）部位与识别

外形鉴定的重要部位有：头、颈、鬐甲、背、腰、尻、胸、腹、乳房、四肢、蹄等。现分述如下：

1. 头部 以角根或耳根的后侧到下颚后缘的联线与颈部分界。包括有以下部位（眼、耳、鼻、口、颊、颞颥窝等，介绍从略）：

（1）额：以额骨为基础，上自两角根或两耳根联线，下至两眼内角联线。在两角根联线的最高处称额顶，牛即为枕骨脊所在处，马在此处着生鬃毛。

（2）鼻镜：为一光滑湿润无毛的部位，分布在鼻孔周围，为牛等所特有。猪因其鼻孔与上唇均在同一平面上，故称鼻喙（鼻吻）。

（3）下颚：以下颚骨为基础。二下颚之间的凹陷部分称颚凹，亦称槽口。

（4）脸（颜面）：上至两眼联线，下连鼻镜，两侧与颊相连，其中央为明显隆起的鼻梁。

（5）颐：是指位于马下唇下前方的圆形隆起部位。

2. 颈部 以鬐甲前缘到肩端的联线与前躯分界，主要部位包括（颈静脉沟、颈侧、喉、项等介绍从略）：

（6）颈脊：是颈上缘的隆起肥厚部分，为公牛的第二性征之一。马的颈上缘称鬣床，着生鬣毛。

（7）垂皮：为牛颈下缘的游离皮肤，借以增加散热面积。细毛羊在此部位有发达的纵皱折。

3. 前躯 以前肢诸骨为基础，以肩胛软骨后缘到肘端的联线与中躯分界，主要部位包括（蹄介绍从略）：

（8）前胸：为向前突出于两前肢间的胸部。

（9）鬐甲：是介于颈背之间的隆起部位。它以脊椎的中间几个棘突为基础，两侧与肩胛软骨上缘相连。

（10）肩：以肩胛骨为基础，在体躯的两侧。役畜的肩与颈接合处叫"挽床"。乳牛的肩胛后方，常有一微凹的地方叫"肩窝"。

（11）肩端：为肩关节的体表部位，即前躯两侧下方向前突出的部位。

（12）上膊：以上膊骨为基础，位于肩端之下后方。

（13）肘端：以肘关节的尺骨头为基础，为前躯两侧向后突出的部位。

（14）前膊：以桡骨和尺骨为基础，是介于肘和腕之间的体表部位。马在四肢此部位的内侧，各有一块角质附生物叫"附蝉"。驴只在前肢内侧处才有。

（15）腕（前膝）：是腕关节的体表部位。

（16）管：是以大掌骨为基础的体表部位。

（17）球节：是以管下的关节为基础的体表部位。马在球节下后方有一丛毛叫"距毛"。牛、羊、猪则在此处有两个角质退化的指骨叫"悬蹄"。

（18）系：位于球节和蹄之间，以四肢的系骨为基础。

4. 中躯 以腰角前缘到膝关节的联线与后躯分界，主要部位包括：

（19）背：以最后6~8个脊椎为基础，是指从鬐甲到腰部的体表部位，两侧与肋相连。"背线"则是指由鬐甲至尾根的全长。

（20）胸：以肋骨为基础，位于中躯两侧。

（21）腰：以腰椎为基础，无肋骨相连。

（22）肷（腰窝）：是肋骨后、腰角前、腰椎下的无骨部分，呈三角形。肉用家畜因皮下脂肪发达，该部位与肋平齐，故合并称之为体侧。

（23）腹：是整个腹腔的体表部位。

（24）胁（腋）：是体躯与四肢相连的下凹处，可分前胁与后胁。

（25）乳静脉：是腹下两条由左右乳房到乳井进入胸腔的静脉。乳牛此静脉粗而弯曲。

（26）乳井：为乳静脉进入胸腔的两个凹陷部位，乳牛大而深。

5. 后躯 主要部位包括（生殖器与飞节以下各部位的介绍从略）：

（27）乳房：是母畜乳腺组织的体表部位。乳房在牛和骆驼上有4个乳头，马和羊2个，猪一般在12个以上。

（28）乳镜：位于阴户下的两股间，乳牛此部位大而有细微皱纹。

（29）腰角：以肠骨外角为基础，它是后躯两侧突出的棱角。两腰角联线与背线相交处，称"十字部"。

（30）臀角：是髋关节的体表部位。

（31）臀端（坐骨端）：位于肛门两侧，以坐骨结节为基础。

（32）尻：位于后躯之上，以荐椎为基础。它以腰角、臀角和臀端的联线与大腿分界。

（33）大腿：以股骨为基础，上接尻，前连肷，是肌肉最多之处。大腿之后，乳镜两侧，半腱肌和半膜肌的体表部位称"臀"。

（34）膝（后膝）：是膝关节的体表部位。

（35）小腿：以胫、腓骨为基础的体表部位，位于膝之下，飞节之上。

（36）飞节：为跗关节的体表部位。飞节后方的突起部分称"飞端"。

（37）尾：以最前一个可以自由活动的尾椎为尾之起点。牛尾末端有许多长毛称"尾帚"。

（二）体尺测量

家畜体表各部位，不论是长度、宽度、高度和角度，凡用数字表示其大小者均称为体尺。体尺种类很多，测量多少可根据具体目的和畜种而定。生产中多测量体高、体长、胸围、管围四项，但研究工作中测量项目可有：

1. 体高（鬐甲高） 用杖尺测量鬐甲最高点至地面的垂直距离。先使主尺垂直竖立在畜体左前肢附近，再将上端横尺平放于鬐甲的最高点（横尺与主尺须成直角），即可读出主尺上的高度。

2. 背高 用杖尺测量背部最低点至地面的垂直距离。

3. 尻高（荐高） 用杖尺测量荐部最高点至地面的垂直距离。

4. 臀端高（坐骨端高） 用杖尺测量臀端上缘到地面的垂直距离。

5. 前肢高 在马是用杖尺量取肘端上缘至地面的垂直距离。也可用鬐甲高减去胸深来表示，但必须加以注明。

6. 体长（体斜长） 是肩端前缘到臀端后缘的直线距离。用杖尺和卷尺都可量取，前者得数比后者略小一些，故在此体尺后面，应注明所用何种量具。

7. 身长 用卷尺量取猪的两耳联线中点到尾根的水平距离。

8. 头长 用卡尺测量额顶至鼻镜上缘（牛等）或鼻端（马）的直线距离。

9. 颈长 用卷尺量取由枕骨脊中点到肩胛前缘下 1/3 处的距离。

10. 尻长 用卡尺量取腰角前缘到臀端后缘的直线距离。

11. 胸宽 将杖尺的两横尺夹住两端肩胛后缘下面的胸部最宽处，便可读出其宽度。

12. 额宽 有两种测量方法，较多测量的是最大额宽。

（1）最大额宽：用卡尺量取两侧眼眶外缘间的直线距离。

（2）最小额宽：用卡尺量取两侧颞颥外缘间的直线距离。

13. 腰角宽 用卡尺量取两腰角外缘间的水平距离。

14. 臀端宽（坐骨结节宽） 用卡尺量取两臀端外缘间的水平距离。

15. 胸深 用杖尺量取鬐甲至胸骨下缘的垂直距离。量时沿肩胛后缘的垂直切线，将上下两横尺夹住背线和胸底，并使之保持垂直位置。

16. 头深 用卡尺量取两眼内角联线中点到下颚下缘的垂直距离。

17. 胸围 用卷尺在肩胛后缘处测量的胸部垂直周径。

18. 腹围 用卷尺量取腹部最大处的垂直周径，较多用之于猪。

19. 管围 用卷尺量取管部最细处的水平周径，其位置一般在掌骨的上 1/3 处。

20. 腿臀围（半臀围） 用卷尺由左侧后膝前缘突起，绕经两股后面，至右侧后膝前缘突起的水平半周。该体尺一般多用于肉用家畜，表示腿部肌肉的发育程度。

四、注意事项

1. 进入牧场和畜舍前要注意消毒，并保持安静。

2. 接触家畜时，应从其左前方缓慢接近，并注意有无恶癖，以确保人身安全。

3. 按实验指导所要求的部位顺序，逐一进行识别，并同时熟悉每部位的名称、起止范围、外部形态和内部结构。

4. 随时注意测量器械的校正和正确使用。

5. 将量具轻轻对准测量点，并注意量具的松紧程度，使其紧贴体表，不能悬空量取。

6. 所测家畜站立的地面要平坦。不能在斜坡或高低不平地面上测量。站立姿势也要保持正确。

五、实训考核

1. 绘出奶牛和猪的外形轮廓图，要求将实训指导所提出的 37 个部位逐一标出。(50 分) 全部标示正确的得 50 分，每标错一个部位扣 2 分。

2. 以奶牛或猪为测量对象，每人实际测量 2 头，并将测量结果写进记录表中交出。(50 分)

（1）能够准确找到测量部位。(20 分)

（2）能够正确选择和使用测量工具。（20分）

（3）能够正确记录测量结果。（10分）

实训七　乳牛线性外貌评定

一、实训目的

学习乳牛外貌线性评定的方法，了解乳牛线性外貌评定在奶牛育种生产中的重要意义。

二、实训原理

奶牛体型外貌性状鉴定就是从生物学的角度对一些与奶牛产奶能力和生产使用年限相关的奶牛体型性状进行评分的一种体型外貌鉴定方法。具备良好性能体型的奶牛，其产奶能力和使用年限都具有较高的经济效益。体型的重要性现在已经放到了与性能同等重要的地位。人们之所以愈来愈重视体型，第一，从育种目标上考虑，人们需要的是高产、健康、长寿的牛群。而实践已经证明，具备合格的功能体型的牛群生产性能好，经济效益高，选出优秀体型的牛群，可以提高全群的产奶量。另外，许多试验也证明，体型性状的表现与健康状况、寿命长短及繁殖率都有很大的相关。第二，由于社会和奶牛业的发展，机械化集约化程度的提高，要求有标准体型以适应机械化挤奶和高效率生产管理。第三，通过体型评定，可以缩短育种年限，提早选育公牛。在育种工作中，种公牛和其交配母牛的体型特征如果配合得当，所产生的后代能获得好的功能体型，终身生产能力和使用年限都将获得较大的提高和改善，并将获得高的经济效益。

在体型评分中，凡是与奶牛产奶能力和生产使用年限有关系的体型性状均可以对奶牛的产奶能力和生产使用年限产生直接的影响。线性鉴定的评分是针对单一性状从生物学角度的一个极端到另一个生物学极端进行评分，是以生物学变异范围，并不是以理想型为基准进行评分。因而充分保证了鉴定结果的最大准确性；并且评分也尽可能的使所鉴定的性状达到数量化，使不同的鉴定员之间存在的误差降低到最低水平，保证了鉴定结果的一致性，因而使鉴定结果的使用价值有了较大提高。

三、实训材料

1. 动物：乳牛群。

2. 评定工具：测杖、卷尺、卡尺（圆形测定器）、量角仪、计算器等。

四、实训内容

1. 确认奶牛名号与斑纹，并且鉴定员逐头过目，观察头颈有无异常

2. 线性性状评分

（1）体高：主要根据尻高，即尻部到地面的垂直高度进行线性评分。体高等于或低于130厘米的母牛视为特矮，评1~5分；体高140厘米者为中等，评25分；体高达到或超过150厘米者为极高，评45~50分；即体高（140±1）厘米，线性评分（25±2）分。

注意事项：评定该性状时，要认清尻部，找好固定参照物进行估测。体高在现代奶牛的机械化与集约化管理中起一定的作用，过高与过低的奶牛均不适于规范化管理。通常认为，极端低与极端高的奶牛均不理想，当代奶牛的最佳体高为145～150厘米。

（2）胸宽（体强度）：主要根据两前肢间距离进行线性评分。两前肢间距离极窄的个体，评1～5分；较窄者，评15；两前肢间距离25厘米，评25分；较宽者，评35；极宽者，评45～50分。

（3）体深：主要根据肋骨长度和开张程度进行线性评分。极浅的个体，评1～5分；较浅者，评15分；中等深者，评25分；较深者，评35分；极端深者，评45～50分。

注意事项：评定时看中躯，以肩脚后缘的胸深为准进行比较综合。这一性状与母牛容纳大量粗饲料的能力有直接关系。通常认为，奶牛适度体深者为佳。

（4）楞角性（乳用性、清秀度）：主要依据肋骨开张度和颈长度、母牛的优美程度和皮肤状态等进行线性评分。肉厚、粗糙的个体，评1～5分；轮廓基本鲜明者，评25分；非常鲜明者，评45～50分。

注意事项：评定时，鉴定员可根据第12、第13肋骨，即最后两肋的间距衡量开张程度，两指半宽为中等程度，三指宽为较好。楞角性与产奶量密切相关。通常认为，轮廓非常鲜明者为佳。

（5）尻角度：由于尻角度会影响胎衣的排出，因此与母牛的繁殖性能有直接关系。尻角度主要根据腰角至尻角连线与水平线的夹角（从牛体侧面观察）进行线性评分。尻角明显高于腰角的个体（-10°），评1～5分；尻角略高于腰角者（-5°），评15分；水平尻者，评20分；腰角明显高于尻角者（10°），评45～50分。通常认为，两极端的奶牛均不理想，当代奶牛的最佳尻角度是腰角略高于尻角，且两角连线与水平线呈5°夹角。

（6）尻宽：尻宽与易产性有关，尻部越宽，产犊越顺利。尻宽主要根据髋宽进行线性评分。髋宽小于38厘米者，视为极窄，评1～5分；髋宽为48厘米者为中等，评25分；髋宽大于58厘米者，评45～50分；即髋宽（48±1）厘米，线性评分（25±2）分。

注意事项：评定尻宽时，要注意识别髋宽的位置。通常认为，尻极宽者为佳。

（7）后肢侧视：主要是从侧面看后肢的姿势，根据飞节处的弯曲度（飞节角度）进行线性评分。飞节角度大于155°（直飞）者，评1～5分；飞节角度为145°者，评25分；飞节角度小于135°（极度弯曲呈镰刀状）者，评45～50分；即飞节角度（145±1）°，线性评分（25±2）分。

注意事项：后肢一侧伤残时，应看健康的一侧。该性状与奶牛对肢蹄部的耐力有关。通常认为，飞节适度弯曲者为当代奶牛的最佳侧视姿势，且偏直一点的奶牛耐用年限长。

（8）蹄角度：主要根据蹄侧壁与蹄底的夹角进行线性评分。蹄角度小于25°的个体为极低，评1～5分；蹄角度45°者为中等，评25分；蹄角度大于65°者为极高，评45～50分；即蹄角度（45±1）°，线性评分（25±1）分。

注意事项：蹄的内外角度不一致时，应看外侧的角度，长蹄勿混淆弄错，要看蹄上边侧壁形成的角度，同时以后肢的蹄角度为主。蹄形的好坏影响奶牛的运动性能和健康状态。通常认为，蹄角度极低和极高的两极端奶牛均不理想，只有适当的蹄角度（50°）才是当代奶牛的最佳选择。

（9）前乳房附着：主要根据侧面韧带与腹壁连接附着的结实程度（构成的角度）进行线性评分。连接附着极度松弛（90°）者，评1~5分；连接附着中等结实（110°）者，评25分；连接附着充分紧凑（130°）者，评45~50分；即前乳房附着（110±1）°，线性评分（25±1）分。

注意事项：乳房损伤或患乳腺炎时，应看不受影响或较小影响一侧的乳房。该性状与奶牛健康状态有关。通常认为，连接附着偏于充分紧凑者为佳。

（10）后乳房高度：主要根据乳汁分泌组织的顶部到阴门基部的垂直距离进行线性评分。该距离为20厘米者，评45分；距离30厘米者，评25分；距离40厘米者，评5分；即乳汁分泌组织的顶部到阴门基部的垂直距离（30±1）厘米，线性评分（25±2）分。

注意事项：评定该性状时，应注意识别乳汁分泌组织顶部的位置，不要被松弛的乳房所迷惑：为难时，看刚挤完奶乳房的性状。后乳房高度可显示奶牛的潜在泌乳能力。通常认为，乳汁分泌组织的顶部极高者为佳。

（11）后乳房宽度：主要根据后乳房左右两个附着点之间的宽度进行线性评分。宽度小于7厘米者，视为后乳房极窄，评1~5分；15厘米者为中等宽度，评25分；大于23厘米者为后乳房极宽，评45~50分。

注意事项：刚挤完奶时，可根据乳房皱褶多少，加5~10分。后乳房宽度也与潜在的泌乳能力有关。通常认为，后乳房极宽者为佳。

（12）悬韧带：主要根据后视乳房中央悬韧带的表现清晰程度进行线性评分。中央悬韧带松弛，乳房纵沟者，评1~5分；中央悬韧带强度中等，乳房纵沟明显者（沟深3厘米），评25分；中央悬韧带呈结实有力，乳房纵沟极为明显者（沟深6厘米），评45~50分。

注意事项：在评定时，为提高评定速度，通常可根据后乳房底部悬韧带处的夹角深度进行评定，无角度向下松弛呈圆弧者，评1~5分；呈钝角者，评25分；呈锐角者，评45~50分。只有坚强的悬韧带，才能使奶牛乳房保持应有的高度和乳头的正常分布，减少乳房损伤。

（13）乳房深度：主要根据乳房底平面与飞节的相对位置进行线性评定。乳房底平面在飞节下5厘米者，评1~5分；在飞节上5厘米者，评25分；在飞节上15厘米以上者，评45~50分；即乳房底平面与飞节的距离为（5±1）厘米，线性评分（25±2）分。

注意事项：观察乳房底面时应蹲下尽量保持平视乳房，底平面斜时，要以最低的位置审定。从容积上考虑，乳房应有一定的深度，但过深时又影响乳房健康，因为过深的乳房容易受伤和发生乳腺炎。通常认为过深和过浅的两极端乳房均不理想，各胎乳房深度的适宜线性评分为：初产牛在30分以上；2~3胎牛应大于25分；4胎牛应大于20分。对该形状要求严格，如乳房底面在飞节上评20分，稍低于飞节即给15分。

（14）乳头位置：主要根据后视前乳区乳头分布情况进行线性评分。乳头基底部在乳区外侧，乳头离开的个体，评1~5分；乳头位置在各乳房中央部位者，评25分；乳头在乳牛内侧分布、乳头靠近者，评45~50分。

注意事项：评定该形状时，要求鉴定员在牛体的后方，蹲下观察，重要的是看前乳区两个乳头的位置。乳头在乳区内的位置不仅关系到挤奶方便和容易与否，也关系到是否易受损伤。通常认为，乳头分布靠得较近者为佳。

（15）乳头长度：主要根据前乳区乳头长度进行线性评分。长度为9.0厘米者，评45分；长度为6.0厘米者，评25分；长度为3.0厘米者，评5分；即乳头长度（6±1.5）厘米，线性评分（25±10）分。乳头长度与挤奶难易以及是否易受损伤有关。通常认为当代奶牛的最佳乳头长度为6.5~7厘米。

注意事项：最佳乳头长度因挤奶方式而有所变化，手工挤奶乳头长度可偏短，而机器挤奶则以6.5~7厘米为佳。

3. 线性评分转换为功能分

线性评分是用1~50分来描述体型性状从一个极端到另一个极端不同程度的表现状态。这种线性评分的大小仅是代表性状表现的程度，不能直接用其数值大小说明性状的优劣，因为有些形状处在极佳，而另外一些性状则处在中间状态为最好。因此还需将线性评分转化为功能分（表7-1），功能分为百分制。

表7-1 15个性状线性分与功能分转换关系表

线性分	功能分														
	体高	胸宽	体深	棱角性	尻角度	尻宽	后肢侧望	蹄角度	前乳房附着	后乳房高度	后乳房宽度	悬韧带	乳房深度	乳头位置	乳头长度
1	51	51	51	51	51	51	51	51	51	51	51	51	51	51	51
2	52	52	52	52	52	52	52	52	52	52	52	52	52	52	52
3	54	54	54	53	54	54	53	53	53	54	53	53	53	53	53
4	55	55	55	54	55	55	54	56	54	56	54	54	54	54	54
5	57	57	57	55	57	57	55	58	55	58	55	55	55	55	55
6	58	58	58	56	58	58	56	59	56	59	56	56	56	56	56
7	60	60	60	57	60	60	57	61	57	61	57	57	57	57	57
8	61	61	61	58	61	61	58	63	58	63	58	58	58	58	58
9	63	63	63	59	63	63	59	64	59	64	59	59	59	59	59
10	64	64	64	60	64	64	60	65	60	65	60	60	60	60	60
11	66	65	65	61	65	65	61	66	61	66	61	61	61	61	61
12	67	66	66	62	66	66	62	67	62	66	62	62	62	62	62
13	68	67	67	63	67	67	63	67	63	67	63	63	63	63	63
14	69	68	68	64	69	68	64	68	64	67	64	64	64	64	64
15	70	69	69	65	70	69	65	68	65	68	65	65	65	65	65
16	71	70	70	66	72	70	67	69	66	68	66	66	66	67	66
17	72	72	71	67	74	71	69	69	67	69	67	67	67	69	67
18	73	72	72	68	76	72	71	70	68	69	68	68	68	71	68
19	74	72	72	69	78	73	73	71	69	70	69	69	69	73	69
20	75	73	73	70	80	74	75	72	70	70	70	70	70	75	70
21	76	73	73	72	82	75	78	73	72	71	71	71	71	76	72
22	77	74	74	73	84	76	81	74	73	72	72	72	72	77	74
23	78	74	74	74	86	76	84	75	74	74	73	73	73	78	76
24	79	75	75	76	88	77	87	76	75	75	74	74	74	79	78
25	80	75	75	76	90	78	90	77	76	75	75	75	75	80	80
26	81	76	76	76	88	78	87	78	76	76	76	76	76	81	83
27	82	77	77	77	86	79	84	79	77	76	77	77	77	81	85

线性分	功能分														
	体高	胸宽	体深	棱角性	尻角度	尻宽	后肢侧望	蹄角度	前乳房附着	后乳房高度	后乳房宽度	悬韧带	乳房深度	乳头位置	乳头长度
28	83	78	78	78	84	80	81	81	78	77	78	78	79	82	88
29	84	79	79	79	82	80	78	83	79	77	79	79	82	82	90
30	85	80	80	80	80	81	75	85	80	78	80	80	85	83	90
31	86	82	81	81	79	82	74	87	81	78	81	81	87	83	89
32	87	84	82	82	78	82	73	89	82	79	82	82	89	84	88
33	88	86	83	83	77	83	72	91	83	80	83	83	90	84	87
34	89	88	84	84	76	84	71	93	84	80	84	84	91	85	86
35	90	90	85	85	75	85	70	95	85	81	85	85	92	85	85
36	91	92	86	87	74	86	68	94	86	81	86	86	91	86	84
37	92	94	87	89	73	87	66	93	87	82	87	87	90	86	83
38	93	91	88	91	72	88	64	92	88	83	88	88	89	87	82
39	94	88	89	93	71	89	62	91	90	84	89	89	87	87	81
40	95	85	90	95	70	90	61	90	92	85	90	90	85	88	80
41	96	82	89	93	69	91	60	89	94	86	90	91	82	88	79
42	97	79	88	91	68	93	59	88	95	87	91	92	79	89	78
43	95	78	87	89	67	95	58	87	94	88	91	93	77	89	77
44	93	78	86	87	66	97	57	86	92	89	92	94	76	90	76
45	90	77	85	85	65	95	56	85	90	90	92	95	75	87	75
46	88	77	82	82	62	93	55	84	88	91	93	92	74	87	74
47	86	76	79	79	59	91	54	83	86	92	94	89	73	84	73
48	84	76	77	77	56	90	53	82	84	94	95	86	72	81	72
49	82	75	76	76	53	89	52	81	82	96	96	83	71	78	71
50	80	75	75	75	51	88	51	80	80	97	97	80	70	75	70

4. 计算各部分得分

将被评定奶牛个体性状查取的功能的分，分别填入一般外貌、乳用特征、体躯容积和泌乳系统给分表中（表7-2、表7-3、表7-4、表7-5），并计算加权后得分。

表7-2 一般外貌给分表

体型性状	体高	胸宽	体深	尻宽	后肢侧望	尻角度	蹄角宽	合计
权重（%）	15	10	10	10	20	15	20	100
被评定牛得分								
加权后得分								

表7-3 乳用特征给分表

体型性状	棱角性	尻宽	尻角度	后肢侧望	蹄角度	合计
权重（%）	60	10	10	10	10	100
被评定牛得分						
加权后得分						

表7-4 体躯容积给分表

体型性状	体高	胸宽	体深	尻宽	合计
权重（%）	20	30	30	20	100
被评定牛得分					
加权后得分					

表7-5 泌乳系统给分表

体型性状	前乳房附着	后乳房高度	后乳房宽度	悬韧带	乳房深度	乳头位置	乳头长度	合计
权重（%）	25	10	15	10	25	7.5	7.5	100
被评定牛得分								
加权后得分								

5. 计算整体得分

将一般外貌、乳用特征、体躯容积和泌乳系统等4部分的得分填入表7-6中，并计算被评定奶牛的整体得分。

表7-6 整体评分表

项目	权重	被评定牛得分	加权后得分
一般外貌	30		
乳用特征	15		
体躯容积	15		
泌乳系统	40		
合计	100		

6. 等级评定

根据母牛的整体评分，按以下标准划级定等。

90~100分 优秀（EX）

85~89分 良好（VG）

80~84分 佳（G+）

75~79分 好（G）

65~74分 中（F）

51~64分 差（P）

五、注意事项

1. 体型鉴定一般要求母牛在2~6岁进行，可每年一次。亦即24~72月龄的牛，最好是处于2~5泌乳月。

2. 注意性状的线性评分与奶牛的年龄、泌乳时期、饲养管理无关。以各性状的假定平均值为25分，评分要拉得开，不要经常评成25分附近的分数。

3. 对某一性状的评定，也不要联系其它性状。未投产牛、干奶牛、产犊后、疾病的牛一般不鉴定。

六、实训考核

到奶牛饲养场，每人实际鉴定 2 头，并将测量结果写进记录表中交出。

1. 鉴定的部位准确无误。（40 分）

2. 能够正确选择和使用测量工具。（40 分）

3. 能够正确记录测量结果，给出评定等级。（20 分）

实训八　利用 GPS 软件评估种鸡的育种值

一、实训目的

了解育种值在选种工作中的作用。学习 GPS 家禽育种数据采集与分析系统的操作方法，熟悉鸡只各种信息的录入方法，掌握利用 GPS 软件评估种鸡育种值的方法。

二、实训原理

选种是育种工作中的关键环节，正确的选种要基于对畜禽遗传素质的准确评定。在众多的育种值估计方法中 BLUP 法越来越受到重视，该法能够提高选种的准确性。目前，这一方法在国际猪育种界已成为标准的遗传评估方法。其具有如下优点：①可充分利用所有亲属的信息；②可校正固定环境效应，更有效地消除由环境造成的偏差；③能考虑不同群体、不同世代的遗传差异；④可校正选配造成的偏差；⑤当利用个体的多项记录时，可将由于淘汰造成的偏差降低到最低。近年来随着计算机技术的发展，相应的育种软件在畜禽育种中的得到了广泛应用，本实训练习在 GPS 软件平台上利用 BLUP 算法进行鸡只测定数据分析、利用经典选择指数进行鸡只测定数据分析、遗传参数分析和遗传比较分析。

三、实训材料

1. 种鸡场生产记录（表 8 - 1，表 8 - 2，表 8 - 3）

2. 电脑及 GPS 家禽育种数据采集与分析系统

四、实训内容

（一）GPS 家禽育种数据采集与分析系统各界面菜单的操作方法（第七章第五节）

（二）鸡只编号的原则和录入方法（第七章第五节）

（三）将鸡只的下列信息录入系统（第七章第五节）

表 8 - 1　家 禽 档 案 登 记 表

现饲养地点：一场 1 舍　　　　　　出生地点：一场　　　　　　　　　　单位：克

序	父亲号	母亲号	品系	翅号	性别	出生日期	出生重
1	02 - AA - 00 - 00002	01 - AA - 99 - 00022	一系	00001	公	2001/02/01	34
2	02 - AA - 00 - 00002	01 - AA - 99 - 00022	一系	00002	母	2001/02/01	33
3	02 - AA - 00 - 00002	01 - AA - 99 - 00022	一系	00003	公	2001/02/01	36

序	父亲号	母亲号	品系	翅号	性别	出生日期	出生重
4	02 - AA - 00 - 00002	01 - AA - 99 - 00022	一系	00004	母	2001/02/01	32
5	02 - AA - 00 - 00002	01 - AA - 99 - 00022	一系	00006	母	2001/02/01	32
6	02 - AA - 00 - 00002	01 - AA - 99 - 00022	一系	00008	母	2001/02/01	31
7	02 - AA - 00 - 00002	01 - AA - 99 - 00022	一系	00010	母	2001/02/01	33
8	02 - AA - 00 - 00002	01 - AA - 99 - 00024	一系	00011	公	2001/02/01	35
9	02 - AA - 00 - 00002	01 - AA - 99 - 00024	一系	00013	公	2001/02/01	33
10	02 - AA - 00 - 00002	01 - AA - 99 - 00024	一系	00015	公	2001/02/01	37
11	02 - AA - 00 - 00002	01 - AA - 99 - 00024	一系	00012	母	2001/02/01	30
12	02 - AA - 00 - 00002	01 - AA - 99 - 00024	一系	00014	母	2001/02/01	32
13	02 - AA - 00 - 00002	01 - AA - 99 - 00024	一系	00016	母	2001/02/01	36
14	02 - AA - 00 - 00002	01 - AA - 99 - 00024	一系	00018	母	2001/02/01	30
15	02 - AA - 00 - 00002	01 - AA - 99 - 00024	一系	00020	母	2001/02/01	31
16	02 - AA - 00 - 00029	01 - AA - 99 - 00011	一系	00021	公	2001/02/01	31
17	02 - AA - 00 - 00029	01 - AA - 99 - 00011	一系	00022	母	2001/02/01	30
18	02 - AA - 00 - 00029	01 - AA - 99 - 00011	一系	00023	公	2001/02/01	30
19	02 - AA - 00 - 00029	01 - AA - 99 - 00011	一系	00024	母	2001/02/01	30
20	02 - AA - 00 - 00029	01 - AA - 99 - 00011	一系	00025	公	2001/02/01	36
21	02 - AA - 00 - 00029	01 - AA - 99 - 00011	一系	00026	母	2001/02/01	36
22	02 - AA - 00 - 00029	01 - AA - 99 - 00011	一系	00028	母	2001/02/01	30
23	02 - AA - 00 - 00029	01 - AA - 99 - 00011	一系	00030	母	2001/02/01	33
24	02 - AA - 00 - 00029	01 - AA - 99 - 00049	一系	00031	公	2001/02/01	36
25	02 - AA - 00 - 00029	01 - AA - 99 - 00049	一系	00032	母	2001/02/01	33
26	02 - AA - 00 - 00029	01 - AA - 99 - 00049	一系	00033	公	2001/02/01	36
27	02 - AA - 00 - 00029	01 - AA - 99 - 00049	一系	00034	母	2001/02/01	30
28	02 - AA - 00 - 00029	01 - AA - 99 - 00049	一系	00035	公	2001/02/01	33
29	02 - AA - 00 - 00029	01 - AA - 99 - 00049	一系	00036	母	2001/02/01	31
30	02 - AA - 00 - 00029	01 - AA - 99 - 00049	一系	00038	母	2001/02/01	36
31	02 - AA - 00 - 00029	01 - AA - 99 - 00049	一系	00040	母	2001/02/01	35

签字：_____

表 8-2 家 禽 生 长 测 定 上 号 登 记 表

现饲养地点：一场1舍　　　　　　　　上号后的地点：一场1舍　　　　　　　　单位：克

序	品系	出生年度	翅号	上号日期	笼号	备 注
1	AA	2001 年	00001	2001/02/15	1	
2	AA	2001 年	00002	2001/02/15	2	
3	AA	2001 年	00003	2001/02/15	3	
4	AA	2001 年	00004	2001/02/15	4	
5	AA	2001 年	00006	2001/02/15	5	
6	AA	2001 年	00008	2001/02/15	6	
7	AA	2001 年	00010	2001/02/15	7	
8	AA	2001 年	00011	2001/02/15	8	
9	AA	2001 年	00013	2001/02/15	9	
10	AA	2001 年	00015	2001/02/15	10	

序	品系	出生年度	翅号	上号日期	笼号	备注
11	AA	2001 年	00012	2001/02/15	11	
12	AA	2001 年	00014	2001/02/15	12	
13	AA	2001 年	00016	2001/02/15	13	
14	AA	2001 年	00018	2001/02/15	14	
15	AA	2001 年	00020	2001/02/15	15	
16	AA	2001 年	00021	2001/02/15	16	
17	AA	2001 年	00022	2001/02/15	17	
18	AA	2001 年	00023	2001/02/15	18	
19	AA	2001 年	00024	2001/02/15	19	
20	AA	2001 年	00025	2001/02/15	20	
21	AA	2001 年	00026	2001/02/15	21	
22	AA	2001 年	00028	2001/02/15	22	
23	AA	2001 年	00030	2001/02/15	23	
24	AA	2001 年	00031	2001/02/15	24	
25	AA	2001 年	00032	2001/02/15	25	
26	AA	2001 年	00033	2001/02/15	26	
27	AA	2001 年	00034	2001/02/15	27	
28	AA	2001 年	00035	2001/02/15	28	
29	AA	2001 年	00036	2001/02/15	29	
30	AA	2001 年	00038	2001/02/15	30	
31	AA	2001 年	00040	2001/02/15	31	

签字：＿＿＿＿＿＿

表 8－3　家 禽 生 长 测 定 登 记 表

测定地点：一场 1 舍　　　　　　　　　　　　　　　　　　　　　　　　　　　单位：克

序	品系	出生年度	笼号	开测日期	结测日期	开测体重	结测体重	饲料消耗
1	AA	2001 年	0001	2001—2—16	2001—3—15	454	2 230	3 560
2	AA	2001 年	0002	2001—2—16	2001—3—15	458	2 260	3 620
3	AA	2001 年	0003	2001—2—16	2001—3—15	462	2 290	3 680
4	AA	2001 年	0004	2001—2—16	2001—3—15	466	2 320	3 740
5	AA	2001 年	0005	2001—2—16	2001—3—15	470	2 350	3 800
6	AA	2001 年	0006	2001—2—16	2001—3—15	474	2 380	3 860
7	AA	2001 年	0007	2001—2—16	2001—3—15	478	2 410	3 500
8	AA	2001 年	0008	2001—2—16	2001—3—15	482	2 440	3 560
9	AA	2001 年	0009	2001—2—16	2001—3—15	450	2 200	3 620
10	AA	2001 年	0010	2001—2—16	2001—3—15	454	2 230	3 680
11	AA	2001 年	0011	2001—2—16	2001—3—15	458	2 260	3 740
12	AA	2001 年	0012	2001—2—16	2001—3—15	462	2 290	3 800
13	AA	2001 年	0013	2001—2—16	2001—3—15	466	2 320	3 860
14	AA	2001 年	0014	2001—2—16	2001—3—15	470	2 350	3 500
15	AA	2001 年	0015	2001—2—16	2001—3—15	474	2 380	3 560
16	AA	2001 年	0016	2001—2—16	2001—3—15	478	2 410	3 620
17	AA	2001 年	0017	2001—2—16	2001—3—15	482	2 440	3 680

序	品系	出生年度	笼号	开测日期	结测日期	开测体重	结测体重	饲料消耗
18	AA	2001 年	0018	2001—2—16	2001—3—15	450	2 200	3 740
19	AA	2001 年	0019	2001—2—16	2001—3—15	454	2 230	3 800
20	AA	2001 年	0020	2001—2—16	2001—3—15	458	2 260	3 860
21	AA	2001 年	0021	2001—2—16	2001—3—15	462	2 290	3 500
22	AA	2001 年	0022	2001—2—16	2001—3—15	466	2 320	3 560
23	AA	2001 年	0023	2001—2—16	2001—3—15	470	2 350	3 620
24	AA	2001 年	0024	2001—2—16	2001—3—15	474	2 380	3 680
25	AA	2001 年	0025	2001—2—16	2001—3—15	478	2 410	3 740
26	AA	2001 年	0026	2001—2—16	2001—3—15	482	2 440	3 800
27	AA	2001 年	0027	2001—2—16	2001—3—15	450	2 200	3 860
28	AA	2001 年	0028	2001—2—16	2001—3—15	454	2 230	3 500
29	AA	2001 年	0029	2001—2—16	2001—3—15	458	2 260	3 560
30	AA	2001 年	0030	2001—2—16	2001—3—15	462	2 290	3 620
31	AA	2001 年	0031	2001—2—16	2001—3—15	466	2 320	3 680

签字：_____

（四）根据上述信息利用 BLUP 算法进行测定数据分析，利用经典选择指数进行测定数据分析，遗传参数分析和遗传比较分析。

五、实训考核

上机操作

能较熟练的操作软件。（30 分）

能在规定时间将数据录入电脑。（30 分）

能够在规定时间内根据所给资料计算出各结果。（40 分）

实训九　近交程度分析和杂种优势率的计算

一、实训目的

1. 掌握个体及群体近交程度的估算方法。
2. 掌握性状杂种优势率的计算方法。

二、实训原理

1. 近交系数

近交是动物育种工作中经常会用到的方法，通常用近交系数来表明近交的程度。近交系数其实是表示纯合的相同等位基因来自共同祖先的一个大致百分率。

2. 杂种优势率

杂种优势的产生，主要是由于优良显性基因的互补和群体中杂合子频率的增加，从而抑制或减弱了更多的不良基因的作用，提高了整个群体的平均显性效应和上位效应。而对于杂种优势的一般认识是在数量方面表现为杂交个体的表型值应大于两亲本平均值。

三、内容与方法

(一）近交程度估算
1. 个体近交系数的计算
公式为：

$$Fx = \Sigma\left[\left(\frac{1}{2}\right)^{n_1+n_2+1}\right] \cdot (1 + F_A)$$

式中：Fx 表示个体 x 的近交系数；

       n_1 代表由父亲到共同祖先所经历的代数；

       n_2 代表由母亲到共同祖先所经历的代数；

       F_A 代表共同祖先自身的近交系数；

       Σ 代表所有共同祖先计算值的总和。

如果个体的亲本多于一个共同祖先，则 F_A 等于 0。

【例 9 - 1】 根据下面的系谱计算个体 x 的近交系数。

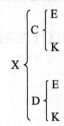

（1）根据上面的系谱画出通径图

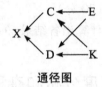

通径图

通径链有：

$$C \longleftarrow E \longrightarrow D \quad\quad n_1 = 1, \ n_2 = 2$$
$$C \longleftarrow K \longrightarrow D \quad\quad n_1 = 1, \ n_2 = 2$$

（2）计算个体 X 的近交系数

因共同祖先 E 和 K 的系谱不明，所以 F_A 等于 0。

则：$F_X = \left(\frac{1}{2}\right)^3 + \left(\frac{1}{2}\right)^3 = 0.25$，即个体 X 的近交系数为 25%。

2. 群体近交系数的估算
畜群近交程度的估算，估算畜群的平均近交程度，可根据具体情况选用下列方法：

畜群规模不大，此时可先求出每个个体的近交系数，再计算其平均值。

当畜群很大时，可用随机抽样的方法，抽取一定数量的家畜，逐个计算其近交系数，然后用样本平均数来代表畜群的平均近交系数。

将畜群中的个体按近交程度分类（抽样或全体），求出每类的近交系数，再以其加权平均数，来代表畜群的平均近交系数。

对于多年不引进种畜的闭锁畜群，平均近交数可采用下面的近似公式进行估计：

$$\Delta F = \frac{1}{8N_S} + \frac{1}{8N_D} \quad , \quad F_n = 1 - (1 - \Delta F)^n$$

式中：

ΔF 表示畜群平均近交系数的每代增量；

N_S 表示每代参加配种的公畜数；

N_D 表示每代参加配种的母畜数；

F_n 表示畜群第 n 代的近交系数；

n 为该群体所经历的世代数。

畜群中的母畜一般数量较大，所以值很小。当母畜在 12 头以上时，$1/8N_D$ 此部分可忽略不计，此时的公式可简化成：

$$\Delta F = \frac{1}{8N_S}$$

【例 9 - 2】某闭锁牛群连续 7 个世代没有公畜引入，牛群内长期使用 4 头种公牛随机配种，请计算该畜群的近交系数。

$$\Delta F = \frac{1}{8N_S} = \frac{1}{8 \times 4} = 0.031\ 25$$

$$F_8 = 1 - (1 - \Delta F)^n = 1 - (1 - 0.031\ 25)^8 = 0.224\ 3 \ , \ 即\ 22.43\%。$$

则该畜群的近交系数为 22.43%。

（二）杂种优势率的计算

公式为：

$$H(\%) = \frac{\overline{F}_1 - \overline{P}}{\overline{P}} \times 100\%$$

式中：

H（%）表示杂种优势率；

$\overline{F}_1$ 表示一代杂种的平均值；

$\overline{P}$ 表示两亲本平均值。

【例 9 - 3】长白猪与巴克猪杂交结果见表 9 - 1，请计算日增重的杂种优势率。

表 9 - 1　太湖猪与长白猪猪杂交结果

组合	头数	平均日增重（g）
太湖猪×长白猪	8	586.82
太湖猪×太湖猪	8	428.23
长白猪×长白猪	8	680.95

（1）计算该性状两亲本的平均值及杂种的平均值

$$\overline{p} = \frac{428.23 + 680.95}{2} = 554.59$$

$$\overline{F}_1 = 586.82$$

（2）代入公式计算杂种优势率

$$H(\%) = \frac{\overline{F_1} - \overline{P}}{\overline{P}} \times 100\% = \frac{586.82 - 554.59}{554.59} \times 100\% = 5.81\%$$

则平均日增重的杂种优势率为 5.81%。

四、实训考核

能够根据所给资料在规定的时间内计算出近交系数或杂种优势率得 100 分；规定时间内在教师的指导下完成的得 60 分，在规定时间内不能完成的得 0 分。

1. 根据下面的系谱计算个体 210 的近交系数。

$$201 \begin{cases} 85 \begin{cases} 27 \begin{cases} 38 \\ 19 \end{cases} \\ 66 \end{cases} \\ 107 \begin{cases} 45 \begin{cases} 38 \\ 27 \end{cases} \\ 78 \end{cases} \end{cases}$$

2. 根据山东省农业科学院畜牧研究所猪的杂交实验结果见表 9-2，分别计算日增重和瘦肉率的杂种优势。

表 9-2 大约克夏与崂山猪杂交组合的测定结果

组合	试验头数	平均日增重（g）	胴体瘦肉率（%）
大约克夏×崂山猪	6	729	51.92
崂山猪×大约克夏	6	760	56.05
崂山猪	6	588	47.84
大约克夏	6	659	59.87

主要参考文献

［1］ 阎隆飞，张王麟．分子生物学（第二版）．北京：中国农业大学出版社，1997.

［2］ 翟中和，王喜忠，丁明孝．细胞生物学．北京：高等教育出版社，2000.

［3］ 童克中．基因及表达（第二版）．北京：科学出版社，2001.

［4］ 李宁．动物遗传学（第二版）．北京：中国农业出版社，2003.

［5］ 李宁．动物遗传学（第二版）．北京：中国农业出版社，2003.

［6］ 李婉涛，张京和．动物遗传育种．北京：中国农业大学出版社，2007.

［7］ 欧阳叙向．家畜遗传育种．北京：中国农业出版社，2001.

［8］ 孙明．基因工程．北京：高等教育出版社，2006.

［9］ 李立家，肖庚富．基因工程．北京：科学出版社，2004.

［10］ 陈宏．基因工程原理及应用．北京：中国农业出版社，2004.

［11］ Sambrook J. Russell D W．分子克隆实验指南．第三版．黄培堂等译．北京：科学出版社，2002.

［12］ 徐子勤．功能基因组学．北京：科学出版社，2007.